WILEY

光学测量的条纹分析

——理论、算法与应用

Fringe Pattern Analysis for Optical Metrology

Theory, Algorithms, and Applications

〔墨〕塞尔文(M. Servin)
〔西〕基罗加（J. A. Quiroga） 著
〔墨〕帕迪利亚（J. M. Padilla）
杜虎兵 尹培丽 张嘉霖 何周旋 译

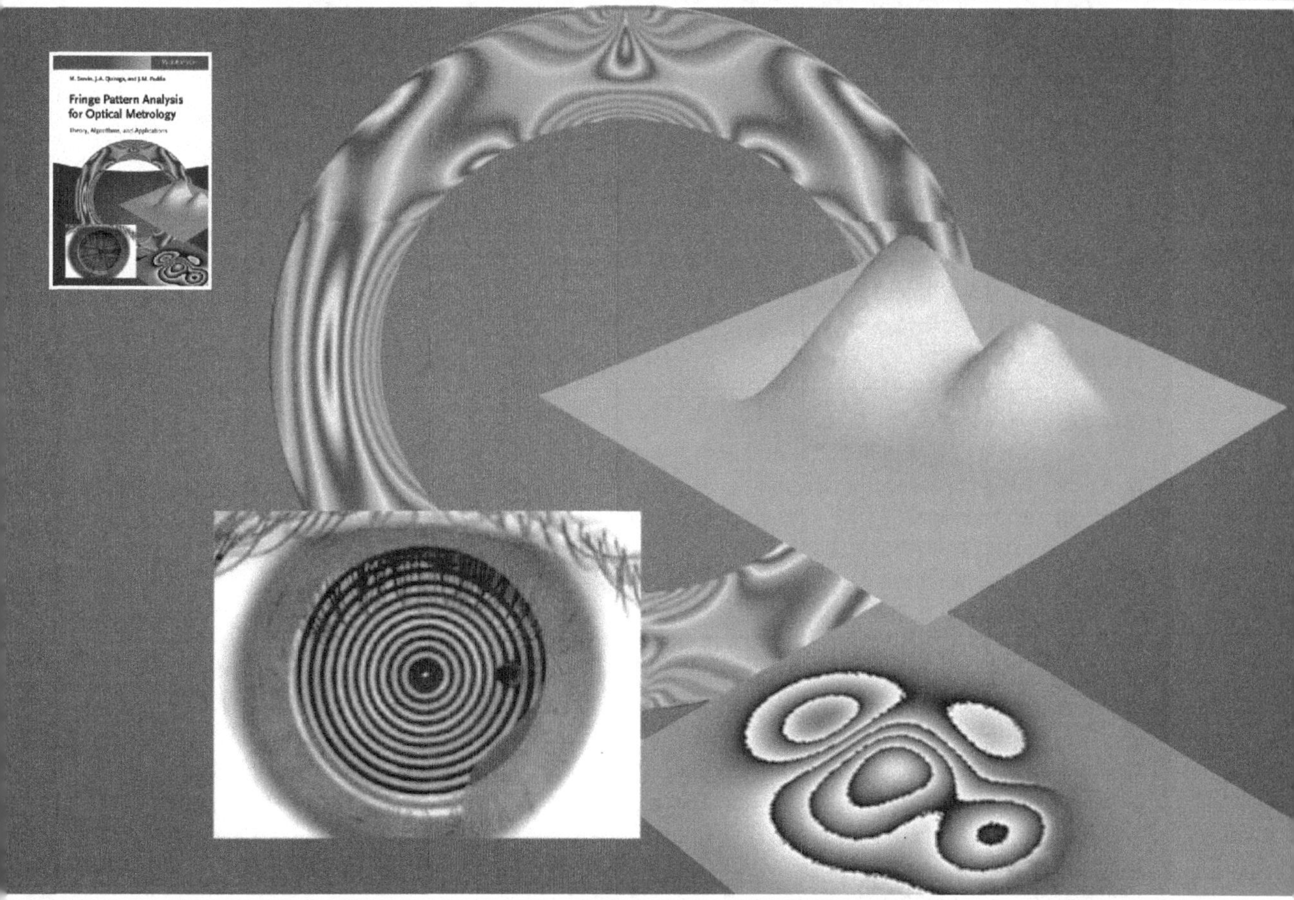

西安交通大学出版社
XI'AN JIAOTONG UNIVERSITY PRESS

FRINGE PATTERN ANALYSIS FOR OPTICAL METROLOGY: THEORY, ALGORITHMS, AND APPLICATIONS
By M. Servin, J. A. Quiroga, and J. M. Padilla
ISBN: 978-3-527-41152-8

陕西省版权局著作权合同登记号:25-2020-166

图书在版编目(CIP)数据

光学测量的条纹分析:理论、算法与应用/(墨)塞尔文(M. Servin),(西)基罗加(J. A. Quiroga),(墨)帕迪利亚(J. M. Padilla)著;杜虎兵等译. —西安:西安交通大学出版社,2020.10(2025.3重印)

书名原文:Fringe Pattern Analysis for Optical Metrology: Theory, Algorithms, and Applications

ISBN 978-7-5605-9292-3

Ⅰ.①光… Ⅱ.①塞… ②基… ③帕… ④杜… Ⅲ.①光学测量 Ⅳ.①TB96

中国版本图书馆CIP数据核字(2020)第198458号

书　　名 光学测量的条纹分析——理论、算法与应用
Guangxue Celiang de Tiaowen Fenxi—Lilun, Suanfa yu Yingyong
著　　者 (墨)塞尔文(M. Servin) (西)基罗加(J. A. Quiroga) (墨)帕迪利亚(J. M. Padilla)
译　　者 杜虎兵　尹培丽　张嘉霖　何周旋
责任编辑 贺峰涛
责任校对 李　佳

出版发行 西安交通大学出版社
(西安市兴庆南路1号　邮政编码710048)
网　　址 http://www.xjtupress.com
电　　话 (029)82668357　82667874(市场营销中心)
(029)82668315(总编办)
传　　真 (029)82668280
印　　刷 西安日报社印务中心
开　　本 787 mm×1092 mm　1/16　**印　　张** 16.5　**字　　数** 411千字
版次印次 2020年10月第1版　2025年3月第4次印刷
书　　号 ISBN 978-7-5605-9292-3
定　　价 58.00元

如发现印装质量问题,请与本社市场营销中心联系。
订购热线:(029)82668357　82667874
投稿热线:(029)82664954
读者信箱:banquan1809@126.com

译者序

光学三维轮廓测量技术的理论框架始于 1970 年提出的阴影莫尔轮廓术，以及后来发展的基于相位的时域和空域自动条纹分析方法。相比传统的机械式、逐点的接触式测量方法，该技术因其具有非接触、分辨率高和数据获取速度快等优点，很快成为测量技术领域的一个重要的发展方向，并随着计算机以及微电子等高新技术的迅速发展，被广泛应用于工业生产、国防军工、科学研究中的精密测量和反求工程。我们认为基于相位的条纹分析法是光学三维轮廓测量技术的主流，因此相位解调、相位去包裹和系统标定技术便构成了条纹投影的三大关键技术。

1. 相位解调是从采样得到的正弦条纹图信号中解调包裹在$[-\pi, \pi]$（或者$[0, 2\pi]$）的相对相位值的过程。相位解调方法主要可分为频域相位解调方法和时域相位解调方法。

2. 相位包裹就是从相对相位中恢复绝对相位的过程。无论是采用频域法还是相移法进行相位解调，由于均使用了反正切函数，得到的相位往往包裹在$[-\pi, \pi]$范围内。由于最终三维形貌的求解需要借助条纹图的绝对相位，因而在得到包裹相位后，需要进行去包裹操作。

3. 为了从绝对相位图中恢复被测物体的三维形貌，还需要对测量系统进行标定。条纹投影轮廓术的标定技术，因所采用的测量系统而异，方法众多。根据测量中所采用相机数量的不同可分为单相机-单投影仪构成的测量系统标定方法、双(多)相机-单(多)投影仪构成的测量系统标定方法。

上述过程在实现过程中常常要受到成像过程、环境因素及其他一些不确定因素的影响，构成了一类复杂的逆问题，为了获得可靠解，往往需要根据实际的测量原理，建立正则化条件，因此实现光学三维传感充满了挑战。对此，国内外研究者做了大量工作，提出了许多巧妙且有效的方法。特别是国内学者近年在随机相移技术、人工智能条纹分析方法方面的工作，为光学三维轮廓测量技术注入了新鲜的血液，并使其技术再一次成为活跃的研究领域。然而，现有的研究缺乏系统性，所做的工作往往仅在一定的条件下有效，而且对其中机理过程缺乏清晰的表述，无法全面理解影响因素的作用过程，也难以推广到一般应用场合。因此亟需在统一的理论框架下对现有工作进行分析与综合，为光学三维轮廓测量技术的研究指明方向。

由此可见，光学三维轮廓测量技术的机理过程错综复杂，涉及了广泛的研究领域，需要在统一的理论框架下进一步探讨，而我们翻译的这本塞尔文(M. Servin)、基罗加(J. A. Quiroga)和帕迪利亚(J. M. Padilla)的著作正好满足了这样的要求。

对于光学三维轮廓测量技术的分析与综合可追溯到 1990 年克劳斯·弗赖斯克莱德(Klaus R. Freischlad)和克里斯·科里奥普洛斯(Chris L. Koliopoulos)的工作，但采用频率传递函数对相移干涉法进行统一傅里叶表述，并应用随机过程研究相移算法的信噪比与污染噪声统计特性的函数关系却是本书集大成式的发展。因此我被它丰富的内容和流畅的表达深深吸引，并开始认真阅读此书。我认为此书涉及非常广泛的知识面，理论探讨深入，覆盖了光学干涉法、阴影莫尔、条纹投影、光测弹性学、莫尔干涉术等光学测量技术。我怀着极大的兴趣通读了两遍，觉得把这本优秀的著作翻译成中文，让年轻的学子学习这本书，可以得到更多的启发，是一件非常好的事情，因此联系了西安交通大学出版社，表达了意愿，并得到了贺峰涛副编审诚恳的帮助。

我虽然自 2008 年开始研究光学三维测量方法，对于本书所涉及的研究内容应该说有了一定的理解，但是动手翻译起来却不如原本想象的那样容易，要把英文的意思表达为确切的中文含义，下笔起来，总有言不达意的窘状。我在工作之余坚持翻译工作，感觉到了翻译工作量之大，便邀请了我的学生张嘉霖和何周旋配合我，连续工作了 12 个月。张嘉霖对翻译的内容与我进行了全程讨论定稿，付出了大量的劳动，整理了第 1 章到第 4 章的内容。何周旋整理了第 5 章和第 6 章内容，并编辑了整个翻译内容的格式。最后，尹培丽博士完成了公式推导验证以及附录给出的 40 个相移算法的翻译工作，并校订了全部译稿。

本书译者的工作得到了国家自然科学基金（项目编号：51975448、61471288）和西安工业大学专著出版基金的资助，特此感谢。

杜虎兵
2020 年 9 月

主译者简介：

杜虎兵，工学博士，出生于 1976 年 7 月，现为西安工业大学机电工程学院教授、博士生导师，主要从事光学三维传感技术、条纹图分析、信号处理等方面的研究及教学工作。主持国家自然科学基金面上项目 2 项，省部级项目 3 项，厅局级项目 2 项；作为技术骨干参与国家重点基础研究发展计划项目 1 项、国家自然科学基金项目 2 项、省部级重点项目 2 项。

目前已发表论文 27 篇，其中以第一作者或通讯作者发表被 SCI 收录 13 篇，被 EI 收录 5 篇，获授权国家发明专利 4 项，获陕西省高等学校科学技术奖 1 项。

前　言

本书介绍了现代光学测量技术中有关条纹分析的基本原理、基本方法以及近年来的创新工作。除此之外，本书也为实验技术人员提供了大量的常用相位恢复算法，以方便实现一帧或多帧条纹图的相位解调。

本书涉及的条纹图解调方法可用于：光学干涉法、阴影莫尔、条纹投影、光测弹性学、莫尔干涉术、莫尔偏折术、全息干涉法、剪切干涉法、数字全息法、散斑干涉法、角膜形貌法等光学测量技术。

与以前同类书籍相比，本书的主要创新工作在于为相移干涉法提供了一种统一的理论框架：在频率传递函数的基础上，实现了相移干涉法的傅里叶描述。尽管在电子工程领域内，作为线性系统的标准分析方法，频率传递函数已经有了至少 50 年的历史，但是在条纹图分析中，其方法的应用还是崭新的。应当说，用频率传递函数实现相移算法的分析与综合是直接的、自然的，而且，由此可以获得相移算法的频谱响应、失调可靠性、信噪比响应、谐波抑制等能力的特性。

本书另一创新在于：引入了随机过程理论，建立了相移算法信噪功率比与噪声统计特性之间的函数关系。直至 2008 年，相移算法的噪声分析仍局限于误差传递的技术。该技术主要假定干涉图受加性噪声污染，然后通过该误差数据的传递过程，观察相移算法的反正切函数，进而获得相位误差。其主要问题在于：噪声的统计参数与谱特性不能具体指定，从而致使相移算法无法与干涉条纹图实际的噪声相适应。相比而言，将随机过程理论应用于分析相移算法的性能时，使得分析信噪比的意义更加明确，并达到了其在电子通信理论中相同的作用。

最后，本书还全面地分析了常用的空域干涉技术和时域干涉技术，包括傅里叶轮廓术、空域相移技术、相位去包裹方法、自标定相移算法、正则化相位解调算法、正则化相位跟踪法和异步自校正算法等。

本书的主要结构如下：

第 1 章首先回顾 z 域、频域线性系统的基本理论，并简要地介绍其在相位估计正交滤波器里的应用。本章主要内容包含其余章节需要的有关数字信号分析方面的理论背景。另外，还涉及其余章节需要的线性系统随机过程分析理论。当条纹图受白色加性噪声污染时，应用随机过程方法分析线性系统，就可以获得各种相移算法的信噪比，因此该内容非常重要。

第 2 章介绍解调一般条纹图的主要相移算法，并应用第 1 章建立的频率传递函数理论，分析一些典型的相移算法。同时，基于一阶方块图，讨论综合相移滤波器的途径，分析相移算法频率传递函数的频谱响应、失调误差、信噪比和谐波响应。

第 3 章介绍相移增量未知时，用于估计时域条纹图相位的线性和非线性相移算法，包括可调线性相移算法和自调非线性相移算法。最后，还介绍了两种自标定相移算法，亦即迭代最小二乘法和主量分析方法。

第 4 章介绍基于空间载波的单帧条纹图分析技术，包括傅里叶变换法、空域同步探测法和窗口傅里叶变换法。另外，结合分析相移算法的谐波响应，还讨论了逐点空域载波干涉图解调方法的性能。最后，介绍了正则化正交滤波器。

第 5 章讨论单帧闭型条纹图(无空域或时域载波时)的分析方法。重点讨论正则化相位跟踪法和局部失调可靠正交滤波器。然后，给出了实现 Vortex 变换和一般正交变换的方法，并表明条纹图方向在条纹图分析中具有重要作用。本章最后还阐明了应用方向信息可以将一维相移算法转换为 n 维相移算法的原理。

第 6 章主要涉及相位去包裹的问题。首先介绍一般的去包裹技术，然后介绍相位跟踪去包裹算子。同时还介绍一类线性递归滤波器，它采用相位预测-校正的范式，能够快速、可靠地构建相位去包裹算子。最后，由于噪声会引起相位不一致，对此提出了该问题的探测方法，改善了相位去包裹的抗噪性能，并在光学测量技术、雷达和医疗等领域得到了广泛应用。

附录列举了 40 个相移算法，涵盖了大多常用的相移算法以及本书中提出的相移算法，并采用频率传递函数对其进行了分析。这 40 个相移算法给出了常用相移算法的设计要求和约束条件。附录试图使读者熟悉常用的相移算法，从而可以方便地按照具体的干涉要求，设计需要的相移算法。应当指出，任何相移算法都不是完美的，相移算法与使用的光学测量方法相适应便是最好的。

最后，塞尔文(M. Servin)和帕迪利亚(J. M. Padilla)感谢墨西哥光学研究中心(CIO)和墨西哥国家技术委员会(CONACYT)的基金支持。基罗加(J. A. Quiroga)感谢马德里康普顿斯大学(Universidad Complutense Madrid)和西班牙科技部的基金支持。

符号和缩写列表

$L\{\cdot\}$	一般线性系统
$\delta(t)$	狄拉克函数（δ 函数）
$\mathrm{III}(t)$	梳函数
$\mathrm{h}(t)$	脉冲响应函数
$\boldsymbol{r}=(x,y)$	干涉图内的位置向量
$\rho=\sqrt{x^2+y^2}$	干涉图内的极径
$\boldsymbol{q}_0=(u_0,v_0)$	空域载波
$\boldsymbol{q}=(u,v)$	空域频率的位置向量
ω	时域载波
ω_0	圆载波、时域载波或一般的一维载波
$I(x,y,t)=a+b\cos[\varphi(x,y,t)]$	空时域干涉图表达式
$I(\boldsymbol{r})=a+b\cos[\varphi(\boldsymbol{r})]$	空域干涉图表达式
$I(t)=a+b\cos[\varphi(t)]$	时域干涉图表达式
$I_\varphi=A_0\exp[\mathrm{i}\varphi(x,y,t)]$	干涉图的解析信号
$I(\omega)=\mathcal{F}[I(t)]$	时域干涉图的傅里叶变换
$I(u,v)=\mathcal{F}[I(x,y)]=\mathcal{F}[I(r)]$	空域干涉图的傅里叶变换
$\mathcal{Z}\{f(n)\}=F(z)$	离散时间信号的 Z 变换
$X(t),Y(t)$	随机过程 X 和 Y 的时域实现
$E(X)$	随机变量 X 的集总平均
$R_X(t_1,t_2)$	自相关函数
$f_X(x)$	随机变量 X 的概率密度函数
psd	随机过程功率谱密度
$\arg(f)$	复数 f 的辐角或相位
$\mathrm{Re}\{z\}$	复数 z 的实部
$\mathrm{Im}\{z\}$	复数 z 的虚部
φ	干涉图调制相位
$\hat{\varphi}$	干涉图解调相位或估计相位

φ_W	包裹相位
$W[\cdot]$	包裹算子
$\bar{\omega}_0$	由平均强度 $\bar{I}(x,y)$ 估计的 ω_0
$c(x,y)$	空域载波相位
$H(\omega)$	频率响应或时域数字滤波器的频率传递函数
$H(u,v)=H(q)$	空域频率响应或空域数字滤波器的频率传递函数
$\nabla\varphi=(\varphi_x,\varphi_y)$	干涉图瞬时空间频率
$\varphi_t=\frac{\partial\varphi}{\partial t}$	干涉图瞬时时域频率
1D	一维空间
2D	二维空间
AIA	先进迭代算法
AWGN	加性白色高斯噪声
BIBO	有界输入有界输出稳定判据
C^1	具有一阶导数的连续函数空间
C^2	具有二阶导数的连续函数空间
DTFT	离散时间傅里叶变换
FTF	频率传递函数或频率响应
FIR	有限脉冲响应
IIR	无限脉冲响应
LTI	线性时不变系统
PCA	主量分析法
PSA	相移算法
LS-PSA	最小二乘相移算法
PSI	相移干涉术
ROC	收敛域
RPT	正则化相位跟踪算子
RQF	可靠正交滤波器
LRQF	局部可靠正交滤波器
S/N	信噪功率比
$G_{S/N}$	信噪功率比增益

目　录

第 1 章　数字线性系统 1*

1.1　光学测量数字相位解调概述

本章首先回顾了数字信号及其采用线性时不变(linear time-invariant, LTI)系统时域分析的理论背景,该分析方法主要基于其脉冲响应函数 h(t)、Z 变换 $H(z)$、频率传递函数 $H(\omega)$、谐波响应以及稳定判据。然后简要地讨论了解调相位时,相移算法与正交线性滤波器的等价性,及其在谐振频率为 ω_0 弧度/帧的时域相位采样频率下的谐振情况。同时,还分析了出现高阶谐波时交叠作用对连续条纹图解调的影响。

本章还讨论了正则化低通滤波器的原理及其在条纹降噪中的作用。其分析表明,条纹图与空间滤波器(如 3×3 平均滤波器)卷积时,致使干涉图界内的有效数据与界外无定义的背景数据产生混合作用,从而歪曲了边界附近的调制相位。相比而言,使用正则化线性滤波器的方法可以最优地实现界内条纹数据与界外背景数据的解耦。

最后,本章讨论了在随机输入信号 $X(t)$激励下,应用随机过程方法分析线性时不变系统响应的理论背景;并定义和分析了 $X(t)$的概率密度函数(PDF,或 $f_X(x)$)、集总平均$E\{X\}$以及静态自相关函数 $R_X(\tau)$;进而定义了输入信号 $X(t)$的功率谱密度(PSD)函数$S_X(\omega)$。结果表明,在经过频率传递函数为 $H(\omega)$的线性时不变系统后,输入信号 $X(t)$的功率谱密度 $S_X(\omega)$转变为$|H(\omega)|^2 S_X(\omega)$。

1.1.1　条纹图解调的病态性

条纹图光强信号呈正弦规律分布,与通常被测物理量类似,其受干涉仪或莫尔测量系统等的调制。理想的静态条纹可以表述为

$$I(x,y) = a(x,y) + b(x,y)\cos[\varphi(x,y)] \tag{1.1}$$

其中:$\{x,y\}\in\mathbb{R}^2$,$a(x,y)$和 $b(x,y)$分别代表背景函数和局部对比度函数;$\varphi(x,y)$为搜索的相位函数。

在数学和物理的研究领域中,反问题非常普遍,其主要研究观测信息与被测物体或研究的系统之间信息的转化关系[1]。显然,方程(1.1)代表了一类求反问题。其中,条纹图
$I(x,y)$为测量值,$\varphi(x,y)$包含了被测量的信息。反问题若是适定的,则要求描述物理现象 2
的数学模型满足下面的条件:

- 其解存在;
- 其解唯一;
- 其解与测量数据密切相关。

对方程(1.1)分析可知,由于相位函数 $\varphi(x,y)$与另外两个未知的函数 $a(x,y)$和 $b(x,y)$密切相关,因此 $\varphi(x,y)$是不能直接估计的。另外,由于正弦条纹图的光强 $I(x,y)$随相位周

* 此边码对应于英文原著页码,以方便读者利用索引。

期性地变化，致使求解的相位 $\varphi(x,y)$受 2π 包裹，即 2π 相位模糊；再者，由于余弦函数为偶函数：$\cos(\varphi)=\cos(-\varphi)$，若没有先验知识，也无法从单帧测量信号中提取它的符号信息(符号歧义)。最后，在实际场合，条纹图中还会以加性或(和)乘性的方式引入噪声 $n(x,y)$，其在一定程度上造成了信号失真，从而降低了条纹图的质量，进而歪曲了相位信息[2-3]。

应当指出，即使使用了精确的测量装置，避免了未知信号 $a(x,y)$、$b(x,y)$和 $n(x,y)$对相位 $\varphi(x,y)$的屏蔽作用，还必须解决相位的符号模糊和 2π 包裹问题。因而，由于这些模糊问题的存在，该反问题的解仍是不唯一的。图 1.1 对上面描述的问题做了进一步说明，图中的几个相位解(具有无穷个可能性)是由相同的正弦信号得到的。

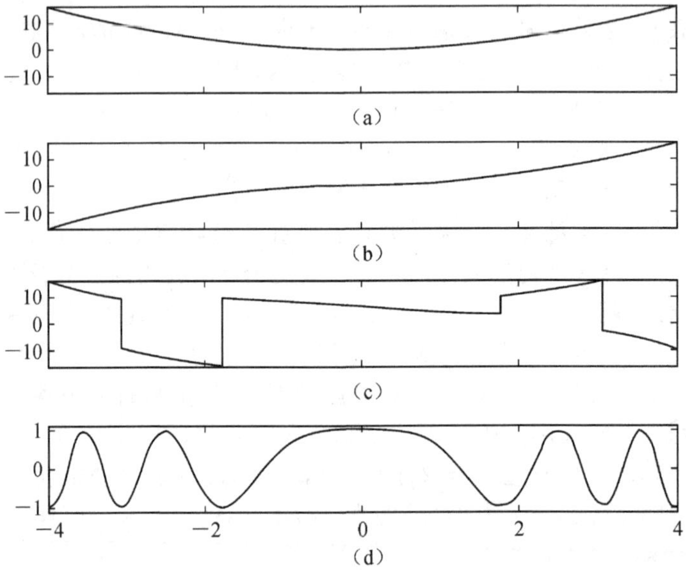

图 1.1 (a)～(c)为由正弦信号(d)求解的可能的相位。为了便于观察，图中仅显示了水平截面

总之，方程(1.1)表明，解调条纹图相位属于欠约束的病态问题，为了正确地估计相位，必须采用有效的正则化方法。然而，尽管解调条纹图相位存在着错综复杂的困难，但通过适当的设计，该反问题还是可以容易地进行求解。首先，利用余弦函数的复指数形式，将方程(1.1)重写为

$$I(x,y)=a(x,y)+\frac{1}{2}b(x,y)\{\exp[\mathrm{i}\varphi(x,y)]+\exp[-\mathrm{i}\varphi(x,y)]\} \tag{1.2}$$

若分离方程(1.2)的解析信号$(1/2)b(x,y)\exp[\mathrm{i}\varphi(x,y)]$，可得

$$\tan[\hat{\varphi}(x,y)]=\frac{\mathrm{Im}\{(1/2)b(x,y)\exp[\mathrm{i}\varphi(x,y)]\}}{\mathrm{Re}\{(1/2)b(x,y)\exp[\mathrm{i}\varphi(x,y)]\}} \tag{1.3}$$

其中 $b(x,y)\neq 0$。计算上述公式的反正切函数，可得包裹相位，即以 2π 为模的测量相位
3 $\varphi(x,y)$。可见，条纹解调过程的最后还需要增加一个相位展开的环节。应当指出，当采集数据的质量较高时，该最后一步可容易地解决。为了进一步说明以上问题，接下来将采用图形的方式描述解析信号获取的过程。

1.1.2 为条纹图添加先验信息：载波信号

通常，可以通过调节光电器件或机械装置(传感器和执行器)和测量软件(虚拟传感器和

执行器)的参数,实现测量系统对输出条纹图的控制[4]。因此改变实验参数,可以使条纹图按照已知的参数发生变化:

$$I(x,y,t)=a(x,y)+b(x,y)\cos[\varphi(x,y)+c(x,y,t)] \tag{1.4}$$

其中 $c(x,y,t)$为已知函数(通常相对于参考面),一般称其为干涉图的空时域载波。在实际中,要求载波相对相位信号 $\varphi(x,y)$为一高频信号,即

$$\| \nabla c(x,y,t) \| > \| \nabla\varphi(x,y,t) \|_{\max} \tag{1.5}$$

∇算子定义为 4

$$\nabla=(\frac{\partial}{\partial x},\frac{\partial}{\partial y},\frac{\partial}{\partial t}) \tag{1.6}$$

如,在静态条纹(随时间变化缓慢或不变)时,设相位为 $\varphi(x,y)$,载波为 $c(x,y)$,则需满足下面的条件:

$$\sqrt{(\frac{\partial c}{\partial x})^2+(\frac{\partial c}{\partial y})^2}>\sqrt{(\frac{\partial \varphi}{\partial x})^2+(\frac{\partial \varphi}{\partial y})^2} \tag{1.7}$$

在现代干涉条纹分析中,引入空域或者时域载波非常重要:首先,其可解决符号模糊的问题,这是因为一般情况下:$\cos(\varphi+c)\neq\cos(-\varphi+c)$;其次,载波有利于在频域分离解析信号$(1/2)b(x,y)\exp[\mathrm{i}\varphi(x,y)]$,而该特性对相位解调非常重要(将在后续条纹傅里叶分析章节中进一步阐述)。常见的典型载波函数形式如下。

- 线性时域载波[5-6]:

$$c_1(t)=\omega_0 t \tag{1.8}$$

- 斜面(空域时)载波[7-8]:

$$c_2(x,y)=u_0x+v_0y \tag{1.9}$$

- 二次载波[9]:

$$c_3(\rho)=\omega_0\rho;\rho(x,y)=\sqrt{x^2+y^2} \tag{1.10}$$

- 2×2 模板逐点载波[10-12]:

$$\exp[\mathrm{i}c_4(x,y)]=\exp\left[\mathrm{i}\omega_0\begin{pmatrix}1&2\\3&4\end{pmatrix}\right]**\sum_{m=0}^{\infty}\sum_{n=0}^{\infty}\delta(x-2m,y-2n) \tag{1.11}$$

其中 $\omega_0=\pi/2$,$**$代表了二维卷积运算。

- 3×3 模板逐点载波[13]:

$$\exp[\mathrm{i}c_5(x,y)]=\exp\left[\mathrm{i}\omega_0\begin{pmatrix}1&2&3\\8&9&4\\7&6&5\end{pmatrix}\right]**\sum_{m=0}^{\infty}\sum_{n=0}^{\infty}\delta(x-3m,y-3n) \tag{1.12}$$

其中 $\omega_0=2\pi/9$。

由于目前数字干涉技术领域还在持续发展,因而无法列举所有有用的空时域载波的形式,所列举的仅仅是一些常用的形式。图 1.2～图 1.5 描述了载波对条纹图的调制过程。

时域线性载波(如图 1.2 所示)有利于解调闭型条纹图[5-6]。但这种方法在原理上不能用于研究快变对象的测量,因为其方法要求 $a(x,y)$、$b(x,y)$和 $\varphi(x,y)$在相移过程保持恒定。图 1.2给出了采用线性载波对闭型仿真条纹图的相位调制过程,其相移量为 $\omega_0=2\pi/3$ rad,图 1.3给出了开型模拟条纹图的示例。

5

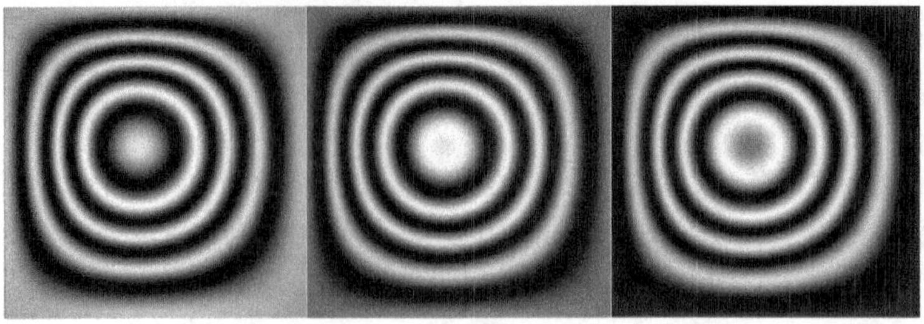

(a)　(b)　(c)

图 1.2　闭型条纹干涉图，其采用线性时域载波 $\omega_0 t$ 进行相位调制。相邻采样间的相位增量为 $\omega_0=2\pi/3$ rad

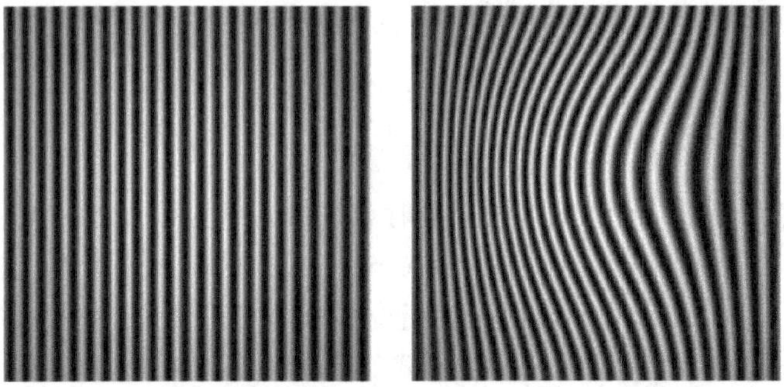

(a)　(b)

图 1.3　模拟的闭型条纹干涉图[原图见图 1.2(a)]：(a)采用的线性空域载波；(b)相位调制后产生的开型干涉图

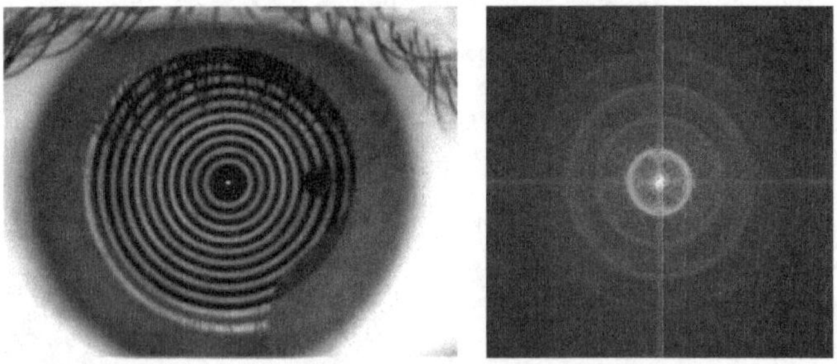

(a)　(b)

图 1.4　(a)采用 Placido mire 投影到眼睛上的二值振幅型圆形图案；(b) 采用 FFT2 算法得到的频谱。频谱中较大的谱线是由投影图案的二值轮廓产生的，其导致谐波歪曲

6 图 1.3 所示空域线性载波的方法有利于解调单帧开型条纹图。该技术特别适用于研究动态现象[7-8]。

1880 年，二次载波(如图 1.4 所示)被用于测量不规则的人眼角膜的形貌[14]。传统上，其方法是通过分析一套估计的稀疏的斜坡点实现的，进而沿子午线方向将其合成，从而获得测试角膜的轮廓[15]。但最近的研究证明，这种周期的同心环图像也可使用同步干涉方法实现相位解调。该方法可以获得关心区域内每一点的全息相位，具体参见文献[9]。

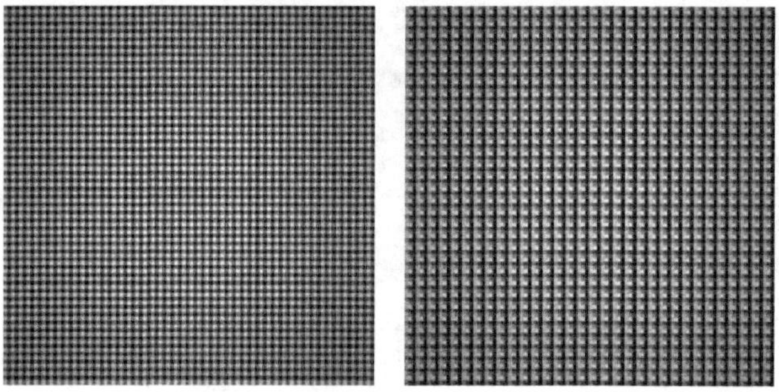

(a)　　(b)

图 1.5　(a)使用四步模板逐点载波调制的闭型条纹干涉图[原图见图 1.2(a)]；(b)产生的二维逐点载波干涉图

如图 1.5 所示，作为一种能同时采集 4 帧相移条纹图的空域技术，二维逐点载波技术最初采用时域相移算法实现相位解调，但最近的研究表明，采用空域同步解调的方法可更高质量地实现测量[10-12]。九步逐点载波对该类技术进行了进一步的拓展，其可以用于分析采用非正弦信号描述的超快动态现象[13]。因为四步和九步逐点载波在视觉上难以区分，本书仅对上述两种方法中的四步逐点载波进行举例说明。

例：开型条纹同步解调

为了便于表述，假定条纹图是垂直于 x 方向的开型条纹，并受线性空间载波进行相位调制，其表达式为

$$\begin{aligned} I(x,y) &= a(x,y) + b(x,y)\cos[\varphi(x,y) + u_0 x] \\ &= a + (b/2)\exp[\mathrm{i}(\varphi + u_0 x)] + (b/2)\exp[-\mathrm{i}(\varphi + u_0 x)] \end{aligned} \tag{1.13}$$

为了简化，上式省略了 a、b、φ 的空间坐标。应用空域同步解调方法，即傅里叶变换的方
法[7-8]，首先将输入信号与复参考信号(该参考信号由数字计算机模拟产生，且震荡频率与载 7
波信号相同)相乘，有

$$\begin{aligned} f(x,y) &= \exp(-\mathrm{i}u_0 x) I(x,y) \\ &= a\exp(-\mathrm{i}u_0 x) + (b/2)\exp(\mathrm{i}\varphi) + (b/2)\exp[-\mathrm{i}(\varphi + 2u_0 x)] \end{aligned} \tag{1.14}$$

一般来讲，相比载波项[见方程(1.5)]，相位的空间变化较慢，$|\nabla\varphi|_{\max} \ll u_0$，因此上式中唯一的低频项为解析信号 $(b/2)\exp(\mathrm{i}\varphi)$。此时，应用低通滤波器对方程(1.14)滤波可得

$$\mathrm{LP}\{f(x,y)\} = (1/2)b(x,y)\exp[\mathrm{i}\varphi(x,y)] \tag{1.15}$$

上面的低通滤波器 $\mathrm{LP}\{\cdot\}$ 将在本书中频繁地应用于频域的选频过程。取该解析信号的虚实部比值得到

$$\tan[\hat{\varphi}(x,y)] = \frac{\mathrm{Im}\{(1/2)b(x,y)\exp[\mathrm{i}\varphi(x,y)]\}}{\mathrm{Re}\{(1/2)b(x,y)\exp[\mathrm{i}\varphi(x,y)]\}} \tag{1.16}$$

上式中 $b(x,y) \neq 0$。计算上面方程的反正切函数，可得包裹在主值区间 $(-\pi,\pi]$ 的相位 $\hat{\varphi}(x,y)$。显然，此时产生了以 2π 为模的相位模糊，见图 1.6。通常经验表明，相位 $\hat{\varphi}(x,y)$ 一般是连续的，因此解调过程的最后一步是，建立正则化条件去除以 2π 为模的相位模糊。

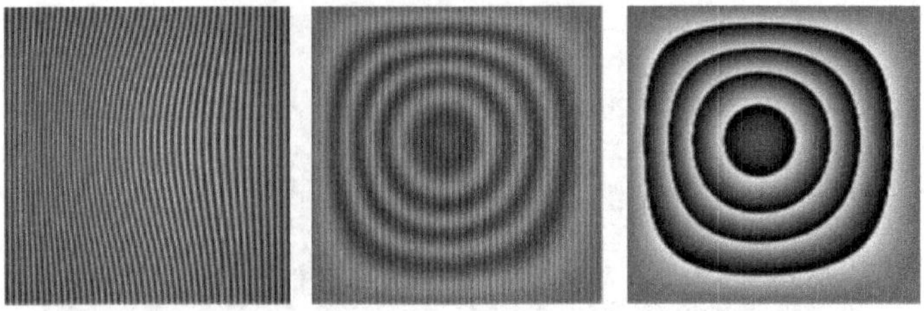

(a) (b) (c)

图 1.6 开型条纹干涉图空域同步解调的过程：(a)输入信号；(b)同步解调结果 $\exp(-\mathrm{i}u_0x)I(x,y)$的实部；(c)应用公式(1.16)得到的以 2π 为模的估计相位 $\hat{\varphi}(x,y)$

1.1.3 数字干涉术解调方法分类

综上所述，条纹分析的主要目的是：由采集的强度值 $I(x,y,t)$ 估计相图 $\varphi(x,y)$（通常是连续的）。该问题属于病态的反问题，因为求解的信号受未知函数所屏蔽，且存在着符号模
8 糊和 2π 相位模糊的问题。对此最简单的方法是主动地调制条纹图，从而为相位求解提供额外信息，亦即引入空域或时域的载波。

引入载波不仅可以解决符号模糊的问题，而且还为分离干涉图中的未知谱量提供了条件（该具体内容将在第 2 章、第 4 章讨论）。另一方面，2π 相位模糊使得条纹分析变得错综复杂，因此在条纹解调过程的最后一步，还需要增加去包裹环节[16-17]。当然也可以发展一些巧妙的方法无需去包裹环节，可以直接估计绝对相位，例如，时域外差技术[18]，以及其他一些直接估计展开相位的解调方法，包括线性锁相法[19]、时域去包裹法[20]、分级绝对相位测量法[21]、正则化相位跟踪法[22]。

据上，条纹图相位解调方法可进行以下分类：是否需要相位载波的方法；是否采用空域载波/时域载波的方法；是否采用单枝的方法进行相位去包裹（需要额外去包裹过程时）或没有 2π 相位模糊的方法。图 1.7 给出了上述常用方法的分类图，但需要强调，解调技术仍在
9 发展中，该分类不能详尽列出所有的方法。

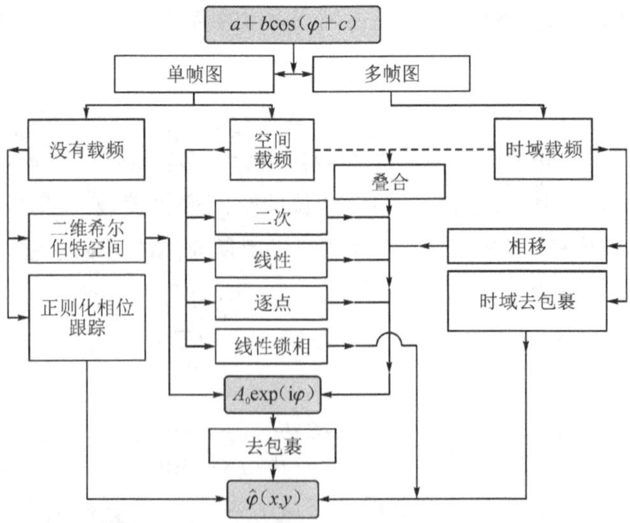

图 1.7 常用的相位估计方法的分类。这里需说明的是，上述大多数方法包括了一个中间环节，即分离解析信号 $A_0\exp[\mathrm{i}\varphi(x,y)]$，然后由此直接计算包裹相位 $\hat{\varphi}(x,y)$。另一方面，一些方法将条纹解调和相位展开过程结合起来，从而可直接地获得没有 2π 模糊的估计相位 $\hat{\varphi}(x,y)$

在下面的章节中，将介绍估计解析信号(1/2)$b(x,y)\exp[\mathrm{i}\varphi(x,y)]$的一些技术，并强调各类方法的优点和缺点。然而，为了更好地描述这些技术，首先需要回顾其中需要的基本数学方法。由于这些内容在后面章节里不能独立存在，因此在这里一并给出。对于初学者，这些内容可作为学习线性系统理论的导论，熟悉这部分内容的读者可以跳过本章，或者在阅读后面章节时，根据自身的需要再回过头来了解。

1.2 数字采样

尽管宏观现象(模拟的)都可以建模为连续函数，但目前几乎所有的数据处理需要依赖计算机完成。因此，条纹分析的第一步一般需要进行模-数(A/D)转换，即所谓的数字采样。本节分析一些常用于数字信号和系统建模的函数。在处理条纹图分析时，这些函数有助于读者理解由于数字采样产生的许多问题(如：与高次歪曲谐波的谱交叠)。

须提及，本书在一维(1D)的信号与系统中均使用时间 t 作为自变量，因而采用了连续时间和离散时间函数的概念。然而，这仅是一种约定，实际上，下面提及的理论也适用于一维空域处理的情况。

1.2.1 信号分类

信号定义为信息的载体。在工程上，信号主要分为五类：

(1)连续时间信号或离散时间信号；

(2)复信号或实信号；

(3)周期信号或非周期信号；

(4)能量信号或功率信号；

(5)确定信号或随机信号。

连续时间信号和离散时间信号　连续时间信号指信号函数的值域属于曲线 $f(t)$的实区间，其中 $t\in\mathbb{R}$。离散时间信号的取值范围仅限于$\{f(n)\}$或 $f[n]$，即实曲线的有限子集，其中 $n\in\mathbb{Z}$。

大多数情况下，离散信号是通过对连续时间信号均匀采样获得的。然而，采样信号也可 10
以表述为连续函数的形式(见 1.2.3 节)。因此，下面的定义和约定同时适用于连续信号和采样信号。

实信号和复信号　在光学中，人们经常使用实参变量的复信号。一般复信号表述为

$$f(t)=\mathrm{Re}[f(t)]+\mathrm{iIm}[f(t)] \tag{1.17}$$

其中 $\mathrm{i}=\sqrt{-1}$。若采用极坐标的形式，信号的模定义为

$$|f(t)|=\sqrt{f(t)f^{*}(t)}=\sqrt{\{\mathrm{Re}[f(t)]\}^{2}+\{\mathrm{Im}[f(t)]\}^{2}} \tag{1.18}$$

相位(以 2π 为模)表示为

$$\arg[f(t)]=\arctan\frac{\mathrm{Im}\{f(t)\}}{\mathrm{Re}\{f(t)\}} \tag{1.19}$$

应当注意：在现代程序语言中，上面方程中的反正切函数，多采用 $a\tan2(\cdot)$的形式。不同于传统的反正切函数只有一个变量，该函数有两个自变量，且其取值在区间$(0,2\pi)$上无符号模糊。

周期信号和非周期信号　周期信号是指其波形在时域里可重复地出现，周期函数 $f(t)$表示为

$$f(t)=f(t+kT),\forall k\in\mathbb{Z} \tag{1.20}$$

周期函数的基频为 $1/T$。

能量信号与功率信号　能量信号 $f(t)$为非负实量，表示为

$$U\{f(t)\}=\int_{-\infty}^{\infty}|f(t)|^2\mathrm{d}t \tag{1.21}$$

如果 $U\{f(t)\}$无界，则 $f(t)$信号为无限能量信号。此时，可以计算该信号的功率，即单位时间内的能量是有限的，其表述为以下形式。

- 对非周期信号：

$$P\{f(t)\}=\lim_{T\to\infty}\frac{1}{2T}\int_{-T}^{T}|f(t)|^2\mathrm{d}t \tag{1.22}$$

- 对周期信号：

$$P\{f(t)\}=\frac{1}{T}\int_{t}^{t+T}|f(\tau)|^2\mathrm{d}\tau \tag{1.23}$$

11　**确定信号与随机信号**　通常，处理的确定信号不可避免地要受到随机噪声的污染(如图 1.8 所示)。显然，对于条纹图中的噪声可采用随机过程的方法进行建模；然而，随机过程理论内容非常庞大，对其详尽的介绍已超出了本书范围，因此本书将在 1.9 节仅简单地介绍一些基本的内容，但在本节假定分析的是理想的确定信号。

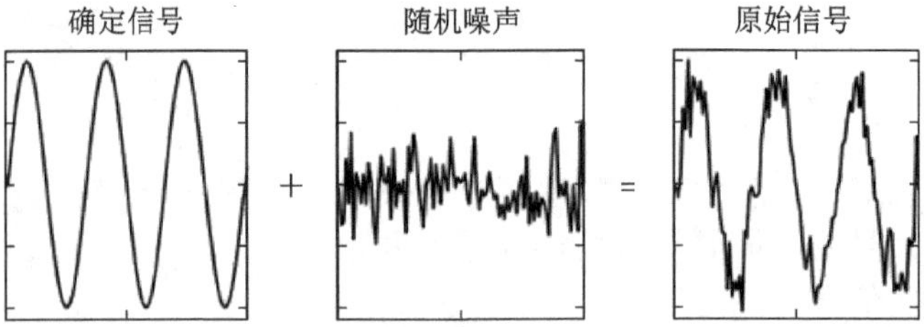

图 1.8　观测信号，由随机噪声和确定信号叠加而成

1.2.2　常用函数

狄拉克 δ 函数　该函数也称为单位脉冲函数，通俗地讲，它是泛函数。在实数轴上，其值在 0 处为无限大，而在其他处则为 0。习惯上，$\delta(t)$常按其特性定义为

$$\int_{-\infty}^{\infty}f(t)\delta(t-t_0)\mathrm{d}t=f(t_0) \tag{1.24}$$

$\delta(t)$满足下面恒等关系式：

$$\int_{-\infty}^{\infty}\delta(t)\mathrm{d}t=1 \tag{1.25}$$

为了方便读者，表 1.1 列出了 $\delta(t)$函数的一些特性。

表 1.1　$\delta(t)$函数的特性

特征	说明
$\delta(t-t_0)=0$	对所有 $t\neq t_0$
$\delta(-t)=\delta(t)$	偶函数性
$\delta(at)=(1/\|a\|)\delta(t)$	尺度特性
$\int_{-\infty}^{\infty}f(t)\delta(t-t_0)\mathrm{d}t=f(t_0)$	采样特性
$\delta[g(x)]=\sum_i[\delta(x-x_i)/\|g'(x_i)\|]$	x_i 为 $g(x)$的根
$f(t)\delta(t-t_0)=f(t_0)\delta(t-t_0)$	筛选特性
$f(t)*\delta(t-t_0)=f(t-t_0)$	时移特性
$\delta(x,y,z,\cdots)=\delta(x)\delta(y)\delta(z)\cdots$	分离特性

$\delta(t)$函数用图形可表示为带箭头的垂线，箭头的高度通常由其系数的值指定，亦即该函数与实数轴围成的面积。习惯上，将其标注在箭头的旁边（见图 1.9）。

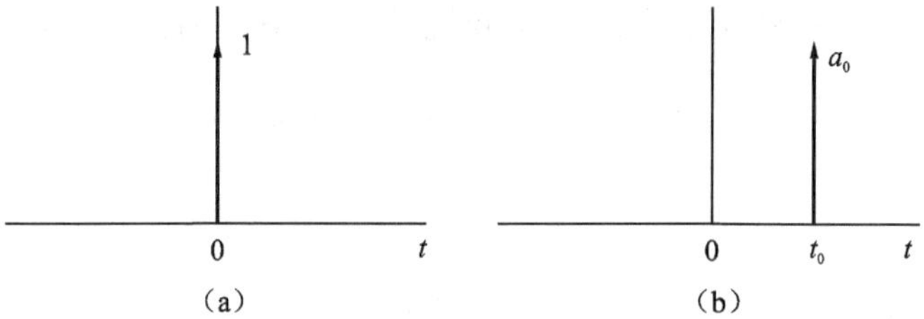

图 1.9　(a)单位脉冲函数 $\delta(t)$；(b)时移后的脉冲函数 $a_0\delta(t-t_0)$

单位阶跃函数　该函数也称为赫维塞德阶跃函数，其采用 $\delta(t)$函数定义为

$$u(t)=\int_{-\infty}^{t}\delta(\tau)\mathrm{d}\tau=\begin{cases}0, & t<0\\ 1, & t>0\end{cases}\tag{1.26}$$

矩形函数　单位矩形函数定义为 12

$$\mathrm{II}(t)=\begin{cases}0, & |t|>1/2\\ 1, & |t|<1/2\end{cases}\tag{1.27}$$

也可用阶跃函数表示为

$$\mathrm{II}(t)=u(t+\frac{1}{2})-u(t-\frac{1}{2})\tag{1.28}$$

图 1.10 给出了阶跃函数和矩形函数的图形。

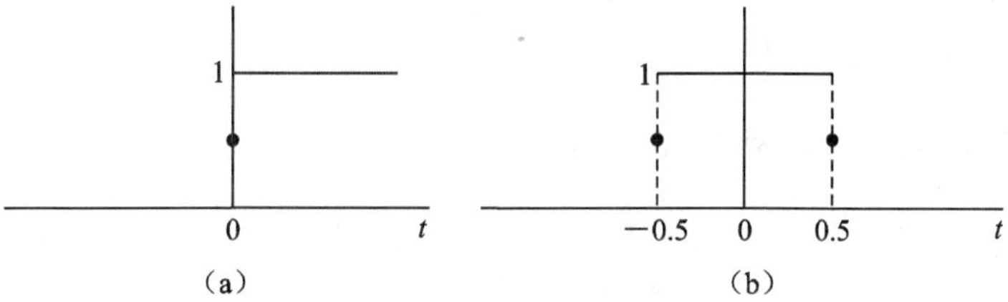

图 1.10　(a)阶跃函数；(b)矩形函数

狄拉克梳函数　狄拉克梳函数由周期分布的 $\delta(t)$函数形成，其在采样中有重要应用。

$$\mathrm{III}(t)=\sum_{n=-\infty}^{\infty}\delta(t-n)\tag{1.29}$$

梳函数的图像如图 1.11 所示。

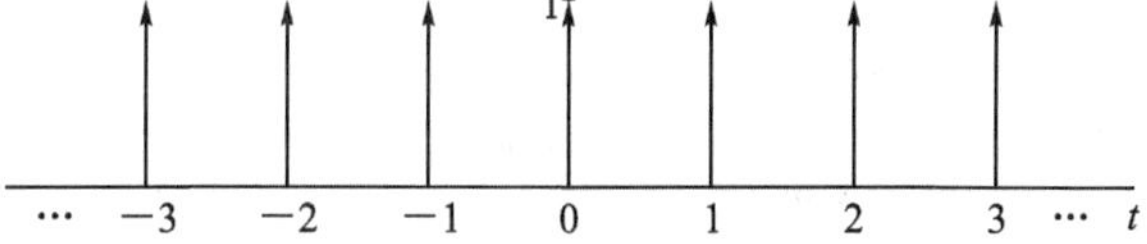

图 1.11　梳函数或采样函数 $\mathrm{III}(t)$

1.2.3　理想采样 13

为了在数字系统里处理连续时间信号，常常需要将模拟信号进行模/数(A/D)转换。该过程将模拟信号在时间上和空间上映射为一套离散值。

均匀采样是对模拟信号进行周期间隔采样的结果。因为一般没有必要关心两个连续采样的时间间隔，本书统一使用了单位采样的概念。假定每个采样的时间宽度接近 0，则这些采样值可表述为一系列的脉冲函数。例如，单位采样时，连续时间模拟信号 $f(t)$ 可表述为

$$f(t)\mathrm{III}(t) = \{f(n)\} = \sum_{n=-\infty}^{\infty} f(n)\delta(t-n) \tag{1.30}$$

其中

$$f(n) = f(t)\big|_{t=n},\ n \in \mathbb{Z} \tag{1.31}$$

如图 1.12 所示，采样信号由一系列等间隔的脉冲函数组成，其权重表示了原信号在采样点的值。

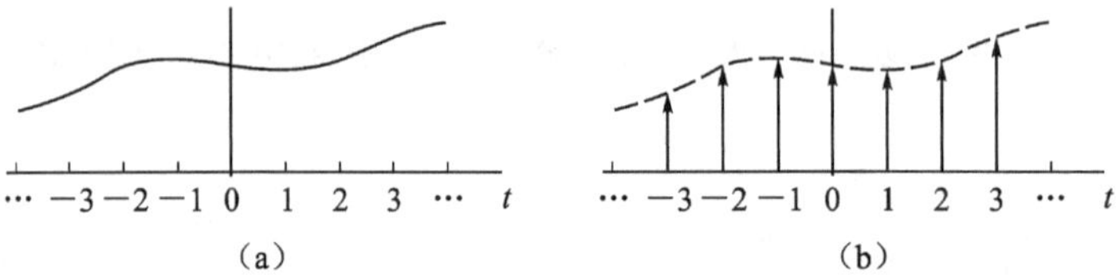

图 1.12 (a)连续时间信号；(b)单位采样信号

由于狄拉克函数的特性，采样后的连续函数，仅保留了在离散时间上的观测值 $\{t: t=n, n\in \mathbb{Z}\}$。因此，采样信号 $f(t)\mathrm{III}(t)$ 通常采用离散数据序列表示为

$$\{f(n)\} = \{f(0), f(1), f(2), \cdots\} \tag{1.32}$$

一般来说，如果在采样过程中没有满足一定的条件，采样信号与对应的连续时间信号相比，包含的信息较少。该条件即为下面要讨论的奈奎斯特-香农采样定理。

14 ### 1.2.4 奈奎斯特-香农采样定理

奈奎斯特-香农定理的第一部分内容指出，如果采样频率大于带限信号 $f(t)$ 带宽的 2 倍，则该信号中频率低于 F_0(Hz)的谱量可完全由其采样信号确定，即

$$\frac{1}{T_s} > 2F_0 \tag{1.33}$$

$2F_0$ 即为奈奎斯特采样频率，将该条件写为角频宽 B 形式为

$$B = 2\pi F_0 < \frac{\pi}{T_s} \tag{1.34}$$

在单位采样时(按照条纹图分析常用的假定)，上式可简化为

$$B < \pi \tag{1.35}$$

奈奎斯特-香农定理第二部分内容表述为：带限连续信号 $f(t)$，可由其相应的离散采样信号 $\{f(n)\}$，用下面插值函数公式进行重建：

$$f(t) = \sum_{n=-\infty}^{\infty} f(n)\,\mathrm{sinc}(t) \tag{1.36}$$

这里 $\mathrm{sinc}(t)=[\sin(\pi t)]/(\pi t)$。上述分析表明，在一定条件下，模拟信号与其离散信号可以含有相同的信息。

后面，若无明确说明，本书假定所讨论的离散函数，均满足奈奎斯特条件[方程(1.33)～方程(1.35)]。由于奈奎斯特-香农定理两部分内容的证明与离散信号的频谱特点有关，因

此将该部分内容置于 1.5.1 节介绍的傅里叶变换之后。下面将继续讨论数字线性系统理论的内容。

1.3　线性时不变系统

本节讨论应用于现代条纹分析的线性时不变系统基本理论，关于更详尽的内容建议参见文献[23]、[24]。

1.3.1　定义和特性 15

系统定义为输入(激励)信号与输出(响应)信号物理作用过程的数学模型。

设 $I(\cdot)$和 $f(\cdot)$分别为系统的输入信号和输出信号，则系统可视为 $I(\cdot)$与 $f(\cdot)$间的变换(或映射)，其数学上表示为

$$\mathbf{L}\{I(\cdot)\} = f(\cdot) \tag{1.37}$$

这里 $\mathbf{L}\{\cdot\}$代表了定义的映射算子，即将 $I(\cdot)$变换到 $f(\cdot)$的映射。设输入 $I(t)$和输出 $f(t)$为连续时间信号，则称该系统为连续时间系统[如图 1.13(a)所示]。同样，如果输入信号和输出信号分别为离散时间信号或序列：$\{I(n)\}$和$\{f(n)\}$，则该系统称为离散时间系统[如图 1.13(b)所示]。

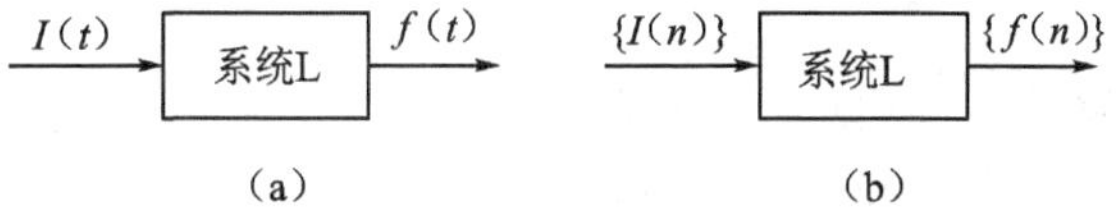

图 1.13　(a)连续时间线性系统；(b)离散时间线性系统

如果算子 $\mathbf{L}\{\cdot\}$满足下面条件则称其为线性算子，并将用线性算子表述的系统称为线性系统：即，若 $\mathbf{L}(I_1)=f_1$，$\mathbf{L}(I_2)=f_2$，则有

$$\mathbf{L}(\alpha_1 I_1 + \alpha_2 I_2) = \alpha_1 f_1 + \alpha_2 f_2 \tag{1.38}$$

这里 a_1 和 a_2 为任意标量，方程(1.38)反映了线性系统的叠加特性。

如果输入信号在时间轴上发生了时移，并只引起输出产生相应的时移，则该系统称为时不变系统。对于连续时间信号，若系统是时不变的，则对于任何实数 t_0，满足

$$\mathbf{L}[I(t-t_0)] = f(t-t_0) \tag{1.39}$$

如果系统是线性的，且是时不变的[方程(1.38)～方程(1.39)]，则称其为线性时不变系统。

1.3.2　线性时不变系统的单位脉冲响应

在信号处理中，动态系统的单位脉冲响应函数指的是，输入信号为单位脉冲函数时系统的输出。在连续时间系统中，单位脉冲函数可建模为 $\delta(t)$函数：

$$\mathrm{h}(t) = \mathbf{L}\{\delta(t)\} \tag{1.40}$$

线性时不变系统可完全由其脉冲响应进行表征。如果已知输入函数，输出函数可由输入函数和脉冲响应函数计算得到。例如，假定输入 $I(t)$是采样函数，则有 16

$$f(t) = \mathbf{L}\left\{I(t)\sum_{n=-\infty}^{\infty}\delta(t-n)\right\} = \mathbf{L}\left\{\sum_{n=-\infty}^{\infty}I(n)\delta(t-n)\right\} \tag{1.41}$$

由于系统是线性的，因此有

$$f(t)=\sum_{n=-\infty}^{\infty}I(n)\mathbf{L}\{\delta(t-n)\} \tag{1.42}$$

应用时不变条件，可得

$$\mathrm{h}(t-n)=\mathbf{L}\{\delta(t-n)\} \tag{1.43}$$

最后，将方程(1.43)代入方程(1.42)得

$$f(t)=\sum_{n=-\infty}^{\infty}I(n)\mathrm{h}(t-n)=I(t)*\mathrm{h}(t) \tag{1.44}$$

上面结果同样适用于连续信号(未采样时)，其证明过程同方程(1.42)～方程(1.44)。

例：三步均值系统的单位脉冲响应

图 1.14 表述了三步平均系统，其输出 $f(t)$为当前输入 $I(t)$与其前面两个时刻输入的均值，即

$$f(t)=(1/3)[I(t)+I(t-1)+I(t-2)] \tag{1.45}$$

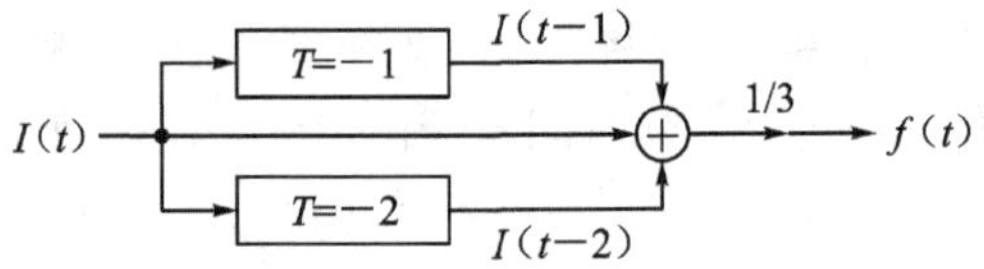

图 1.14 三步均值线性滤波器框图

应用 $\delta(t)$函数的移动特性(见表 1.1)，容易得到

$$\begin{aligned}f(t)&=I(t)*(1/3)[\delta(t)+\delta(t-1)+\delta(t-2)]=I(t)*\mathrm{h}_3(t)\\ \mathrm{h}_3(t)&=(1/3)[\delta(t)+\delta(t-1)+\delta(t-2)]\end{aligned} \tag{1.46}$$

该均值系统在信号处理中具有广泛应用(特别是在降噪时)。由 1.5 节可知，其为归一化的低通滤波器。

例：三步对称均值系统

在数字信号处理中，经常使用均值模板进行低通滤波。例如，图 1.15 的系统表述了输
17 入信号与一维平均模板的卷积运算，其输入的响应表述为

$$\mathrm{h}(x)=(1/3)[\delta(x)+\delta(x-1)+\delta(t+1)] \tag{1.47}$$

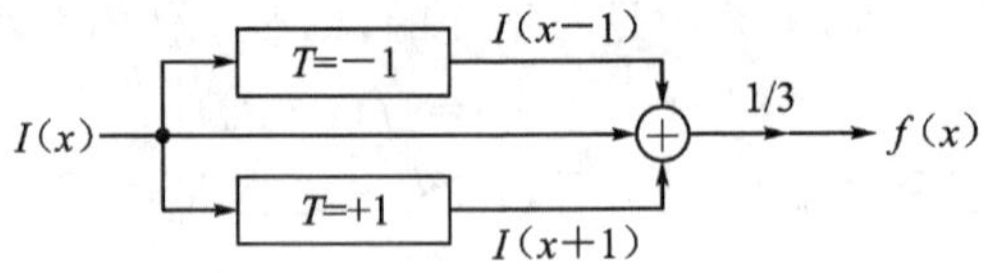

图 1.15 三步均值线性滤波器框图

显然，上面系统与方程(1.46)描述的系统基本上等同，但对称均值系统是非因果的：其每一像素的输出是其邻域像素(前一个时刻的输入和后一个时刻的输入)的平均。然而，由于目前已广泛使用了延时处理技术，这种非因果性的影响已不重要了。类似地，线性系统理论同样适用于对称的冲击响应和非对称的冲击响应。

1.3.3 稳定判据：有界输入有界输出

“有界输入有界输出”(BIBO)判据是线性系统研究中广泛应用的稳定判据。该判据指

出如果输入是有界的：

$$|I(\cdot)| \leqslant k_1 \tag{1.48}$$

其相应的输出亦是有界的：

$$|f(\cdot)| \leqslant k_2 \tag{1.49}$$

则该系统是稳定的。这里 k_1 和 k_2 为有限实常数。

对于离散时不变线性系统，输出 $f(t)$可表示为输入信号 $I(t)$与系统脉冲响应 $\mathrm{h}(t)$的卷积。在有界输入有界输出稳定条件下，有

$$|f(t)| = \left|\sum_{n=-\infty}^{\infty} I(n)\mathrm{h}(t-n)\right| \leqslant \sum_{n=-\infty}^{\infty} |I(n)|\,|\mathrm{h}(n)| \tag{1.50}$$

上面脉冲响应方程应用了三角不等式和时不变的特性。将其代入有界输入条件[方程(1.48)]得

$$|f(t)| \leqslant k_1 \sum_{n=-\infty}^{\infty} |\mathrm{h}(n)| \tag{1.51}$$

另外，由于假定输出也是有界的，因此当且仅当系统的脉冲响绝对可和时，则离散线性时不变系统是有界输入有界输出稳定的，即 18

$$\sum_{n=-\infty}^{\infty} |\mathrm{h}(n)| < \infty \tag{1.52}$$

对于任意数字线性系统，方程(1.52)是判定系统稳定的充分必要条件。类似地，可以证明，当且仅当系统的脉冲响应绝对可积时，则连续线性时不变系统是有界输入有界输出稳定的[23]，即

$$\int_{-\infty}^{\infty} |\mathrm{h}(t)|\,\mathrm{d}t < \infty \tag{1.53}$$

实际中，为了便于分析线性系统，常常需要借助积分变换的方法。因此，分析系统时，除了考虑线性系统的脉冲响应，通常还需建立系统的积分变换，即所谓的传递函数。此时，有界输入有界输出稳定判据可以容易地在变换空间实现，下面章节将对其进行分析。

1.4　数字线性系统的 Z 变换分析

Z 变换是离散时间信号和系统分析的有力工具，其定义与拉普拉斯变换中离散时间部分的内容相对应。使用 Z 变换，可求解常系数差分方程、分析一定输入下线性时不变系统的响应和设计线性滤波器。

在条纹分析中，Surrel[25-27]首次提出将 Z 变换应用于分析相移算法(PSA)(但在其论文中没有清楚地表述公式间的联系)。

1.4.1　定义和特性

双边的拉普拉斯变换定义为

$$\mathcal{L}\{f(t)\} = \int_{-\infty}^{\infty} f(t)\exp(-st)\,\mathrm{d}t \tag{1.54}$$

这里 $s \in \mathbb{C}$，因此 $\exp(s)=\exp(a+\mathrm{i}\omega)=r\exp(\mathrm{i}\omega)$。对采样函数[如方程(1.30)]，进行拉普拉斯变换，可得

$$\begin{aligned}\mathcal{L}\{f(t)\mathrm{III}(t)\} &= \int_{-\infty}^{\infty} f(t)\sum_{n=-\infty}^{\infty}\delta(t-n)\exp(-st)\mathrm{d}t \\ &= \sum_{n=-\infty}^{\infty}\int_{-\infty}^{\infty} f(t)\delta(t-n)\exp(-st)\mathrm{d}t \\ &= \sum_{n=-\infty}^{\infty} f(n)\exp(-sn)\end{aligned} \tag{1.55}$$

19 使用 $z=\exp(s)$ 对上式进行变量替换，即可得离散信号常用的双边 Z 变换为

$$\mathcal{Z}\{f(t)\} = \mathcal{L}\{f(t)\mathrm{III}(t)\}$$

$$F(z) = \sum_{n=-\infty}^{\infty} f(n)z^{-n} \tag{1.56}$$

同样，$f(n)=f(t)\,|_{t=n}$，$z=r\exp(\mathrm{i}\omega)$，对于仅在 $t\geqslant 0$ 有定义的函数 $f(t)$（例如，因果系统），单边的 Z 变换定义为

$$\mathcal{Z}\{f(t)\} = F(z) = \sum_{n=0}^{\infty} f(n)z^{-n} \tag{1.57}$$

应当指出，Z 变换通常应用于分析离散序列 $\mathcal{Z}\{f(n)\}$。然而，本书将其定义拓展至采样函数的拉氏变换。

1.4.2　收敛域

一般来讲，Z 变换为无限级数，因此考虑其收敛性是非常重要的。收敛域（region of convergence，ROC）定义为复平面上的一系列满足 Z 变换求和收敛的点的集合，即

$$\mathrm{ROC} = \left\{z:\left|\sum_{n=-\infty}^{\infty} f(n)z^{-n}\right| < \infty\right\} \tag{1.58}$$

应用三角不等式，上面求和条件可重写为

$$\left|\sum_{n=-\infty}^{\infty} f(n)z^{-n}\right| \leqslant \sum_{n=-\infty}^{\infty}\left|f(n)z^{-n}\right| \tag{1.59}$$

进一步，对右边不等式使用极坐标形式[24]，可得

$$\begin{aligned}\sum_{n=-\infty}^{\infty}\left|f(n)z^{-n}\right| &= \sum_{n=-\infty}^{-1}\left|f(n)r^{-n}\right| + \sum_{n=0}^{\infty}\left|f(n)r^{-n}\right| \\ &= \sum_{n=1}^{\infty}\left|f(-n)r^{-n}\right| + \sum_{n=0}^{\infty}\left|f(n)r^{-n}\right|\end{aligned} \tag{1.60}$$

如果方程(1.60)的第一项收敛，则必然存在一区域满足 $\{f(-n)r^{n}\}$ 绝对可和，即该区域上的点在复平面上位于半径为 r_1 的圆内。另一方面，如果第二项求和收敛，则必然存在一区域满足序列 $\{f(n)r^{-n}\}$ 绝对可和，同样，该区域上的点在复平面上位于半径为 r_2 的圆内。因此，上式两部分求和项的收敛域可表示为 $r_2<r<r_1$ 构成的环形区域。根据上面不等式组
20 (1.58)～(1.60)可知，该环形区域同时也满足 $|F(z)|$ 的收敛。因而，通常，Z 变换的收敛域可表述为下面形式：

$$\mathrm{ROC} = \{z:|F(z)|<\infty\} = \{z:r_2<|z|<r_1\} \tag{1.61}$$

例：有限时间序列的 Z 变换

考虑序列 $\{f(n)\}$，当 $n_1<n<n_2$ 时，满足 $f(n)\neq 0$，因此有

$$F(z)=\sum_{n=n_1}^{n_2} f(n)z^{-n} \tag{1.62}$$

上式若是收敛的,则要求在 $n_1<n<n_2$ 上满足:$|f(n)|<\infty$。这样 z 的取值可取除了 $z=\infty(n_1<0)$ 且 $z=0(n_2>0)$ 以外的所有值。因此可得,有限时间序列的收敛域为 $0<|z|<\infty$,其中包含了 $z=\infty$ 或 $z=0$ 的情况。

1.4.3　Z 变换的极点和零点

实际中,一般的信号或系统都具有 Z 变换,即其 Z 变换为以 z 为自变量的有理函数:

$$F(z)=\frac{B(z)}{A(z)}=\frac{\sum_{k=0}^{q} b_k z^{-k}}{\sum_{k=0}^{p} a_k z^{-k}} \tag{1.63}$$

将式(1.63)的分母 $A(z)$ 和分子 $B(z)$ 的多项式进行因式分解,则采用有理函数形式,Z 变换可表示为

$$F(z)=c_0\frac{\prod_{k=1}^{q}(1-\beta_k z^{-1})}{\prod_{k=1}^{q}(1-\alpha_k z^{-1})} \tag{1.64}$$

式(1.64)分子多项式的根 β_k 称为 $F(z)$ 的零点,分母多项式的根 α_k 称为 $F(z)$ 的极点。显然,已知极点、零点以及恒定系数 c_0,可以唯一地确定由有理函数形式表示的 Z 变换 $F(z)$。因此,$F(z)$ 可以由极点和零点明确地表征。而采用图形的形式表示 $F(z)$ 时,即为所谓的位于 z 平面的极点-零点图。通常在极点-零点图中,极点的位置用×标记,零点的位置用○标记,而把 z 平面上相应于收敛域的区域标记为阴影。对于含有多个极点和零点时(m 阶),为了表示清楚,还需要在其附近分别进行数字编号($m>1$)。

例:指数函数的 Z 变换

离散时间指数函数在 $t>0$ 时,可定义为:$f(t)\mathrm{III}(t)=\sum_{n=0}^{\infty} a^n\delta(t-n)$。根据方程
(1.56)的定义,其 Z 变换为　21

$$\begin{aligned}F(z)&=\sum_{n=-\infty}^{\infty} f(n)z^{-n}=\sum_{n=0}^{\infty}(a/z)^n\\&=\frac{1}{1-(a/z)}=\frac{z}{z-a}\end{aligned} \tag{1.65}$$

显然,当 $|(a/z)|<1$ 时,式(1.65)是收敛的。因此,其收敛域为复平面上由方程 $|z|=|a|$ 表示的圆以外的所有点,如图 1.16 所示。应当注意,如果 $|a|<1$ 时,则单位圆在收敛域内。

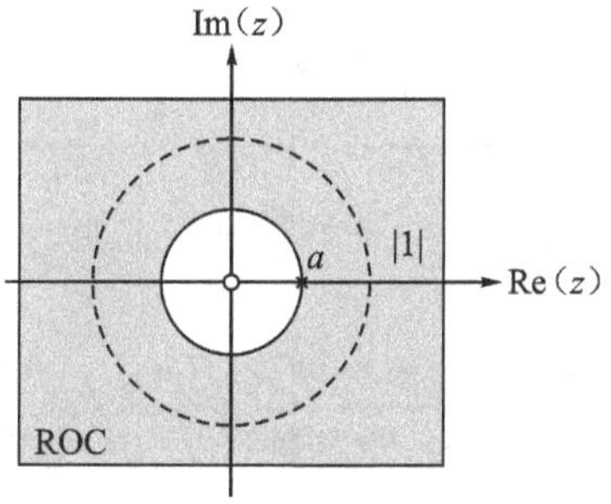

图 1.16　当 $|a|<1$ 时,方程(1.65)的极点-零点图

1.4.4 Z 的反变换

Z 的反变换定义为

$$\{f(n)\}=\mathcal{Z}^{-1}\{F(z)\}=\frac{1}{\mathrm{i}2\pi}\oint_C F(z)z^{n-1}\mathrm{d}z \tag{1.66}$$

式中：C 为逆时针绕原点的闭合路径，且 $F(z)$ 的极点全部位于收敛域内。然而，实际中，很少采用路径积分的方法[方程(1.66)]求解 Z 的反变换，而是采用代数运算的方法(如：部分分式展开)求解 Z 的反变换。表 1.2、表 1.3 分别总结了 Z 变换的特性以及常用的 Z 变换对[28]。

22 **表 1.2 Z 变换的特性**

时域	z 域	收敛域
$f(t)$	$F(z)$	R
$f_1(t)$	$F_1(z)$	R_1
$f_2(t)$	$F_2(z)$	R_2
$af_1(t)+bf_2(t)$	$aF_1(z)+bF_2(z)$	$R_1\cap R_2$
$f(t-k)$	$z^{-k}F(z)$	$R\cap\{0<\lvert z\rvert<\infty\}$
$z_0^t f(t)$	$F(z/z_0)$	$\lvert z_0\rvert R$
$\mathrm{e}^{\mathrm{i}\omega_0 t}f(t)$	$F(\mathrm{e}^{\mathrm{i}\omega_0}z)$	R
$f(-t)$	$F(1/z)$	$1/R$
$tf(t)$	$-zF'(z)$	R
$f_1(t)*f_2(t)$	$F_1(z)F_2(z)$	$R_1\cap R_2$

表 1.3 常用 Z 变换对

时域	z 域	收敛域
$\delta(t)$	1	所有的 z
$a^n u(t)\mathrm{III}(t)$	$\dfrac{z}{a-z}$	$\lvert z\rvert>\lvert a\rvert$
$ta^t u(t)\mathrm{III}(t)$	$\dfrac{az^{-1}}{(1-az^{-1})^2}$	$\lvert z\rvert>\lvert a\rvert$
$\cos(\omega_0 t)u(t)\mathrm{III}(t)$	$\dfrac{1-\cos(\omega_0)z^{-1}}{1-2\cos(\omega_0)z^{-1}+z^{-2}}$	$\lvert z\rvert>\lvert 1\rvert$
$\sin(\omega_0 t)u(t)\mathrm{III}(t)$	$\dfrac{\sin(\omega_0)z^{-1}}{1-2\cos(\omega_0)z^{-1}+z^{-2}}$	$\lvert z\rvert>\lvert 1\rvert$

为了表述清楚，下面对表 1.2 中的一个特性进行证明。

例：时移运算的 Z 变换

现考虑经采样模拟信号 $f(t)$ 获得的离散序列：$\{f(n)\}=f(t)\mathrm{III}(t)$，其中 $n=\{0,1,2,\cdots\}$。设 $\{f(n-k)\}$ 为具有时移 k 的采样序列，对其进行 Z 变换，得到

$$\mathcal{Z}\{f(t-k)\}=\sum_{n=-\infty}^{\infty}f(n-k)z^{-n} \tag{1.67}$$

当进行移位变量替换时，即取 $j=n-k$，得

$$\mathcal{Z}\{f(t-k)\} = z^{-k}\sum_{j=-\infty}^{\infty} f(j)z^{-j} = z^{-k}F(z) \tag{1.68}$$

可见，当 $z=0, k>0$ 或 $z=\infty, k<0$ 时，$z^{-k}F(z)$ 与 $F(z)$ 的收敛域相同。

1.4.5　线性时不变系统在 z 域的传递函数

如 1.3 节所述，线性时不变系统在时域可描述为[如方程(1.44)]：

$$f(t) = I(t) * \mathrm{h}(t) \tag{1.69}$$

$I(t)$、$f(t)$ 和 $\mathrm{h}(t)$ 分别为输入、输出和系统的脉冲响应。对上式进行 Z 变换并应用卷积特性(见表 1.2)得 23

$$F(z) = I(z)H(z) \tag{1.70}$$

此时，由于方程(1.70)为代数方程，因此可得比率关系：$F(z)/I(z)$，进而可得线性时不变系统的传递函数为

$$\frac{F(z)}{I(z)} = H(z) \tag{1.71}$$

根据定义可知，传递函数 $H(z)$ 为脉冲响应函数 $\mathrm{h}(t)$ 的 Z 变换，因此有

$$H(z) = \frac{F(z)}{I(z)} = \sum_{n=-\infty}^{\infty} \mathrm{h}(n)z^{-n} \tag{1.72}$$

由方程(1.71)和方程(1.72)可知，传递函数 $H(z)$ 的 Z 变换一般为有理函数。因此，其极点的位置定义了相应的收敛域[方程(1.63)和方程(1.64)]。为了进一步说明，本节最后将给出一些例子及大量的线性滤波器，并对其进行分析。

1.4.6　稳定性的 Z 变换判据

如在 1.3.3 节所述，如果离散线性系统的脉冲响应函数 $\mathrm{h}(t)$ 绝对可和，则其为有界输入有界输出(BIBO)稳定，即[方程(1.52)]

$$\sum_{n=-\infty}^{\infty} |\mathrm{h}(n)| < \infty \tag{1.73}$$

由方程(1.72)和方程(1.73)易知，BIBO 稳定判据在 z 域上，等同于传递函数 $F(z)$ 在 z 域的单位圆内绝对可和：

$$\left\{\sum_{n=-\infty}^{\infty} |\mathrm{h}(n)| = \sum_{n=-\infty}^{\infty} |\mathrm{h}(n)z^{-n}|_{z\in U}\right\} < \infty \tag{1.74}$$

这里单位圆定义为

$$U(z) = \{z: |z| = 1\} \tag{1.75}$$

换句话讲，当且仅当线性系统传递函数的收敛域在单位圆内时，则其为 BIBO 稳定。进一步，根据 ROC 的定义[见方程(1.58)]可证明，对于因果系统而言，当且仅当其传递函数所有极点位于单位圆内时，则该系统为 BIBO 稳定。单位圆内定义为

$$\overline{U}(z) = \{z: |z| < 1\} \tag{1.76}$$

例：数字递归滤波器稳定性分析

考虑图 1.17 所示的二阶递归滤波器，其差分方程为 24

$$f(t) = I(t) - \eta[2f(t) - f(t-1) - f(t-2)] \tag{1.77}$$

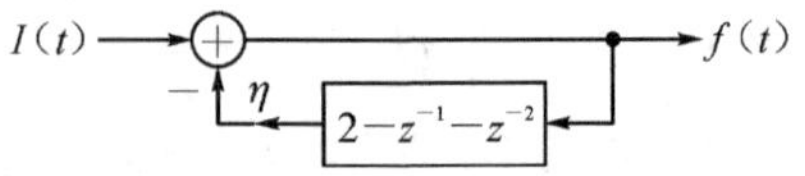

图 1.17　二阶递归滤波器框图

对上面方程取 Z 变换，并应用时移特性(见表 1.2)易得

$$H(z)=\frac{F(z)}{I(z)}=\frac{1}{1+\eta(2-z^{-1}-z^{-2})}=\frac{z^2}{(1+2\eta)z^2-\eta z-\eta} \tag{1.78}$$

如图 1.18 所示，由上式分母的二次多项式可知，当 $0<\eta<\infty$，$H(z)$的极点均位于单位圆内 $U(z)$。可见，由于单位圆为 $H(z)$的收敛域的一部分，因此，其为 BIBO 稳定。

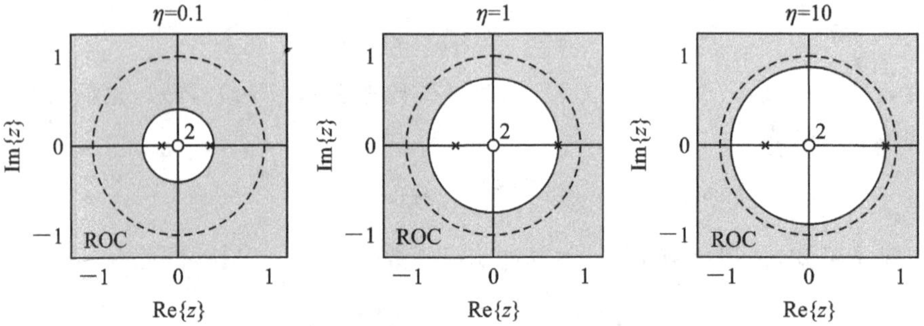

图 1.18　二阶递归滤波器的极点-零点图($\eta=0.1,1,10$)。当 $\eta\gg1$ 时，每一极点分别逐渐接近 $-1/2$ 和 1

1.5　数字线性时不变系统的傅里叶分析

本节将利用傅里叶变换的方法分析信号与系统。傅里叶变换可将信号在时域的表达形式变换至与其对应的频域，即得到其频谱。与大多数教材相同，这里的傅里叶变换指的是变换运算及其产生的复变函数[29]。

25 ### 1.5.1　傅里叶变换的定义及特性

可积函数的傅里叶变换的定义有多种形式。在本书中，对于连续时间信号的傅里叶变换的正变换和反变换采用下面的定义：

$$\mathcal{F}\{f(t)\}=F(\omega)=\int_{-\infty}^{\infty}f(t)\exp(-\mathrm{i}\omega t)\,\mathrm{d}t \tag{1.79}$$

$$\mathcal{F}^{-1}\{f(\omega)\}=\frac{1}{2\pi}\int_{-\infty}^{\infty}F(\omega)\exp(-\mathrm{i}\omega t)\,\mathrm{d}\omega \tag{1.80}$$

关于傅里叶变换[方程(1.79)]及其反变换[方程(1.80)]存在的条件涉及内容较多，本书不进行该内容的讨论，感兴趣的读者可参阅有关书籍。然而，有必要强调，若傅里叶变换存在，对于连续时间信号 $f(t)$须满足绝对可积条件：

$$\int_{-\infty}^{\infty}|f(t)|\,\mathrm{d}t<\infty \tag{1.81}$$

式(1.81)为傅里叶变换$\mathcal{F}\{f(t)\}$存在的充分条件。为了方便读者理解，表 1.4 给出了傅里叶变换的一些有用的性质，表 1.5 为常用的傅里叶变换对。

表 1.4　常用数学运算的傅里叶变换

性质	时域	频域
线性性	$af_1(t)+bf_2(t)$	$aF_1(\omega)+bF_2(\omega)$
翻转性	$f(-t)$	$F(-\omega)$
对称性	$F(t)$	$f(-\omega)$
尺度性	$f(at)$	$(1/\|a\|)F(\omega/a)$
时移性	$f(t-t_0)$	$F(\omega)\exp(-\mathrm{i}\omega t_0)$
时域微分性	$f^{(n)}(t)$	$(\mathrm{i}\omega)^n F(\omega)$
频移性	$f(t)\exp(\mathrm{i}\omega t_0)$	$F(\omega-\omega_0)$
时域卷积	$f(t)*h(t)$	$F(\omega)H(\omega)$
频域卷积	$f(t)h(t)$	$F(\omega)*H(\omega)$
能量	$\int_{-\infty}^{\infty}\|f(t)\|^2 dt$	$\int_{-\infty}^{\infty}\|F(\omega)\|^2 \mathrm{d}\omega$

表 1.5　常用傅里叶变换对

时间函数 $f(t)$	变换 $F(\omega)$
1	$\delta(\omega)$
$\exp(\mathrm{i}\omega_0 t)$	$\delta(\omega-\omega_0)$
$\cos(\omega_0 t)$	$(1/2)[\delta(\omega-\omega_0)+\delta(\omega+\omega_0)]$
$\sin(\omega_0 t)$	$(1/2\mathrm{i})[\delta(\omega-\omega_0)-\delta(\omega+\omega_0)]$
$\exp(-\pi t^2)$	$\exp(-\pi\omega^2)$
$\mathrm{II}(t)=\mathrm{rect}(t)$	$\mathrm{sinc}(\omega)=\sin(\pi\omega)/(\pi\omega)$
$\delta(t-t_0)$	$\exp(-\mathrm{i}\omega t_0)$
$\sum_{n=-\infty}^{\infty}\delta(t-n)$	$\sum_{n=-\infty}^{\infty}\delta(\omega-2\pi n)$

1.5.2　离散时间傅里叶变换

对于采样信号进行傅里叶变换时，需要将方程(1.79)离散化，则离散时间傅里叶变换(discrete-time Fourier transform，DTFT)的形式为

$$\mathcal{F}\{f(t)\mathrm{III}(t)\}=\mathcal{F}\{\sum_{n=-\infty}^{\infty}f(n)\delta(t-n)\}$$ 26

$$=\sum_{n=-\infty}^{\infty}\int_{-\infty}^{\infty}f(n)\delta(t-n)\exp(-\mathrm{i}\omega t)\mathrm{d}t$$

$$F(\omega)=\sum_{n=-\infty}^{\infty}f(n)\exp(-\mathrm{i}\omega n) \tag{1.82}$$

由方程(1.82)可知，采样信号(或离散序列)的傅里叶变换在频域上是周期的、连续的。

还应指出，如果离散序列$\{f(n)\}$是绝对可和的，则分析方程(1.82)是收敛的，即

$$\sum_{n=-\infty}^{\infty}|f(n)|<\infty \tag{1.83}$$

式(1.83)是离散时间傅里叶变换存在的充分条件。

1.5.3 离散时间傅里叶变换与 Z 变换之间的关系

前已述及，离散时间傅里叶变换可看作 Z 变换的特例。为了进一步对其说明，在 Z 变换中采用 $z=r\exp(\mathrm{i}\omega)$进行变量替换，得

$$\begin{aligned}F(z)&=\sum_{n=-\infty}^{\infty}f(n)\left[r\exp(\mathrm{i}\omega)\right]^{-n}\\&=\sum_{n=-\infty}^{\infty}\left[f(n)r^{-n}\right]\exp(-\mathrm{i}\omega n)=\mathcal{F}\{f(n)r^{-n}\}\end{aligned} \tag{1.84}$$

式(1.84)表明，Z 变换可看作是采用了指数权重序列的离散时间傅里叶变换。同样，离
27 散时间傅里叶变换可视为在单位圆$U(z)=\{z:|z|=1\}$上的 Z 变换，即

$$F(z)|_{z\in U}=\sum_{n=-\infty}^{\infty}f(n)\exp(\mathrm{i}\omega)=F(\omega) \tag{1.85}$$

当然，上面的结果均假定$U(z)$是$F(z)$的收敛域的一部分。其关系如图 1.19 所示。

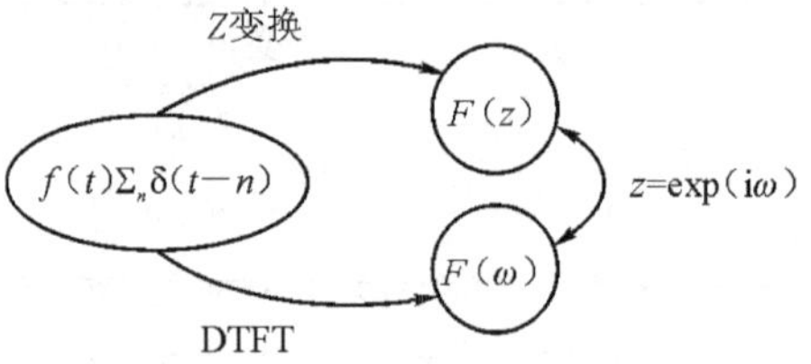

图 1.19 离散时间傅里叶变换与 Z 变换之间的关系

1.5.4 采样定理的频域解释

如 1.2.4 节所述，N－S 采样定理由两部分内容组成。由第一部分可知，对于带限信号$f(t)$，如果采样频率$1/T_s$大于其带宽的 2 倍，则$f(t)$完全可由其采样信号确定：

$$\frac{1}{T_s}>2F_0 \tag{1.86}$$

或在单位采样条件下[方程(1.35)]，由角带宽表示：

$$B<\pi \tag{1.87}$$

此即为所谓的奈氏采样定理。该定理第一部分内容可从概念上证明如下：

$$\mathcal{F}\{f(t)\}=F(\omega)=0,\ |\omega|>B \tag{1.88}$$

假定采用单位采样，离散序列$\{f(n)\}$的离散时间傅里叶变换表述为

$$\mathcal{F}\{f(t)\mathrm{III}(t)\}=F(\omega)*\sum_{n=-\infty}^{\infty}\delta(\omega-2\pi n)=\sum_{n=-\infty}^{\infty}F(\omega-2\pi n) \tag{1.89}$$

即：采样函数的频谱将沿着频率轴每隔一个采样频率 2π，重复出现一次，产生了周期延拓。可见，如果满足方程(1.86)和方程(1.87)条件，该频谱不会产生交叠。因此，$F(\omega)$可由其离散傅里叶变换后的频谱，经低通滤波重建：

$$\mathrm{II}(\omega/2\pi)\,\mathcal{F}\{f(t)\mathrm{III}(t)\}=\mathrm{II}(\omega/2\pi)\sum_{n=-\infty}^{\infty}F(\omega-2\pi n)=F(\omega) \tag{1.90}$$

上面的理想滤波过程在时域表述为 28

$$f(t)=\frac{\sin(\pi t)}{\pi t}*\sum_{n=-\infty}^{\infty}f(n)\delta(t-n)=\sum_{n=-\infty}^{\infty}f(n)\operatorname{sinc}(t-n) \tag{1.91}$$

式(1.91)即为方程(1.36)表示的插值公式,此同为采样定理的第二部分内容。

另一方面,若采样不满足奈氏定理,又称为欠采样,则采样函数的频谱产生了频谱交叠,由于这种谱畸变的作用,此时,模拟信号的频谱无法分离。该过程见图 1.20。

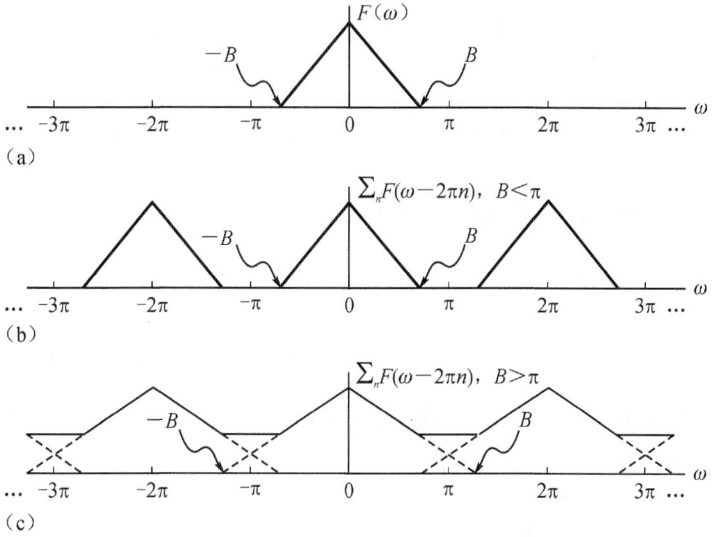

图 1.20　(a)带限模拟信号的频谱;(b)奈氏采样下其离散信号的频谱;(c)欠采样时的频谱

综上所述,采样信号的频谱,由模拟信号的频谱移动了 2π 整数倍后累加而成。如果模拟信号在采样过程中满足奈氏定理,则该模拟信号可由其相应的采样信号在频域通过低通滤波(或经在时域外插的方法)重建。然而,若不满足采样定理(欠采样)时,则复现的频谱发生交叠,从而产生了畸变。

1.5.5　混叠:欠采样 29

混叠是指由于欠采样致使不同的信号无法区分。即,如果存在两个不同的连续信号,采样后其可能具有相同的采样序列(至少其中一个信号的时域采样没有满足采样定理),则称为信号彼此之间发生了混叠。

实测的信号长度是有限的,且其频率成分是没有上限的[24]。因此,奈氏定理在实际应用中是不能严格满足的,需要忽略较小的混淆作用。

正弦信号混叠　为了描述混叠作用,考虑下面模拟正弦信号:

$$\begin{aligned}f_1(t)&=\cos(\omega_1 t)\\ f_2(t)&=\cos(\omega_2 t)\end{aligned} \tag{1.92}$$

其傅里叶变换为

$$F_1(\omega) = (1/2)[\delta(\omega + \omega_1) + \delta(\omega - \omega_1)]$$
$$F_2(\omega) = (1/2)[\delta(\omega + \omega_2) + \delta(\omega - \omega_2)] \tag{1.93}$$

若其角频率满足如下关系式：

$$\omega_2 = \omega_1 + 2\pi \tag{1.94}$$

则采用单位采样的方法，对这两个信号采样时，可得到相同的采样数据，如图 1.21 所示(其中 $\omega_1 = 2\pi/3$)。

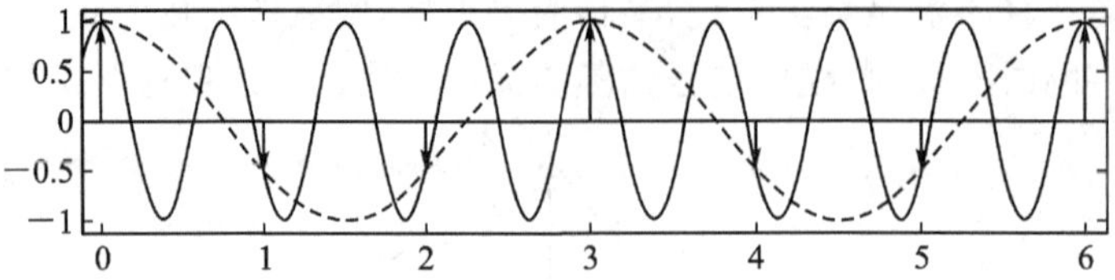

图 1.21　两个不同的连续信号具有相同的采样信号

进一步，$f_2(t)$的离散时间傅里叶变换表述为

$$\mathcal{F}\{f_2(t)\text{III}(t)\} = \sum_{n=-\infty}^{\infty} \cos[(\omega_1 + 2\pi)n]\exp(-\text{i}\omega n)$$
$$= \sum_{n=-\infty}^{\infty} \cos(\omega_1 n)\exp(-\text{i}\omega n) = \mathcal{F}\{f_1(t)\text{III}(t)\} \tag{1.95}$$

因此，即使上面两个正弦信号在时域完全不同，但由于其采样信号数据相同，因而，二者具有相同的离散时间傅里叶变换，如图 1.22 所示。

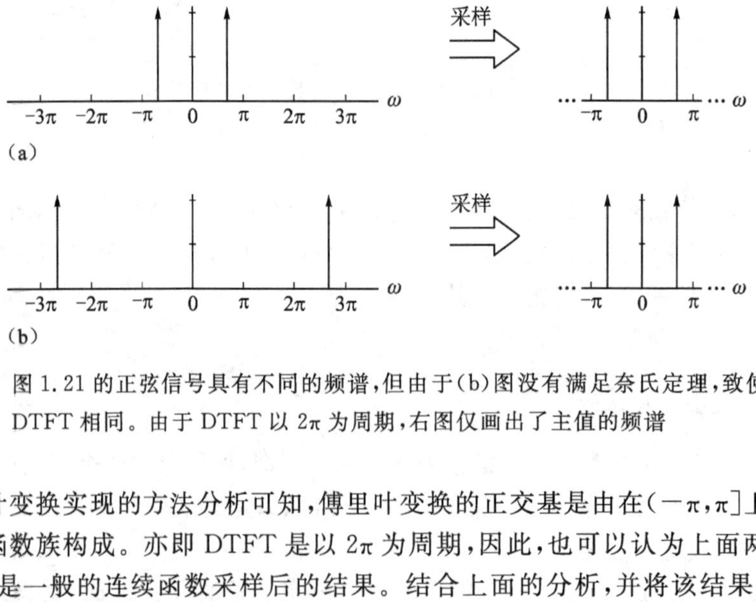

图 1.22　图 1.21 的正弦信号具有不同的频谱，但由于(b)图没有满足奈氏定理，致使二者的 DTFT 相同。由于 DTFT 以 2π 为周期，右图仅画出了主值的频谱

30 对傅里叶变换实现的方法分析可知，傅里叶变换的正交基是由在$(-\pi,\pi]$上满足 2 次方可积的正弦函数族构成。亦即 DTFT 是以 2π 为周期，因此，也可以认为上面两个正弦函数的离散形式，是一般的连续函数采样后的结果。结合上面的分析，并将该结果进一步拓展，可以对混淆问题进行更一般的解释，从而，以方便地理解条纹分析中存在的很多问题，如：高次谐波歪曲、包裹相位不一致等。

> 在任意连续信号的采样过程中，角频率为：$\{\omega: |\omega| > \pi\}$的谱量的能量，将会被分布在主值区间$(-\pi,\pi]$上的混叠信号中。

抗-混叠滤波　采样前，在很多信号处理领域，通常需要对连续信号进行低通滤波处理，从而限制连续信号的带宽，以保证采样过程满足奈氏定理(如图 1.23 所示)，其过程称为抗-混叠滤波。

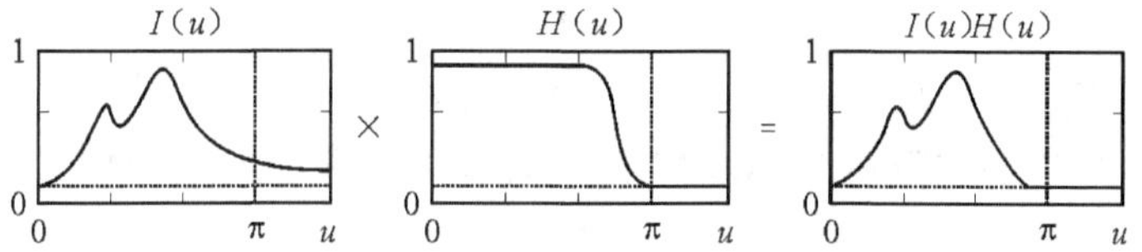

图 1.23　抗-混叠滤波的频域分析，去除那些不满足奈氏定理的频率分量[方程(1.87)]

混叠可以是空域的混叠，也可以是时域的混叠。然而，目前拍摄的一帧图像在二维空间常常可达到数百万个采样点，该条件保证可以忽略空域混叠作用的影响，而且也可以根据需要应用抗-混叠滤波。而在另一方面，对大多数条纹分析技术来讲，特别是相移干涉技术，一 31
般在时域只使用几个采样值，因此，在时域应用抗-混叠滤波是不可行的。

1.5.6　线性时不变系统的频率传递函数

下面采用数学方法对前面线性系统分析的知识进行简要的总结。1.3 节指出线性时不变系统完全可由其脉冲响应函数 $\mathrm{h}(t)$ 进行表征，亦即，对任一输入信号 $I(t)$，其响应 $f(t)$ 可表示为

$$f(t) = I(t) * \mathrm{h}(t) \tag{1.96}$$

对方程(1.96)进行傅里叶变换可得

$$F(\omega) = I(\omega)H(\omega) \tag{1.97}$$

式(1.97)中脉冲响应函数 $\mathrm{h}(t)$ 的傅里叶变换，也就是其频谱 $H(\omega)$，被称为频率传递函数(frequency transfer function，FTF)。通常，可由下面比率的形式表示：

$$H(\omega) = \frac{F(\omega)}{I(\omega)} \tag{1.98}$$

其中 $I(\omega)\neq 0$。与一般的傅里叶变换类似，频率传递函数一般为复变函数：

$$H(\omega) = H_r(\omega) + \mathrm{i}H_i(\omega) \tag{1.99}$$

式(1.99)中的各项具体定义为

$$H_i(\omega) = \mathrm{Im}\{H(\omega)\} \tag{1.100}$$

$$H_r(\omega) = \mathrm{Re}\{H(\omega)\} \tag{1.101}$$

复变函数形式的频率传递函数也可表述为振幅和相位的形式：

$$H(\omega) = |H(\omega)|\exp\{\mathrm{i}\arg[H(\omega)]\} \tag{1.102}$$

其中：

$$|H(\omega)| = \sqrt{[H_i(\omega)]^2 + [H_r(\omega)]^2} \tag{1.103}$$

以 2π 为模的相位为

$$\arg[H(\omega)] = \arctan\left[\frac{H_i(\omega)}{H_r(\omega)}\right] \tag{1.104}$$

在一些场合，特别是进行图形表示时，人们更喜欢实函数的表示形式。当然，尽管方程

(1.100)、方程(1.101)、方程(1.103)和方程(1.104)为实函数形式,但通常采用振幅、相位形式的频率传递函数更有用,原因如下。

32 • 频率传递函数的振幅是时不变的:

$$\mathcal{F}\{\mathrm{h}(t+t_0)\}=H(\omega)\exp(-\mathrm{i}\omega t_0)$$

$$|H(\omega)\exp(-\mathrm{i}\omega t_0)|=|H(\omega)|\;|\exp(-\mathrm{i}\omega t_0)|=|H(\omega)| \tag{1.105}$$

• 通过绘制 $|H(\omega)|$,可容易地找到 $H(\omega)$ 的零点,即在这些频率点处,系统的响应为零:

$$|H(\omega_0)|=0\Leftrightarrow \mathrm{Re}\{H(\omega_0)\}=\mathrm{Im}\{H(\omega_0)\}=0 \tag{1.106}$$

例:三步平均系统的频率传递函数

考虑图 1.24 表示的三步平均系统[见方程(1.46)],其输出 $f(t)$ 为当前输入 $I(t)$ 及其前面两个时刻输入的平均,则该滤波器的脉冲响应为

$$\mathrm{h}(t)=(1/3)[\delta(t)+\delta(t-1)+\delta(t-2)] \tag{1.107}$$

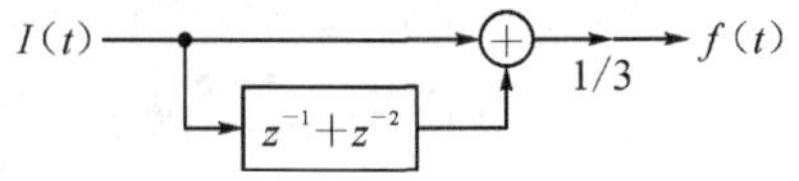

图 1.24 三步平均线性系统框图

由定义可知,其频率传递函数为相应的脉冲响应的傅里叶变换为

$$\mathcal{F}\{\mathrm{h}(t)\}=(1/3)\,\mathcal{F}\{[\delta(t)+\delta(t-1)+\delta(t-2)]\}$$

$$H(\omega)=(1/3)[1+\exp(-\mathrm{i}\omega)+\exp(-\mathrm{i}2\omega)] \tag{1.108}$$

从方程(1.108)分别计算频率传递函数的振幅和相位可得

$$|H(\omega)|=(1/3)\,[3+4\cos(\omega)+2\cos(2\omega)]^{1/2}$$

$$\arg|H(\omega)|=\arctan\left[\frac{\sin(\omega)+\sin(2\omega)}{1+\cos(\omega)+\cos(2\omega)}\right] \tag{1.109}$$

其图像形式如图 1.25 所示。须指出,频率传递函数以 2π 为周期[见方程(1.82)],因此图中仅绘制了主值区间 $(-\pi,\pi)$ 上的曲线。

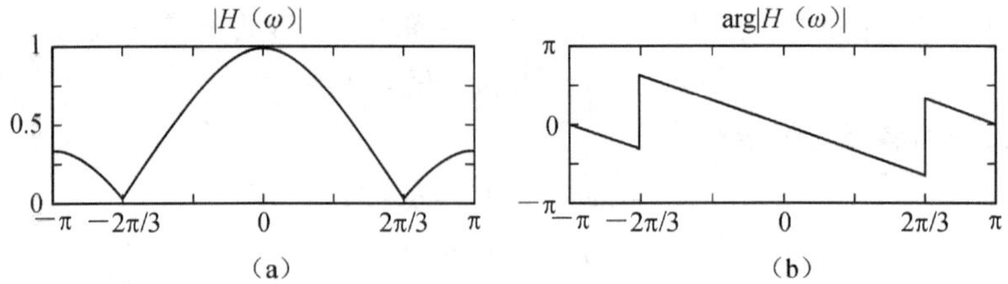

图 1.25 三步平均系统频率传递函数:(a)振幅;(b)相位

由图 1.25 可见,三步平均系统为对称的低通滤波器,最大值出现在 $\omega=0$ 处,零频率响应点在 $\omega=\pm(2\pi/3)$ 处。

频率传递函数线性图和半对数图的要点 在信号处理的一些领域,绘制谱图时,通常使用对数刻度表示纵轴,用线性刻度表示横轴,并将该图称为半对数图。然而在条纹分析中,人们更关心的是频率传递函数阻带区域的特性而不是通带区域的特性。而在半对数图中,

33 由于函数 $\lg(x)$ 在 $x=0$ 处发散,因此其无法描述频率传递函数阻带区域的特性。为了说明

这一点,可考虑下面五步带通滤波器,其脉冲响应函数为

$$\mathrm{h}(t)=(1/8)[\delta(t)-2\mathrm{i}\delta(t-1)-2\delta(t-2)+2\mathrm{i}\delta(t-3)+\delta(t-4)] \tag{1.110}$$

对其进行离散时间傅里叶变换,并分解因式,可得频率传递函数为

$$H(t)=(1/8)[1-\mathrm{e}^{\mathrm{i}\omega}][1-\mathrm{e}^{-\mathrm{i}(\omega-\pi/2)}]^2[1-\mathrm{e}^{\mathrm{i}(w-\pi)}] \tag{1.111}$$

$|H(\omega)|$的线性图和半对数图如图 1.26 所示。

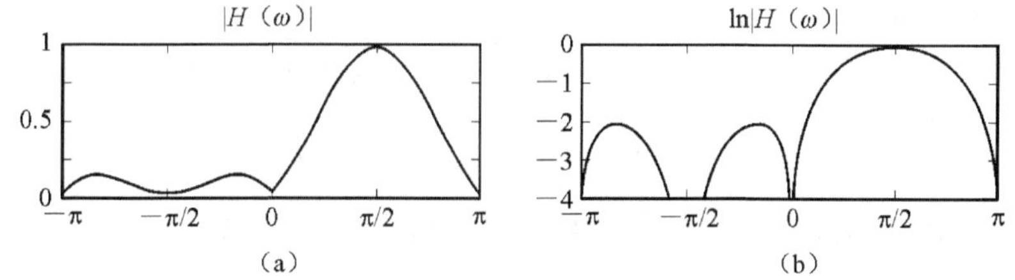

图 1.26　五步带通滤波系统的频率传递函数:(a)线性图;(b)半对数图

由图 1.26 可见,$|H(\omega)|$的通带和阻带区域的特性均可清楚地显示在线性图中,而其阻带区域的特性不能显示在半对数图中。因此,本书中只采用$|H(\omega)|$线性图表述滤波器。

1.5.7　稳定性的频域分析

1.3.3 节指出,如果线性时不变离散系统的脉冲响应绝对可和[见方程(1.52)],则其为有界输入有界输出稳定,如下式:

$$\sum_{n=-\infty}^{\infty}|h(n)|<\infty \tag{1.112}$$

1.4.6 节中表明,当且仅当 z 平面中的单位圆为传递函数收敛域的一部分时,则可满足上面的方程条件。而且[根据方程(1.85)可知],线性时不变系统在单位圆 $U(z)$上的传递函 34
数等于其频率传递函数,即

$$H(z)\Big|_{z\in U}=\sum_{n=-\infty}^{\infty}\mathrm{h}(n)\exp(\mathrm{i}\omega)=H(\omega) \tag{1.113}$$

显然,由于此时$|\exp(\mathrm{i}\omega)|=1$,当且仅当传递函数 $H(\omega)$在 $\omega\in(-\pi,\pi)$区间上绝对可和,则线性时不变系统为 BIBO 稳定:

$$|H(\omega)|\leqslant\Big\{\sum_{n=-\infty}^{\infty}|h(n)\exp(\mathrm{i}\omega)|=\sum_{n=-\infty}^{\infty}|h(n)|\Big\}<\infty \tag{1.114}$$

总之,当且仅当下面条件(或等同条件)满足时,则线性时不变系统是 BIBO 稳定:

- 其脉冲响应$\{\mathrm{h}(n)\}$绝对可和;
- 其频率传递函数 $H(\omega)=\mathcal{F}\{\mathrm{h}(n)\}$绝对可和;
- z 平面上单位圆 $U(z)$为其传递函数 $H(z)=\mathcal{Z}\{\mathrm{h}(n)\}$收敛域的一部分。

1.6　基于卷积的一维线性滤波器

在信号处理中,有限脉冲响应(finite impulse response, FIR)滤波器属于线性系统,其脉冲响应持续时间是有限的,即在有限时间内其响应衰减为零。相比而言,无限脉冲响应(infinite impulse response, IIR)滤波器,由于内部的反馈作用,其响应过程持续且不定。本

节将采用 Z 变换和频率传递函数分析一维 FIR 和 IIR 滤波器，进而通过其频谱特性分析滤波器的稳定性。

1.6.1 一维有限脉冲响应滤波器

对于 FIR 滤波器来讲，其输出可表示为当前输入值与有限个以前时刻输入值的权重和(见图 1.27)，具体可采用下面的算式表述：

$$f(t) = b_0 I(t) + b_1 I(t-1) + \cdots + b_N I(t-N) \tag{1.115}$$

$$= \sum_{n=0}^{N} b_n I(t-n) = I(t)\sum_{n=0}^{N} b_n \delta(t-n) \tag{1.116}$$

这里 N 为滤波器的阶数，$I(t)$为输入信号，$f(t)$为输出信号，b_n 为脉冲响应的滤波系数，则 FIR 滤波器脉冲响应为

$$\mathrm{h}(t) = \sum_{n=0}^{N} b_n \delta(t-n) \tag{1.117}$$

35 对其进行 Z 变换，从而得 FIR 滤波器的传递函数为

$$H(z) = Z\{\mathrm{h}(t)\} = \sum_{n=-\infty}^{\infty} \mathrm{h}(n) z^{-n} = \sum_{n=0}^{N} b_n z^{-n} \tag{1.118}$$

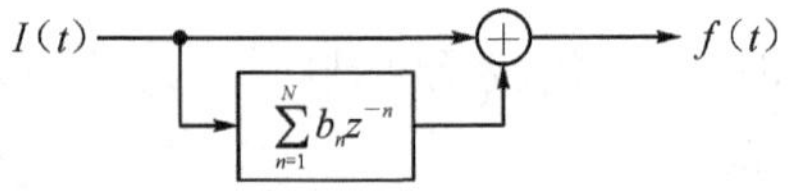

图 1.27 FIR 滤波器的框图

N 阶离散时间 FIR 滤波器的脉冲响应共持续 $N+1$ 个采样值(此时 $b_n \neq 0$)，而后面则衰减为零。由于 FIR 滤波器的收敛域至少在$\{z: 0<|z|<\infty\}$内，则所有的 FIR 滤波均为 BIBO 稳定。

例：三步平均滤波器

现在考虑图 1.28 描述的三步平均系统，其输出 $f(t)$为

$$f(t) = \frac{1}{3}[I(t) + I(t-1) + I(t-2)] \tag{1.119}$$

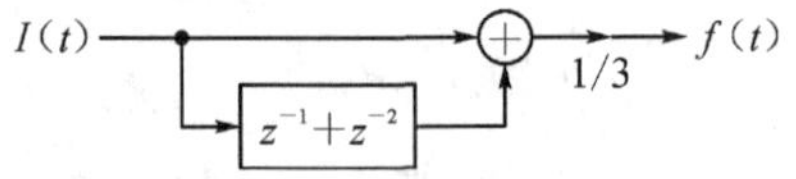

图 1.28 三步平均系统的框图

采用脉冲响应表述为

$$f(t) = I(t) * \mathrm{h}_3(t)$$

$$\mathrm{h}_3(t) = \sum_{n=0}^{2} (1/3)\delta(t-n) \tag{1.120}$$

因此该 FIR 滤波器的脉冲响应 Z 变换后的函数为 $H(z)=F(z)/I(z)$，得

$$H(z) = \mathcal{F}\{\mathrm{h}_3(t)\} = \frac{1}{3}(1+z^{-1}+z^{-2}) = \frac{1}{3z^2}(1+z+z^2) \tag{1.121}$$

由图 1.29(a)可知，假定 $0<|z|\leqslant\infty$，则其收敛域包含单位圆，因此其系统为 BIBO 稳

定。进一步，其频率传递函数 $H(z=e^{i\omega})$ 存在且可表述为

$$H(\omega)=(1/3)[1+\exp(-i\omega)+\exp(-i2\omega)] \tag{1.122}$$

它对应了图 1.29(b)所示的低通滤波器。

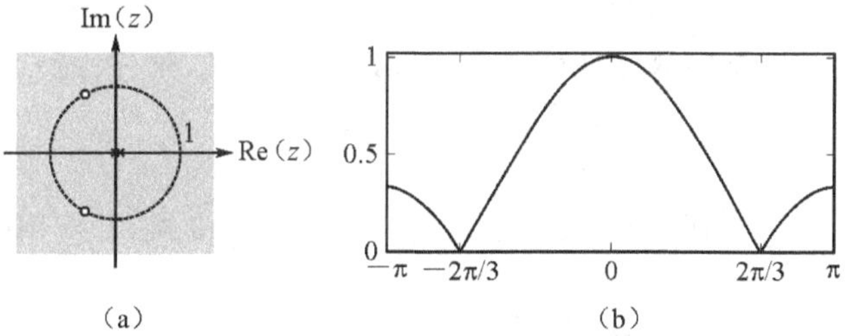

图 1.29　(a)三步平均系统的极点-零点图；(b)频率传递函数的模

例：三步带通(正交)滤波器

下面考虑方程(1.120)表述的三步平均系统，根据傅里叶变换的频移特性(见表 1.4)，若线性系统的频谱发生移动，则其在时域可表示为原脉冲响应与复正弦信号的乘积，即使其转 36
化为带通滤波器(如图 1.30 所示)：

$$h(t)=\exp(i\omega_0 t)\sum_{n=0}^{2}(1/3)\delta(t-n)$$

$$H(\omega)=(1/3)\{1+\exp[-i(\omega-\omega_0)]+\exp[-i2(\omega-\omega_0)]\} \tag{1.123}$$

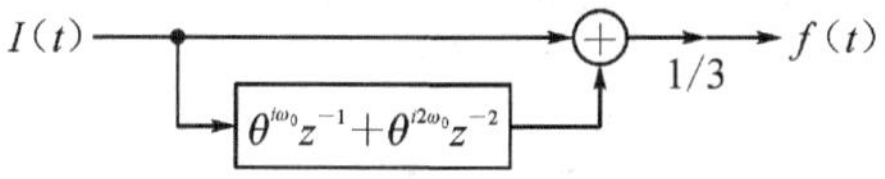

图 1.30　三步带通(正交)系统的框图

图 1.31 给出了上面系统相应的极点-零点图和频率传递函数图，此处 $\omega_0=2\pi/3$。

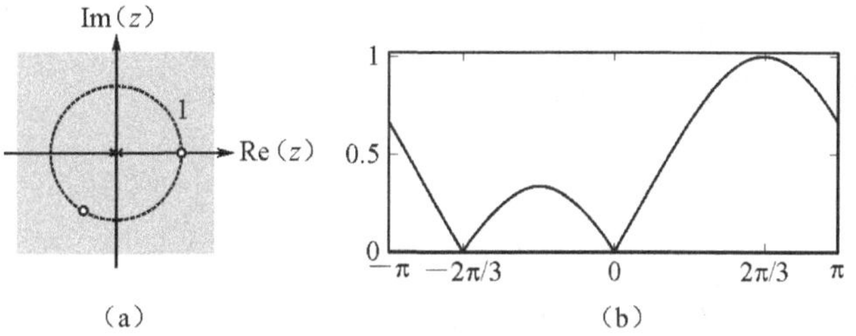

图 1.31　(a)移动后的三步平均系统；(b)频率传递函数的模

从图 1.31(b)可知，适当选择 ω_0，该 FTF 可满足下面正交条件[30]：

$$H(\omega_0)\neq 0, H(0)=H(-\omega_0)=0 \tag{1.124}$$

因此，称其为正交滤波器。该滤波器在条纹分析中具有重要作用(将在第 2 章详细分析)。至此，有必要指出，在一些情况下，正交滤波器可通过低通滤波器的脉冲响应与复正弦函数相乘得到。 37

1.6.2　一维无限冲击响应滤波器

IIR 滤波器在给定时间内，其输出可由当前输入和有限个以前时刻输入及输出的权重和

表示，如图 1.32 所示。IIR 滤波器通常采用差分方程的形式表示为

$$f(t)=\frac{1}{a_0}\{b_0I(t)+b_1I(t-1)+\cdots+b_P(t-P)$$
$$-a_1f(t-1)-a_2f(t-2)-\cdots-a_Qf(t-Q)\} \tag{1.125}$$

其中 P、Q 分别为前馈和反馈滤波器的阶数。采用紧凑形式，差分方程可进一步表示为

$$\sum_{n=0}^{Q}a_nf(t-n)=\sum_{m=0}^{P}b_mI(t-m) \tag{1.126}$$

其中 a_n 和 b_m 分别为反馈和前馈滤波系数。对两边进行 Z 变换，并应用时移特性可得

$$\sum_{n=0}^{Q}a_nz^{-n}F(z)=\sum_{m=0}^{P}b_mz^{-m}I(z) \tag{1.127}$$

进而得其传递函数为

$$H(z)=\frac{F(z)}{I(z)}=\frac{\sum_{m=0}^{P}b_mz^{-m}}{\sum_{n=0}^{Q}a_nz^{-n}} \tag{1.128}$$

通常取 $a_0=1$，因此得

$$H(z)=\frac{\sum_{m=0}^{P}b_mz^{-m}}{1+\sum_{n=1}^{Q}a_nz^{-n}} \tag{1.129}$$

显然 IIR 滤波器的传递函数含有极点。因此为了判定 IIR 滤波器是否满足 BIBO 稳定，必须确定极点的位置并观察单位圆 $U(z)$ 是否为其收敛域的一部分。

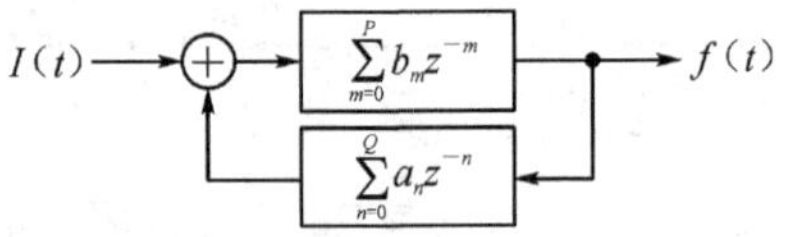

图 1.32　一般的 IIR 滤波器的框图

38　**例：一阶递归低通滤波器**

图 1.33 表述的一阶递归低通滤波器可表示为下面方程：

$$f(t)=\eta f(t-1)+I(t) \tag{1.130}$$

对其进行 Z 变换，可以得到

$$F(z)=\eta z^{-1}F(z)+I(z) \tag{1.131}$$

因此得其传递函数[其中 $H(z)=F(z)/I(z)$]为

$$H(z)=\frac{1}{1-\eta z^{-1}}=\frac{z}{z-\eta} \tag{1.132}$$

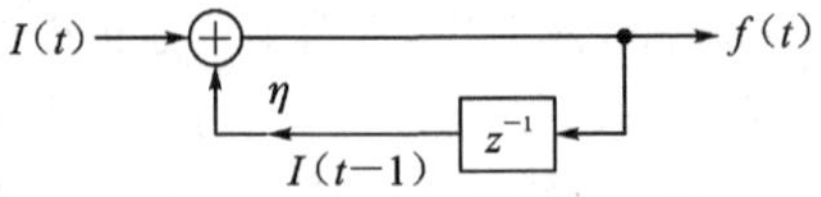

图 1.33　一阶递归线性滤波器的框图

图 1.34(a)表明，传递函数 $H(z)$ 在 $z=0$ 处有零点，在 $z=\eta$ 处有极点。因此当且仅当 $\eta<1$ 时，收敛域含有单位圆(即为稳定系统)。而且，其频率传递函数 $H(z=e^{i\omega})$ 存在，可由下式给出：

$$H(\omega)=\frac{1}{1-\eta\exp(-\mathrm{i}\omega)} \tag{1.133}$$

上面结果对应了图 1.34(b)描述的低通滤波器。

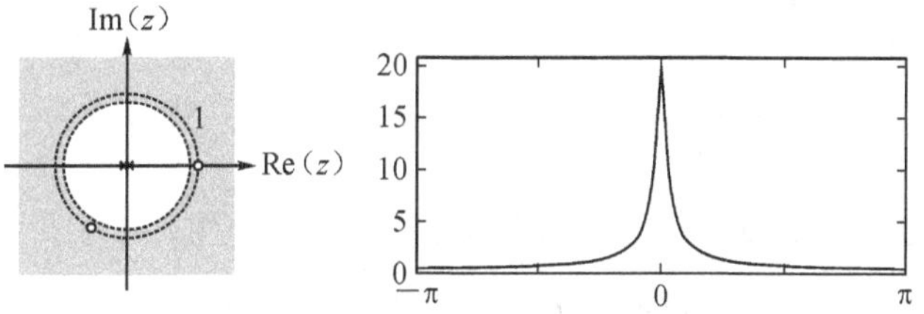

(a)　　(b)

图 1.34　(a)一阶递归滤波器的收敛域;(b)频率传递函数,取 $\eta=0.95$

例:一阶递归带通滤波器

依照前面的例子(图 1.35 所述),用 $\eta\exp(\mathrm{i}\omega)$代替 η,易得传递函数为

$$H(z)=\frac{z}{z-\eta\exp(\mathrm{i}\omega_0)} \tag{1.134}$$

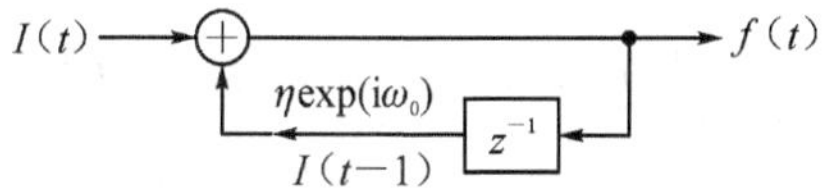

图 1.35　正交一阶递归带通滤波器的框图

此时相应的频率传递函数为

$$H(\omega)=\frac{1}{1-\eta\exp[-i(\omega-\omega_0)]} \tag{1.135}$$ 39

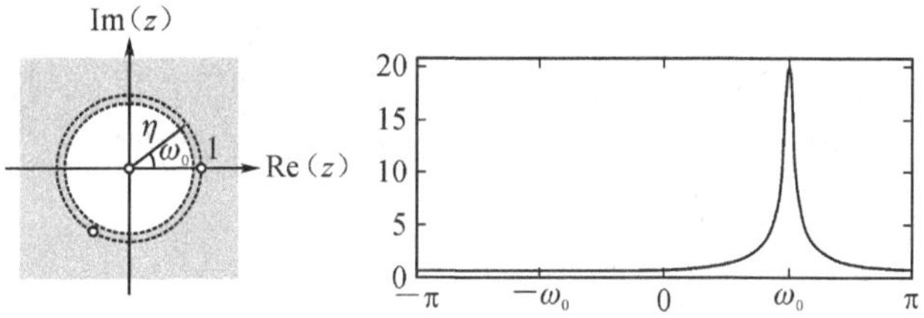

(a)　　(b)

图 1.36　(a)本例讨论的一阶递归滤波器的收敛域;(b)频率传递函数的模由图 1.36 可知,$\eta<1$ 时,该滤波器是稳定的,表示了以 ω_0 为中心频率的窄带通滤波器

1.7　基于卷积的二维线性滤波器

在条纹分析中,输入数据通常为每一给定时间下,使用两个独立变量(x,y)表述的离散矩阵。一般来讲,多数条纹图中除了含有低频信号,还含有高频噪声(表现为乘性或加性噪声)。因此低通滤波后,可去除大量的噪声,从而使解调过程更加可靠。

本节讨论一般的二维 FIR 和 IIR 滤波器,从而可以为更好地理解更高维的一般情况打下基础,特别是在含有多个线性独立变量的场合时(如:空时域数字滤波器)。值得庆幸的是,前面一维线性理论可直接推广到二维线性滤波器中。

1.7.1　二维傅里叶变换和 Z 变换

与一维情况类似，分析二维线性滤波器通常在频域进行。因而直接给出二维傅里叶变换及二维 Z 变换的定义，即

40
$$\mathcal{F}\{f(x,\ y)\} = F(u,\ v) = \iint_{\mathbb{R}^2} f(x,\ y)\exp[-\mathrm{i}(ux+vy)]\mathrm{d}x\mathrm{d}y \tag{1.136}$$

$$\mathcal{Z}\{f(x,\ y)\} = F(z_x,\ z_y) = \sum_{n=-\infty}^{\infty}\sum_{m=-\infty}^{\infty} f(n,\ m) z_x^{-n} z_y^{-m} \tag{1.137}$$

同样，二维离散傅里叶变换可通过对二维的 Z 变换类推得到，即取 $z_x=\exp(\mathrm{i}u)$ 和 $z_y=\exp(\mathrm{i}v)$，可得

$$\mathcal{F}\{f(n,\ m)\} = F(u,\ v) = \sum_{n=-\infty}^{\infty}\sum_{m=-\infty}^{\infty} f(n,\ m)\exp[-\mathrm{i}(nu+mv)] \tag{1.138}$$

这里，同前，$f(n,m)=f(x,y)\big|_{(x,y)=(n,m)}$。由于目前几乎所有的信号处理需要在数字系统上完成，因此上面给出的方程(1.137)～方程(1.138)都是实际应用的方程。

1.7.2　二维滤波器稳定性分析

二维数字线性滤波器的输入 $I(x,y)$、输出 $f(x,y)$ 一般形式为

$$\sum_{n=-N/2}^{N/2}\sum_{m=-M/2}^{M/2} a_{n,m} f(x-n,y-m) = \sum_{n=-N/2}^{N/2}\sum_{m=-M/2}^{M/2} b_{n,m} I(x-n,y-m) \tag{1.139}$$

对其进行 Z 变换并求解传递函数为

$$H(z_x,z_y) = \frac{F(z_x,z_y)}{I(z_x,z_y)} = \frac{\sum_{n=-N/2}^{N/2}\sum_{m=-M/2}^{M/2} b_{n,m} z_x^{-n} z_y^{-m}}{\sum_{n=-N/2}^{N/2}\sum_{m=-M/2}^{M/2} a_{n,m} z_x^{-n} z_y^{-m}} \tag{1.140}$$

其收敛域由二维点集 (z_x,z_y) 构成，且满足 $H(z_x,z_y)$ 绝对可和，因而判稳问题又可转变为寻找极点与零点位置的过程。如果传递函数 $H(z_x,z_y)$ 在两个单位圆上没有奇异点，则该二维线性系统是 BIBO 稳定。单位圆定义为

$$\overline{U}^2 = \{(z_x^{-1},z_y^{-1}): |z_x^{-1}| \leqslant 1, |z_y^{-1}| \leqslant 1\} \tag{1.141}$$

根据 Shank 定理[31]，将传递函数重写为有理函数形式(因果系统)为

$$H(z_x,z_y) = \frac{\overline{N}(z_x^{-1},z_y^{-1})}{\overline{D}(z_x^{-1},z_y^{-1})} = \frac{\sum_{j=0}^{N}\sum_{k=0}^{M} b_{jk} z_x^{-j} z_y^{-k}}{\sum_{j=0}^{N}\sum_{k=0}^{M} a_{jk} z_x^{-j} z_y^{-k}};\ a_{00}=1 \tag{1.142}$$

如果 $\overline{N}(z_x^{-1},z_y^{-1})$ 和 $\overline{D}(z_x^{-1},z_y^{-1})$ 没有公因子，且满足

$$D(z_x^{-1},z_y^{-1}) \neq 0,\quad (z_x^{-1},z_y^{-1}) \in \overline{U}^2 \tag{1.143}$$

则该二维线性系统为 BIBO 稳定。然而，由于上面两个复变量多项式的零点不是孤立点，另
41 外，一般会有无限个奇异点，从而，使得验证上面的条件相当困难和繁琐。对此更方便的方法是利用 Strintzis 定理[31]：当且仅当满足以下条件时，二维滤波器是 BIBO 稳定的：

- $\overline{D}(1,z_y^{-1})\neq 0,\ |z_y^{-1}|\leqslant 1$
- $\overline{D}(z_x^{-1},1)\neq 0,\ |z_x^{-1}|\leqslant 1$
- $\overline{D}(z_x^{-1},z_y^{-1})\neq 0,\ (z_x^{-1},z_y^{-1})\in U^2$

这里双单位圆 U^2 定义为

$$U^2 = \{(z_x^{-1}, z_y^{-1}) : |z_x^{-1}| = 1, |z_y^{-1}| = 1\} \tag{1.144}$$

第一和第二个条件可转变为确定一维数字滤波器极点位置的过程，而第三个条件则要求频率传递函数必须是有界的：$|H(u,v)| < \infty$。因此，二维滤波器的分析可采用 DTFT 图和前面分析的一维滤波理论。

例：3×3 平均卷积滤波器

卷积求平均是条纹分析中最常用的低通滤波器，条纹图与平均窗卷积表示了二维 FIR 滤波的过程。从前面分析可知，该滤波器总是 BIBO 稳定。卷积平滑窗的离散脉冲响应可表述为矩阵形式。例如，3×3 平均滤波器可表述为

$$\mathrm{h}(x,y) = \frac{1}{9}\begin{pmatrix} 1 & 1 & 1 \\ 1 & 1 & 1 \\ 1 & 1 & 1 \end{pmatrix} \tag{1.145}$$

在应用时，该滤波器的函数形式可表述为

$$\begin{aligned} f(x,y) &= I(x,y) * \mathrm{h}(x,y) = I(x,y) * \sum_{m=-1}^{1}\sum_{n=-1}^{1}\frac{1}{9}\delta(x-n, y-m) \\ &= \sum_{m=-1}^{1}\sum_{n=-1}^{1}\frac{1}{9}I(x-n, y-m) \end{aligned} \tag{1.146}$$

其二维频率响应为

$$H(u,v) = (1/9)[1 + 2\cos u + 2\cos v + 2\cos\sqrt{2}(u+v) + 2\cos\sqrt{2}(u-v)] \tag{1.147}$$

显然，其频率传递函数在 $(u,v) \in \mathbb{R}^2$ 上是有界的。

多次使用小模板的卷积滤波器可以使其通带频率减小，也可改变滤波器的频谱形状。一般地，相同的低通滤波器串联后得到的频率传递函数可近似为高斯型响应，如图 1.37 所示。

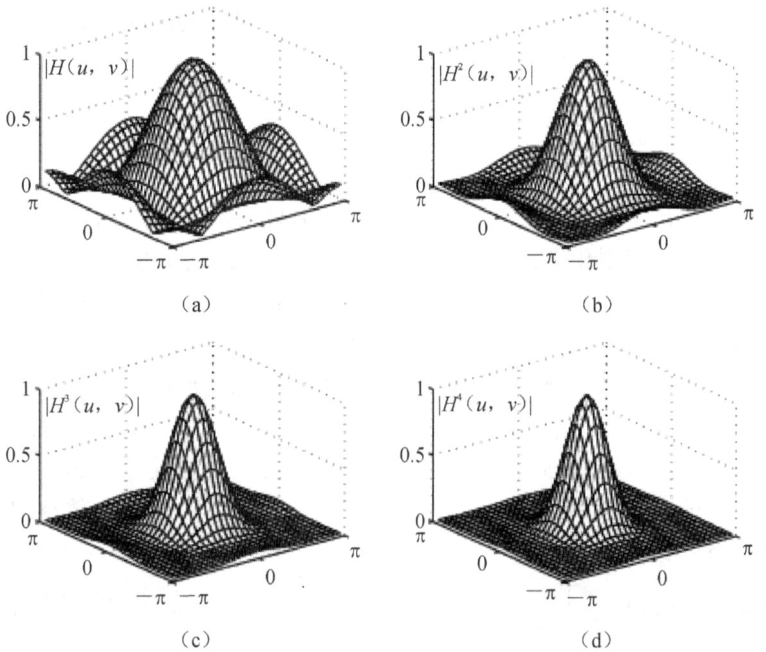

图 1.37　(a)～(d)3×3 平均窗的传递函数与自身卷积 n 次。可见，随着卷积次数增加，其频率响应接近高斯形状

综上所述，所有的基于卷积的二维滤波器均为 FIR 滤波器，关于二维 IIR 滤波器的举例参见 1.8.2 节。

42 1.8 正则化线性滤波器

基于卷积的线性滤波器是数字信号处理中最常用的滤波器，但是应用在条纹分析时，存在着一定的缺陷：由于时域的、空域的或空时域的光瞳（如：光圈、有限采样序列等）限制了干涉条纹的大小，从而在约束光瞳边界上应用卷积滤波器时，致使有效的干涉数据与约束光瞳界外不含条纹的背景数据产生混合。

这种边缘歪曲作用对条纹图分析影响很大，为了去除边缘附近不可靠的数据，可在空域滤波过程中减小干涉图的区域。虽然该方法实用、简单，但其可能丢弃了一些有效的数据。对此，本节将介绍经典的正则化技术，其可替代卷积线性滤波器，同时，该技术可以去除约束光瞳的影响作用，从而达到减少边缘附近的相位畸变的目的。

1.8.1 正则化低通滤波

运用低通滤波器降噪是应用经典正则化方法的典型例子。根据 Marroquin 等人的工
43 作[32]，正则化可表述为：根据已知观测信号 $I(\cdot)$，寻找定义在 L 域上的平滑函数 $f(\cdot)$，即为下面的过程：

$$I(x,y) = f(x,y) + n(x,y),\ \forall\,(x,y) \in S \tag{1.148}$$

这里 $n(\cdot)$ 为高频噪声（如，白色高斯噪声），S 为 L 的子集，其域内观测信号具有高的信噪比。

二维低通滤波可视为搜索反问题最优解的过程，即在已得到的平滑滤波场 $f(x,y)$ 与观测数据 $I(x,y)$ 的逼近度上建立一种平衡。在连续域，其可视为求解下面能量函数最小值的问题。

$$U[f(x,\ y)] = \iint_{(x,y)\in S}\left\{[f(x,y) - I(x,y)]^2 + \eta\left[\frac{\partial f(x,y)}{\partial x}\right]^2 + \eta\left[\frac{\partial f(x,y)}{\partial y}\right]^2\right\}\mathrm{d}x\mathrm{d}y \tag{1.149}$$

上面方程的右边，第一项在最小二乘法意义下测量平滑场 $f(x,y)$ 与观测数据 $I(x,y)$ 的逼近程度。第二项（正则化项）通过限制 $f(x,y)$ 的解在连续函数空间上（C^1 函数空间）最高具有一阶导数，从而惩罚滤波场 $f(x,y)$ 相对于平滑约束的偏离，此即为一阶膜片正则化算子。因为一阶膜片正则化算子对应了二维膜片 $f(x,y)$ 的机械能，即通过线性弹簧与观测值 $I(x,y)$ 相连，参数 η 表征了膜片模型的刚度，刚度值越大则滤波场越平滑（将在下节展开证明）。

采用二阶（或金属薄板）正则化算子也是一种广泛应用的构建能量函数的方法。其方法是将滤波场 $f(x,y)$ 限制在 C^2 函数空间（具有最高二阶导数的连续函数空间）。在连续域，该能量函数可表述为

$$\begin{aligned}U[f(x,y)] = \iint_{(x,y)\in S}\Big\{&[f(x,y) - I(x,y)]^2 + \eta\left[\frac{\partial^2 f(x,y)}{\partial x^2}\right]^2 \\ &+ \eta\left[\frac{\partial^2 f(x,y)}{\partial y^2}\right]^2 + \eta\left[\frac{\partial^2 f(x,y)}{\partial x\,\partial y}\right]^2\Big\}\mathrm{d}x\mathrm{d}y\end{aligned} \tag{1.150}$$

与一阶正则化算子类似，该能量函数对应了金属薄板 $f(x,y)$，且该金属薄板 $f(x,y)$ 通过线性弹簧与观测值 $I(x,y)$ 相连，同样，这里的参数 η 表示了线性弹簧的刚度。图 1.38 描述了两种优化系统的区别（为了便于观察，图中只给出了水平截面）。

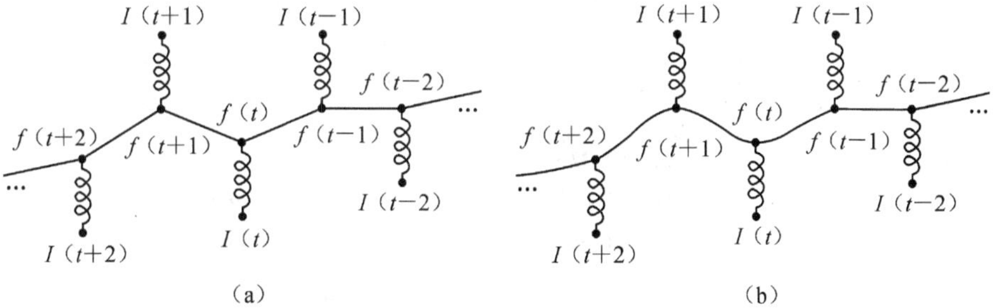

图 1.38　估计场的图示：(a)一阶膜片正则化算子；(b)二阶金属薄板正则化算子

前面已经给出了能量函数的离散公式（实际在计算机中使用的形式）。在该公式中，将函数 $f(x,y)$ 与 $I(x,y)$ 定义为晶振 L 的结点，从而，使积分变为整个域内的累加和，即

$$U[f(x,y)] = \sum_{(x,y)\in S} \left\{ [f(x,y) - I(x,y)]^2 + \eta R[f(x,y)] \right\} \tag{1.151}$$ 44

S 为观测数据 L 的子集。一阶正则化算子 $R_1[f(x,y)]$ 的离散形式表述为

$$R_1[f(x,y)] = [f(x,y) - f(x-1,y)]^2 + [f(x,y) - f(x,y-1)]^2 \tag{1.152}$$

二阶正则化算子 $R_2[f(x,y)]$ 的离散形式可表述为

$$\begin{aligned} R_2[f(x,y)] = &[f(x+1,y) - 2f(x,y) - f(x-1,y)]^2 \\ &+ [f(x,y+1) - 2f(x,y) - f(x,y-1)]^2 \\ &+ [f(x+1,y+1) - f(x-1,y-1) \\ &+ f(x-1,y+1) - f(x+1,y-1)]^2 \end{aligned} \tag{1.153}$$

本节所介绍的离散能量函数可采用最简单的梯度下降法进行优化：

$$f^0(x,y) = I(x,y)$$

$$f^{k+1}(x,y) = f^k(x,y) - \mu \frac{\partial U[f(x,y)]}{\partial f(x,y)} \tag{1.154}$$

其中 k 为迭代次数，$\mu \ll 1$，为梯度搜索的步长。实际中，离散梯度计算的速度很慢，特别是采用高阶正则化算子时。对此，可采用更复杂但更快的方法（例如共轭梯度法、牛顿方法等）进行优化。

至此，本节只是介绍了正则化低通滤波器的基本原理。下面将给出其方法在不规则形状域 S 中的计算机实现方法。首先定义指示函数 $m(x,y)$，设其在晶阵 L 中具有 $N\times M$ 个结点：

$$m(x,y) = \begin{cases} 1, & \forall (x,y) \in S \\ 0, & \text{其他} \end{cases} \tag{1.155}$$

采用上面指示函数，一阶正则化算子的滤波过程可进一步表述为 45

$$U[f(x,y)] = \sum_{x=0}^{N-1} \sum_{y=0}^{M-1} \left\{ [f(x,y) - I(x,y)]^2 m(x,y) + \eta R[f(x,y)] \right\} \tag{1.156}$$

这里有

$$R[f(x,y)]=[f(x,y)-f(x-1,y)]^2 m(x,y)m(x-1,y) \\ +[f(x,y)-f(x,y-1)]^2 m(x,y)m(x,y-1) \qquad (1.157)$$

其导数为

$$\frac{\partial U[f(x,y)]}{\partial f(x,y)}=[f(x,y)-I(x,y)]^2 m(x,y) \\ +\eta[f(x,y)-f(x-1,y)]m(x,y)m(x-1,y) \\ +\eta[f(x+1,y)-f(x,y)]m(x,y)m(x+1,y) \\ +\eta[f(x,y)-f(x,y-1)]m(x,y)m(x,y-1) \\ +\eta[f(x,y)-f(x,y+1)]m(x,y)m(x,y+1) \qquad (1.158)$$

须指出，只有当差分项完全在有效条纹数据区域内工作时，$m(x,y)$将标记为 1。换句话讲，指示场函数 $m(x,y)$的作用实质上是将有效条纹数据与其周围背景进行了解耦。图 1.39给出了正则化低通滤波方法与传统基于卷积的低通滤波方法性能的数值比较。

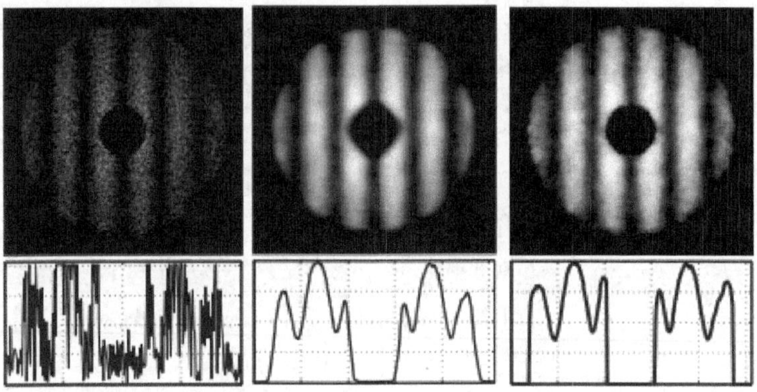

(a) 原始数据 (b) 均值滤波 (c) 正则化滤波

图 1.39 卷积低通滤波与正则化滤波结果的数值比较：(a)为两个圆光瞳约束的噪声条纹图；(b)卷积平滑滤波的结果，从中可见，其边缘内外由于与背景混合产生了畸变；(c)为一阶正则化低通滤波得到的结果，可见条纹数据与背景数据得到了有效的解耦

46 **外插与内插** 经典的正则化技术允许按照一定的方式外插或内插数据，对此，简单的实现方法可通过定义两个不同的指示函数：其中一个指示函数 $m_1(x,y)$用于指示有效数据区域，另一个用于标记需要进行外插或内插估计场 $f(x,y)$的区域，例如，使用下面一阶正则化算子，可得

$$U[f(x,y)]=\sum_{x=0}^{N-1}\sum_{y=0}^{M-1}\{[f(x,y)-I(x,y)]^2 m_1(x,y) \\ +\eta[f(x,y)-f(x-1,y)]^2 m_2(x,y)m_2(x-1,y) \\ +\eta[f(x,y)-f(x,y-1)]^2 m_2(x,y)m_2(x,y-1) \qquad (1.159)$$

有必要指出，$m_1(x,y)$必须为 $m_2(x,y)$的子集，换句话讲，即当 $m_2(x,y)=1$ 时，其标记的所有区域内满足 $m_1(x,y)=1$。

同前，方程(1.159)中的第一项用于检测输入数据 $I(x,y)$与估计场 $f(x,y)$在最小二乘法意义下的逼近度。该操作仅在 $f(x,y)$ 的有效数据区域内进行，即 $m_1(x,y)=1$。其他项用于限制估计场 $f(x,y)$ 属于 C^1 函数空间，此时对所有点有：$m_2(x,y)=1$，且还包括了一些没有定义的区域。由于正则化过程的限制，需要进行内插和(或)外插数据的操作：对于一阶(弹性膜片)正则化算子，在 $\{(x,y):m_1(x,y)=0,m_2(x,y)=1\}$ 通过估计 $f(x,y)$ 迫使二维估计场 $f(x\pm1,y\pm1)$ 在 $\{(x,y):m_1(x,y)=1,m_2(x,y)=1\}$ 时是连续的。类似地，若应用二阶(金属薄板)正则化算子时，需要通过保证二维场的曲率以对 $f(x,y)$ 进行估计。最后，若设置刚度系数为一很小值 $\eta\ll1$，此时内插和(或)外插输入数据时无须进行任何额外的低通滤波。

1.8.2　二维正则化低通滤波器的谱响应

根据上面的讨论可知，由最小化能量函数(见前面章节)得到的二维场 $f(x,y)$ 可对输入数据 $I(x,y)$ 产生平滑作用。为了对其产生的平滑作用有一个量化理解，这时还需要建立这些正则化滤波器的频率响应[32-34]。对于一阶正则化算子[见方程(1.151)和方程(1.152)]，现考虑二维晶阵无限大，且将其梯度设置为零，可得

$$\begin{aligned} f(x,y)-I(x,y)+\eta[-f(x-1,y)+2f(x,y)-f(x-1,y)] \\ +\eta[-f(x,y-1)+2f(x,y)-f(x,y-1)]=0 \end{aligned} \tag{1.160}$$

对其进行 Z 变换并求解得到传递函数为

$$H_1(z_x,z_y)=\frac{F(z_x,z_y)}{I(z_x,z_y)}=\frac{1}{1+\eta(4-z_x^{-1}-z_x-z_y^{-1}-z_y)} \tag{1.161}$$

其收敛域为 47

$$\mathrm{ROC}=\{(z_x,z_y):|z_x|<\infty,|z_y|<\infty\},\ \eta>0 \tag{1.162}$$

显然，由于收敛域包含了双单位圆[方程(1.144)]，该 IIR 滤波器为 BIBO 稳定，其频率传递函数可通过代入 $z_x=\exp(\mathrm{i}u)$ 和 $z_y=\exp(\mathrm{i}v)$ 得到

$$H_1(u,v)=\frac{F(u,v)}{I(u,v)}=\frac{1}{1+2\eta(2-\cos u-\cos v)} \tag{1.163}$$

同样，对于二阶正则化算子[见方程(1.151)和方程(1.153)]，可得频率传递函数为

$$H_2(u,v)=\frac{1}{1+2\eta[8-6(\cos u+\cos v)+\cos 2u+\cos 2v+2\cos u\cos v]} \tag{1.164}$$

由图 1.40 和图 1.41 可知，上面的频率传递函数与洛伦兹函数有相似的性质，其带宽均由参数 η 决定。

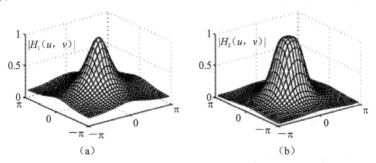

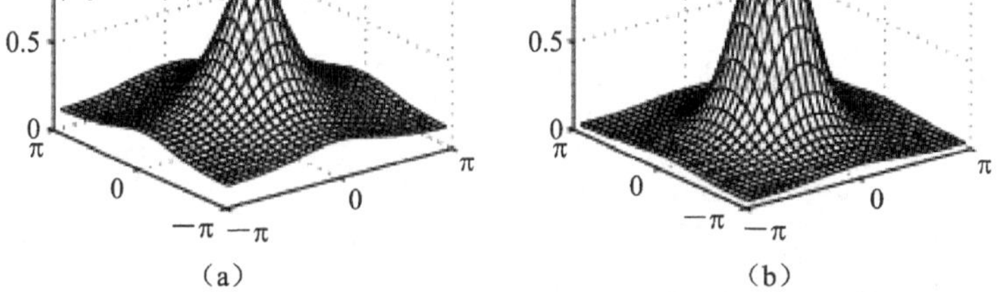

图 1.40　$|H(u,v)|$ 的频率传递函数(二者均取 $\eta=5$)：(a)一阶正则化算子时；(b)二阶正则化算子时

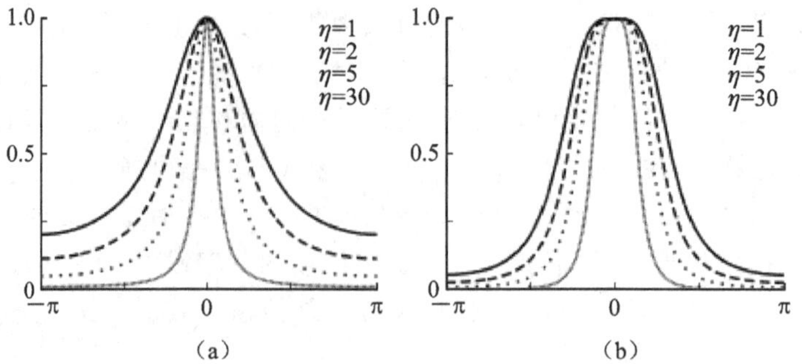

图 1.41 频率传递函数 $|H(u,v)|$ 的水平截面图(沿轴 $v=0$):(a)一阶正则化算子;(b)二阶正则化算子。其中参数 η 取了不同值

综上所述,与卷积滤波器相比,正则化滤波器在下面意义上更可靠:

- 它可以防止有效条纹数据与背景数据混合(可最小化边界效应)。特别是在处理不规则形状区域时,该方法更有效。
- 由于在丢失数据区域内可以按照一定的方式进行内插或(和)外插数据,因此,其滤波器容许数据丢失,该性能由正则算子的阶数决定。

此外,通过修改能量函数的参数,可获得不同类型的滤波器(参见第 4 章)。例如,设 $I(x,y)$ 表示了受一般载波 $c(x,y)$ 相位调制的干涉图数据,此时,可采用本节讨论的经典正则化方法产生正交带通滤波器[32-35],然后通过低通滤波的方法得到解析信号:$I(x,y)\exp[\mathrm{i}c(x,y)]$。

48 ## 1.9 随机过程理论

本节对随机过程理论进行简要讨论,以方便理解后面章节提出的实际的条纹图信号模型。这些知识也为评价常用条纹分析算法的性能提供了基础。关于更详尽的随机过程方面的内容可参见文献[23]、[36]、[37]。

1.9.1 定义与基本概念

随机过程是指索引与时间有关的随机变量的集合[36]。一般来讲,在随机过程中,如果时间固定后,则该随机过程即为随机变量。

连续随机变量 X 可由其概率密度函数(probability density function, PDF)进行表征,设存在一非负函数 f_X,其表述了 X 取某一固定值的相对可能性,则随机变量 X 的统计平均表示为

$$E\{g(x)\}=\int_{-\infty}^{\infty}g(x)f_X(x)\mathrm{d}x \tag{1.165}$$

这里 x 为随机变量 X 所有的可能取值,而不是表示空间坐标。在统计平均参数中,最关心的是均值 μ_X(或期望)和方差 σ^2,其分别表示为

$$\mu_X=E\{X\} \tag{1.166}$$

$$\sigma^2=E\{X^2\}-E^2\{X\} \tag{1.167}$$

49 高斯分布是最常见的概率密度函数,可表述为

$$f_X(x)=\frac{1}{\sigma\sqrt{2\pi}}\exp\left[-\frac{(x-\mu_X)^2}{2\sigma^2}\right] \tag{1.168}$$

其中 μ_X 为均值，σ^2 为方差。在实际中，观测的大多数随机过程均可采用高斯分布进行建模，特别是在建模电子噪声时[23]。图 1.42 给出了计算机模拟的很大的随机序列及其归一化后的频率分布。可见，该随机序列值明显地符合高斯分布。

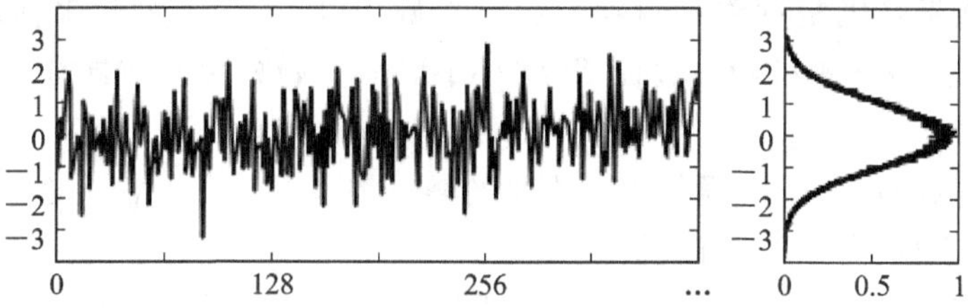

图 1.42　正态分布白色随机过程的仿真实现

在自然界中，高斯分布模型的大量存在，可解释为是中心极限定理的结果[36]。简单地讲，中心极限定理指出：假定存在一系列独立随机变量 $\{X_1, X_2, \cdots, X_N\}$，其均值为 μ，以及方差满足 $\sigma>0$，有

$$Y_n = \frac{\sum_{k=1}^{n}(X_k - \mu)}{\sigma\sqrt{n}} \tag{1.169}$$

则随机变量 Y_n 在分布上，收敛为正态随机变量(即 $\mu_Y=0, \sigma_Y^2=1$ 的高斯分布)。

两个随机过程之和　两个独立随机变量 X、Y 之和的频率密度函数，可表示为这两个随机变量概率密度函数的卷积[37]：

$$f_{(X+Y)}(x) = \int_{-\infty}^{\infty} f_X(x) f_Y(x-y)\mathrm{d}y = f_X(x) * f_Y(x) \tag{1.170}$$

随机过程的集总平均　对于连续时间过程，如果 $t\in\mathbb{R}$，且 $X(t)$ 为一随机变量，则称变量 $X(t)$ 表述了一个随机过程[23]。须指出，对于与时间有关的随机过程[$X(t)$ 可取连续值或离散值]，其集总平均也是与时间有关的，即

$$E\{g[X(t)]\} = \int_{-\infty}^{\infty} g(x) f_X(x,t)\mathrm{d}x \tag{1.171}$$

对于随机过程来讲，单独表征每一个随机变量是很难的，此时可表征其统计相关性，亦 50
即集总平均。在数字信号处理中，最关心的是可用均值和自相关函数表征的随机过程。

随机过程的均值可定义为

$$\mu_X(t) = E\{X(t)\} = \int_{-\infty}^{\infty} x f_X(x,t)\mathrm{d}x \tag{1.172}$$

而自相关函数则表述了随机过程 $X(t)$ 随时间的变化快慢，其定义为

$$R_X(t_1, t_2) = E\{X(t_1)X^*(t_2)\} \tag{1.173}$$

平稳随机过程　如果随机过程的统计特性不随时间变化则称其为平稳随机过程。因为随机过程总是在有限时间开始，在有限时间结束(正如实际中不存在理想的正弦信号一样)，所以实际上所有的随机过程都是非平稳的。广义(或弱)意义下的平稳随机过程指的是，其均值和自相关函数相对于原点的有限移动与时间无关[36]，即

$$E\{X(t)\} = E\{X(t+\tau)\} \tag{1.174}$$

$$R_X(t_1,t_2) = R_X(t_1+\tau, t_2+\tau) \tag{1.175}$$

对于该过程，其均值恒定，而自相关函数仅与时间差有关，自相关函数可简单地表述为

$$R_X(\tau) = R_X(t+\tau, t) \tag{1.176}$$

白噪声　在平稳随机过程中存在着一个特例：其两个不同时刻采样值的自相关函数 $R_X(\tau)$ 为零。此时，称该平稳随机过程 $X(t)$ 为白噪声，其自相关函数具有下面形式：

$$R_X(\tau) = c_0\delta(\tau) \tag{1.177}$$

其中 c_0 为常数，热噪声是数字通信中最常见的噪声类型[23]，其功率密度为 $c_0 = \eta/2$，可用具有正态分布的白色随机过程进行表征[37]。

确定随机过程　当随机过程的实现总是取同一值时，其将退化为一确定信号。例如，考虑随机过程 $X(t)$ 总是取统一的概率值：

$$X(t) = g(t), \forall t \in \mathbb{R} \tag{1.178}$$

该过程的概率密度函数为

$$f_X(x,t) = \delta[x - g(t)] \tag{1.179}$$

51 据此，易得其集总平均和自相关函数分别为[37]

$$\mu(t) = g(t) \tag{1.180}$$

$$R_X(t_1,t_2) = g(t_1)g(t_2) \tag{1.181}$$

1.9.2　各态历经的随机过程

如果随机过程的集总平均等于任意样本函数（足够长的）的时域平均，则称其为各态历经的随机过程[37]，即

$$\lim_{T\to\infty}\frac{1}{2T}\int_{-T}^{\mathrm{T}} g[X(t)]dt = \int_{-\infty}^{\infty} g(x)f_X(x,t)\mathrm{d}x = E\{g[X(t)]\} \tag{1.181}$$

若随机过程 $X(t)$ 是各态历经的，其均值为

$$\lim_{T\to\infty}\frac{1}{2T}\int_{-T}^{\mathrm{T}} X(t)\mathrm{d}t = \mu_X \tag{1.182}$$

此时自相关函数为

$$\lim_{T\to\infty}\frac{1}{2T}\int_{-T}^{\mathrm{T}} X(t+\tau)X^*(t)\mathrm{d}t = R_X(\tau) \tag{1.183}$$

各态历经的概念是非常重要的，因为在实际中，不能得到无限的样本函数以计算集总平均。但如果其过程是各态历经的，此时仅需要足够长的样本值，便可得到集总平均。如图 1.43 所示，相比平稳特性，随机过程的各态历经特性更严格（前已述及，其难以解析证明）。庆幸的是，在条纹分析中（通常含有加性歪曲噪声），观测的随机过程可视为平稳的、各态历经的。

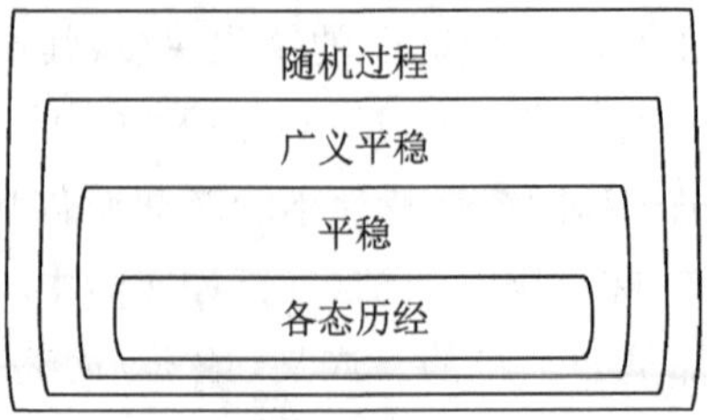

图 1.43　随机过程分类的文氏图

1.9.3 线性时不变系统对随机信号的响应 52

Artés-Rodriguez 等[23]提出，设线性时不变系统的脉冲响应函数为 h(t)，若输入的随机信号为 $X(t)$，则输出 $Y(t)$为

$$Y(t) = \mathrm{h}(t) * X(t) \tag{1.184}$$

应用卷积运算的线性特性，容易计算输出信号 $Y(t)$的集总平均参数，例如，其期望值 $\mu_Y(t) = E\{Y(t)\}$为

$$\begin{aligned} E\{Y(t)\} &= E\{\mathrm{h}(t) * X(t)\} \\ &= \mathrm{h}(t) * E\{X(t)\} = \mathrm{h}(t) * \mu_X(t) \end{aligned} \tag{1.185}$$

此处应用了 $E\{\mathrm{h}(t)\}=\mathrm{h}(t)$，因为 h($t$)为确定信号。同样，利用输入信号 $X(t)$与系统输入响应 h(t)的自相关函数，也可以确定 $Y(t)$的自相关函数。通常，$R_Y(t_1, t_2)$可表示为[23]

$$R_Y(t_1, t_2) = [\mathrm{h}(t_1) * R_X(t_1, t_2)] * \mathrm{h}^*(t_2) \tag{1.186}$$

其中 $\mathrm{h}^*(\tau)$为 h(t)的复共轭函数，假定输入信号 $X(t)$是一个随机过程，则方程(1.186)可以简化为[23]

$$R_Y(\tau) = R_X(\tau) * [\mathrm{h}(\tau) * \mathrm{h}^*(-\tau)] \tag{1.187}$$

上面的方程表示输出的集总平均仅与线性系统的输入响应函数和输入信号的集总平均有关。

1.9.4 随机信号的功率谱密度

将随机过程变换到频域，其至少需要解决两大问题：平稳随机过程不满足绝对可积条件，因此严格地讲，它的傅里叶变换是不存在的。另外，虽然在随机过程中截断的样本函数的频谱的确存在，但是其频谱一般随连续样本函数的变化而变化[36]。

在平稳随机过程分析当中，因为对于任何随机过程无法进行无限长时间的观测，因此常常需要对样本函数进行加窗处理。现考虑随机过程 $X(t)$，可将其加窗的样本函数定义为

$$X_T(t) = X(t)\Pi(t/T) = \begin{cases} X(t), & |t| \leqslant T/2 \\ 0, & |t| > T/2 \end{cases} \tag{1.188}$$

其中 T 为观测周期。若 $X_T(t)$绝对可积，则其傅里叶变换为 53

$$X_T(\omega) = \int_{-T/2}^{T/2} x(t)\exp(-\mathrm{i}\omega t)\,\mathrm{d}t \tag{1.189}$$

可见，其仍为一个随机过程。假定该过程是各态历经的，计算所有样本函数功率谱密度(power spectral density，PSD)的集总平均，可得其功率谱密度为

$$S_X(\omega) = \lim_{T\to\infty} E\left\{\frac{1}{T}\,|X_T(\omega)|^2\right\} = \int_{-\infty}^{\infty} R_X(\tau)\exp(-\mathrm{i}\omega\tau)\,\mathrm{d}\tau \tag{1.190}$$

白噪声的 PSD 对白噪声随机过程 $N(t)$应用方程(1.190)，并代入其自相关函数 $R_N(t) = (N_0/2)\delta(t)$，则其功率谱密度为

$$S_N(\omega) = \mathcal{F}\left\{\frac{N_0}{2}\delta(t)\right\} = \frac{N_0}{2} \tag{1.191}$$

可见，白噪声具有均匀的功率谱密度(如图 1.44 所示)。该结果对条纹分析非常重要，因为大多数情况下，条纹图中观测的噪声均可采用白噪声过程进行建模，即加性白色高斯噪声(additive white Gaussian noise，AWGN)。

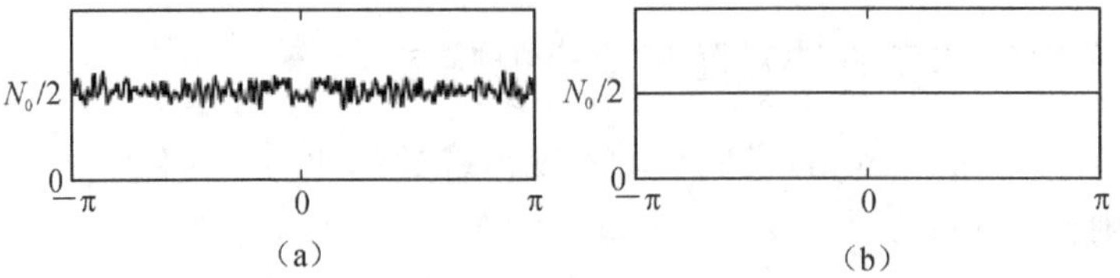

图 1.44 (a)根据白噪声 1024 个采样点计算的功率谱密度;(b)参考的理想信号

线性系统输出的功率谱密度 在条纹图分析中(包括一般的数字信号处理),另一更关心的问题是:在线性滤波器的输出端求解随机过程的功率谱密度[37]。

从方程(1.187)可知,应用卷积特性,可得

$$\mathcal{F}\{R_Y(\tau)\} = \mathcal{F}\{R_X(\tau)\}[H(\omega)H^*(\omega)] \tag{1.192}$$

应用方程(1.190)的结果,可得

$$S_Y(\omega) = S_X(\omega) \mid H(\omega) \mid^2 \tag{1.193}$$

式(1.193)表明,输出的功率谱密度可表示为输入的功率谱密度与滤波器频率传递函数的振幅的 2 次方之积。例如,图 1.45 给出了由一般的三步平均滤波器滤波后的白噪声的功率谱密度(如图 1.44 所示)。本节最后给出随机过程理论的简要总结。

54

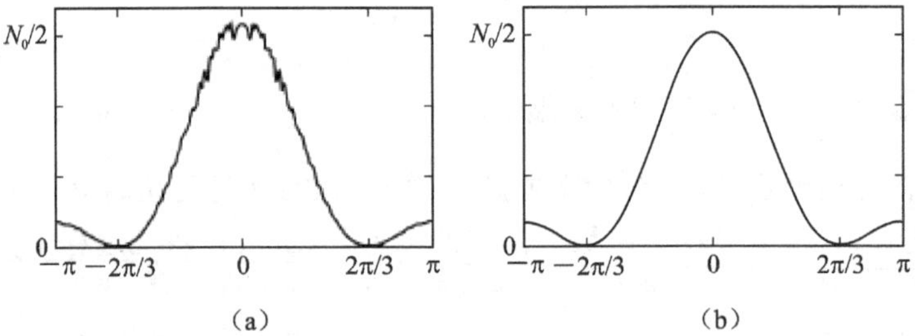

图 1.45 (a)白噪声经三步平均系统滤波后,由 1024 个采样点计算的功率谱密度;(b)参考的理想信号

1.10 总结

本章回顾了条纹分析技术中有关数字线性系统分析的理论,其主要内容如下。

首先,提出了根据单帧条纹图估计相位的一般问题,即所谓的病态反问题。这是因为从观测的条纹图可得到无限多个估计相位与观测数据相匹配(如图 1.1 所示)。

然后,通过一些典型的例子,介绍了数字相位的解调过程(如图 1.2～图 1.6 所示)。

同时,给出了为条纹图引入高频空域载波或时域载波方法的主动相位调制测量策略的一般分类方案,并回顾了光学测量方法中相位解调的主要技术(如图 1.7 所示)。

进而,对本书使用的信号进行了分类,其中包括:连续信号与离散信号、复信号与实信号、确定信号与随机信号;还介绍了数字信号处理理论中的一系列数学函数,如:δ 函数及其在数字信号处理中的广泛应用,以及频谱的概念和连续信号在采样过程中的特点及限制。

基于此,结合脉冲响应函数,对数字线性时不变(LTI)系统进行了深入的研究;之后,给出了系统的稳定判据,如收敛域(ROC)、有界输入有界输出(BIBO)判据,分析了线性时不变

系统的稳定性。

此外，讨论了时域信号及线性时不变系统的离散傅里叶变换、Z 变换，指出了二者之间的本质联系（$z=\exp(\mathrm{i}\omega)$），并将其推广到二维的信号和线性时不变系统场合。

结合频谱响应，介绍了正则化线性滤波器的主要原理，讨论了两类标准的线性正则化算子：膜片及薄板。并指出正则化滤波器可以实现干涉数据与界外无定义数据的最优解耦。 55

最后，1.9 节给出了随机过程的基本理论及其在线性时不变系统中分析噪声的应用，在本节还讨论了随机过程中平稳性和各态历经性的概念，介绍了随机过程的自相关函数及其傅里叶变换，其即为随机过程的功率谱密度函数。

57 # 第2章 同步时域干涉术

2.1 引言

本章讨论应用于相移干涉技术中的相移算法(phase-shifting algorithms, PSA)的相关理论，其方法应用非常广泛，并假定相邻采样条纹序列间的相移增量为 ω_0 弧度。在本章，将采用第1章介绍的频率传递函数的理论方法，对经典的及新出现的相移算法进行深入分析。另外，本章还将应用一阶频率传递函数基块的方法，对相移算法进行综合，进而，结合相移算法的失调误差、信噪功率比增益 $G_{S/N}(\omega_0)$，以及其对干涉图信号高次谐波抑制能力，分析多个相移算法的频率传递函数响应。

2.1.1 相移算法理论的历史回顾

所谓的频率传递函数的分析方法[30,38-39]是相移算法分析与综合技术的新分支。该技术基于线性系统的鲁棒性理论与傅里叶分析，也是对 Freischlad 和 Koliopoulos(F&K)[40]以及 Surrel[26-27]突破性工作的进一步发展。

为了表述清晰，本章将采用正交(带通)线性滤波器的方法阐明频率传递函数方法的原理。第1章已经指明，基于频率传递函数的方法是分析解调相位载波条纹图这种反问题最直接的途径。然而，由于频率传递函数分析方法的成熟性，新致力于时域相移算法研究的人会淡化很多以前的相关工作。显然，这样的观点是很不公正的，因为当前对相移算法理论的理解是基于以前很多具有重要贡献的工作，这些工作(若对其回顾)实际促使了这种简洁的频率传递函数描述方法的产生。因此，下面首先列举这些重要的工作。

- 在发展条纹图分析的开创性工作与相位解调方法过程中，人们通常认为条纹图为理想的正弦信号[5,41]。该假定使得研究人员可以用三角恒等式、代数运算对干涉现象进行建
58 模，进而求解方程组。而且，这种代数运算的方法也被后来的大多数研究人员在其工作中采纳，并在实验中证明了其算法与解调方法的正确性[42-44]。然而，这些方法存在着重要的缺陷，即不能预判提出的方法在非理想信号下的可靠性。
- 为了处理更一般的输入信号，一些研究人员开始尝试使用傅里叶级数对条纹图进行建模(例如文献[2]、[6]、[45]、[46])。根据这种方法易知，理想正弦信号恰好对应了傅里叶级数的一阶近似，因此该模型为描述一般条纹图提供了一种很好的途径。
- 其后，在发展条纹解调傅里叶描述方法方面，Freischlad 和 Koliopoulos 提出采用频谱对时域相移算法性能进行评价[40]。该方法根据相移算法的分子与分母，分别绘制的两个实滤波器的谱图，然后，通过观察其是否含有恒定的或共同的相位因子，从而判定分析的相移算法是否对实验误差，如失调、非线性谐波歪曲等，具有鲁棒性。采用这种方法，Larkin 和 Oreb[46]分析了对称线性相移算法，而 Schmit 和 Creath[47,48]通过对任意高阶相移算法进行综合，将 Schwider 等[2,49]提出的平均技术进行了一般化。

• Freischlad 和 Koliopoulos[40] 的分析方法是不完备的，因为作者没有意识到两个实滤波器（即分子和分母）实质上分别是复正交滤波器的实部与虚部。由于忽略了解调算法是复滤波器的本质，其方法使得一些常用的、仅存在着载波差异（或数据旋转）而实质相同的相移算法具有不同的频谱图[30,50,51]。

• 线性相移算法的复滤波器特性是 Surrel[26] 在研究相移算法设计时，巧妙地采用代数方法推导发现的，即所谓的特征多项式方法。根据该方法，相移算法的抑制能力可由观察与多项式相对应的零点的位置和阶数进行评定。尽管 Surrel 的方法与相移算法的复滤波器特性具有等价性，但 Surrel 没有意识到特征多项式实质是复滤波器的 Z 变换，而其所谓的特征图实质是 Z 变换后的极点-零点图。

• 总之，直至 2008 年，时域相移算法最有效的分析与综合技术主要包括：Bruning 等[6] 提出的 M 步最小二乘相移算法（LS - PSA），该方法采用了 $2\pi/M$ 的均匀采样方式；拓展平均技术[2,47,48]，其可产生高阶的、失调鲁棒的、类似高斯窗的相移算法；Freischlad 和 Koliopoulos[40] 的傅里叶分析法，可以可视化地分析比较不同的相移算法，以及 Surrel[26] 提出的特征多项式法。

• 另外，Bruning 等[6] 首次分析了噪声对相移算法的影响。其工作指出了相移算法的信噪功率比随相移条纹图数目 M 的增加而增加的特性。1997 年，Hibino 等[52] 和 Surrel[27] 同时指出，在相移增量数相同时，失调补偿相移算法相比最小二乘相移算法更容易受随机噪 59
声的影响。

• 在 2009 年，Servin 等[30] 首次提出使用频率传递函数的方法评价和设计相移算法。相比 F&K 谱图的方法，频率传递函数的幅值图是不随载波旋转而发生变化的，亦即其相移算法谱图具有旋转不变性。而且，González 等[53] 已指出，Surrel 的特征多项式方法与频率传递函数方法在数学上是等价的。而频率传递函数的方法更有意义的层面在于其谱图是连续的（且是旋转不变的），且可以据此完整地观察给定相移算法的谱响应、失调可靠性、谐波抑制能力以及噪声鲁棒性（而 Surrel 的离散图只能提供相移算法频谱在零点邻域附近的可视化信息）。

图 2.1 给出了线性相移算法现代理论的主要发展历程，另外需要强调，作为应用数学的
一部分及频率传递函数分析方法的理论源泉，早在 19 世纪 60 年代，线性时不变理论已经活 60
跃在信号处理领域。而对于其理论没有很早地应用在条纹分析中的原因，只能推测是由于在时域相移中分析条纹时，仅使用了有限的几个采样值。相比而言，通信领域使用的大量的连续数据流，其调制信号的采样量远远大于条纹分析的场合。

2.2　时域载波干涉信号

条纹图信号是正弦波动的，其受被测物理量相位调制。通常，理想的静态条纹图的模型为

$$I(x,y)=a(x,y)+b(x,y)\cos[\varphi(x,y)] \tag{2.1}$$

这里 $\{x,y\}\in\mathbb{R}^2$，$a(x,y)$ 和 $b(x,y)$ 分别为背景函数和对比度函数，$\varphi(x,y)$ 为搜索的相位函数。条纹分析的目的是从干涉图 $I(x,y)$ 中解调相位函数 $\varphi(x,y)$。其为病态的反问题，这是因为相位函数 $\varphi(x,y)$ 受式（2.11）中两个未知函数 $a(x,y)$ 和 $b(x,y)$ 所屏蔽，再者，求解的相位只能以 2π 为模，最后，如果没有先验信息，相位 $\varphi(x,y)$ 的符号也无法通过一帧图确定。

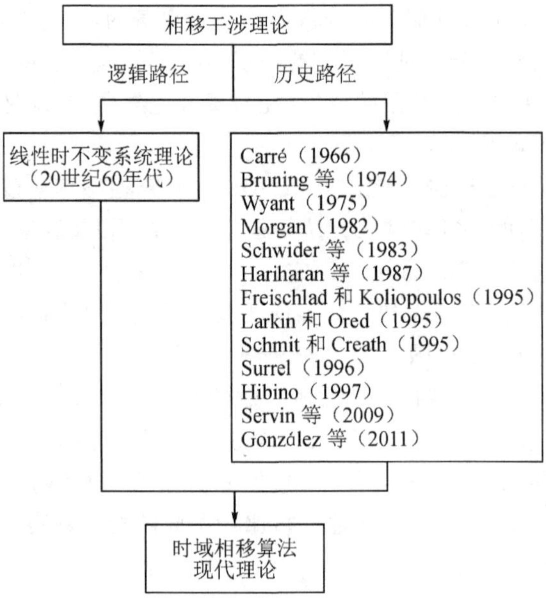

图 2.1　现代时域相移算法理论发展的历史及逻辑路径的进程

将方程(2.1)采用解析的形式可重写为

$$I(x,y)=a(x,y)+(1/2)b(x,y)\{\exp[\mathrm{i}\varphi(x,y)]+\exp[-\mathrm{i}\varphi(x,y)]\} \tag{2.2}$$

可见，方程(2.2)中的解析信号$(1/2)b(x,y)\exp[\mathrm{i}\varphi(x,y)]$，包含了求解反问题的所有信息(除了 2π 模糊)，即

$$\tan[\varphi(x,y)]=\frac{\mathrm{Im}\{(1/2)b(x,y)\exp[\mathrm{i}\varphi(x,y)]\}}{\mathrm{Re}\{(1/2)b(x,y)\exp[\mathrm{i}\varphi(x,y)]\}} \tag{2.3}$$

这里 $b(x,y)\neq 0$。从上面的讨论可知，估计相位函数 $\varphi(x,y)$的第一步，需要从实值干涉图中分离出其中的一个解析信号。然而，因为干涉图的各分量在空域和频域上均是混叠的，所以单独利用上式无法实现分离的目的。为了解决该问题，常用的方法是调节传感器和执行器，进而，改变实验装置的参数，(在原理上)为正弦信号中的变量引入已知的变化。特别是，当
61 相邻采样帧的相位增量均匀变化时(类似活塞运动)，可得

$$\begin{aligned}I_0(x,y)&=a(x,y)+b(x,y)\cos[\varphi(x,y)]\\I_1(x,y)&=a(x,y)+b(x,y)\cos[\varphi(x,y)+\omega_0]\\I_2(x,y)&=a(x,y)+b(x,y)\cos[\varphi(x,y)+2\omega_0]\\&\vdots\end{aligned} \tag{2.4}$$

上面方程组对应了多个采样条纹图，即所谓的时域相移干涉图，在时域可写为

$$I_n(x,y)=I(x,y,t)\delta(t-n) \tag{2.5}$$

$$I(x,y,t)=a(x,y)+b(x,y)\cos[\varphi(x,y)+\omega_0 t] \tag{2.6}$$

式(2.6)中 $\omega_0 t$ 表示了时域载波相位调制信号，其余各项定义同前。须提及，一般的时域干涉图为闭型条纹图，如图 2.2 所示。

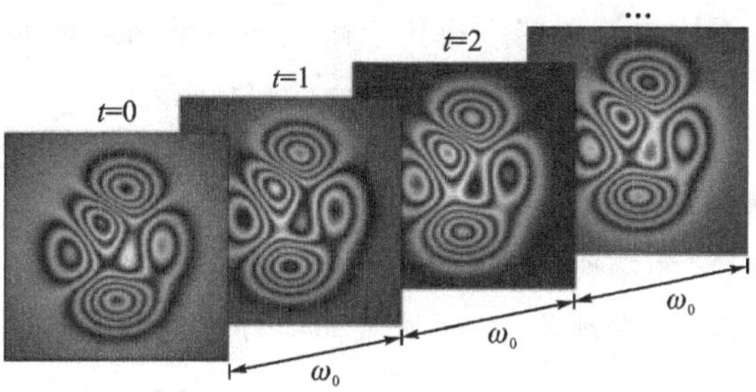

图 2.2　采集的时域相移干涉图

在条纹图中引入高频相位载波可以解决反问题中符号不定的问题。因为，一般情况下，$\cos(\varphi+\theta)\neq\cos(-\varphi+\theta)$。对该问题的深入理解可在频域上进一步展开，首先，对方程(2.5)和方程(2.6)表示的时域相移干涉图 $I(x,y,t)$ 进行傅里叶变换，可得

$$I(x,y,\omega)=a(x,y)\delta(\omega)+(1/2)b(x,y)\exp[\mathrm{i}\varphi(x,y)]\delta(\omega-\omega_0)$$
$$+(1/2)b(x,y)\exp[-\mathrm{i}\varphi(x,y)]\delta(\omega+\omega_0)\tag{2.7}$$

如图 2.3 所示，方程(2.7)表明由于高频时域载波的调制作用，条纹图信号各分量在频域上产生了分离。由后续章节可知，该操作可容易地获得以 2π 为模的估计相位 $\varphi(x,y)$。

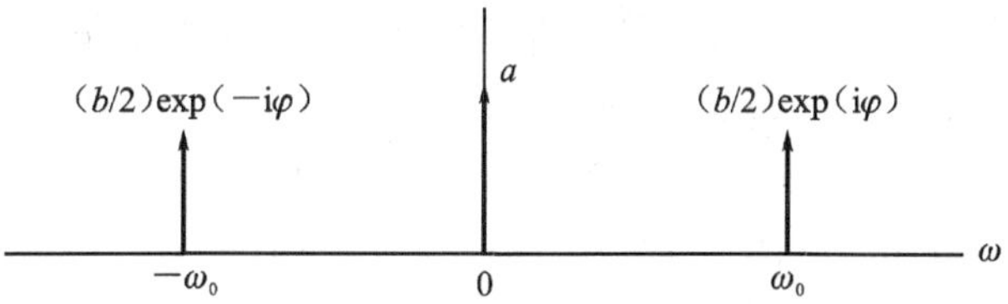

62

图 2.3　时域载波相位调制条纹图的频谱

2.3　时域估计相位的正交线性滤波器

重写理想的时域相移条纹图[复制方程(2.5)]：

$$I(x,y,t)=a(x,y)+b(x,y)\cos[\varphi(x,y)+\omega_0 t]\tag{2.8}$$

这里 $\{x,y,t\}\in\mathbb{R}^3$，$a(x,y)$ 和 $b(x,y)$ 分别为背景和局部对比度函数，$\varphi(x,y)$ 为搜索相位，$\omega_0 t$ 为时域载波相位调制因子。对式(2.8)进行傅里叶变换，可见构成时域相移干涉图的三个谱分量在频域上是彼此分离的[为了简单，式(2.9)忽略了空间坐标]：

$$I(\omega)=a\delta(\omega)+(b/2)\mathrm{e}^{\mathrm{i}\varphi}\delta(\omega-\omega_0)+(b/2)\mathrm{e}^{-\mathrm{i}\varphi}\delta(\omega+\omega_0)\tag{2.9}$$

在同步解调方法中，假定相位增量 ω_0(其对应于搜索的解析信号的谱移动量)是已知的。因此，可以选择(或设计)合适的线性滤波器，在 $\omega=0$ 和 $\omega=-\omega_0$ 处抑制不需要的谱分量。现考虑下面 N 步线性滤波器，根据线性系统理论，其可完全使用脉冲响应函数表征为

$$\mathrm{h}(t)=\sum_{n=0}^{N-1}c_n\delta(t-n)\tag{2.10}$$

而在频域可以由频率响应函数等同地表述为

$$\mathcal{F}\{\mathrm{h}(t)\}=H(\omega)=\sum_{n=0}^{N-1}c_n\exp(-\mathrm{i}\omega n)\tag{2.11}$$

这里$\{c_n\}\in\mathbb{C}$。如果该线性滤波器的频率传递函数满足下面所谓的正交条件：

$$H(0)=H(-\omega_0)=0,H(\omega_0)\neq 0 \tag{2.12}$$

则称 h(t)为方程(2.8)干涉信号的正交线性滤波器。式(2.12)的正交条件仅代表了频率传递函数分析方法中的最简单形式[26,30,40]。由图 2.4 可知，理想的正交线性滤波器的频率传递函数为以 ω_0 为中心频率的窄带矩形函数。然而实现该滤波器要求正交线性滤波器具有
63 大量的时域采样，但在实际干涉测量中，时域采样信号仅包含了有限个采样值。

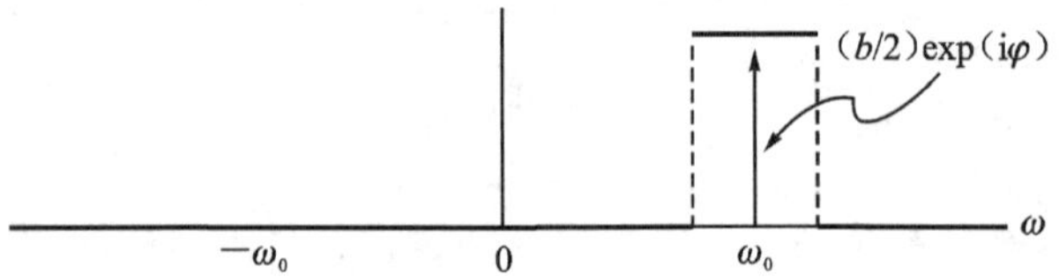

图 2.4 理想正交线性滤波器(带通)的传递函数。可见，ω_0 附近的谱量可无畸变地通过而其他谱量被抑制

对时域相移干涉图 $I(t)$应用正交线性滤波器 h(t)，可得

$$I(t)*\mathrm{h}(t)=I(t)*\sum_{n=0}^{N-1}c_n\delta(t-n)=\sum_{n=0}^{N-1}c_nI(t-n) \tag{2.13}$$

其中 * 表示卷积运算。对方程(2.13)进行傅里叶变换并应用卷积定理，可得

$$\begin{aligned}I(\omega)H(\omega)=&H(0)a\delta(\omega)+H(\omega_0)(b/2)\exp[\mathrm{i}\varphi(x,y)]\delta(\omega-\omega_0)\\&+H(-\omega_0)(b/2)\exp[-\mathrm{i}\varphi(x,y)]\delta(\omega+\omega_0)\end{aligned} \tag{2.14}$$

进而，应用方程(2.12)的正交条件，可得

$$I(\omega)H(\omega)=(1/2)H(\omega_0)b(x,y)\exp[\mathrm{i}\varphi(x,y)]\delta(\omega-\omega_0) \tag{2.15}$$

重回时域并结合方程(2.13)～方程(2.15)，估计的解析信号可表示为(这里ˆ表示估计值)：

$$I(t)*\mathrm{h}(t)=\sum_{n=0}^{N-1}c_nI(t-n)=\frac{1}{2}b(x,y)H(\omega_0)\exp\mathrm{i}[\hat{\varphi}(x,y)+\omega_0t] \tag{2.16}$$

由图 2.5 可知，时域序列 $I(t)*\mathrm{h}(t)$需要 $2N-1$ 个采样支撑，使用了 $t=N-1$ 时的所有数据，因此该滤波器在一定数量的采样信号下，估计的解析信号是十分可靠的。例如 $N=3$时，有

$$\begin{aligned}I(t)*\mathrm{h}(t)\big|_{t=0}&=c_0I_0\\I(t)*\mathrm{h}(t)\big|_{t=1}&=c_1I_0+c_0I_1\\I(t)*\mathrm{h}(t)\big|_{t=2}&=c_2I_0+c_1I_1+c_0I_2\\I(t)*\mathrm{h}(t)\big|_{t=3}&=c_2I_1+c_1I_2\\I(t)*\mathrm{h}(t)\big|_{t=4}&=c_2I_2\end{aligned} \tag{2.17}$$

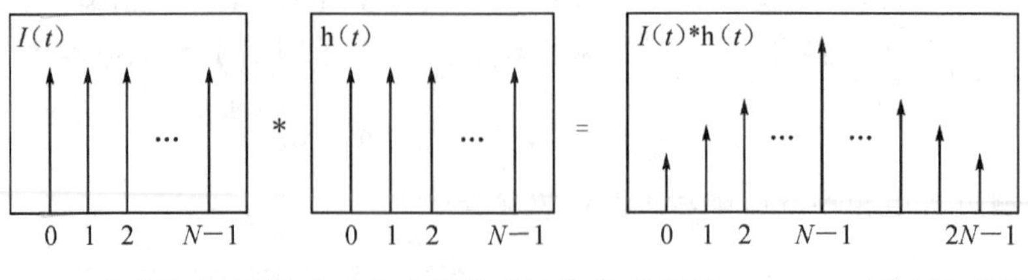

图 2.5 正交线性滤波器与相移条纹图的时域卷积，使用了 $t=N-1$ 时的所有数据

结合以上分析，对于给定的相位增量，为了可靠地估计解析信号，必须计算 $t=N-1$ 处的时域卷积： 64

$$\frac{1}{2}b(x,y)H(\omega_0)\exp[\mathrm{i}\hat{\varphi}(x,y)]=I(x,y,t)*\mathrm{h}(t)\big|_{t=N-1}$$

$$=c_0I_{N-1}+c_1I_{N-2}+\cdots+c_{N-1}I_1+c_{N-1}I_0 \tag{2.18}$$

式(2.18)为线性相移算法的一般形式。根据该解析信号，估计的搜索相位可以通过计算其辐角得到，而局部对比度函数可以通过振幅进行估计：

$$\frac{1}{2}\hat{b}(x,y)H(\omega_0)=|c_0I_{N-1}+c_1I_{N-2}+\cdots+c_{N-1}I_1+c_{N-1}I_0| \tag{2.19}$$

$$\hat{\varphi}(x,y)=\arg\{c_0I_{N-1}+c_1I_{N-2}+\cdots+c_{N-1}I_1+c_{N-1}I_0\} \tag{2.20}$$

应清楚，这里估计的相位是以 2π 为模的。进一步，当 $b(x,y)\neq 0$ 时，通过简单运算，求解方程(2.18)，易得相位为

$$\hat{\varphi}(x,y)=\arctan\left\{\frac{\mathrm{Im}[I(x,y,t)*\mathrm{h}(t)|_{t=N-1}]}{\mathrm{Re}[I(x,y,t)*\mathrm{h}(t)|_{t=N-1}]}\right\}$$

$$=\arctan\left\{\frac{\mathrm{Im}[c_0I_{N-1}+c_1I_{N-2}+\cdots+c_{N-1}I_1+c_{N-1}I_0]}{\mathrm{Re}[c_0I_{N-1}+c_1I_{N-2}+\cdots+c_{N-1}I_1+c_{N-1}I_0]}\right\} \tag{2.21}$$

最后，由于 $I_n\in\mathbb{R}$，定义 $c_n=a_n+\mathrm{i}b_n$，进行变量替换可得

$$\hat{\varphi}(x,y)=\arctan\left\{\frac{b_0I_{N-1}+b_1I_{N-2}+\cdots+b_{N-1}I_1+b_{N-1}I_0}{a_0I_{N-1}+a_1I_{N-2}+\cdots+a_{N-1}I_1+a_{N-1}I_0}\right\} \tag{2.22}$$

后面，本书称式(2.22)为线性相移算法的反正切公式。须指出，上式已经消去了振幅公因子。然而，振幅中含有 $H(\omega_0)$ 和 $b(x,y)$ 的信息，其对于分析信噪功率比以及定义估计相位的有效区域是非常重要的。因此，通常更喜欢使用解析公式的形式[方程(2.18)]，而对于反正切形式，仅用于表述的需要或参考的目的。 65

2.3.1 实值低通滤波的线性相移算法

时域相移干涉图也可以采用同步的方法进行解调，即在频域上移动谱分量，此时，可利用傅里叶变换的频移特性产生谱分量的移动：$\exp(-\mathrm{i}\omega_0t)I(t)$，然后使用实值(对称)低通滤波器分离求解的解析信号。其过程如图 2.6 所示。

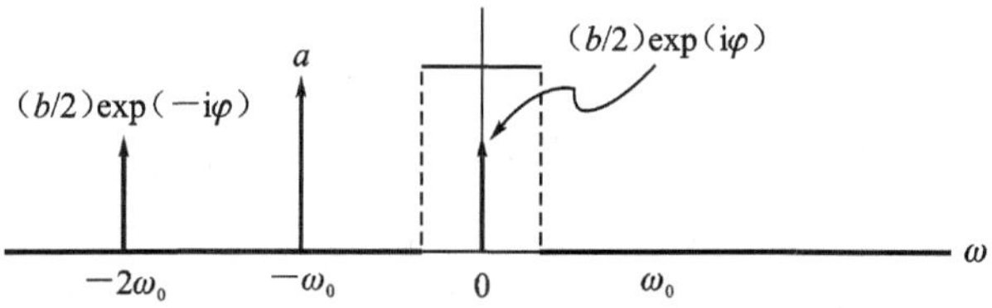

图 2.6　在同步解调方法中，为了应用实值低通滤波器，即采用以 $\omega=0$ 为中心频率的带通滤波器代替正交线性滤波器，需要在频域移动数据。两种方法除了无关紧要的相位偏移外，其结果是等同的

采用在频域上移动的谱分量和实值低通滤波器的方法，可得

$$[\exp(-\mathrm{i}\omega_0t)I(t)]*\mathrm{h}(t)=\sum_{n=0}^{N-1}c_n\exp[-\mathrm{i}\omega_0(t-n)]I(t-n) \tag{2.23}$$

按照前面章节的方法易知，采用由解析的形式和反正切的形式分别得到的线性相移算

法公式为(证明留给读者)

$$\frac{1}{2}b(x,y)H(\omega_0)\exp\left[\mathrm{i}\hat{\varphi}(x,y)\right]=c_0I_0+c_1I_1+\cdots+c_{N-1}I_{N-1} \tag{2.24}$$

$$\hat{\varphi}(x,y)=\arctan\left\{\frac{b_0I_0+b_1I_1+\cdots+b_{N-1}I_{N-1}]}{a_0I_0+a_1I_1+\cdots+a_{N-1}I_{N-1}]}\right\} \tag{2.25}$$

同前,这里$\{c_n=a_n+\mathrm{i}b_n\}$。须注意,方程(2.21)、方程(2.22)与方程(2.24)、方程(2.25)系数的顺序是相反的。对于二者之间的转化,只需简单地从估计相位中去掉不相关的相位因子:$\hat{\varphi}+\theta_0\rightarrow\hat{\varphi}$,因此两个公式是等价的。

后面章节将讨论如何使用频率传递函数的方法(2.4~2.8节)评价已有的线性相移算法,然后讨论如何使用该方法定制线性相移算法的谱响应(2.9节)。但在讨论前,首先举例说明解析公式的优点。

例:单相机-双投影物体三维轮廓术

条纹投影轮廓术是常用的三维测量方法。由于当前数字投影技术在持续发展,该技术的实验装置可容易地实现且具有灵活的应用。对于实现该方法最简单的形式,可以采用单相机观测及单投影仪投影的结构,并保证摄像机的光轴与投影仪的光轴具有θ夹角。然而,这种单相机-单投影仪的轮廓术具有严重问题:由于遮挡产生的阴影以及被测物体上的镜面
66 反射影响,从而致使条纹对比度下降为零。对此问题简单有效的解决方法,可采用对称投影的方案[54]。例如,采用图2.7描述的实验装置。

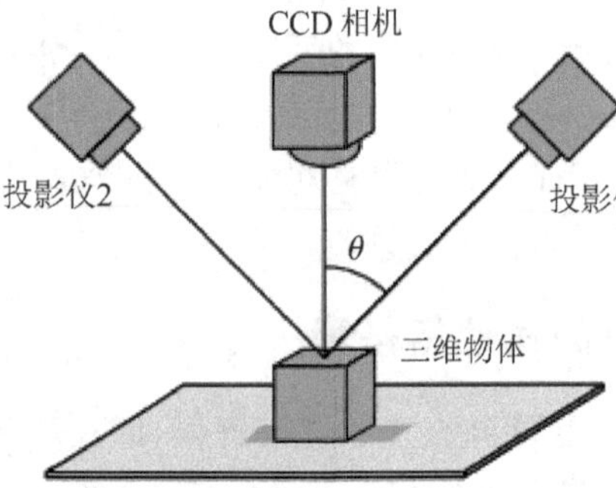

图2.7 单相机-双投影仪轮廓术的测量装置,两个投影仪相对相机光轴对称布置

在该实验装置中,假定投影条纹采用正弦形式:

$$f(x,y)=1+\cos(u'_0x) \tag{2.26}$$

其中,u'_0为空间频率(弧度/像素)。为了获得较高的估计带宽,同时解决投影条纹的畸变问题(详见文献[54]),本例假定使用了线性载波调制。因此,CCD相机垂直观测到的,由投影仪1和投影仪2获得的相位调制的条纹图分别为[54,55]

$$\begin{gathered}I_1(x,y,t)=a(x,y)+b_1(x,y)\cos[\varphi(x,y)+u_0t+\omega_0t],u_0=u'_0\cos(\theta)\\ I_2(x,y,t)=a(x,y)+b_2(x,y)\cos[\varphi(x,y)-u_0t+\omega_0t]\end{gathered} \tag{2.27}$$

按照习惯,$a(x,y)$和$b_n(x,y)$分别为背景和对比度函数,ω_0为两帧相邻条纹图间的相位增量,$\varphi(x,y)$为调制相位,其与被测物体的高度成正比。该技术的灵敏度为:$g=u'_0\sin(\theta)$,θ为极角[55]。最后须指出,$b_1(x,y)$和$b_2(x,y)$不相等,这是因为阴影及反射系数与投影方向

有关。具体测量过程参见图 2.8，其中被测量的鼠标同时含有几何阴影和镜面反射的问题。

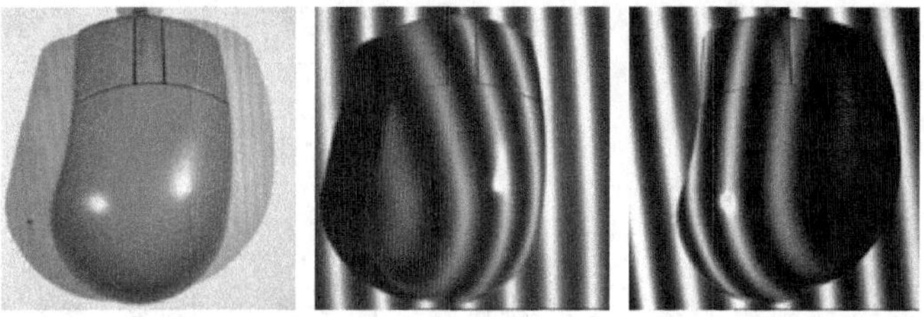

(a)　(b)　(c)

图 2.8　图(a)给出了从两个不同的方向上，由白光照射鼠标时产生的阴影和镜面反射的情况；图(b)给出了右边投影仪的投影条纹；图(c)给出了左边投影仪的投影条纹

对方程(2.27)表述的相移条纹图应用四步同步解调算法，并取 $\omega_0=2\pi/4$，可得解析公式[54]分别为

$$\frac{1}{2}H(\omega_0)b_1(x,y)\exp[\mathrm{i}\hat{\varphi}(x,y)]=\exp(-\mathrm{i}u_0x)\sum_{k=0}^{3}I_1(x,y,k)\exp(\mathrm{i}k\omega_0)$$

$$\frac{1}{2}H(\omega_0)b_2(x,y)\exp[\mathrm{i}\hat{\varphi}(x,y)]=\exp(\mathrm{i}u_0x)\sum_{k=0}^{3}I_2(x,y,k)\exp(\mathrm{i}k\omega_0)\qquad(2.28)$$

在条纹对比度函数降为零处(由于阴影和镜面反射的作用)，显然单个投影仪的方法无法获得正确的测量相位，但是对于双投影仪的方法，此时 $(1/2)[b_1(x,y)+b_2(x,y)]$ 仍大于 67
零，因此可以获得正确的解调相位。综上所述，鼠标测量采用共相位调制方法的过程，可表示为

$$A_0(x,y)\exp[\mathrm{i}\hat{\varphi}(x,y)]=\frac{1}{2}H(\omega_0)[b_1(x,y)+b_2(x,y)]\exp[\mathrm{i}\hat{\varphi}(x,y)]\qquad(2.29)$$

其产生的解调相位(已去包裹)，见图 2.9。

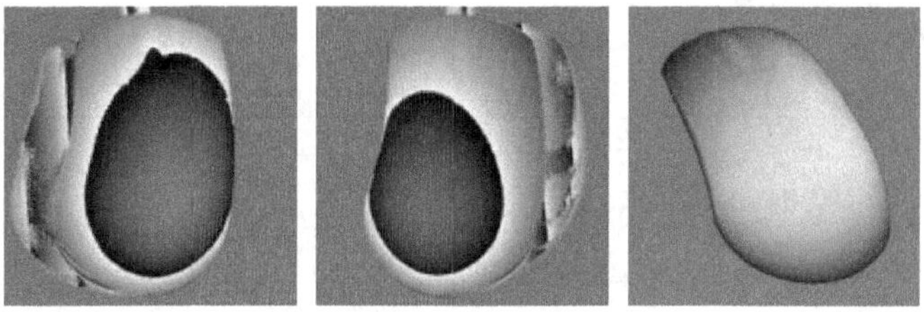

(a)　(b)　(c)

图 2.9　图(a)和图(b)给出了左右两边分别投影时，获得的解调相位；图(c)给出了由两个解析信号相加后[方程(2.27)]重建的相位(已去包裹)。可见，恢复的相位没有由于阴影和镜面亮带产生的畸变

由图 2.9(a)和(b)可见，由于左边和右边投影区域均存在着阴影，致使对比度下降为零，另外，在镜面反射区域也产生了明显的畸变，因此测量结果具有较大的噪声。而在图 2.9(c)的共相位测量方法中，不存在上述问题。另外须强调，在非一致积分的 N 个摄像机和 N 个投影仪的轮廓术中，首先需要估计 N 个数字条纹图的边界，接着依次进行 N 次相位解调以及 N 次相位去包裹。这种方法对每一帧条纹图都需要完成确定边界、相位解调和去包裹

68 的过程，从而为测量结果引入了 N 倍的误差源[56-60]。相比而言，采用解析函数的方法，将共相位复信号“全然地”相加，在处理 N 帧条纹图时，仅需一次解调，一次去包裹过程，详见文献[54]。

2.4 最小三步相移算法

本节介绍 Creath[61] 提出的最小三步相移算法的数学推导过程，然后采用频率传递函数法推导其最简形式。

2.4.1 最小三步相移算法的数学推导

为了便于后面的描述，下面给出一般的三步相移算法的数学推导过程，首先考虑下面三帧时域相移算法：

$$\begin{aligned} I_0(x,y) &= a(x,y) + b(x,y)\cos[\varphi(x,y)] \\ I_1(x,y) &= a(x,y) + b(x,y)\cos[\varphi(x,y) + \omega_0] \\ I_2(x,y) &= a(x,y) + b(x,y)\cos[\varphi(x,y) + 2\omega_0] \end{aligned} \tag{2.30}$$

这里 $a(x,y)$、$b(x,y)$ 和 $\varphi(x,y)$ 为未知量，$\{I_0, I_1, I_2\}$ 为测量值，设 ω_0 为已知量。利用 $\{I_0, I_1, I_2\}$ 的线性组合及三角函数恒等关系式将方程组(2.30)化简，可以求解 $\sin(\varphi+\theta)$ 和 $\cos(\varphi+\theta)$（θ 为无关紧要的相位偏移量）的表达式。如，取 $I_0 - I_2$ 并化简可得

$$\begin{aligned} I_0 - I_2 &= b\{\cos\varphi[1 - \cos^2\omega_0 + \sin^2\omega_0] - 2\sin\varphi\cos\omega_0\sin\omega_0\} \\ &= 2b\sin\omega_0[\cos\varphi\sin\omega_0 - \sin\varphi\cos\omega_0] \\ &= 2b\sin\omega_0\sin(\varphi + \omega_0) \end{aligned} \tag{2.31}$$

同样地，取 $I_0 - 2I_1 + I_2$ 并化简为

$$I_0 - 2I_1 + I_2 = 2b[\cos\omega_0 - 1]\cos(\varphi + \omega_0) \tag{2.32}$$

结合上面方程(2.31)和方程(2.32)可得

$$\frac{I_0 - I_2}{I_0 - 2I_1 + I_2} = \frac{2b(x,y)\sin\omega_0\sin[\varphi(x,y) + \omega_0]}{2b(x,y)[\cos\omega_0 - 1]\cos[\varphi(x,y) + \omega_0]} \tag{2.33}$$

最后，在 $b(x,y) \neq 0$ 时，求得 $\varphi(x,y)$ 为

$$\tan[\varphi(x,y) + \omega_0] = \left[\frac{1 - \cos\omega_0}{\sin\omega_0}\right]\frac{I_2 - I_0}{I_0 - 2I_1 + I_2} \tag{2.34}$$

69 式(2.34)即为 Creath[61] 在 1988 年提出的一般的三步相移算法的公式。应指出，这种采用代数方法构建的相移算法具有明显的缺陷，特别是在求解高阶相移算法时，其推导难度随相移量数目的增加而明显增大。而且，由该方法产生的公式不含有相移算法在出现系统误差时或其他非理想条件下有关求解过程可靠性方面的信息。

2.4.2 最小三步相移算法的频率传递函数频谱分析

将上面 Creath[61] 提出的三步相移算法与频率传递函数公式[方程(2.22)和方程(2.34)]相联系，可得

$$\tan[\varphi + \omega_0] = \left[\frac{1 - \cos\omega_0}{\sin\omega_0}\right]\frac{I_2 - I_0}{I_0 - 2I_1 + I_2} = \frac{b_0 I_2 + b_1 I_1 + b_2 I_0}{a_0 I_2 + a_1 I_1 + a_2 I_0} \tag{2.35}$$

通过直接对比公式形式，容易得到

$$a_n = \{\sin\omega_0, -2\sin\omega_0, \sin\omega_0\}$$
$$b_n = \{-1+\cos\omega_0, 0, 1-\cos\omega_0\} \tag{2.36}$$

将系数$\{c_n = a_n + \mathrm{i}b_n\}$代入一般相移算法的频率传递函数或$H(\omega)$中，进行代数运算，可得

$$H(\omega) = \sum_{n=0}^{N-1} c_n \mathrm{e}^{-\mathrm{i}n\omega} = \mathrm{i}(1-\mathrm{e}^{-\mathrm{i}\omega_0})(1-\mathrm{e}^{-\mathrm{i}\omega})(1-\mathrm{e}^{-\mathrm{i}(\omega+\omega_0)}) \tag{2.37}$$

从方程(2.37)可见，最小三步相移算法的频率传递函数满足正交条件：$H(\omega_0)\neq 0$，$H(0)=H(-\omega_0)=0$。另外，频率传递函数的全局振幅因子$\mathrm{i}[1-\exp(\mathrm{i}\omega_0)]$是无关紧要的，其作用是仅使关心的解析信号发生了恒定量的相位偏移。而且，由方程(2.21)和方程(2.22)可知，计算估计相位时，该公因子相互抵消。再者，估计的相位含有的偏移量也被认为是无关紧要的[30,50-51]。因而，最小三步相移算法的频率传递函数主要部分可表示为

$$H(\omega) = (1-\mathrm{e}^{-\mathrm{i}\omega})(1-\mathrm{e}^{-\mathrm{i}(\omega+\omega_0)}) \tag{2.38}$$

频率传递函数中出现全局振幅因子[见方程(2.37)中的$\mathrm{i}(1-\mathrm{e}^{-\mathrm{i}\omega_0})$项]，是由于设计或者移动时域载波时产生的[50-51]。尽管其不影响相位的估计[30]，但是若出现该振幅因子，将致使 F&K 的频谱图的形状发生改变[40]。尽管本书基于频率传递函数振幅图的方法不受该全局因子(一般是复数)的影响，但这里仍需对研究人员在如何使用该方法方面进行强调。图 2.10 给出了采用最小三步相移算法$\omega_0=\pi/2$时，使用 F&K[40]方法得到的谱图，同时也给出了 Surrel[26]方法得到的特征图。

70

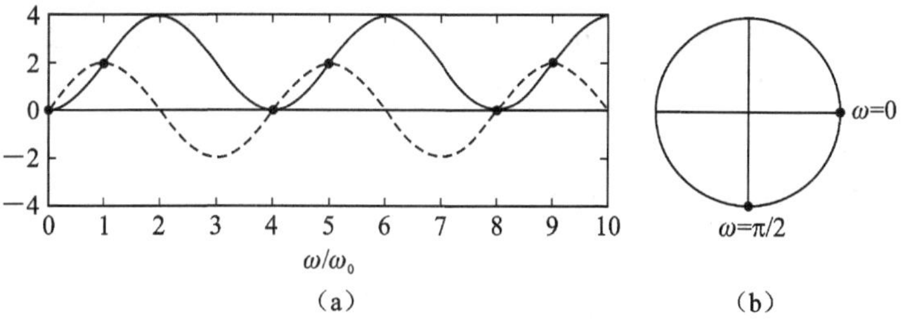

图 2.10　$\omega_0=\pi/2$ 的三步相移算法：(a)F&K 谱图[40]；(b)Surrel 特征图[26]

由图 2.10(a)可知，F&K 方法分别绘制了反正切相移算法中由分子与分母形成的实值滤波器的频谱图(即复正交滤波器的实部和虚部)，分析实值滤波器是否具有恒定的或共同的相位因子[40]，是为了得到实值函数。按照这种方法，在相移算法满足正交条件的频率处，两个傅里叶分量具有相同振幅(这些频率点已在图中用黑点标出)。

图 2.10(b)为该三步相移算法在$\omega_0=\pi/2$时的特征图[26]，其实质为 $h(t)$的 Z 变换，因此特征图可视为$H(z)$的极点-零点图。若取$z=\exp(\mathrm{i}\omega)$，可由方程(2.38)易得$H(z)$。

Surrel 的特征图仅在图像上提供了相移算法谱零点的位置及其在局部的行为信息，不能提供除了零点以外，有关相移算法连续谱行为的信息，而连续谱信息一般描述了相移算法抑制系统误差(如高次歪曲谐波，加性白色高斯噪声等)的能力，详见文献[30]、[53]和[62]。

为了解决上述问题，可采用纵轴归一化的谱图：$|H(\omega)|-\omega$ 曲线。该图具有载波旋转不变性的特点，更自然且丰富地表示了相移算法在阻带和通带的谱行为。例如，图 2.11 给出了时域载波ω_0取 3 个不同值时，该方法产生的 4 个在纵轴上归一化后的谱图。

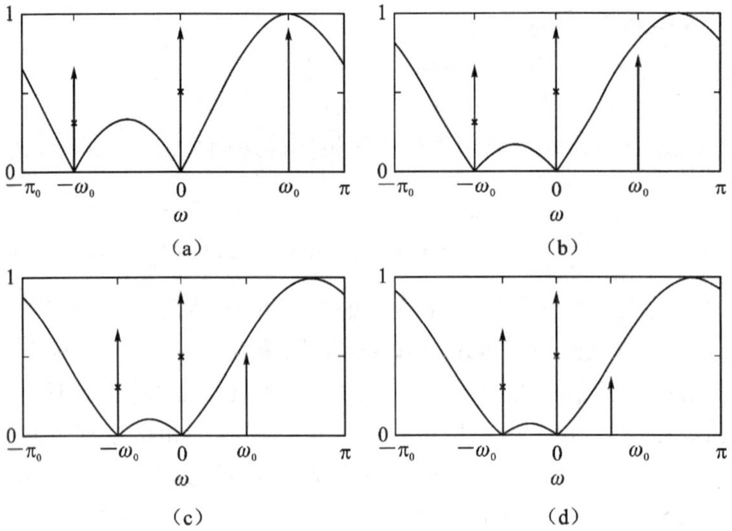

图 2.11 (a)～(d) $\omega_0=\{2\pi/3,2\pi/4,2\pi/5,2\pi/6\}$时，最小三步相移算法的谱图。没有“×”的箭头表示了搜索的解析信号$(b/2)H(\omega_0)\exp(\mathrm{i}\varphi)$

这种频率传递函数分析方法的另一个重要特征在于，可以容易地评价和比较不同的线性相移算法。在过去的研究中，因为没有合适的标准判断新发表的算法与已报道的算法之间的等同性，常常错误地将很多已报道过的但形式不同的相移算法视为新算法。如：最小三步相移算法在 $\omega_0=\pi/2$ 时[图 2.11(b)]，Wyant 等[63]在 1984 年将其表示为

$$\tan[\hat{\varphi}(x,y)]=\frac{I_2-I_1}{I_0-I_1} \tag{2.39}$$

71 而 Creath[61]在 1988 年将其表述为

$$\tan[\hat{\varphi}(x,y)]=\frac{I_2-I_0}{I_0-2I_1+I_2} \tag{2.40}$$

附录列出了更多的形式不同但实质相同的相移算法的例子(其谱响应差别仅在于全局振幅复因子的不同)。接下来分析 Bruning 等[6]提出的最小二乘相移算法的公式。

2.5 最小二乘相移算法

继时域相移条纹图同步探测技术之后，Bruning 等[6]在 1974 年提出了 N 步最小二乘相移算法的公式。在 1982 年，Morgan[64]证明这类相移算法与解决外部扰动问题有关的最小二乘估计法在原理上等同。其后，Greivenkamp[43]在 1984 年指出，采用非均匀相位增量时，最小二乘拟合是一种最优的相位估计方法。

采用反正切形式，一般的 N 步最小二乘相移算法公式[74]可表示为

$$\tan[\hat{\varphi}(x,y)]=\frac{\sum_{n=1}^{N-1}\sin(\omega_0 n)I_n}{\sum_{n=1}^{N-1}\cos(\omega_0 n)I_n},\omega_0=2\pi/N \tag{2.41}$$

72 这里 $N\geqslant3$ 时，根据频率传递函数分析方法，上式可重写为

$$A_0 \exp[\mathrm{i}\hat{\varphi}(x,y)] = \sum_{n=0}^{N-1} \exp(\mathrm{i}\omega_0 n) I(n) = I(t) * \sum_{n=0}^{N-1} \exp(\mathrm{i}\omega_0 t)\delta(t-n) \tag{2.42}$$

这里 $A_0=(b/2)H(\omega_0)$，为 ω_0 处滤波信号的振幅。因而，N 步 LS - PSA 脉冲响应函数和频率传递函数为

$$\mathrm{h}(t) = \sum_{n=0}^{N-1} \exp(\mathrm{i}\omega_0 t)\delta(t-n) \tag{2.43}$$

$$H(\omega) = \sum_{n=0}^{N-1} \exp[\mathrm{i}n(\omega-\omega_0)] \tag{2.44}$$

熟悉的读者容易发现，上面方程表明最小二乘相移算法实际上是通过复时域载波 $\exp(\mathrm{i}\omega_0 t)$ 在频域上移动后的 N 步平均系统，从而形成了通带中心频率为 ω_0 的正交线性滤波器，其过程见图 2.12(该关系同样适用于 $N\geqslant 3$)。

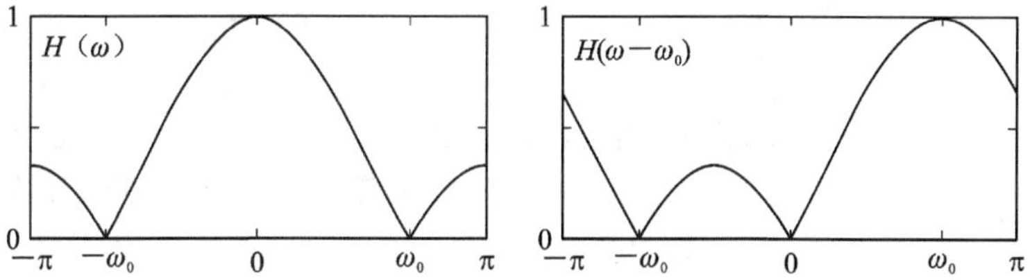

(a)　　(b)

图 2.12　频率传递函数：(a)三步线性平均系统；(b)三步最小二乘相移算法公式。回忆前面可知，离散时间线性系统的频率传递函数以 2π 为周期

进行一定的代数运算，N 步最小二乘相移算法的频率传递函数也可表述[26]为

$$H(\omega) = \prod_{n=0}^{N-2} [1-\exp \mathrm{i}(\omega+n\omega_0)] \tag{2.45}$$

考察 $\omega_0=2\pi/N$ 时，根据 $H(\omega)$ 以 2π 为周期可知，最小二乘相移算法的频率传递函数恰好有 $N-1$ 个一阶零点，见图 2.13($N=4,5,6,7$)时，更多的例子可参见附录)。在 ω_0 周围均匀分布的 $N-1$ 个一阶零点，使得 N 步 LS - PSA 具有一系列特点，该特点特别适用于标定具有以下特征的干涉图：

- 非常高的信噪功率比；
- 非常多的高次谐波；
- 没有失调误差。

上面列举的特点虽然不加证明地给出，但下面将进一步分析。 73

从图 2.13 可见，搜索的解析信号 $(b/2)H(\omega_0)\exp(\mathrm{i}\varphi)$ 随着 N 的增加越靠近基频。在实际应用中，该特点致使其可能与背景信号相混叠(因为实际信号在频域是有限的窄带信号)。为了避免混叠，可将有关的 N 步平均滤波器移动 $M\times(2\pi/N)$ 弧度，$M=\{2,3,\cdots\}$，即，将 N 个相位增量分布在 M 个周期内(而不是一个周期)，从而获得移动后的与原公式近似等同的最小二乘相移算法为

$$\tan[\hat{\varphi}(x,y)] = \frac{\sum_{n=1}^{N-1} \sin(\omega_0 n) I_n}{\sum_{n=0}^{N-1} \cos(\omega_0 n) I_n}, \omega_0 = M\times(2\pi/N) \tag{2.46}$$

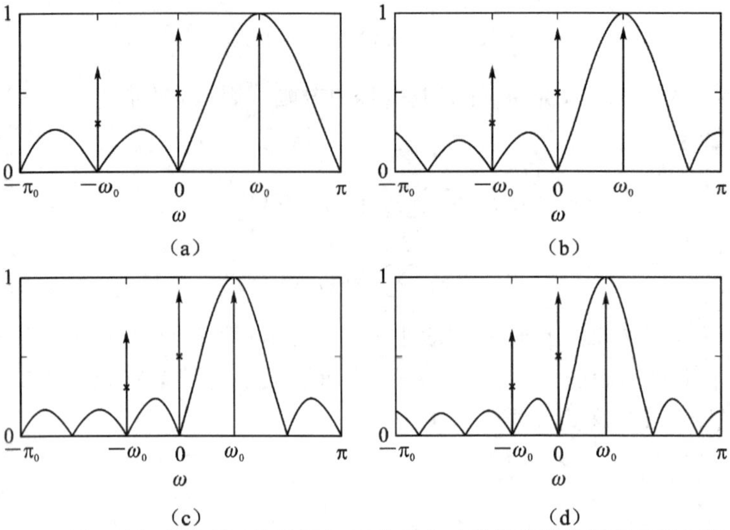

图 2.13 (a)～(d) 在 $2\pi/N$ 处谐振的 N 步最小二乘相移算法频率传递函数（取 $N=4,5,6,7$ 时）。其中没有“×”的箭头表示了搜索的解析信号：$(1/2)H(\omega_0)b(x,y)\exp[\mathrm{i}\varphi(x,y)]$

与以 2π 为周期的频率传递函数相同，这种多倍的移动了的最小二乘相移算法，同样可在适当的频率处产生需要的一阶零点，从而满足所谓的正交条件，该过程参见附录（$N=11$ 和 $M=3$）。

2.5.1 时-空域载波转换：交叠重构干涉术

在分析系统误差对相移干涉术（phase-shifting interferometry，PSI）的影响作用之前，下面先讨论最小二乘相移算法的另一个特点，即时域正交线性滤波与空域载波同步解调技
74 术相互转换的可能性[65]。

首先，考虑下面 N 步时域相移干涉图的数学模型：

$$I(x,y,t)=a(x,y)+b(x,y)\cos[\varphi(x,y)+\omega_0 t],t=\{0,1,\cdots,N-1\} \quad (2.47)$$

这里，$a(x,y)$、$b(x,y)$分别代表了背景和局部对比度函数，$\varphi(x,y)$为相位。假设 $I(x,y,t)$采用 N 步最小二乘相移算法进行相位解调，相邻采样的相位增量为 $\omega_0=2\pi/N$ 弧度。

所谓的叠合重构干涉技术是指，将包含在 N 帧时域相移闭合条纹图$\{I(x,y,t)\}$中所有的信息，按照下面方法重构成一张条纹图：

$$I'(Nx+t,y)=I(x,y,t),t=\{0,1,\cdots,N-1\} \quad (2.48)$$

信息重构后，I'变为开型条纹图，并受空域线性载波调制：

$$I'(x',y)=a(x',y)+b(x',y)\cos[\varphi(x',y)+\omega_0 x'],(x'=Nx+t) \quad (2.49)$$

式(2.49)当且仅当在 $\omega_0=2\pi/N$ 时成立[65]。显然，上述叠合重构干涉图（开型条纹）没有增加或减少测量信息，但此时其为应用更多相位解调技术提供了可能。该特点特别适用于时域采样帧较少的场合[65-66]。例如，当 $N=3$ 时，对于时域条纹图来讲，三步最小二乘相移算法是唯一可用的相位解调方法。然而该滤波器具有滤波能力和谱行为固定的缺点，对此，可生成下面的叠合重构图：

$$I'(3x,y)=I(x,y,0)$$

$$I'(3x+1,y) = I(x,y,1)$$
$$I'(3x+2,y) = I(x,y,2) \qquad (2.50)$$

由于式(2.50)中产生的空域载波频率非常大(即 $2\pi/3$ 弧度/像素)，因此，在拉伸后的空间(x',y)中，得到的开型干涉图可直接应用傅里叶变换的方法进行解调[7-8]，也可以采用后面第 4 章介绍的其他更可靠的方法进行解调。由于此时获得的相位 $\varphi(x',y)$在 x 方向上相对原始的相位拉伸了 3 倍，因此在应用该技术的最后一步，还需进行几何变换(或者叠合过程)，以使相位 $\varphi(x',y)$恢复到初始空间(x,y)上。图 2.14 给出了叠合技术的应用实例，详见文献[65]、[66]。

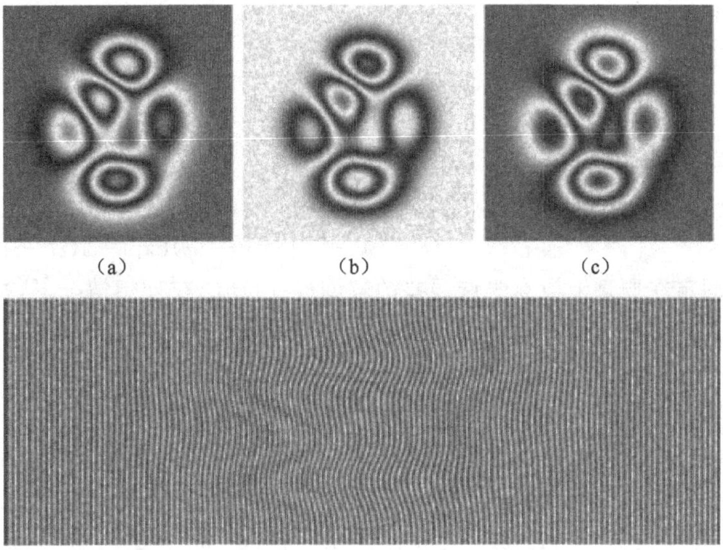

(a)　(b)　(c)

(d)

图 2.14　叠合重构干涉术示例：根据方程(2.48)，将三帧相移条纹图(a)～(c)进行重构，产生了高频的开型条纹图(d)

2.6　相移干涉术的失调分析

时域相移干涉术最常见的系统误差，源于正交滤波器的谐振频率 ω_0 与干涉图数据实际相位载波通常存在着偏差 Δ，这里 Δ 是未知量。这种由于干涉数据与正交线性滤波器载波 75
不一致造成的误差称为失调误差。为了说明失调误差对估计相位的影响，设相移干涉图的实际相位增量为 $\omega_0+\Delta$：

$$I(x,y,t) = a(x,y) + b(x,y)\cos[\varphi(x,y) + (\omega_0+\Delta)t] \qquad (2.51)$$

对其进行傅里叶变换，可得

$$I(x,y,\omega) = a\delta(\omega) + (b/2)\mathrm{e}^{\mathrm{i}\varphi}\delta(\omega-\omega_0-\Delta) + (b/2)\mathrm{e}^{-\mathrm{i}\varphi}\delta(\omega+\omega_0+\Delta) \qquad (2.52)$$

运用在 ω_0 处谐振的线性正交滤波器 $h(t)$对其处理时，在频域有

$$I(x,y,\omega)H(\omega) = aH(0)\delta(\omega) + (b/2)\mathrm{e}^{\mathrm{i}\varphi}H(\omega_0+\Delta)\delta(\omega-\omega_0-\Delta) + (b/2)\mathrm{e}^{-\mathrm{i}\varphi}H(-\omega_0-\Delta)\delta(\omega+\omega_0+\Delta) \qquad (2.53)$$

对式(2.53)应用正交条件可知，尽管滤波器仍可在 $H(0)=0$ 处抑制背景，然而由于存在失调误差，此时不仅获得了搜索的解析信号，而且在镜像位置 $-\omega_0$ 处还得到了一个伪信息
76 项。该过程见图 2.15，其为最小三步相移算法的频率传递函数在失调时的情况，但该分析方法也适用于分析本书中所有相移算法的失调。

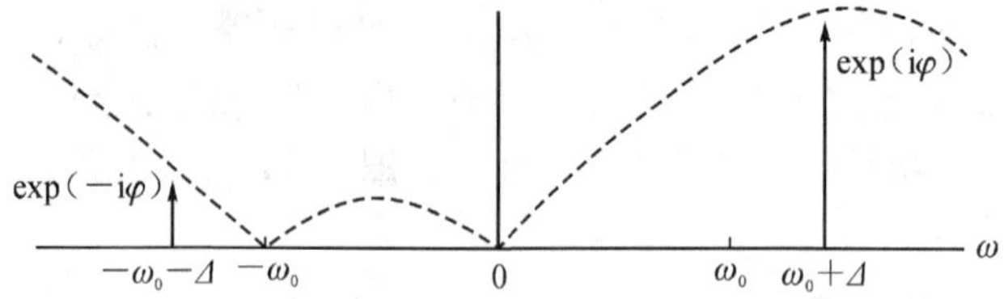

图 2.15　产生了失调误差时，对时域相移干涉图滤波产生了伪信号 $(b/2)\exp(-\mathrm{i}\varphi)H(-\omega_0-\Delta)$

在时域，可得

$$I(x,y,t)*\mathrm{h}(t)=(b/2)H(\omega_0+\Delta)\exp(\mathrm{i}\varphi)\exp[\mathrm{i}(\omega_0+\Delta)t] \\ +(b/2)H(-\omega_0-\Delta)\exp(-\mathrm{i}\varphi)\exp[-\mathrm{i}(\omega_0+\Delta)t] \tag{2.54}$$

回忆前面假定在原理上没有失调误差的解调过程可知，在理想情况下，相位估计方法认为上面方法得到的解析信号只有一个，此时有[重写方程(2.54)的右边]：

$$A_0\exp[\mathrm{i}\hat{\varphi}(x,y)]=|H(\omega_0+\Delta)|\exp[\mathrm{i}\varphi(x,y)] \\ +|H(-\omega_0-\Delta)|\exp[-\mathrm{i}\varphi(x,y)] \tag{2.55}$$

这里 $A_0\in\mathbb{R}$ 包含了所有的振幅因子。继续以前的分析方法，可得解析信号的虚部和实部为：

$$A_0\sin(\hat{\varphi})=|H(\omega_0+\Delta)|\sin(\varphi)+|H(-\omega_0-\Delta)|\sin(-\varphi) \tag{2.56}$$

$$A_0\cos(\hat{\varphi})=|H(\omega_0+\Delta)|\cos(\varphi)+|H(-\omega_0-\Delta)|\cos(-\varphi) \tag{2.57}$$

最终，易得估计相位满足

$$\tan[\hat{\varphi}(x,y)]=\frac{|H(\omega_0+\Delta)|-|H(-\omega_0-\Delta)|}{|H(\omega_0+\Delta)|+|H(-\omega_0-\Delta)|}\tan[\varphi(x,y)] \tag{2.58}$$

为了上面推导公式能更好地评价正交滤波器的性能，将方程(2.55)表述为图 2.16 的相量形式，进一步考虑频率传递函数的幅角，有

$$H(\omega_0+\Delta)=|H(\omega_0+\Delta)|\exp(\mathrm{i}\theta_1) \\ H(-\omega_0-\Delta)=|H(-\omega_0-\Delta)|\exp(\mathrm{i}\theta_2) \tag{2.59}$$

根据图 2.16，应用正弦定理，可得

$$\frac{\sin(\varphi-\hat{\varphi}+\theta_1)}{|H(-\omega_0-\Delta)|}=\frac{\sin(\varphi+\hat{\varphi}-\theta_2)}{|H(\omega_0+\Delta)|} \tag{2.60}$$

77 进一步变形，可得

$$\sin(\varphi-\hat{\varphi}+\theta_1)=\frac{|H(-\omega_0-\Delta)|}{|H(\omega_0+\Delta)|}\sin(\varphi+\hat{\varphi}-\theta_2) \tag{2.61}$$

须指出，式(2.61)是准确的。由于已测试过的所有相移算法可知 $|\theta_1|\ll 1$，另外，由于 $H(-\omega_0-\Delta)$ 通常是很小的复数，其幅角 θ_2 随 Δ 剧烈变化，因此没有对其进行假定。从方程(2.58)可知，如果 $\Delta\to 0$，则 $\hat{\varphi}\to\varphi$。因此，在较小失调误差下，可得以下近似：$\sin(\varphi-\hat{\varphi}+\theta_1)\approx\varphi-\hat{\varphi}+\theta_1$ 且 $\sin(\varphi+\hat{\varphi}-\theta_2)\approx\sin(2\varphi-\theta_2)$。最后，代入方程(2.61)，当 $|\Delta/\omega_0|\ll 1$，可得

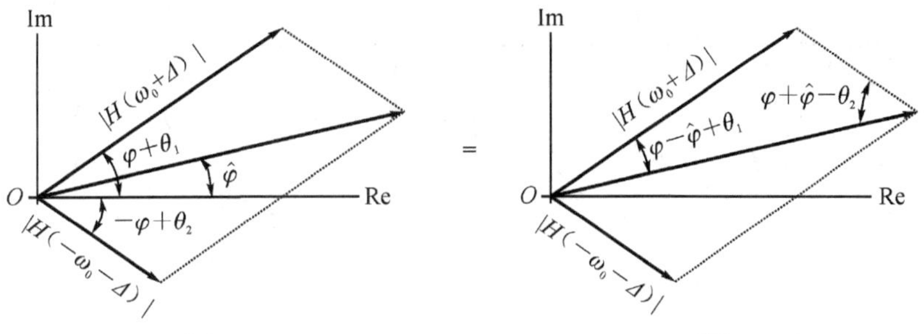

（a）　　　　　　　　　　（b）

图 2.16　方程(2.55)的向量形式，可见由于失调误差的影响，得到了错误的估计：$A_0\exp[\mathrm{i}\hat{\varphi}(x,y)]$。在图(a)中，角度是以实轴为基准开始度量。而图(b)将左图(a)等效为求解内角的过程。由于仅为了描述的目的，因此没有刻度，且一般 $|H(-\omega_0-\Delta)|\ll|H(\omega_0+\Delta)|$

$$\hat{\varphi}(x,y)=\varphi(x,y)+\theta_1-\frac{|H(-\omega_0-\Delta)|}{|H(\omega_0+\Delta)|}\sin(2\varphi(x,y)-\theta_2) \tag{2.62}$$

该结果纠正了文献[67]中忽视的问题。根据上式的一阶近似可知，由于失调误差，估计相位受一频率为原条纹频率 2 倍的量的影响，而发生了歪曲方程(2.61)采用代数方法的推导过程见文献[2])。另外，歪曲信号振幅的最大值仅与频率传递函数有关，这样失调误差的大小可表示为

$$D(\Delta)=\frac{|H(-\omega_0-\Delta)|}{|H(\omega_0+\Delta)|} \tag{2.63}$$

上面的比率关系可用于评价所有线性相移算法的失调误差可靠性，即绘制 $D(\Delta)$-Δ 的变化曲线。例如，图 2.17 分别绘制了三步的相关图形，图中 $D(\Delta)$表示了失调误差的振幅。

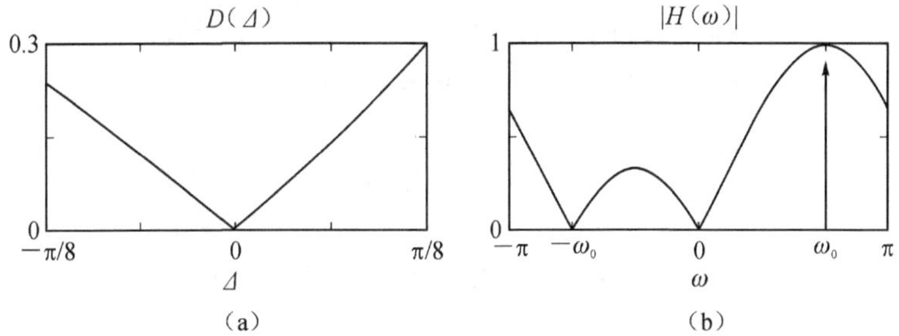

（a）　　　　　　　　　　（b）

图 2.17　(a) 三步最小二乘相移算法失调误差的振幅；(b)频率传递函数

至今，已发展了大量的失调误差可靠的线性相移算法[2,25,27,44,46-48,52,68-69]。其中首次提出的算法(也是最广为人知的)是 Schwider-Hariharan 五步相移算法[2,44]，其解析的公式为 78

$$(b/2)H(\omega_0)\exp(\mathrm{i}\hat{\varphi})=I_0-\mathrm{i}2I_1-2I_2+\mathrm{i}2I_3+I_4 \tag{2.64}$$

将上面方程系数$\{c_n\}$代入 $H(\omega)=\sum_{n=0}^{N-1}c_n\mathrm{e}^{-\mathrm{i}n\omega}$，进行代数运算可得

$$\begin{aligned}H(\omega)&=1-2\mathrm{i}\mathrm{e}^{-\mathrm{i}\omega}-2\mathrm{e}^{-2\mathrm{i}\omega}+2\mathrm{i}\mathrm{e}^{-3\mathrm{i}\omega}+\mathrm{e}^{-\mathrm{i}4\omega}\\&=(1-\mathrm{e}^{-\mathrm{i}\omega})(1-\mathrm{e}^{-\mathrm{i}(\omega+\pi/2)})^2(1-\mathrm{e}^{-\mathrm{i}(\omega+\pi)})\end{aligned} \tag{2.65}$$

将该频率传递函数代入方程(2.63)，可得 Schwider-Hariharan 五步相移算法的失调误差振幅的曲线[2,44]，见图 2.18。

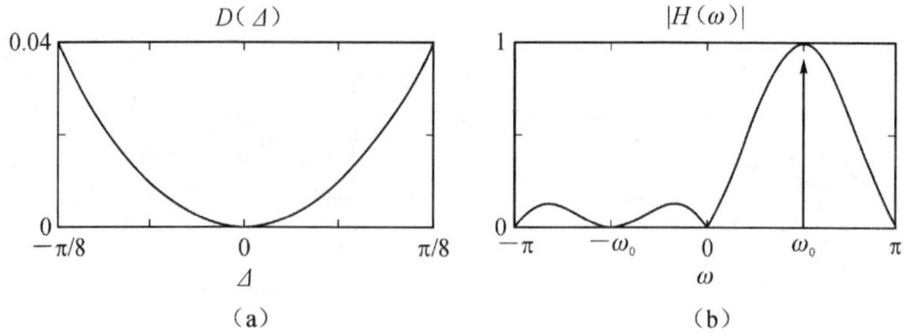

图 2.18　Schwider-Hariharan 五步相移算法：(a)失调误差的振幅；(b)频率传递函数

应该说明，图 2.17 和图 2.18 中失调误差的振幅主要是由频率传递函数在阻带处的行为决定的。由后面 2.9 节可知，该依据在设计线性相移算法时非常重要。

例：三步最小二乘相移算法失调误差的歪曲作用

现考虑图 2.19 的闭型条纹图，设其实际相位增量为 $\omega_0+\Delta$，并取 $\omega_0=2\pi/3$、$\Delta=\pi/8$。应当说明，这里假设的失调误差较大，仅为了便于描述。

79

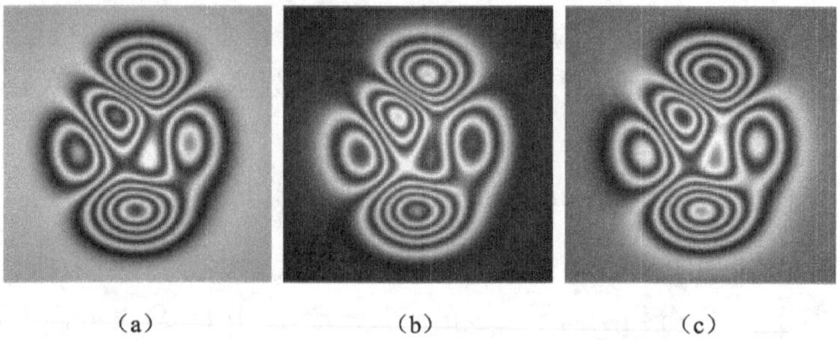

图 2.19　(a)～(c)为仿真的时域相移条纹图，相位增量为 $\omega_0+\Delta$，其中 $\omega_0=2\pi/3$、$\Delta=\pi/8$。采用三步最小二乘相移算法进行相位解调(此时假定相位增量为 $\omega_0=2\pi/3$)

应用三步最小二乘相移算法解调上面三帧图，可得下面解调公式：

$$(b/2)H(\omega_0)\exp(i\hat{\varphi}) = I_0 + \exp(-i\omega_0)I_1 + \exp(-2i\omega_0)I_2 \tag{2.66}$$

这里 $\omega_0=2\pi/3$(须知此时假定未出现失调误差)。计算解析信号的辐角，可得由图 2.20(a)给出的歪曲相图。

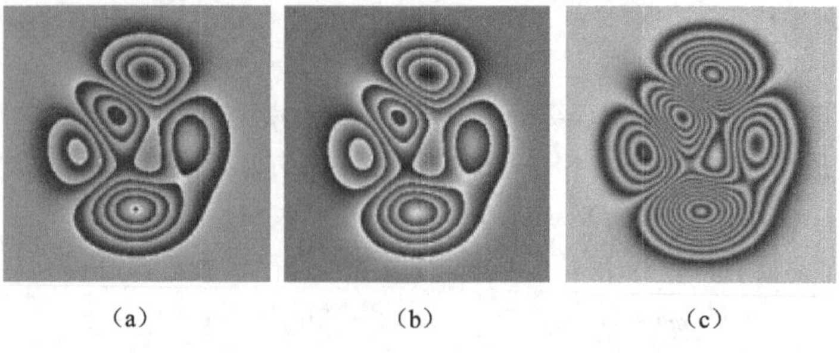

图 2.20　(a)最小二乘相移算法估计的相图(具有失调误差)；(b)理想相图(无失调误差)；(c)由失调误差产生的倍频歪曲项，其为图(a)估计相位与图(b)理想相位的包裹相位差

根据理论预测，估计的相图 $\hat{\varphi}(x,y)$ 受频率为原条纹图频率 2 倍的、加性的正弦信号所歪曲。计算三步最小二乘相移算法歪曲信号的最大振幅可得[根据方程(2.62)]

$$D(\pi/8)=\frac{|H(-\omega_0-\pi/8)|}{|H(\omega_0+\pi/8)|}\approx\frac{0.7389}{2.8478}=0.2595 \tag{2.67}$$

上面表明，若失调误差为 $\Delta=\pi/8$ 时，三步最小二乘相移算法的误差高达 25%，显然，该 80
情况在高精度测量中是不允许的。

例：五步最小二乘相移算法与 Schwider-Hariharan 相移算法失调可靠性比较

下面比较五步最小二乘相移算法（仅含一阶谱零点）与 Schwider-Hariharan 相移算法（其频率传递函数在 $\omega=-\omega_0$ 处具有二阶零点）[2,44]的失调误差可靠性。本次仿真中采用了两套闭型条纹图（与图 2.19 类似），相位增量为 $\omega_0+\Delta$，分别取 $\omega_0=\{2\pi/4,2\pi/5\}$，$\Delta=\pi/8$。同样假定失调误差是比较大的，其结果见图 2.21、图 2.22。

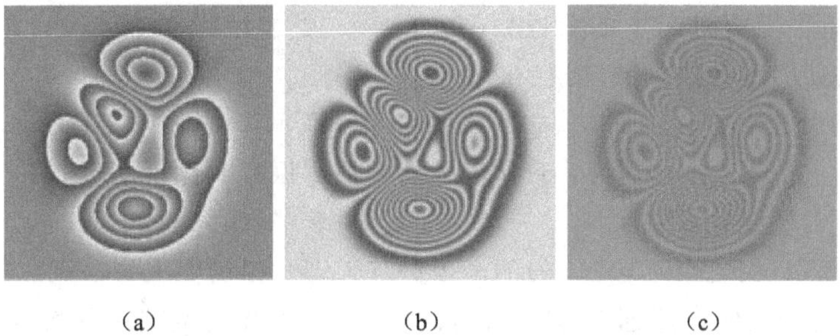

图 2.21　五步最小二乘相移算法与 Schwider-Hariharan 最小二乘相移算法的失调误差可靠性的比较：(a)理想估计相图，没有失调误差；(b)由于失调误差，产生的相位歪曲倍频图（应用Schwider-Hariharan 五步频率传递函数时）；(c)相位歪曲倍频图（应用 Schwider-Hariharan 五步频率传递函数时）。为了便于观测，图(b)和图(c)的对比进行了等倍量的放大

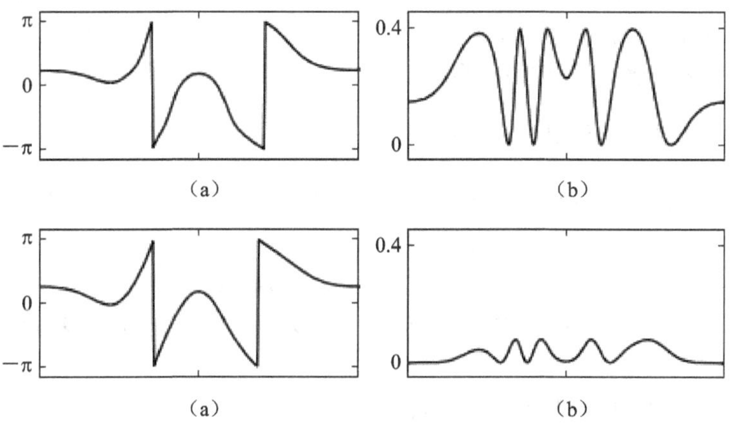

图 2.22　估计相位水平截图(左)和失调误差产生的歪曲项的水平截图(右)：(a)、(b)为五步最小二乘相移算法的结果；(c)、(d)为 Schwider-Hariharan 相移算法的结果。其中失调误差产生的倍频歪曲项，根据估计相位与理想结果的包裹相位差计算得到

应当说明，比较图 2.20(c)和图 2.21(b)，增加采样帧数，N 步最小二乘相移算法没有提高失调误差的可靠性。另外，如理论分析，由于 Schwider-Hariharan 相移算法的频率传递函

数在 $\omega=-\omega_0$ 处具有二阶谱零点，其极大地减小了伪倍频相位歪曲项的振幅[2,44]。附录 A 也给出了许多性能更好的线性相移算法。

2.7 时域相移干涉术的噪声

在应用线性相移算法时，了解其在非理想条件下的可靠性非常重要。多年以来，已报道
81 了大量的、非频谱的相移算法抗噪能力分析方法，包括条纹照度泰勒级数展开的方法[70]、噪声联合统计分析的方法[71]、特征多项式的方法[27]、相移算法正切比率导数分析法[52]等。本书则提出结合频率传递函数和随机过程（1.9 节已简要回顾过）的分析方法，从理论上分析加性噪声对估计调制相位的影响。

在条纹分析中，噪声主要包括两种类型：由于环境及使用的电子设备产生的加性噪声和由光学方法测量粗糙面时产生的乘性（或斑）噪声。受加性噪声 $n_a(x,y)$ 与乘性相位噪声 $[n_s(x,y)]$ 污染的闭型条纹的数学模型表述如下：

$$I(x,y)=a(x,y)+b(x,y)\cos[\varphi(x,y)+n_s(x,y)]+n_a(x,y) \tag{2.68}$$

同前，$a(x,y)$、$b(x,y)$ 分别为背景照度信号和局部振幅对比度函数，$\varphi(x,y)$ 为搜索的调制相位。

根据衍射理论，相位噪声 $n_s(x,y)$ 的产生是基于光学粗糙面上每一点散射的干涉光线的作用[55]。尽管这种歪曲作用通常是不利的，但在一些场合也可利用其特性进行测量。如，电子散斑干涉法（electronic speckle pattern interferometry, ESPI）[55]。然而由于关心的信息一般处于闭型条纹的低频段，因此在实际中，为了提高条纹图的信噪比（S/N），常常需要对条纹图进行空间低通预滤波。这种空间低通滤波改变了乘性噪声的统计特性，即将其转
82 变为加性高斯噪声。噪声统计特性变化的理论基础是中心极限定理[37]。在该问题中，中心极限定理表明，线性滤波器输出的随机过程信号，若其均值和方差取值是有限大的，则其趋向高斯统计特性，而与输入信号的统计分布无关。换句话讲，无论加性噪声还是乘性噪声，低通滤波后其更多地表现为加性高斯噪声。因此，下面分析只考虑加性噪声。

2.7.1 加性随机噪声下的相位估计

可将实际信号建模为其确定信号与一定数量随机污染噪声的叠加（如图 2.23 所示）：

$$\mathrm{In}(x,y,t)=I(x,y,t)+n(x,y,t) \tag{2.69}$$

$$I(x,y,t)=a(x,y)+b(x,y)\cos[\varphi(x,y)+\omega_0 t] \tag{2.70}$$

这里 $I(x,y,t)$ 为理想的时域相移干涉图，$n(x,y,t)$ 为加性随机噪声，其他项的含义同前。

为了表述清楚，忽略方程（2.69）的空间坐标，可得

$$\mathrm{In}(t)=I(t)+n(t) \tag{2.71}$$

对上面实际的相移干涉图模型应用正交线性滤波器 $\mathrm{h}(t)$，可得

$$S(t)=\mathrm{In}(t)*\mathrm{h}(t)=[I(t)*\mathrm{h}(t)]+[n(t)*\mathrm{h}(t)] \tag{2.72}$$

由前面已回顾过的随机过程理论（1.9 节）可知，任一静态随机信号若具有无限能量，则理论上其傅里叶变换是不存在的。另外，即便该静态随机信号的样本函数可在频域进行表述，但其连续采样的傅里叶变换是不同的[23]。因此，对于随机信号，必须分析其集总平均。

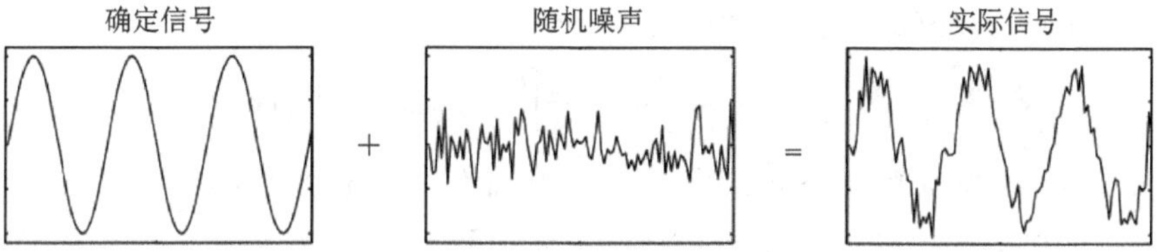

图 2.23　实际信号表示为其确定信号与噪声的叠加

对方程(2.72)进行傅里叶变换,可得

$$S(\omega)=I(\omega)H(\omega)+N(\omega)H(\omega) \tag{2.73}$$

当 $N(\omega)\neq\mathcal{F}\{n(t)\}$时(由于噪声样本函数的瞬变性),取而代之,遍历的随机过程的功 83
率谱密度可定义为下面关系式:

$$|N(\omega)|^2=\mathcal{F}\{E[n(t)n(t+\tau)]\} \tag{2.74}$$

由于任一确定信号的数学期望 $E[\cdot]$即为其本身,且其标准差为零。因此,若设干涉图的加性噪声 $n(t)$的均值为零,且是遍历的,则输出信号的集总平均为

$$E[S]=E[I(\omega)H(\omega)]=(b/2)\exp(\mathrm{i}\varphi)H(\omega_0)\delta(\omega-\omega_0) \tag{2.75}$$

由于相移算法滤波后仅含有加性噪声,其方差为

$$E[S^2]=\sigma_s^2=\frac{1}{2\pi}\int_{-\pi}^{\pi}|N(\omega)|^2\ |\ H(\omega)^2\mathrm{d}\omega \tag{2.76}$$

在时域可得

$$S(t)=\mathrm{In}(t)*\mathrm{h}(t)=(b/2)H(\omega_0)\exp[\mathrm{i}(\varphi+\omega_0 t)]+n_{\mathrm{H}}(t) \tag{2.77}$$

由于正交线性滤波过程的作用,这里 $n_{\mathrm{H}}(t)$不再是白噪声,而是方差为 σ_s^2 的复值噪声。

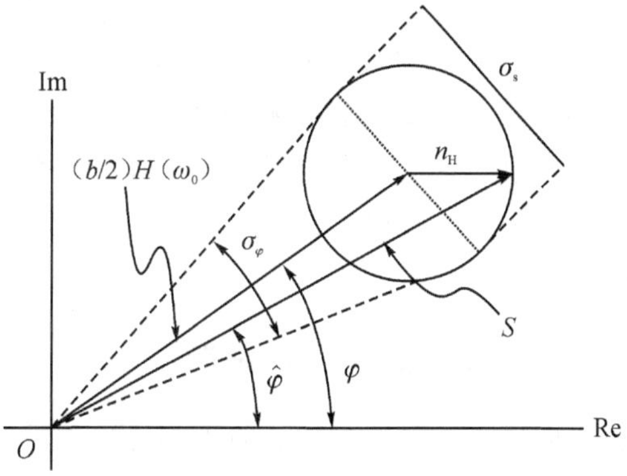

图 2.24　受复值噪声 n_{H} 污染的输出信号 S 的相量图,理想信号为$(b/2)H(\omega_0)\exp(\mathrm{i}\varphi)$。输出噪声信号 n_{H} 的方差为 $\sigma_{\mathrm{S}}=E[n_{\mathrm{H}}^2]$,其角度均匀地分布在$[0,2\pi]$上,因此,产生的向量 S 可能在圆上任一点

如图 2.24 所示,$S(t)=\mathrm{In}(t)*\mathrm{h}(t)$幅角的期望是无噪声时的测量相位,即$\{E[S]\}=\varphi(x,y)$,则其标准差为

$$\sqrt{E[\varphi^2]}=\sigma_\varphi=\arctan\left[\frac{(\sigma_{\mathrm{S}}/2)}{(b/2)H(\omega_0)}\right]\approx\frac{\sigma_{\mathrm{S}}}{H(\omega_0)b(x,y)} \tag{2.78}$$

式(2.78)的简化采用了小角度近似。注意到相位的方差与局部对比度函数成反比,并

结合方程(2.76)～方程(2.78),可得

$$\sigma_\varphi^2 \approx \frac{1}{[b(x,y)]^2 \, |H(\omega_0)|^2}\left[\frac{1}{2\pi}\int_{-\pi}^{\pi} |N(\omega)|^2 \, |H(\omega)|^2 \mathrm{d}\omega\right] \tag{2.79}$$

观测时,由于常常使用电子装置进行传感,因而加性白色高斯噪声无处不在,回忆到其重要的特点,即功率谱密度为一平面:$N(\omega)=\eta/2(W/Hz)$,将其代入方程(2.79),并应用 Parseval 定理,可得

$$\sigma_\varphi^2 = \frac{(\eta/2)^2}{[b(x,y)]^2 \, |H(\omega_0)|^2}\left[\frac{1}{2\pi}\int_{-\pi}^{\pi} |H(\omega)|^2 \mathrm{d}\omega\right] \tag{2.80}$$

$$= \frac{(\eta/2)^2}{[b(x,y)]^2}\left[\sum_{n=0}^{N-1} |c_n|^2\right] \Big/ \left|\sum_{n=0}^{N-1} c_n \exp(\mathrm{i}n\omega_0)\right|^2 \tag{2.81}$$

上面的推导过程应用了公式:$H(\omega)=\sum_{n=0}^{N-1} c_n \exp(\mathrm{i}n\omega_0)$。该方程表明估计相位的方差与相移算法的频率传递函数[30,72]和(或)其系数 c_n 有关[27,37,52,70-71]。注意到估计相位的方差
84 可进一步分解为仅与干涉数据有关的一部分和仅与相移算法频率传递函数有关的另一部分。这样,正交线性滤波器的性能也可采用信噪功率比进行评价[27,53,73]:

$$\left(\frac{S}{N}\right)_{\text{output}} = G_{S/N}(\omega_0)\left(\frac{S}{N}\right)_{\text{input}} \tag{2.82}$$

这里 $G_{S/N}(\omega_0)$ 称为信噪功率比增益,其仅与相移算法有关:

$$G_{S/N}(\omega_0) = \frac{|H(\omega_0)|^2}{\frac{1}{2\pi}\int_{-\infty}^{\infty} H(\omega)H^*(\omega)\mathrm{d}\omega} \tag{2.83}$$

$$= \left|\sum_{n=0}^{N-1} c_n \mathrm{e}^{\mathrm{i}n\omega_0}\right|^2 \Big/ \left[\sum_{n=0}^{N-1} |c_n|^2\right] \tag{2.84}$$

当 $G_{S/N}(\omega_0)>1$ 时,表明输出信号较输入信号的信噪功率比较高,为正常情况。当 $G_{S/N}(\omega_0)=1$ 时,输出解析信号与干涉图具有相同的信噪功率比。而当 $G_{S/N}(\omega_0)<1$ 时,获得的解析信号较输入信号的信噪功率比较低,该情况是不希望出现的。

最后须提及,考虑到 σ_φ^2 和 $G_{S/N}(\omega_0)$ 成反比,本书的后面部分将更多地使用 $G_{S/N}(\omega_0)$ 评价相移算法的噪声抑制能力。

85 2.7.2 N 步最小二乘相移算法噪声抑制能力

Bruning 等[6]提出的 N 步最小二乘相移算法的频率传递函数可表述为

$$H(\omega) = \sum_{n=0}^{N-1} \exp[-\mathrm{i}n(\omega-\omega_0)] \tag{2.85}$$

直接将系数$\{c_n=\exp(\mathrm{i}n\omega_0)\}$代入估计相位的方差表达式[方程(2.81)],可得

$$\sigma_\varphi^2 = \frac{(\eta/2)^2}{[b(x,y)]^2}\frac{N}{N^2} = \frac{1}{N}\frac{(\eta/2)^2}{[b(x,y)]^2} \tag{2.86}$$

式(2.86)表明了众所周知的事实:滤波后,受白色加性噪声污染的 N 个观测值的均方差缩小到原值的 $1/N$,而且易知,N 步最小二乘相移算法的信噪功率比增益可表述为

$$G_{S/N}(\omega_0) = \frac{N^2}{N} = N \tag{2.87}$$

必须强调,对于一定的 N 帧相移条纹图,式(2.87)中的 N 为信噪功率比增益的最大可

能值[6,27,52]。

图 2.25 给出了 N 步最小二乘相移算法噪声抑制能力(最优的)的例子。仿真中,产生了三套相移条纹图:分别取 $N=\{3,5,7\}$,$\omega_0=2\pi/N$。每帧干涉图的污染噪声由加性白色高斯噪声发生器产生,且具有固定的方差。然后采用 N 步最小二乘相移算法方法进行相位解调。由图可知,估计相位的方差 σ_φ^2 随帧数的增加而减少。

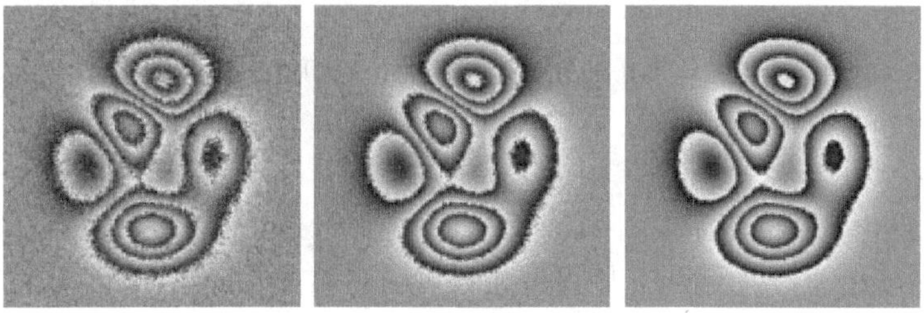

(a)　(b)　(c)

图 2.25　(a)～(c)由噪声干涉图估计的相位(受白色高斯噪声污染),解调方法为最小二乘相移算法,其中 $N=\{3,5,7\}$

2.7.3　线性可调相移算法的噪声抑制能力 86

前面的讨论假定时域线性载波 ω_0 是全局的、固定的。但是也可以对 ω_0 取多个不同值的情况进行测试,并计算相移算法相应的信噪比。这样做有利于选取合适的 ω_0,使得 $G_{S/N}(\omega_0)$最大化。此时,将这种可取不同 ω_0 的相移算法称为线性可调相移算法。由于改变载波 ω_0,相移算法的信噪功率比 $G_{S/N}(\omega_0)$亦发生改变,因此分析载波与相移算法信噪比的变化关系,有利于选择最优的载波 ω_0。本节下面讨论该问题。

前面的章节已证明,假定输入数据受白色高斯噪声污染,可调相移算法的信噪功率比可表述为

$$\left(\frac{S}{N}\right)_{\text{output}}=G_{S/N}(\omega_0)\left(\frac{S}{N}\right)_{\text{input}} \tag{2.88}$$

这里 $G_{S/N}(\omega_0)$称为信噪功率比增益,仅与相移算法有关。然而当使用可调相移算法时,$G_{S/N}(\omega_0)$为连续函数:

$$G_{S/N}(\omega_0)=\frac{|H(\omega_0)|^2}{\frac{1}{2\pi}\int_{-\pi}^{\pi}|H(\omega,\omega_0)|\,\mathrm{d}\omega},\ \forall\,\omega_0\in(0,\pi) \tag{2.89}$$

须强调,$G_{S/N}(\omega_0)$的每一点由在区间 $\omega_0\in(0,\pi)$上谐振的整个频率响应 $H(\omega)$决定。在这种意义下,$G_{S/N}(\omega_0)$亦为频率响应,但其又由另一个频率响应 $H(\omega)$决定。因此,将 $G_{S/N}(\omega_0)$称为自调相移算法的元频率响应。

例如,考虑下面最小三步相移算法:

$$H(\omega)=[1-\exp(\mathrm{i}\omega)][1-\exp\mathrm{i}(\omega+\omega_0)] \tag{2.90}$$

由于该频率传递函数在每一个 $\omega_0\neq n\pi(n\in\mathbb{Z})$处可满足正交条件,因此称其为可调相移算法,而其相应的 $G_{S/N}(\omega_0)$为连续函数。图 2.26 给出了 $G_{S/N}(\omega_0)$与 $\omega_0\in(0,\pi)$的变化曲线。

由图 2.26 显然可见,最大的信噪功率比增益出现在 $\omega_0=2\pi/3$ 处,此时可调三步相移算

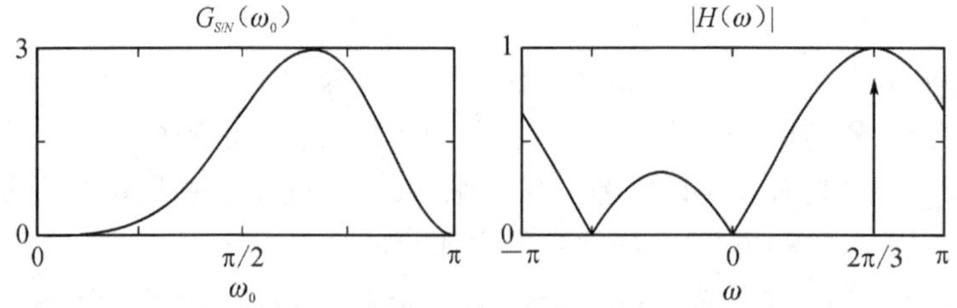

图 2.26 (a)三步相移算法的元频率响应或信噪功率比增益;(b)$\omega_0=2\pi/3$ 时的频率传递函数

法转变为三步最小二乘相移算法。

87 注意:尽管在 $\omega_0=2\pi/N$ 处,一些可调相移算法可转变为 N 步最小二乘相移算法,但其仅为巧合而不是规律。由经验可知,在一般情况下,有必要通过绘制 $G_{S/N}(\omega_0)-\omega_0$ 变化曲线,从而寻找满足最大信噪功率比增益时的 ω_0。

图 2.27 和图 2.28 采用数值的方法,描述了 $G_{S/N}(\omega_0)$ 或元频率响应对相位估计的影响过程。须提及,与前面例子不同,此处使用相同帧数的条纹图对估计结果进行比较。在仿真中,产生了三套相移条纹图,其中分别取 $\omega_0=\{2\pi/3,2\pi/5,2\pi/7\}$。每帧干涉图受白色高斯噪声发生器产生的、方差固定的噪声污染,然后采用最小三步相移算法进行解调。

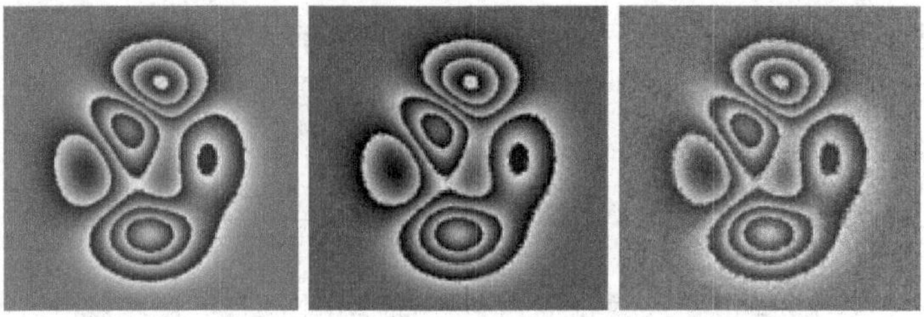

(a) (b) (c)

图 2.27 干涉图受白色高斯噪声污染时,应用三步相移算法估计的相位:(a)$\omega_0=2\pi/3$;(b)$\omega_0=2\pi/5$;(c)$\omega_0=2\pi/7$

2.8 时域干涉术中的谐波

当设计或评价线性相移算法时,通常假设条纹图是理想的正弦轮廓。然而,由于光电探测器的非线性响应、增益饱和、多束光干涉等原因,实际的条纹图光强分布是非正弦的。由本节可知,这些系统误差致使条纹图信号产生了高次谐波分量,从而降低了估计相位的精度[30,50-51]。

对于线性相移算法抑制谐波能力的研究,实际上始于第一个相移算法的提出[2-3,6,74-76],而且即便是现在,其仍是活跃的研究主题[13,77-78]。本节将采用新的方法研究线性相移算法的谐波抑制能力,即采用由 F&K[40]、Surrel[26] 和 Servin 等[30] 建立的频率传递函数方法。

为了表述清晰,下面的分析将分为两部分:第一部分证明非正弦(歪曲的)条纹图可采用傅里叶级数展开的方法进行建模,并阐明高阶谐波不能采用空间低通滤波抑制的原因(由于
88 混叠作用);第二部分将推导时域相移算法在非正弦条纹下提取相位的一般正交条件,然后

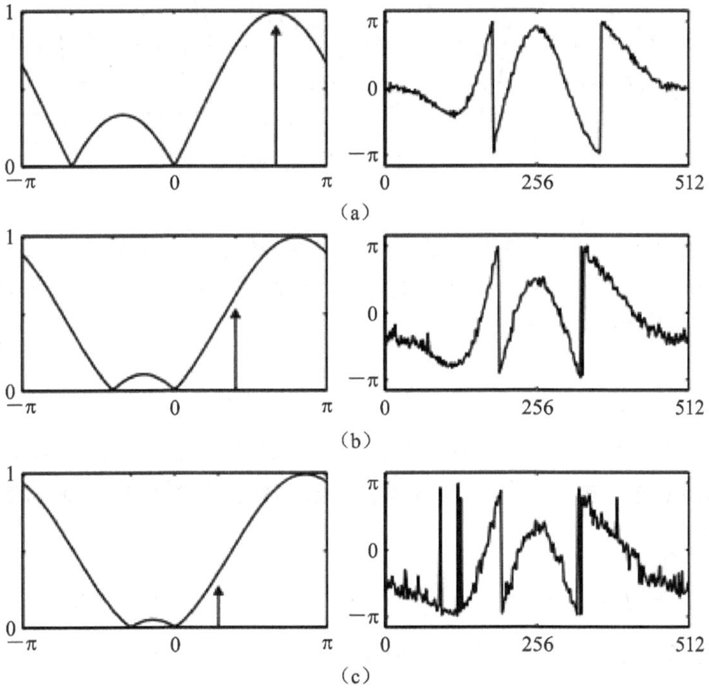

图 2.28　左边给出了三步相移算法在：(a)$\omega_0=2\pi/3$；(b)$\omega_0=2\pi/5$；(c)$\omega_0=2\pi/7$ 处谐振的频率传递函数，右边给出了可调三步相移算法估计相位(图 2.27)的水平截图。这里干涉图受白色高斯噪声污染，另外在 $\omega_0=2\pi/3$ 时 $G_{S/N}(\omega_0)$ 达到最大值

提出使用图形法评价这些条件的简单途径。

2.8.1　干涉图的谐波歪曲和混叠

本节内容假定读者熟悉采样定理(见 1.2.4、1.5.4 节)，且理解混叠现象对频谱的影响作用(见 1.5.5 节)。首先，考虑下面理想的正弦条纹图：

$$I(x,y,t)=a(x,y)+b(x,y)\cos[\varphi(x,y)-\omega_0 t] \tag{2.91}$$

这里同前，$a(x,y)$、$b(x,y)$分别为背景和局部对比度函数，$\varphi(x,y)$为相位，$\omega_0 t$ 为时域调制载 89
波。对方程(2.91)进行连续时间傅里叶变换可得(为了简单，后面将忽略空间坐标)

$$I(\omega)=a\delta(\omega)+(b/2)[\exp(\mathrm{i}\varphi)\delta(\omega-\omega_0)+\exp(-\mathrm{i}\varphi)\delta(\omega-\omega_0)] \tag{2.92}$$

显然，由于 $I(\omega)=0, \forall\{\omega: |\omega|>|\omega_0|\}$，所以其为带限信号。进一步，若 $|\omega_0|<\pi$，则 $I(\omega)$满足奈氏采样条件。考虑下面无记忆非线性过程，其过程歪曲了条纹图，此时，输出的信号为

$$f(t)=N\{I(t)\} \tag{2.93}$$

假定歪曲后的条纹图仍为周期性的，如图 2.29 所示。由傅里叶分析可知，其采用复正弦谐波函数的无限级数建模为

$$f(t)=\sum_{k=-\infty}^{\infty} c_k \exp[\mathrm{i}k(\varphi-\omega_0 t)] \tag{2.94}$$

这里权重系数 c_k 与非线性过程产生的实际畸变类型有关，为

$$c_k=\frac{1}{2\pi}\int_{-\infty}^{\infty} f(t)\exp(\mathrm{i}k\omega_0)\mathrm{d}t \tag{2.95}$$

图 2.29 周期信号的非线性歪曲

当然，在实际中，仅考虑上面的有限和，已可足够好地对歪曲信号 $f(t)$进行近似，也就是说只需考虑能量大于预定义的阈值（通常参考背景噪声的能量值）的谐波即可。对方程(2.94)进行连续傅里叶变换，可得

$$\mathcal{F}\{f(t)\} = \sum_{k=-\infty}^{\infty} c_k \exp(\mathrm{i}k\varphi)\delta(\omega - k\omega_0) \tag{2.96}$$

由上易知，上面的信号不再为带限信号。因而，采样数据的频谱存在着歪曲混叠现象。由 1.5.4 节可知，采样数据的频谱是由其模拟函数的频谱周期延拓后累加形成，且彼此间移动了 2π 的整数倍：

$$\mathcal{F}\{f(t)\mathrm{III}(t)\} = \sum_{k=-\infty}^{\infty} c_k \exp(\mathrm{i}k\varphi) \sum_{k=-\infty}^{\infty} \delta(\omega - k\omega_0 - 2\pi n) \tag{2.97}$$

90 另外，根据方程(2.94)计算离散傅里叶变换，可得

$$\mathcal{F}\{f(n)\} = \sum_{n=-\infty}^{\infty} \sum_{k=-\infty}^{\infty} c_k \exp(\mathrm{i}k\varphi)\exp[-\mathrm{i}(\omega - k\omega_0)n] \tag{2.98}$$

上面两个公式的等同性可通过反向求和的顺序，并结合泊松和公式：$\sum_m f(m) = \sum_n F(n)$ 进行验证。

从方程(2.96)可知，发生非线性畸变后的干涉图的频谱，在理论上可表示为振幅为 $c_k\exp(\mathrm{i}k\varphi)$的无限个 δ 函数序列，且分布在整个频域。方程(2.97)和方程(2.98)表明，那些角频率$|k\omega_0|>\pi$ 的复谐波，其能量与信息在采样后仍被重新分布在主值区间$(-\pi,\pi]$上相应的频谱段，其过程见图 2.30，为了便于观察，图中选择了 $\omega_0=2\pi/3$。

91 图 2.30 描述了能量与信息重新分布的过程，是非线性畸变和数字采样的结果。至此，还没有考虑正交线性滤波的过程。但是很明显，即使理想地分离了 $\omega=\omega_0$ 处的信号，也不能得到需要的解析信号$(b_1/2)\exp(\mathrm{i}\varphi)$。在这种情况下，取而代之，得到的是

$$A_0\exp[\mathrm{i}\hat{\varphi}(x,y)] = c_1\exp(\mathrm{i}\varphi) + c_2\exp(-\mathrm{i}2\varphi) + c_4\exp(\mathrm{i}4\varphi) + \cdots \tag{2.99}$$

其中 A_0 为比例常数。根据该解析信号，采用辐角可得估计相位为 $\hat{\varphi}_W(x,y) = \arg\{A_0\exp[\mathrm{i}\hat{\varphi}(x,y)]\}$，其中下标 W 表示了受谐波歪曲的相位被包裹在主值区间$(-\pi,\pi)$上。最后须提及，包裹相位的高次谐波不能简单地通过空间低通滤波去除，这是因为相位不是信号，而是信号的特征。在任何情况下，最好的方法是在采样前进行物理滤波（抗混叠滤波），从而改变上述的实验结果，而且该过程在实际当中经常使用。解决该问题，也可以采用正交线性滤波对高次滤波歪曲进行补偿，具体讨论如下。

2.8.2 相移算法对光强歪曲的干涉图的响应

下面推导解调非正弦相移干涉图时的一般正交滤波条件（如图 2.31 所示）。设其数学模型为

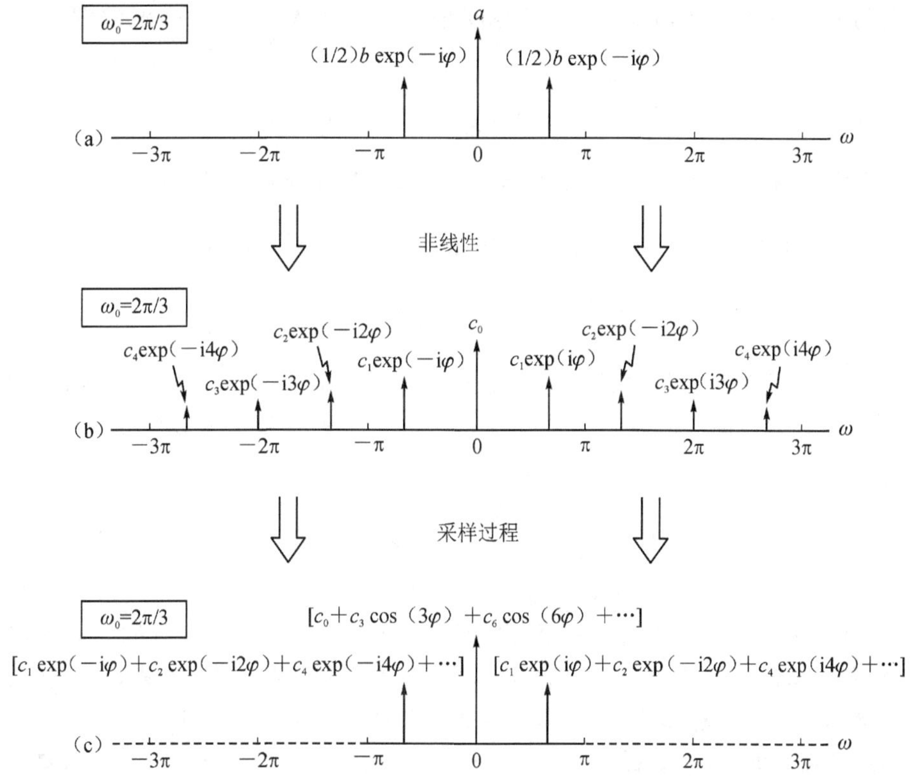

图 2.30　时域相移干涉图的频谱：(a)理想正弦时；(b)非线性畸变后；(c)畸变条纹单位采样后的离散傅里叶变换。因为离散傅里叶变换以 2π 为周期，只给出了在主值区间上的谱量。须注意，为了绘制该频谱分布，还必须计算 $k\omega_0$ 处的主值($k=0,\pm1,\pm2,\cdots$)，同样，对不同的 $\omega_0\in(0,\pi)$，其结果也是不同的

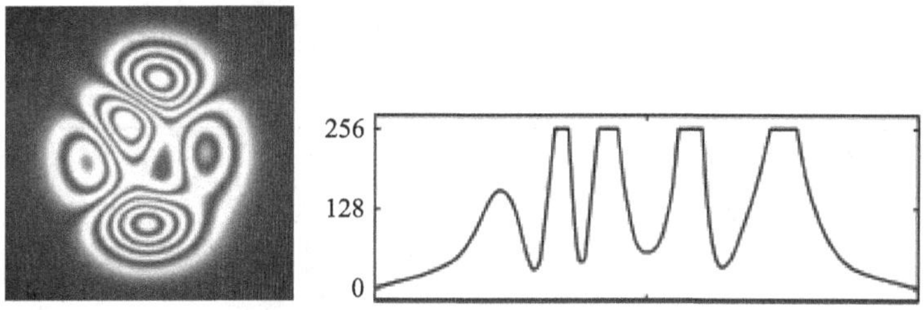

图 2.31　非正弦闭型条纹图(如由于增益饱和)及其沿垂直向的截图

$$I(x,y,t)=\sum_{n=0}^{\infty}b_n(x,y)\cos\{n[\varphi(x,y)+\omega_0 t]\} \tag{2.100}$$

式中：$b_n(x,y)$为 n 次谐波的局部对比度函数，$b_0(x,y)$为背景信号，$\varphi(x,y)$为相位函数，$\omega_0 t$ 为时域调制载波。同样，在实际中，仅需考虑那些能量$|b_n|$大于阈值(通常参考背景噪声的能量值)的谐波量。

对方程(2.100)进行傅里叶变换，可得 92

$$I(x,y,\omega)=\sum_{n=-\infty}^{\infty}(1/2)b_n(x,y)\exp[\mathrm{i}n\varphi(x,y)]\delta(\omega-n\omega_0) \tag{2.101}$$

下面的方程为了表述清楚，省去了空间坐标。现考虑 N 步正交滤波器的频率传递函数：

$$H(\omega) = \mathcal{F}\{\mathrm{h}(t)\} = \sum_{n=0}^{N-1} c_n \exp(\mathrm{i}n\omega) \tag{2.102}$$

对上面谐波畸变后的时域相移干涉图应用正交线性滤波器，在频域有

$$\begin{aligned}\mathcal{F}\{I(t) * \mathrm{h}(t)\} &= \sum_{n=-\infty}^{\infty} (b_n/2)\exp[\mathrm{i}n\varphi(x,y)]\delta(\omega - n\omega_0)H(\omega) \\ &= \sum_{n=-\infty}^{\infty} (b_n/2)\exp[\mathrm{i}n\varphi(x,y)]H(n\omega_0)\delta(\omega - n\omega_0)\end{aligned} \tag{2.103}$$

至此可见，为了高质量地估计相位需要分离解析信号：$(b_1/2)\exp(\mathrm{i}\varphi)$。因此，为了抑制 k 次谐波（假定其为最高次谐波且仍具有较大的能量），则正交线性滤波的频率传递函数需满足

$$\begin{aligned}H(\omega_0) &\neq 0 \\ H(-\omega_0) &= 0, H(0) = 0 \\ H(-n\omega_0) &= 0, H(n\omega_0) = 0\end{aligned} \tag{2.104}$$

注意：这里略去正交条件这一术语，是为了强调在 $n\omega_0$ 和 $-n\omega_0$ 处同时要求谱响应为零，从而抑制 n 阶高次谐波[26,30]。澄清该问题是有意义的，因为多年以来，人们认为线性相移算法的谱响应应该是对称的[40,51]，但从本书给出的谱图看却并非如此。

在出现歪曲谐波时[见方程(2.104)]，正确估计相位的一般正交条件可以容易地采用归一化的谱图：$|H(\omega)|-\omega/\omega_0$ 曲线进行分析，即观察在谐波 $\{\pm 2, \pm 3, \cdots\}$ 处的零点。下面进行例证。

例：Bruning 和 Wyant 三步相移算法的谐波抑制能力

Bruning 等[6]和 Wyant 等[63]提出的三步相移算法的频率传递函数可表述为

$$H(\omega) = (1 - \mathrm{e}^{-\mathrm{i}\omega})(1 - \mathrm{e}^{-\mathrm{i}(\omega + \omega_0)}) \tag{2.105}$$

当分别取 $\omega_0 = \{2\pi/3, \pi/2\}$ 时，图 2.32 给出了运用上面频率传递函数得到的 $|H(\omega)|-\omega/\omega_0$ 变化曲线。

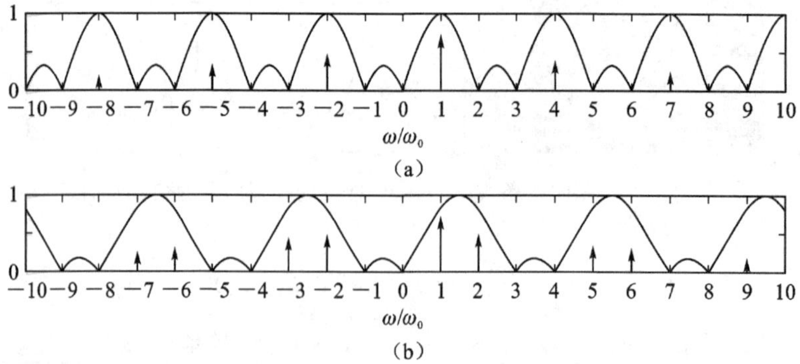

图 2.32 评价谐波抑制能力的归一化频谱图：(a) Bruning 的三步最小二乘相移算法，$\omega_0 = 2\pi/3$；(b) Wyant 等[63]的三步相移算法，$\omega_0 = \pi/2$

可见，在图中给出的范围内，Wyant 三步相移算法不能抑制{−10，−7，−6，−3，−2，2，

5,6,9,10}处的歪曲谐波,最小二乘相移算法不能抑制{8,−5,−2,4,7,10}处的歪曲谐波。93
因此,应用这些线性相移算法解调受高次谐波歪曲的干涉图时,其产生的解析信号可表述为

- Bruning 等[6]的三步最小二乘相移算法($\omega_0=2\pi/3$):

$$[I(t)*\mathrm{h}(t)]_{t=2}=I_0+\exp(-\mathrm{i}\omega_0)I_1+\exp(-\mathrm{i}2\omega_0)I_2$$
$$=\frac{b_1}{2}H(\omega_0)\mathrm{e}^{\mathrm{i}\varphi}+\frac{b_2}{2}H(2\omega_0)\mathrm{e}^{-\mathrm{i}2\varphi}+\frac{b_4}{2}H(4\omega_0)\mathrm{e}^{\mathrm{i}4\varphi}+\cdots \quad (2.106)$$

- Wyant 等[63]的三步相移算法($\omega_0=\pi/2$):

$$[I(t)*\mathrm{h}(t)]_{t=2}=I_0-(1+\mathrm{i})I_1-\mathrm{i}I_2$$
$$=\frac{b_1}{2}H(\omega_0)\mathrm{e}^{\mathrm{i}\varphi}+b_2H(2\omega_0)\cos(2\varphi)+\frac{b_3}{2}H(3\omega_0)\mathrm{e}^{-\mathrm{i}3\varphi}+\cdots \quad (2.107)$$

必须强调,含有二阶歪曲谐波解析分量的情况,对任意线性相移算法是非常不利的,因为其谐波的能量一般较高。而且,不能同时抑制同次谐波的两个解析分量,此时,会产生实值歪曲谐波:$b_2H(2\omega_0)\cos(2\varphi)$。从经验上看,这些实值谐波对估计相位产生了很大的歪曲作用。基于以上分析,三步最小二乘相移算法相比三步相移算法具有较强的谐波抑制能力,该结果与两种算法取不同的相位增量无关!

图 2.33 给出了非正弦条纹图的数值模拟(同图 2.31)。在仿真中,由相位调制的方法,得到了两套饱和的时域相移条纹图,并分别采用了 Bruning 和 Wyant 的三步相移算法进行处理。另外,由于其中没有失调误差和加性噪声,因此观察到的畸变仅由谐波产生。

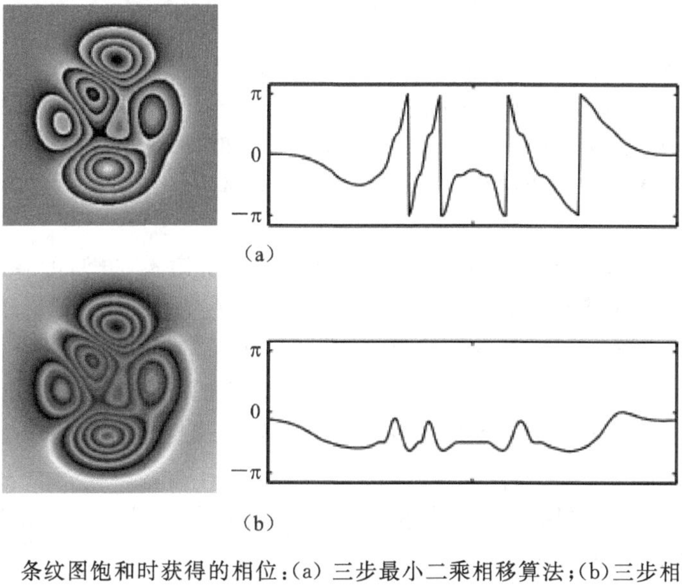

图 2.33　条纹图饱和时获得的相位:(a) 三步最小二乘相移算法;(b)三步相移算法

由图可见,应用 Bruning 三步最小二乘相移算法得到的估计相位发生了降质,虽然存在着严重的歪曲但仍可用。然而采用 Wyant 的三步相移算法获得的相图,由于歪曲过度已无法使用了。同样,上面的结果与两种算法所取的相位增量无关。Wyant 的三步相移
算法在歪曲谐波下,表现出的性能较差并非重要问题,因为在实际中解调非线性相位调制 94
条纹图时,是不使用三步相移算法的。然而,问题在于,文献[47]、[48]将该三步相移算法作为构建平均相移算法的基块,并据此获得失调误差可靠的新相移算法。非常遗憾,此时

新构建的平均相移算法继承了 Wyant 三步相移算法抑制谐波能力非常差的性能，其具体分析见附录。

例：Schwider-Hariharan 与最小二乘相移算法谐波抑制能力比较

本例将指出在使用高阶谱零提高失调误差可靠性的同时，却损失了谐波抑制能力。对此，考虑 $N=\{4,5\}$时的 N 步最小二乘相移算法与熟知的 Schwider-Hariharan 五步相移算法[2,44]，图 2.34 给出了各自的$|H(\omega)|-\omega/\omega_0$ 曲线。

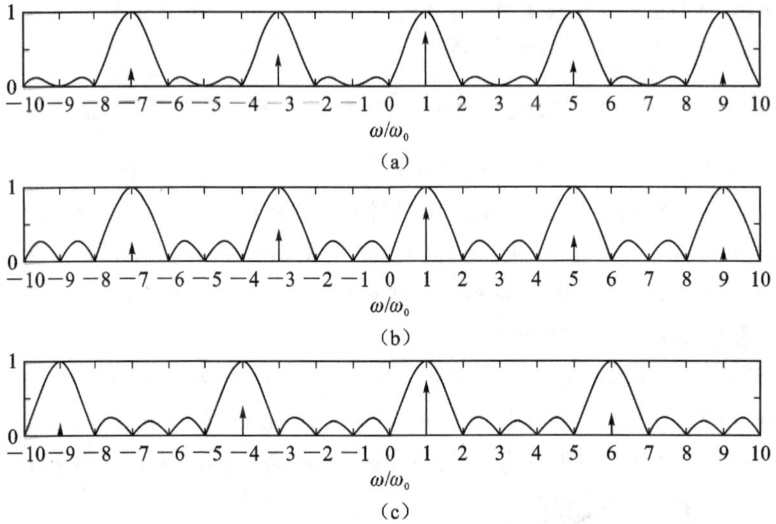

图 2.34 谐波抑制性能比较：(a) Schwider-Hariharan 五步相移算法；(b)(c) 分别取 $N=\{4,5\}$时的最小二乘相移算法。相比较而言，在给出的频率范围内，Schwider-Hariharan 算法不能抑制$\{-7,-3,5,9\}$次谐波，其与四步最小二乘相移算法性能类似，而五步最小二乘相移算法不能抑制$\{-9,-4,6\}$次谐波

从图可见，Schwider-Hariharan 五步相移算法的二阶谱零（失调可靠性）损失了其谐波抑制能力，结果致使其谐波抑制性能与四步最小二乘相移算法相同，但低于五步最小二乘相
95 移算法。一般，N 步最小二乘相移算法可抑制$(N-1)$阶歪曲谐波，及一些更高阶次的谐波。而那些具有多个谱零（二阶或以上）的相移算法，与相应的相位增量数目相同的最小二乘相移算法[27,52]相比，其抑制的谐波数量较少。关于更多的线性相移算法谐波抑制能力的图形评价结果参见附录。

图 2.35 并排布置了根据非正弦条纹图，采用五种算法得到的估计相位，包括：三步相移算法[63]、Schwider-Hariharan 五步相移算法[2,79]和分别取 $N=\{3,4,5\}$时的最小二乘相移算法[6]。

图 2.35 的比较结果，反映了时域相移算法谐波抑制能力在很多细节层面的内容。首先，从图(a)、(b)可见，相位增量的简单变化，对谐波抑制能力具有很大的影响作用。图(c)表明相对于同样数目采样帧的最小二乘相移算法，二阶或更高阶谱零（为了得失调误差可靠性）会减少误差抑制能力。最后，图(b)～(d)可以清楚地表明，通过适当地设计相移算法，随着相位增量的增加，可以获得较好的谐波抑制能力。

96

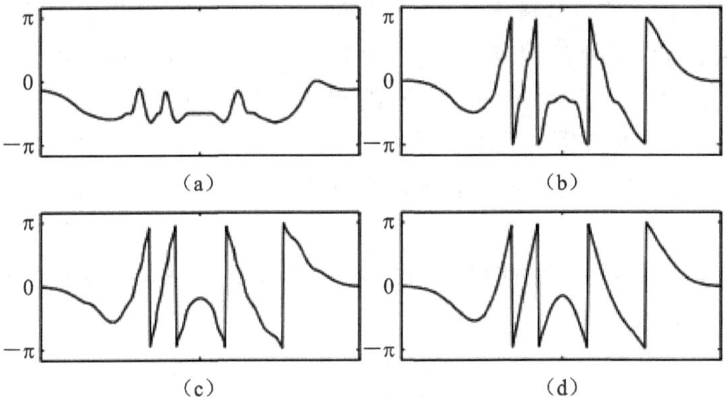

图 2.35　由非正弦条纹图估计的相位的截图：(a) Wyant 三步相移算法[63]；(b)三步最小二乘相移算法；(c) Schwider-Hariharan 五步相移算法与四步最小二乘相移算法[2,6,79]；(d)五步相移算法[2,6,63,79]

2.9　基于一阶基块的相移算法设计方法

与信号处理其他领域相同，条纹图同步解调在实际中容易产生系统误差。但利用频率传递函数方法的优点，可以方便地设计可靠的相移算法，对该类误差进行补偿。研究线性相移算法的设计方法始于 Surrel 的特征多项式方法[26]，该方法与线性正交滤波器的 Z 变换密切相关，但本书认为，在频域，设计和评价线性滤波器具有更明确的意义且是自然的[30,38-39]。

根据线性时不变系统理论(第 1 章已讨论)，频率传递函数可由其谱零点及无关紧要的振幅因子进行确定。因此，运用一阶基块，可设计任意复杂的相移算法的谱响应 $H(\omega)$，该基块表述为

$$H_1(\omega+\omega_0)=1-\exp[-\mathrm{i}(\omega+\omega_0)] \tag{2.108}$$

如图 2.36，该二项式在主值区间 $\omega=-\omega_0$ 处具有一个一阶谱零点。

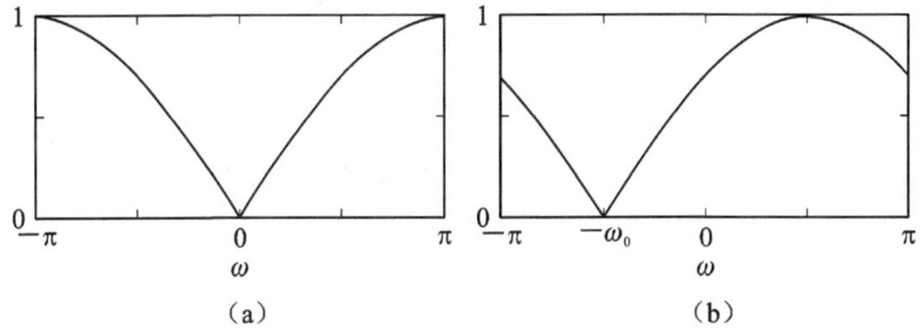

图 2.36　(a)、(b)为一阶基块分别在 $\omega_0=\{0,\pi/2\}$ 时的频率传递函数

本节将证明采用频率传递函数设计线性相移算法具有直观的特点，此时仅需考虑下面的简单原则：

(1) 正确的相移算法的频率传递函数需要至少满足下面所谓的正交条件：

$$H(-\omega_0)=H(0)=0,H(\omega_0)\neq 0 \tag{2.109}$$

此时相位增量 $\omega_0\in(0,\pi)$，另外，应当指出区间的极值不能作为有效取值。因为当 $\omega_0=0$ 时， 97

表明没有进行相移。由于频率传递函数以 2π 为周期，$\omega_0=\pi$ 时，不能满足是正交条件。

(2) 若在频率传递函数中配置 N 个谱零点，则需要 $N+1$ 帧相移条纹图。

(3) 在抑制频率处，设置两个或更多的谱零点，可产生光滑的谱零点，如，$[H_1(\omega+\omega_0)]^2$ 在 $\omega=-\omega_0$ 处产生了二阶谱零点等。该特点可保证相移算法的失调误差可靠性，但却损失了信噪功率比增益并降低了谐波抑制能力（与相同数目相位增量的最小二乘相移算法比较）。

(4) 当要求相移算法具有谐波歪曲可靠的特点时，必须抑制两个同次的复谐波量，换句话讲，频率传递函数需满足：

$$H(k\omega_0)=H(-k\omega_0)=0,k=\{2,3,\cdots\}$$

必须注意，因为 $\pm k\omega_0$ 可能与 ω_0 发生混叠，该情况总是难以预见的。所以建议求解元频率响应 $G_{S/N}(\omega_0)$，以明确其响应是否在除 $\omega_0=\{0,\pi\}$ 外的一些点处下降为零。

最后须强调，相移算法需要的特点可通过细调相位增量 ω_0 得到满足，如：抑制加性白色高斯噪声或歪曲谐波。但是，一般来讲，同一个 ω_0 难以同时满足两个需要的要求[53,73]。另外，对于大多数频率传递函数的结构来讲，如果信噪功率比增益 $G_{S/N}(\omega_0)$ 减少得不是很多，一般选择最小二乘相位增量，其表示为：$\omega_0=\frac{2\pi}{N}(N=3,4,\cdots)$，此时可以很好地抑制谐波。

2.9.1 采用基块法设计最小可调三步相移算法

当设计需要的相移算法的频率传递函数时，首先需要满足基本的正交条件：$H(-\omega_0)=$
98 $H(0)=0,H(\omega_0)\neq 0$。图 2.37 表明，该条件可通过 $H_1(\omega)H_1(\omega+\omega_0)$ 的乘积实现：

$$\begin{aligned}H(\omega)&=H_1(\omega)H_1(\omega+\omega_0)=(1-e^{-i\omega})(1-e^{-i(\omega+\omega_0)})\\&=1-(1+e^{-i\omega_0})\exp(-i\omega)+e^{-i\omega_0}\exp(-2i\omega)\end{aligned}\tag{2.110}$$

将该频率传递函数写成和的形式，直接进行反傅里叶变换，可得正交线性滤波器的脉冲响应 $h(t)$ 为

$$h(t)=\mathcal{F}^{-1}\{H(\omega)\}=e^{-i\omega_0}\delta(t)-(1+e^{-i\omega_0})\delta(t-1)+\delta(t-2)\tag{2.111}$$

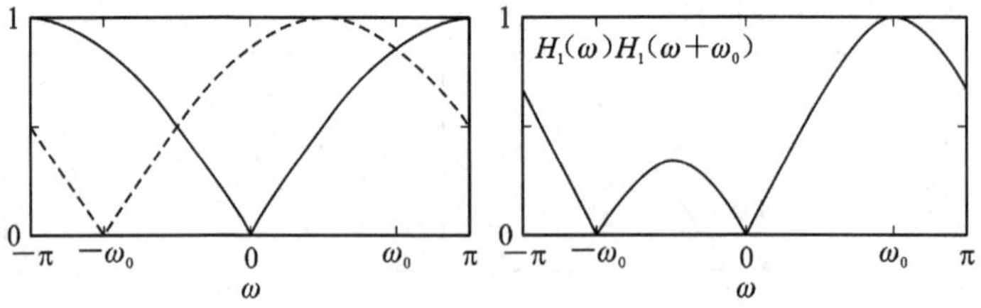

(a) (b)

图 2.37 $H_1(\omega)$ 与 $H_1(\omega+\omega_0)$ 之积可满足正交条件（$H(0)=H(-\omega_0)=0,H(\omega_0)\neq 0$）

由于设计的 $H(\omega)$ 满足正交条件，因此当将 $h(t)$ 应用于相移干涉图时，则输出仅保留了需要的解析信号（见图 2.38）。如果进行 $I(t)*h(t)$ 运算，在 $t=2$ 处求解，并使用所有的采集数据，可得

$$(b/2)H(\omega_0)\exp(i\hat{\varphi})=I_0-(1+e^{-i\omega_0})I_1+e^{-i\omega_0}I_2\tag{2.112}$$

式(2.112)为 Creath[61] 于 1988 年提出的反正切形式的最小三步相移算法。根据得到的解析信号，可通过计算其辐角获得以 2π 为模的搜索相位 $\hat{\varphi}(x,y)$，而对比度函数则与

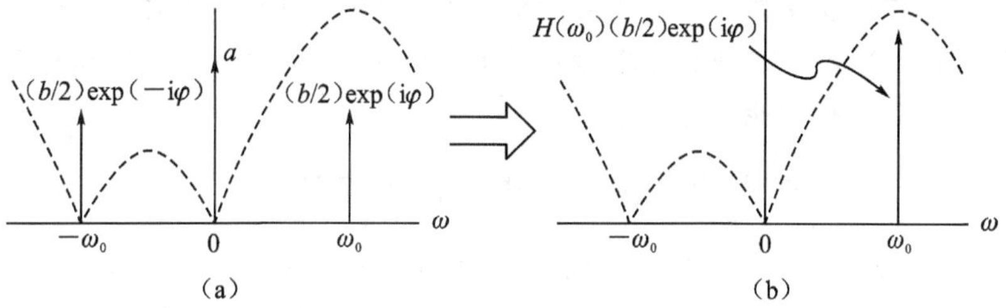

图 2.38　(a)、(b)为时域相移干涉图与最小三步正交线性滤波器卷积前后的频谱图。可见，背景和其中一个解析信号(分别位于 $\omega=\{0,-\omega_0\}$ 处)被滤除。这是因为频率传递函数(消隐线绘制的)在这些频率处具有零响应

$(b/2)H(\omega_0)$的大小成正比。注意上面方程右边部分可由方程(2.110)得到。

该结果即为可调相移算法，仅在主值区间 $\omega_0\in(0,\pi)$上有效。下一步，需要选择合适的相位增量值，以优化其谱行为，从而满足需要的性能(如：谐波抑制能力和(或)容噪性能)。将 $H(\omega)$代入信噪功率增益比公式，有

$$G_{S/N}(\omega_0)=\frac{\left|(1-\mathrm{e}^{-\mathrm{i}\omega})(1-\mathrm{e}^{-\mathrm{i}(\omega+\omega_0)})\right|^2}{\dfrac{1}{2\pi}\displaystyle\int_{-\infty}^{\infty}\left|(1-\mathrm{e}^{-\mathrm{i}\omega})(1-\mathrm{e}^{-\mathrm{i}2\omega_0})\right|^2\mathrm{d}\omega},\omega_0\in(0,\pi) \tag{2.113}$$

如图 2.39 所示，该可调相移算法的最大功率比增益出现在 $\omega_0=2\pi/3$ 处，此时已转变为三步最小二乘相移算法，且具有最优的谐波抑制能力(与数目相同的相位增量比较)。最后，为了评价失调误差的性能，可求解下式[当$|\Delta|\ll 1$ 时，如 $\Delta\in(-\frac{\pi}{8},\frac{\pi}{8})$]：

$$D(\Delta)=\frac{|H(-\omega_0-\Delta)|}{|H(\omega_0+\Delta)|} \tag{2.114}$$

然而该有理式形式的频率传递函数的谱行为主要由阻带附近的特点决定(2.6 节已证明)， 99
而且其在 $\omega=-\omega_0$ 处只有一个一阶谱零点，因此可知最小三步相移算法没有失调误差鲁棒性。

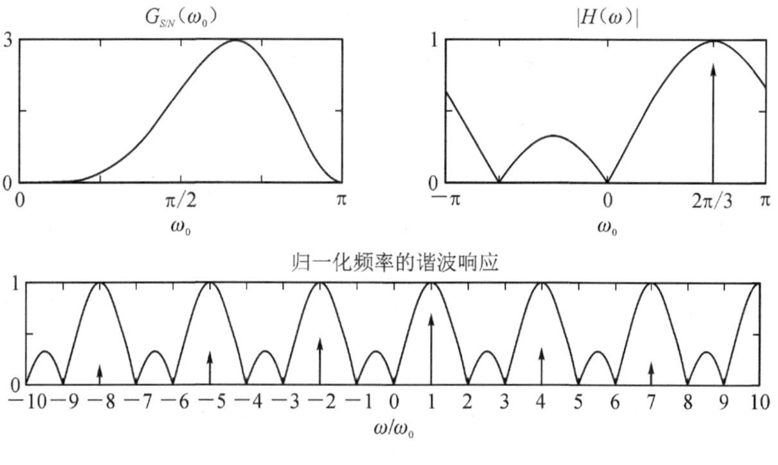

图 2.39　可调三步相移算法的信噪功率比增益 $G_{S/N}(\omega_0)$及其最大增益时相应的频率传递函数$|H(\omega)|$。由$|H(\omega)|$-(ω/ω_0)的归一化频率图可见，最小三步可调相移算法在 $\omega_0=2\pi/3$ 处转变为三步最小二乘相移算法，对于同数目相移增量时，其谐波抑制能力最优

总之，实现基本的正交条件最少需要两个一阶谱零点，而对应在时域恰好需要三个相位增量。任意增加一个谱零点(或相位增量)，可提高失调误差可靠性，或滤除较多的加性白色高斯噪声，或提高谐波抑制能力。

100 2.9.2 $\omega=-\omega_0$ 处失调可靠的四步可调相移算法

根据本书的结果，四步相移算法[除最小二乘相移算法(最小二乘相移算法)外]最好的结构为：在 $\omega=0$ 处引入一阶谱零点去除背景，在 $\omega=-\omega_0$ 处引入二阶谱零点，获得失调可靠性，即

$$H(\omega)=(1-e^{-i\omega})(1-e^{-i(\omega+\omega_0)})^2$$
$$=1-(1+2e^{-i\omega_0})e^{-i\omega}+(2e^{-i\omega_0}+e^{-i2\omega_0})e^{-i2\omega}+e^{-i2\omega_0}e^{-i3\omega} \tag{2.115}$$

将该频率传递函数表示为和的形式，可方便进行时域卷积运算：$I(t)*h(t)$，利用所有的采集数据(略去空间坐标)，在 $t=3$ 时求解：

$$A_0\exp(i\hat{\varphi})=I_0-(1+2e^{-i\omega_0})I_1+(2e^{-i\omega_0}+e^{-i2\omega_0})I_2+e^{-i2\omega_0}I_3 \tag{2.116}$$

此处 $A_0=(1/2)b(x,y)H(\omega_0)$。同样，该公式在原理上对于区间 $(0,\pi)$ 上的任意 ω_0 有效。回顾前面可知，通过计算上面解析信号的辐角，可得到以 2π 为包裹的估计相位，如果采用反正切形式求解，此时，丢失了非常重要的有关谱响应的信息及条纹对比度信息。

将 $H(\omega)$ 代入信噪功率比增益公式，有

$$G_{S/N}(\omega_0)=\frac{|1-e^{-i\omega_0}|^2\,|1-e^{-i2\omega_0}|^4}{\frac{1}{2\pi}\int_{-\infty}^{\infty}|1-e^{-i\omega}|^2\,|1-e^{-i(\omega+\omega_0)}|^4 d\omega},\omega_0\in(0,\pi) \tag{2.117}$$

如图 2.40 所示，该可调四步相移算法的最大信噪功率比增益出现在 $\omega_0=1.939$ 处，其与 $2\pi/3\approx2.094$ 有小于 0.2 的差值，而此时其谐波抑制能力与三步最小二乘相移算法相同(见图 2.41)。

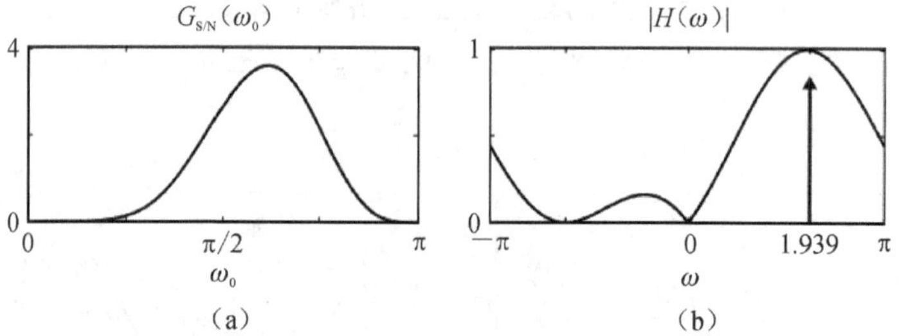

图 2.40 (a)四步可调相移算法的元频率响应：$G_{S/N}(\omega_0)$，其具有失调误差可靠性；(b)具有最大信噪功率比增益的频率传递函数：$|H(\omega)|$

对于其抑制失调误差能力的评价，由前面已知，在设计时，该频率传递函数在 $\omega=-\omega_0$ 处具有平滑的二阶谱零点，即

$$\left.\frac{dH(\omega)}{d\omega}\right|_{\omega=-\omega_0}=H'(-\omega_0)=0 \tag{2.118}$$

101 因此可得

$$D(\Delta)=\frac{|H(-\omega_0-\Delta)|}{|H(\omega_0+\Delta)|}\rightarrow0,|\Delta|\ll1 \tag{2.119}$$

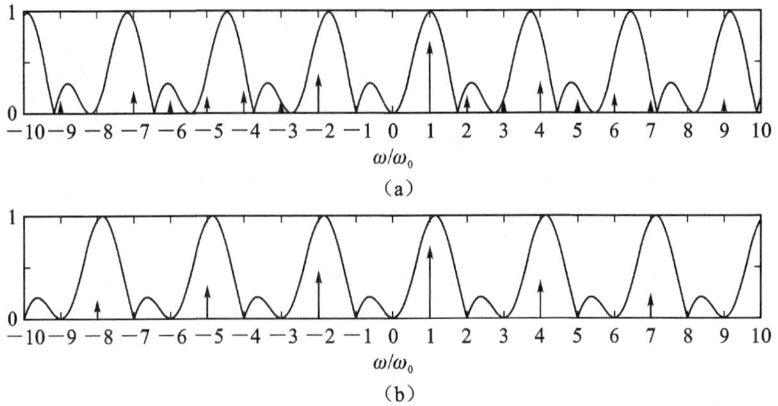

图 2.41　失调可靠四步可调相移算法的归一化频率图：(a)最大信噪功率比增益在 $\omega_0=1.939$ 处；(b)最优的谐波抑制能力在 $\omega_0=2\pi/3$ 处

为了表述完整，需要强调，对于该线性相移算法，在 $\omega_0=\pi/2$ 处，Schwider 等[2]、Schmi 和 Creath[47]、Bi 等[69]提出了不同的形式。非常遗憾，其信噪功率比增益下降至 2.67。此时，该算法与 Wyant 等[63]的三步相移算法一样，对谐波歪曲敏感(见该文献中例 109)，不能抑制$\{\cdots, -10,-7,-6,-3,-2,2,5,6,9,10,\cdots\}$处的歪曲谐波。从已报道的文献看，对于四步相移算法在 $\omega_0=2\pi/3$ 时，采用谱分析其误差容许能力，以前还没有报道过。

2.9.3　可靠抑制背景照度的四步可调相移算法

可调四步相移算法另一种有意义的结构可设计：在 $\omega=0$ 处引入二阶谱零点，在 $\omega=-\omega_0$ 处引入一阶谱零点，此时仍满足正交条件，但对时域背景变化具有可靠抑制性能，其频率传递函数为

$$\begin{aligned}H(\omega)&=(1-e^{-i\omega})^2(1-e^{-i(\omega+\omega_0)})\\&=1-(2+e^{-i\omega_0})e^{-i\omega}+(1+2e^{-i\omega_0})e^{-i2\omega}-e^{-i(3\omega+\omega_0)}\end{aligned}\tag{2.120}$$

继续前面的方法，直接可得解析信号最可靠的估计为

$$(b/2)H(\omega_0)\exp(i\hat{\varphi})=I_0-(1+2e^{-i\omega_0})I_1+(1+e^{-i2\omega_0})I_2-e^{-i\omega_0}I_3\tag{2.121}$$

原理上，该可调相移算法在区间 $\omega_0\in(0,\pi)$ 上有效，但在分析其元频率响应(如图 2.42 102
所示)时发现，约在区间 $\omega_0\in(0.5\pi,0.9\pi)$ 上，$G_{S/N}(\omega_0)\geqslant 1$。而且最大信噪功率比增益在 $\omega_0=2\pi/3$ 附近处获得。因此，其明确地表明使用该相位增量，可获得与三步最小二乘相移算法相同的谐波抑制能力。

最后须指出，显然该可调四步相移算法没有失调误差可靠性，因为其在 $\omega=-\omega_0$ 处为一阶谱零点。必须强调，Larkin 和 Oreb[46]、Surrel[25]提出了以 $\omega_0=2\pi/3$ 为相位增量的另一种表达形式的该类线性相移算法。但据文献知，这里的可调解析公式及元频率响应图却为本书的创新内容。

2.9.4　在 ω=π 处具有固定谱零点的四步可调相移算法

下面给出关于四步可调相移算法的最后一个例子，考虑下面的频率传递函数在 $\omega=\{0,-\omega_0,\pi\}$ 处具有一阶谱零点的结构：

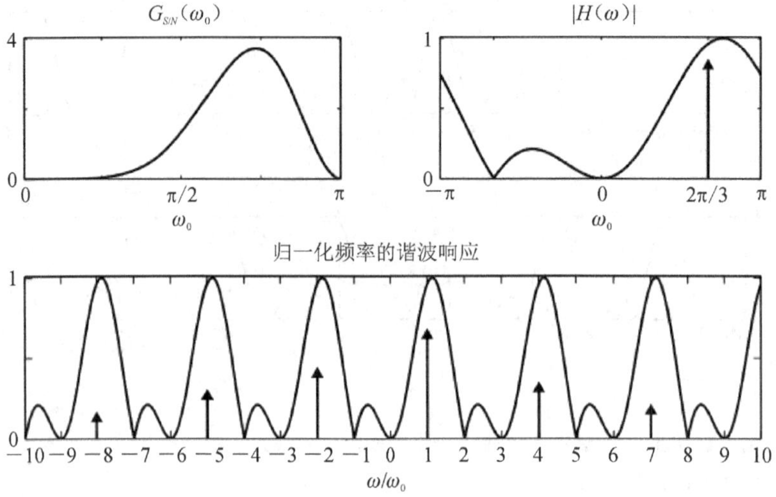

图 2.42 可靠抑制背景四步可调相移算法的信噪功率比增益及 $\omega_0=2\pi/3$ 时相应的频率传递函数

$$H(\omega)=(1-\mathrm{e}^{-\mathrm{i}\omega})(1-\mathrm{e}^{-\mathrm{i}(\omega+\omega_0)})(1-\mathrm{e}^{-\mathrm{i}(\omega-\pi)})$$
$$=1-\mathrm{e}^{-\mathrm{i}(\omega+\omega_0)}-\mathrm{e}^{-2\mathrm{i}\omega}+\mathrm{e}^{-\mathrm{i}(3\omega+\omega_0)} \tag{2.122}$$

继续以前的方法，容易得到解析信号最可靠的估计为

$$(b/2)H(\omega_0)\exp(\mathrm{i}\hat{\varphi})=I_0-\mathrm{e}^{-\mathrm{i}\omega_0}I_1-I_2+\mathrm{e}^{-\mathrm{i}\omega_0}I_3,\ \forall\,\omega_0\in(0,\pi) \tag{2.123}$$

103 由于频率传递函数以 2π 为周期，在 $\omega=\pi$ 处配置一个零点，具有独特的优点，即可在主值区间的两个极值处产生零频率响应。这对提高信噪功率比增益非常有利，而且也可大大提高谐波抑制能力。例如，当 $\omega_0=\pi/2$ 时，在 $\omega=\pi$ 处有一个谱零点，可保证同时抑制在 $2\omega_0$ 和 $-2\omega_0$ 处二次谐波的两个复分量，其过程如图 2.43 所示。

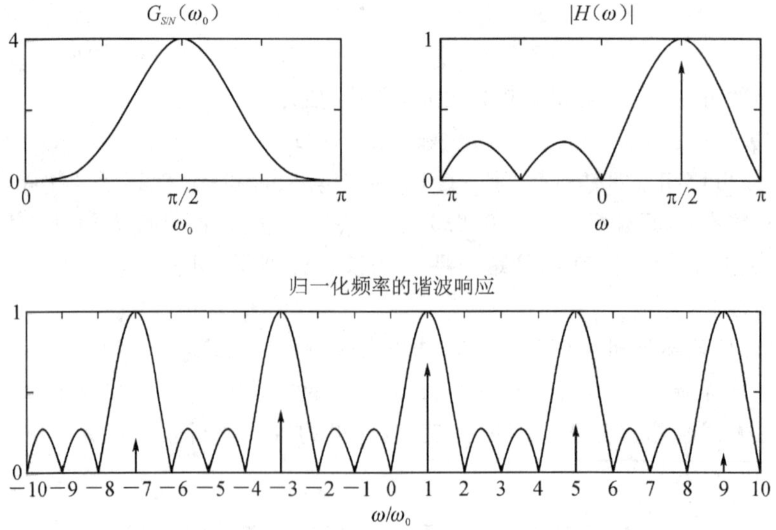

图 2.43 可调四步相移算法元频率响应：$G_{S/N}(\omega_0)$，其在 $\omega=\{0,\pi\}$ 处有固定的零点，在 $\omega=-\omega_0$ 处有可变的零点。其频率传递函数的最大信噪功率比增益和最优谐波抑制能力在 $\omega_0=\pi/2$ 处获得

从图中可清楚地发现，该四步可调相移算法在 $\omega_0=\pi/2$ 处转变为四步最小二乘相移算法，因此，具有最优的信噪功率比增益和谐波抑制能力(因为相位增量的取值)。从已发表的文献上看，该算法为 Carré[5] 四步可调相移算法的线性部分，这将在第 3 章进一步分析。

至此，已介绍完本书在同步时域干涉术中有关相位解调方法的所有研究成果。附录给出了已有文献发表的大多数常用的线性相移算法的分析结果，以及采用频率传递函数方法设计的新算法。

2.10　总结 104

本章证明了时域相移算法可被表述为正交线性滤波器的原理，而且其可完全由相应的脉冲响应函数 h(t)或频率传递函数 $H(\omega)$表征。同时，证明了实用的相移算法的频率传递函数必须满足所谓的正交条件：

$$H(0)=H(-\omega_0)=0,H(\omega_0)\neq 0 \tag{2.124}$$

其中 ω_0 为相位增量，如果满足上述正交条件，时域相移干涉图的正交线性滤波器在 $t=N-1$ 时(此时使用了所有采样数据)，将产生下面解析信号

$$(1/2)b(x,y)H(\omega_0)\exp[\mathrm{i}\hat{\varphi}(x,y)]=\sum_{n=0}^{N-1}c_nI(x,y,n) \tag{2.125}$$

根据上面解析信号，求解其辐角，可获得以 2π 为模的搜索相位 $\hat{\varphi}(x,y)$；同时，其振幅含有局部对比度函数及正交滤波器频率传递函数的信息(该信息对质量引导相位去包裹，递归滤波等非常重要)。

本章也提出了在数字干涉术中评价相移算法抑制主要系统误差(失调误差、加性白色高斯噪声和高次歪曲谐波)能力的方法，并推导了下面仅与频率传递函数及相位增量有关的评价公式。

- 对于失调误差，其产生的原因在于：设计的正交线性滤波器在 ω_0 处发生谐振，而输入干涉图实际的相位载波为 $\omega_0+\Delta$，这里 Δ 为未知量，单位为弧度/帧，则有

$$D(\Delta)=\frac{|H(-\omega_0-\Delta)|}{|H(\omega_0+\Delta)|} \tag{2.126}$$

- 对于白色高斯噪声，其在数学模型上具有平面形状的功率谱密度：$N(\omega)=\eta/[2(W/Hz)]$，从而在应用时域相移算法时，得到的信噪功率比增益可表述为

$$G_{S/N}(\omega_0)=\frac{|H(\omega_0)|^2}{\dfrac{1}{2\pi}\displaystyle\int_{-\pi}^{\pi}|H(\omega_0)|^2\mathrm{d}\omega} \tag{2.127}$$

- 对于时域干涉图具有非正弦光强分布时，其数学模型为

$$I(x,y,t)=\sum_{n=0}^{\infty}b_n(x,y)\cos\left\{n[\varphi(x,y)+\omega_0t]\right\} \tag{2.128}$$

应用正交线性滤波器 $h(t)$，在频域有

$$\mathcal{F}\{I(t)*\mathrm{h}(t)\}=\sum_{n=-\infty}^{\infty}(b_n/2)\exp[in\varphi(x,y)]H(n\omega_0)\delta(\omega-n\omega_0) \tag{2.129}$$

由于高质量地估计调制相位时，要求分离出解析信号$(b_1/2)H(\omega_0)\exp(\mathrm{i}\varphi)$，因此需要考 105
虑正交线性滤波器的谐波抑制能力，这意味着需要满足如下正交条件：

$$H(\omega_0) \neq 0$$
$$H(-\omega_0) = 0, H(0) = 0$$
$$H(-n\omega_0) = 0, H(n\omega_0) = 0 \tag{2.130}$$

对所有的$n \leqslant k$,假定第k次谐波的能量仍不可忽略。由于频率传递函数以2π为周期的特点及混叠作用,使得对该特征进行严密地分析变得非常复杂。但是采用数值的方法可将该过程简单化:即需要绘制$|H(\omega)|$-(ω/ω_0)的变化曲线,以观察频率传递函数在归一化频率$(\omega/\omega_0)=\{\pm 2, \pm 3, \pm 4, \cdots\}$处是否具有零频率响应。

综合以上内容,本书提出了采用所谓的一阶基块相移算法设计方法,实现了任意复杂的时域相移算法的直观设计,该一阶基块表述为

$$H_1(\omega+\omega_0) = 1 - \exp[-\mathrm{i}(\omega+\omega_0)] \tag{2.131}$$

根据一系列的简单原则(已在本章列出),通过选择性地配置$N-1$个谱零点,本书设计了一系列的N步可调相移算法,其一般在区间$\omega_0 \in (0, \pi)$上有效。同时,指出在同一频率处布置至少两个零点,可产生光滑的高阶谱零点,其保证了设计的相移算法具有失调误差鲁棒性,但同时却降低了信噪功率比增益和谐波抑制能力(相比于同数目相位增量的最小二乘相移算法)。

回顾以上内容,必须明确,在能够可靠地控制相位增量值的场合,应用最小二乘相移算法是最好的选择,因为其方法在任何的采样数目下,具有最优的信噪功率比增益及最优的谐波抑制能力。但在另一方面,如果相位增量不可靠,即如果$\omega_0 \Rightarrow \omega_0 + \Delta$,此时,必须在$\omega = -\omega_0$处至少布置两个谱零点,以提高相移算法抑制失调误差的能力。但非常遗憾,这样做同时降低了算法的信噪功率比增益及谐波抑制能力。

第 3 章　异步时域干涉术 107

3.1　引言

本章讨论实现异步时域解调方法的两大途径：非线性相移算法和自标定相移算法。首先分析自调（也可称为异步或非线性）相移算法。自调相移算法是指可以解调一系列相邻的、具有恒定但未知相位增量 ω_0 的相移条纹图的算法。相对前面已经讨论过的、具有已知载频 ω_0 的相移算法，相位增量 ω_0 未知的假设为解决干涉反问题增加了另一层面的复杂性。

本章第一部分（3.2～3.4 节）研究非线性相移算法，其反正切形式的公式表现为测量干涉图线性组合比的均方根运算。这里讲的非线性相移算法，可分解为估计调制相位 $\varphi(x,y)$ 的线性可调相移算法与估计 ω_0 的非线性算子的组合。因而，如果时域载频 ω_0 的估计是已知且可靠的，那么前面同步相移算法建立的理论也同适用于本章的内容。鉴于四步 Carré 算法是首次报道的、广为人知的非线性相移算法，且已进行了大量的研究，本书将非线性四步 Carré 算法视作设计高阶（大于四步）自调相移算法的原型。

本章最后的部分（3.5 节）讨论自标定相移算法。该方法的主要原理是：首先通过干涉图数据估计相位增量，进而采用最小二乘法计算相位。此处将讨论两种实现方法：第一种方法主要依赖在空、时域迭代计算两个线性相位增量，直至其收敛成一套相移量；而第二种方法则通过对角化干涉图的协方矩阵，实现相位增量的确定。这两种方法均将相位增量（是自标定的）的估计视为第一步，在实际应用时，最少只需要三帧条纹图。研究表明，结合两种技术，可获得更有效的自标定方法。

3.2　时域相移算法的分类 108

在进一步分析之前，首先按照本书的约定方法，对时域相移算法进行分类。为了避免混淆，此时，仅考虑由正交线性滤波产生的时域相移算法，而对于由迭代最小二乘法和主量分析法产生的相移算法将在 3.5 节展开讨论。

这里的分类适用于本书测试的所有的相移算法：固定系数（线性）相移算法、可调（线性）相移算法和自调（非线性）相移算法。下面将简要描述每一类方法，并举例说明。

3.2.1　固定系数（线性）相移算法

固定系数（线性）相移算法是指解调过程中相位估计公式只含有一个已知的相位增量，而且这些公式对相位增量 ω_0 没有明确的依赖关系。一般而言，固定系数相移算法可采用解析的形式进行表述，即 N 个时域采样帧的线性组合：

$$A_0\exp[\mathrm{i}\hat{\varphi}(x,y)] = \sum_{n=0}^{N-1} c_n I(x,y,n) \tag{3.1}$$

一些常见的固定系数（线性）相移算法如下：

- Bruning 等[6]提出的三步最小二乘相移算法，要求相位增量 $\omega_0=2\pi/3$：

$$A_0\exp[\mathrm{i}\hat{\varphi}(x,y)] = \sqrt{3}(I_0-I_2)+\mathrm{i}(I_0-2I_1+I_2) \tag{3.2}$$

- Bruning 等[6]和 Wyant 等[42]提出的四步最小二乘相移算法，要求相位增量 $\omega_0=2\pi/4$：

$$A_0\exp[\mathrm{i}\hat{\varphi}(x,y)] = I_0-I_2+\mathrm{i}(I_1-I_3) \tag{3.3}$$

- Schwider 等[2]和 Hariharan 等[44]提出的五步相移算法，其要求相位增量 $\omega_0=\pi/2$：

$$A_0\exp[\mathrm{i}\hat{\varphi}(x,y)] = I_0-2I_2+I_4+\mathrm{i}2(I_3-I_1) \tag{3.4}$$

该类相移算法（特别是上面三个例子）在第 2 章已进行了详细分析。

3.2.2 可调（线性）相移算法

可调相移算法的相位增量可在一个连续的范围上取值：理论上，$\omega_0\in(0,\pi)$。第 2 章已
109 介绍了如何设计与评价可调相移算法的频率传递函数，同时也指出，当变换至时域，根据这些频率传递函数可产生线性相移算法。该类可调（线性）相移算法易于识别，因为其系数明确地与相位增量的三角函数有关，一般地，其可表述为下面形式：

$$A_0\exp[\mathrm{i}\hat{\varphi}(x,y)] = \sum_{n=0}^{N-1} c_n(\omega_0) I(x,y,n) \tag{3.5}$$

须指出，固定系数（线性）相移算法是可调（线性）相移算法的特例。为了便于表述，下面列出了常见的可调（线性）相移算法。

- Creath[61]提出的可调三步（最小）相移算法。该公式在 $\omega_0\in(0,\pi)$时有效，但其在 $\omega_0=2\pi/3$ 处具有的抑制加性白色高斯噪声和歪曲谐波的能力最优：

$$A_0\exp[\mathrm{i}\hat{\varphi}(x,y)] = I_0-[1+\exp(\mathrm{i}\omega_0)]I_1+\exp(\mathrm{i}\omega_0)I_2 \tag{3.6}$$

- 失调误差鲁棒可调四步相移算法（从文献看，这是本书的创新点之一）。该公式在 $\omega_0\in(0,\pi)$上有效，但其最优抑制谐波能力在 $\omega_0=\pi/2$ 处：

$$A_0\exp[\mathrm{i}\hat{\varphi}(x,y)] = I_0-(1+\mathrm{e}^{\mathrm{i}\omega_0})I_1+(2\mathrm{e}^{\mathrm{i}\omega_0}+\mathrm{e}^{\mathrm{i}2\omega_0})I_2-\mathrm{e}^{\mathrm{i}2\omega_0}I_3 \tag{3.7}$$

- Hariharan 等[44]提出的可调五步相移算法。该公式在 $\omega_0\in(0,\pi)$上有效，但其失调误差鲁棒的能力仅在 $\omega_0=\pi/2$ 处获得

$$A_0\exp[\mathrm{i}\hat{\varphi}(x,y)] = \sin(\omega_0)(2I_2-I_4-I_0)+\mathrm{i}[1-\cos(2\omega_0)](I_1-I_3) \tag{3.8}$$

同样，上面列举的示例仅为表述需要。该类可调相移算法已经在第 2 章进行了详细分析。更多的例子可参见附录，其中归纳了 40 个常见的固定系数相移算法。

3.2.3 自调（非线性）相移算法

一般地，自调相移算法采用非线性形式的公式表示，其仅与相移干涉图$\{I(x,y,n)\}$的时域采样有关。为了表述的需要，下面列举一些常用的自调（非线性）相移算法。由于该类相移算法的解析公式前面尚未讨论，因此，这里仅采用了正切形式的公式给出。

- Servin 和 Cuevas[80]提出的自调三步相移算法，该公式需要预先去除背景信号 $a(x,y)$：

$$\tan[\hat{\varphi}(x,y)] = \frac{\mathrm{sgn}(I'_1)(I'_0 - I'_2)}{\sqrt{4\,I'^2_1 - (I'_0 - I'_2)^2}} \tag{3.9}$$

• Carré[81]提出的自调四步相移算法。按照文献的习惯,这里简单地将其指定为 Carré 110
算法:

$$\tan[\hat{\varphi}(x,y)] = \sqrt{\frac{3(I_1 - I_2) - I_0 + I_3}{I_0 + I_1 - I_2 - I_3}}\,\frac{I_0 + I_1 - I_2 - I_3}{-I_0 + I_1 + I_2 - I_3} \tag{3.10}$$

• Stoilov 和 Dragostinov[82]提出的自调五步相移算法。(本书更正了原书中本公式中的错误——译者注):

$$\tan[\hat{\varphi}(x,y)] = \sqrt{1 - \left[\frac{I_0 - I_4}{2(I_1 - I_3)}\right]^2}\,\frac{2(I_1 - I_3)}{2I_2 - I_0 - I_4} \tag{3.11}$$

后面的章节将自调相移算法表述为自调(线性)相移算法与非线性相位增量 ω_0 估计算子的组合。按照上面的分类方法,这意味着固定系数(线性)相移算法是可调(线性)相移算法的子集,反过来,可调(线性)相移算法又为自调(非线性)相移算法的一部分,参见图 3.1。

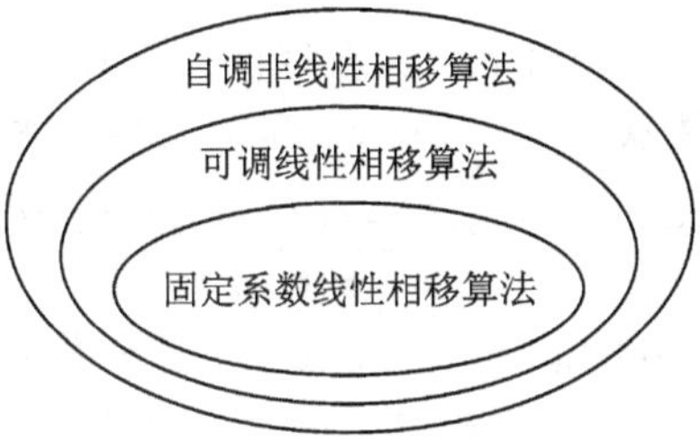

图 3.1　本书的时域相移算法分类文氏图

3.3　Carré 相移算法的谱分析

本节分析 Carré 算法[81]。它可以从四帧时域相移干涉图中恢复调制相位而不要求时域载频信息是已知的。从已有的文献可知,该算法是最早发表的相移算法,也是充满争议的相移算法。分析该算法可以更好地理解将自调非线性相移算法视为可调线性相移算法与非线性相位增量估计算子结合的原因。

如前,首先给出时域相移干涉图的数学模型:

$$I(x,y,t) = a(x,y) + b(x,y)\cos[\varphi(x,y) + \omega_0 t],\, t \in \mathbb{Z} \tag{3.12}$$

对于异步解调问题,上面的方程有四个未知量:背景照度 $a(x,y)$,条纹局部对比度 111
$b(x,y)$,时域载频 ω_0(单位为弧度/帧)以及预估计的调制相位 $\varphi(x,y)$。显然,为了求解该方程,至少需要四帧相移干涉图:$t=\{0,1,2,3\}$。产生四帧相移干涉图的标准方法[81]为

$$\begin{aligned} I_0(x,y) &= a(x,y) + b(x,y)\cos[\varphi(x,y) - 3\omega_0/2] \\ I_1(x,y) &= a(x,y) + b(x,y)\cos[\varphi(x,y) - \omega_0/2] \\ I_2(x,y) &= a(x,y) + b(x,y)\cos[\varphi(x,y) + \omega_0/2] \\ I_3(x,y) &= a(x,y) + b(x,y)\cos[\varphi(x,y) + 3\omega_0/2] \end{aligned} \tag{3.13}$$

对比第 2 章已分析的相移算法可知,式(3.13)中相位增量为$\{-3\omega_0/2, -\omega_0/2, \omega_0/2,$

$3\omega_0/2\}$的这种特殊选择方式，看起来似乎有点混乱(其目的是利用正弦函数与余弦函数在零附近的对称性简化代数解形式)。然而如果将整个数据移动$+3\omega_0/2$的恒定增量后，此时则变得较为清晰：

$$
\begin{aligned}
I_0(x,y) &= a(x,y)+b(x,y)\cos[\varphi(x,y)] \\
I_2(x,y) &= a(x,y)+b(x,y)\cos[\varphi(x,y)+\omega_0] \\
I_2(x,y) &= a(x,y)+b(x,y)\cos[\varphi(x,y)+2\omega_0] \\
I_3(x,y) &= a(x,y)+b(x,y)\cos[\varphi(x,y)+3\omega_0]
\end{aligned}
\tag{3.14}
$$

此时须明确，Carré 算法实际的相位增量为ω_0，而不是$\omega_0/2$。若已求解出时域载频ω_0，可得搜索的调制相位$\varphi(x,y)$为[50,61,81,83]：

$$
\tan(\hat{\omega}_0/2)=\sqrt{\frac{3(I_1-I_2)-I_0+I_3}{I_0+I_1-I_2-I_3}} \tag{3.15}
$$

$$
\tan[\hat{\varphi}(x,y)]=\tan(\hat{\omega}_0/2)\ \frac{I_0+I_1-I_2-I_3}{-I_0+I_1+I_2-I_3} \tag{3.16}
$$

上面公式中的“^”表明求解的相位为理想相位的估计值，它一般与实际值存在着一定的误差。从方程(3.15)和方程(3.16)可清楚地发现该公式对应于线性可调相移算法及相位增量估计算子的组合。在一些文献[50,61,81,83]中，上面结果常常被整理为一个非线性公式：

$$
\tan[\hat{\varphi}(x,y)]=\frac{\sqrt{3\,(I_2-I_3)^2-(I_1-I_4)^2+2(I_1-I_4)(I_2-I_3)}}{-I_0+I_1+I_2-I_3} \tag{3.17}
$$

上面方程的均方根运算，迫使估计相位$\hat{\varphi}(x,y)$被π模包裹。分别采用了不同的方法，Creath[61,84]、Schreiber 和 Bruning[83]提出了将搜索相位正确地分配至单位圆内对应象限的方法。然而，由本书后面的分析可知，方程(3.15)和方程(3.16)表示为解耦形式的公式，可以更加直观地分析和评价 Carré 算法的性能。

112 3.3.1 Carré 相移算法的频率传递函数

由方程(3.15)和方程(3.16)可知，Carré 算法可被分解为两部分：可调(线性)相移算法和(非线性)相位增量估计算子。对可调(线性)相移算法，其分析可直接应用第 2 章已讨论的基于频率传递函数的各种方法。通过分析 Carré 算法的反正切公式，可得

$$
\begin{aligned}
\tan[\hat{\varphi}(x,y)] &= \tan(\hat{\omega}_0/2)\ \frac{I_0+I_1-I_2-I_3}{-I_0+I_1+I_2-I_3} \\
&= \frac{\sin(\hat{\omega}_0/2)}{\cos(\hat{\omega}_0/2)}\ \frac{[I_0+I_1-I_2-I_3]}{[-I_0+I_1+I_2-I_3]}
\end{aligned}
\tag{3.18}
$$

由方程(3.18)，重写其解析形式的公式，有

$$
\begin{aligned}
A_0\exp[\mathrm{i}\hat{\varphi}(x,y)] &= \cos(\omega_0/2)[-I_0+I_1+I_2-I_3] \\
&\quad +\mathrm{i}\sin(\omega_0/2)[I_0+I_1-I_2-I_3]
\end{aligned}
\tag{3.19}
$$

此时，将上面复正交线性滤波器(第 2 章已证明)的实部与虚部结合起来，进行一些代算运算可得

$$
\mathrm{h}(t)=\mathrm{e}^{\mathrm{i}\omega_0/2}[\delta(t)+\mathrm{e}^{-\mathrm{i}\omega_0}\delta(t-1)-\delta(t-2)-\mathrm{e}^{-\mathrm{i}\omega_0}\delta(t-3)] \tag{3.20}
$$

忽略无关紧要的相位偏移量，并对该正交线性滤波器进行傅里叶变换，可得

$$
H(\omega)=(1-\mathrm{e}^{\mathrm{i}\omega})(1-\mathrm{e}^{\mathrm{i}(\omega+\omega_0)})(1-\mathrm{e}^{\mathrm{i}(\omega+\pi)}) \tag{3.21}
$$

该频率传递函数仅由一阶谱零点组成：其中两个固定在$\omega=\{0,\pi\}$处，另一个在$\omega=\omega_0$

处，为可调零点。因此，Carré 算法明显地满足正交条件，对于 $\omega_0 \in (0,\pi)$ 有：$H(-\omega_0)=H(0)=0$，$H(\omega_0)\neq 0$。而且，式(3.21)也表明 Carré 算法没有失调误差鲁棒性，但在后面章节(3.3.5 节)，本书将提出对该缺点的简单解决方法。

为了评价 Carré 算法对输入干涉信号载频的适应性，首先定义下面形式的扫频信号(或 chirp 调频信号)：

$$I(t) = a + b\cos(\omega_0 t + at^2) \tag{3.22}$$

式(3.22)表示了扩频通信领域中常见的测试信号(如声呐和雷达系统)，但此处使用该信号，目的仅是做例证。与时域相位解调类似，其搜索的解析信号为 $(b/2)\exp(iat^2)$，图 3.2 和图 3.3 给出了其相位的解调过程。

113

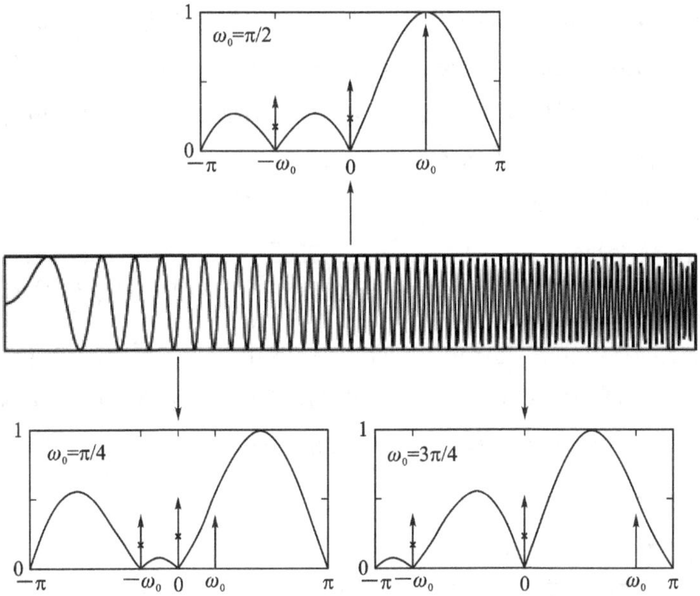

图 3.2　四步 Carré 算法的频率传递函数对扫频信号局部频率的自调过程。可见该算法在保留搜索的解析信号(即本例中的 $(b/2)\exp(iat^2)$)的同时，对局部瞬时频率的变化是自适应的

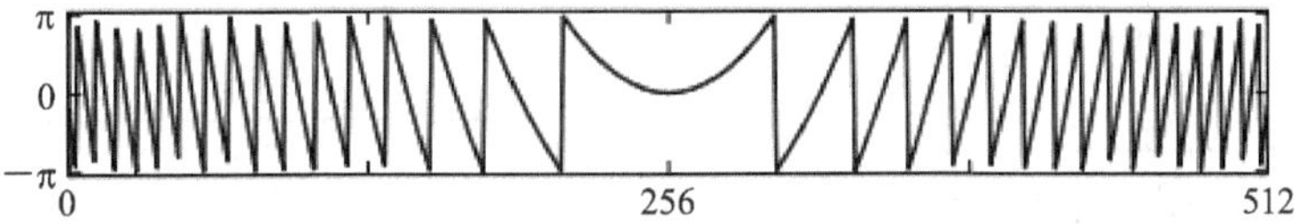

图 3.3　Carré 算法根据扫频信号获得的估计相位[方程(3.22)]：二次相位 at^2，以 2π 为模。该过程表明自调相移算法去除了线性增加的载频

图 3.2 的谱图描述了 Carré 算法对输入干涉图信号含有的载频 ω_0 具有自适应性。尽管 Carré 算法隐含了对载频 ω_0 是自适应的特点，但对其谱行为[方程(3.21)]清楚的分析从未见报道过，而该知识对正确理解 Carré 算法的特点非常有用。

3.3.2　Carré 相移算法的元频率响应

如前面章节(2.7 节)所述，可调相移算法对加性白色高斯噪声污染的干涉数据的信噪功率比可表述为

$$(S/N)_{\text{Output}} = G_{S/N}(\omega_0)\,(S/N)_{\text{Input}} \tag{3.23}$$

114 这里所谓的信噪功率比增益 $G_{S/N}(\omega_0)$ 表示了正交滤波器在 ω_0 处的功率与 $(-\pi,\pi)$ 范围内总的滤除噪声功率相除的结果，即

$$G_{S/N}(\omega_0) = \frac{|H(\omega_0)|^2}{\frac{1}{2\pi}\int_{-\pi}^{\pi} |H(\omega;\omega_0)|^2 \mathrm{d}\omega},\ \forall\,\omega_0 \in (0,\pi) \tag{3.24}$$

当 $G_{S/N}(\omega_0)>1$ 时，表示输出数据相比输入数据有高的信噪功率比，其为正常情况；当 $G_{S/N}(\omega_0)=1$ 时，表示输出的解析信号与干涉图信号有相同的信噪功率比；最后，当 $G_{S/N}(\omega_0)<1$ 时，则表示搜索的解析信号比输入信号有低的信噪功率比，该情况是不期望的。

当评价可调或自调相移算法时，需要考虑 $(0,\pi)$ 范围内连续变化的相位增量值。同样，在求解信噪功率比增益时，也需要这样考虑：每一点的 $G_{S/N}(\omega_0)$ 与 $H(\omega)$ 在 $\omega_0\in(0,\pi)$ 上谐振的所有频率响应有关。在此意义下，$G_{S/N}(\omega_0)$ 的频率响应与另一频率响应 $H(\omega)$ 有关。因此，本书称其为可调或自调相移算法的元频率响应。

将 Carré 算法的频率传递函数代入方程(3.24)可得

$$G_{S/N}(\omega_0) = \frac{|(1-e^{i\omega_0})(1-e^{i2\omega_0})(1-e^{i(\omega_0+\pi)})|^2}{\frac{1}{2\pi}\int_{-\pi}^{\pi} |(1-e^{i\omega})(1-e^{i(\omega+\omega_0)})(1-e^{i(\omega+\pi)})|^2 \mathrm{d}\omega} \tag{3.25}$$

这里 ω_0 为 $(0,\pi)$ 上的所有值。上面方程的连续曲线由图 3.4 给出。分析该元频率响应可知：对于 $\omega_0\in(\pi/6,5\pi/6)$ 时，$G_{S/N}(\omega_0)>1$。同时注意到最大信噪功率比增益出现在 $\omega_0=\pi/2$ 处，此时该可调相移算法转变为四步最小二乘相移算法。

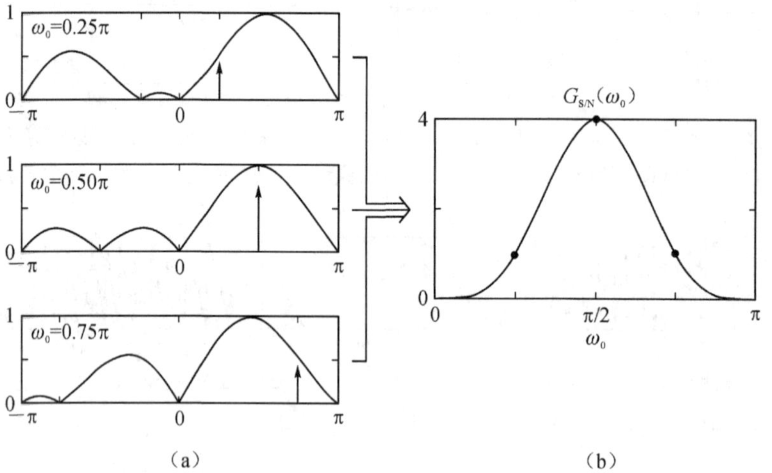

图 3.4　(a) $\omega_0=\{0.25\pi, 0.50\pi, 0.75\pi\}$ 时，产生的三个频率传递函数，其对应了由 Carré 算法线性部分定义的一类可调相移算法。(b)元频率响应：$G_{S/N}(\omega_0)$，其由方程(3.25)的连续曲线获得。从图形的观点讲，元频率响应上的每一点对应了频率传递函数上垂直箭头代表的量与其曲线包围的面积之比[图(b)中黑点对应于图(a)中的三个频率传递函数]

3.3.3　Carré 相移算法的谐波抑制能力

在 2.8 节，本书证明了可调相移算法的谐波抑制能力主要与时域载频 ω_0 有关，但在异步时域干涉术中，实际的相位增量值是不需要去控制的也无须知悉。本书也证明了归一化频谱图 $|H(\omega)|-\omega/\omega_0$ 的曲线，可以直观地、图形化地评价给定相移算法的谐波抑制能力。然而对于自调相移算法，因为需要考察每一个在 $(0,\pi)$ 区间上取值的 ω_0，所以采用单个的图形方式是不可取的。

从方程(3.21)可知，Carré 算法[81]的频率传递函数可表述为

$$H(\omega)=(1-e^{i\omega})(1-e^{i(\omega+\omega_0)})(1-e^{i(\omega+\pi)}) \tag{3.26}$$

根据上面的公式可知，该频率传递函数具有三个一阶谱零点。两个在固定点 $\omega_0=(0,\pi)$ 处，另一个在 $\omega=-\omega_0$ 处可调，其保证了提取基本信号的正交条件： 115

$$H(0)=H(-\omega_0)=0,H(\omega_0)\neq 0 \tag{3.27}$$

此外，由于频率传递函数以 2π 为周期，其表明由 $b_n\exp[\pm in\varphi(x,y)]\delta(\omega\pm n\omega_0)$ 表示的高次谐波会得到抑制，因为在 $\omega=\{0,-\omega_0,\pi\}$ 处的谱线恰好复现在 $\pm n\omega_0$ 处。例如，$\omega_0=\pi/2$ 时，$\{2,4,6,8,\cdots\}$ 处高次谐波的两个复谱量(具有±号)得到了抑制，但出乎意料的是，一般 Carré 算法的谐波抑制能力很差，见图 3.5。

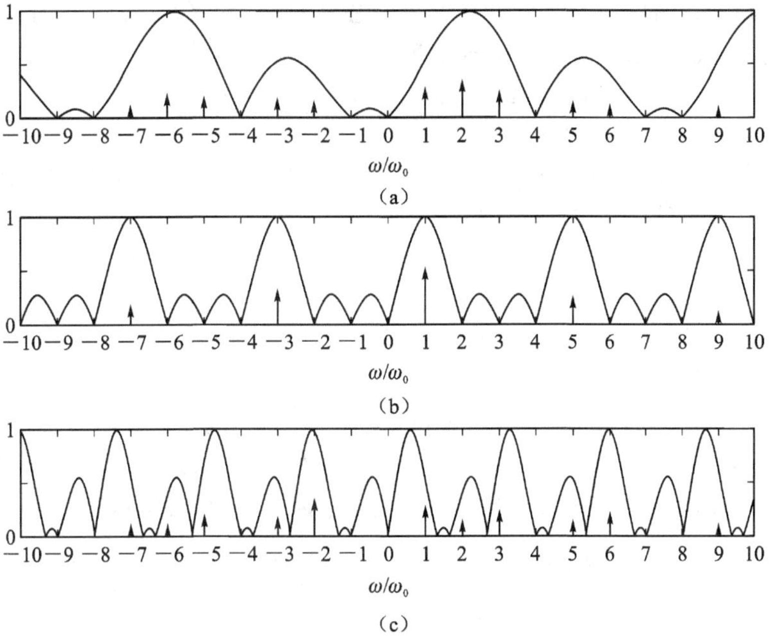

图 3.5　$|H(\omega)|-\omega/\omega_0$ 的归一化频谱图，其用于评价 Carré 算法的谐波抑制能力。垂直箭头代表了解析信号：$b_n\exp[in\varphi(x,y)]\delta(\omega-n\omega_0)$，理想结果为在 $\omega/\omega_0=1$ 处只有一个垂直箭头，文中已对图(a)～(c)进行了描述

图 3.5(a)对应了 $\omega_0=\pi/4$ 时的情况。可见，Carré 算法不能抑制给出频率范围内的大多数歪曲谐波：$\{-7,-6,-5,-3,-2,2,3,5,6,9\}$ 处的高次谐波。特别须指出的是，其不能抑制二阶谐波的两个谱分量，而且 $\omega/\omega_0=2$ 处的二阶歪曲谐波的谱能量比搜索的 $\omega/\omega_0=1$

处解析信号的能量还要大，这是最不理想的谱行为。

图 3.5(b)对应了 $\omega_0=\pi/2$ 时的情况，可见大多数谐波得到了抑制，保留的谐波在 $\omega/\omega_0=\{-7,-3,5,9\}$处，包含了歪曲谐波能量的一半，其为预想的最好情况。究其原因，此时自
116 调相移算法在 $\omega_0=2\pi/4$ 处已转变为四步最小二乘相移算法。

最后，图 3.5(c)对应了 $\omega_0=3\pi/4$ 的情况，可见，Carré 算法同样不能抑制$\{-7,-6,-5,-3,-2,2,3,5,6,9\}$处的高次谐波，而且 $\omega/\omega_0=-2$ 处歪曲谐波的谱能量也比搜索的 $\omega/\omega_0=1$ 处解析信号的能量大。其证明了除 $\omega_0=2\pi/4$ 这一最优相位增量以外，Carré 算法的抑制谐波能力非常差。

3.3.4 Carré 相移算法的相位增量估计

下面给出评价 Carré 算法相位增量估计算子谱行为的标准[81]。以前对该问题所做的分析工作仅限于数值模拟和线性近似[85,86]，因此下面内容为本书的创新。

现考虑 Carré 算法相位增量估计算子部分，为[直接复写方程(3.15)]

$$\tan(\hat{\omega}_0/2)=\sqrt{\frac{3(I_1-I_2)-I_0+I_3}{I_0+I_1-I_2-I_3}},\hat{\omega}_0\in(0,\pi) \tag{3.28}$$

117 由于上面公式是非线性的，此时，无法按照前面相移算法的方式，直接应用频率传递函数的方法。取而代之的是，本书提出将上面的公式视为两个估计量比率的形式。首先，将 Carré 算法的(非线性)相位增量估计部分重写为

$$\frac{\sin^2(\hat{\omega}_0/2)}{\cos^2(\hat{\omega}_0/2)}=\frac{3(I_1-I_2)-I_0+I_3}{I_0+I_1-I_2-I_3}=\frac{N}{D} \tag{3.29}$$

此时，对于分子(N)和分母(D)，显然，$\sin^2(\hat{\omega}_0/2)$和$\cos^2(\hat{\omega}_0/2)$的估计量分别对应了干涉数据$\{I_n\}$与两个时域线性滤波器的卷积，即

$$\begin{aligned}h_{\mathrm{N}}(t)&=-\delta(t)+3\delta(t-1)-3\delta(t-2)+\delta(t-3)\\h_{\mathrm{D}}(t)&=\delta(t)+\delta(t-1)-\delta(t-2)-\delta(t-3)\end{aligned} \tag{3.30}$$

直接对其进行傅里叶变换，并忽略无关紧要的相位偏移量，有

$$\begin{aligned}H_{\mathrm{N}}(\omega)&=[1-\exp(\mathrm{i}\omega)]^3\\H_{\mathrm{D}}(\omega)&=[1-\exp(\mathrm{i}\omega)][1-\exp\mathrm{i}(\omega+\pi)]^2\end{aligned} \tag{3.31}$$

图 3.6 为两个频率传递函数的谱图。此处水平轴的范围为 $\omega_0\in(0,\pi)$，因为其为搜索的相位增量 $\hat{\omega}_0$ 的值域。此外，该频率传递函数关于谱原点对称，因为其为实值线性系统。

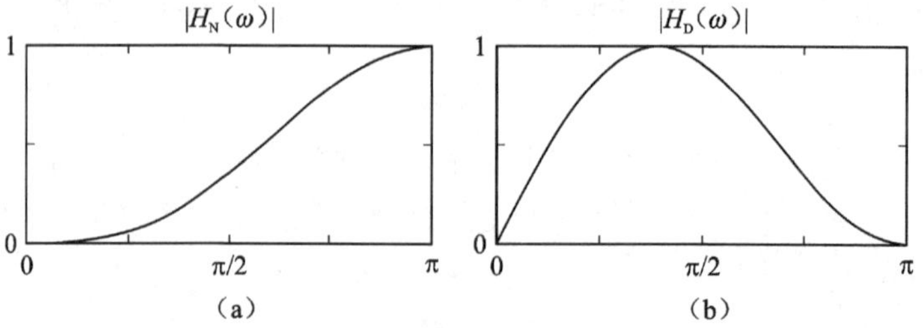

图 3.6 相位增量估计算子的频谱：(a)分子；(b)分母

回忆方程(3.28)表示的相位增量公式可知，其为时域相移干涉图理想模型推导的结果。然而，对于实际信号(特别是含有加性高斯噪声时)，方程(3.28)的结果仅可视为估计值。此

时，分析图 3.6 描述的结果，可以建立本书关于判断相位增量可靠性的基本假定：当 $|H_N(\omega)|\ll 1$ 或 $|H_D(\omega)|\ll 1$ 时，方程(3.28)的相位增量公式一般是不可靠的。图 3.7 描述了对该相位增量判断准则的进一步改进，即可通过求解 $|H_N(\omega)||H_D(\omega)|$ 的乘积简单地 118
实现。

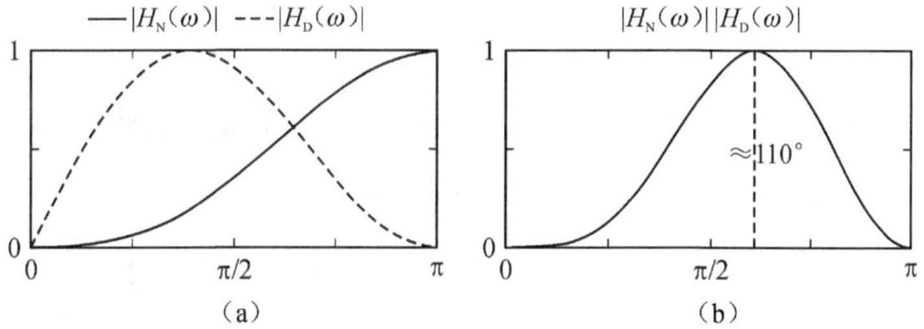

图 3.7　相位增量估计算子的谱响应，及以 $|H_N(\omega)||H_D(\omega)|$ 的乘积建立的判定准则

从图 3.7 可知，Carré 算法相位估计算子在 $\omega\approx 110°$ 时达到了最大值。与分析线性算法类似，该点对应了加性噪声最大相容点。另一方面，若分别在极值 $\omega_0=\{0,\pi\}$ 附近取值时，发现相位增量估计值 $\hat{\omega}_0$ 变得不可靠了。因为此时，两个频率传递函数之积下降至零，该结论同样也在本书数值模拟中得到了证实。

3.3.5　相位增量估计算子的改进

将自调相移算法分解为非线性相位增量估计算子与线性可调相移算法，已多次在文献中进行了讨论[80-82,87-89]，因此，其已成为广为人知的方法。然而，本书认为该方法一些重要的层面还未被清楚讨论，特别是本节将要介绍的内容。本节试图发展简单的、可靠的相位增量 $\hat{\omega}_0$ 估计方法。此方法可大大改进 Carré 算法的性能，因为 Carré 算法的可调相移算法部分没有失调误差的可靠性(已在 3.3.1 节证明)。

考虑图 3.8 表示的一般自调相移算法的框图。从方程(3.17)可知，可将相位增量估计算子与调制相位搜索算子两个表达式，容易地合成一个非线性相移算法公式，但本书建议使用自调相移算法的解耦公式，从而产生高质量的估计相位。

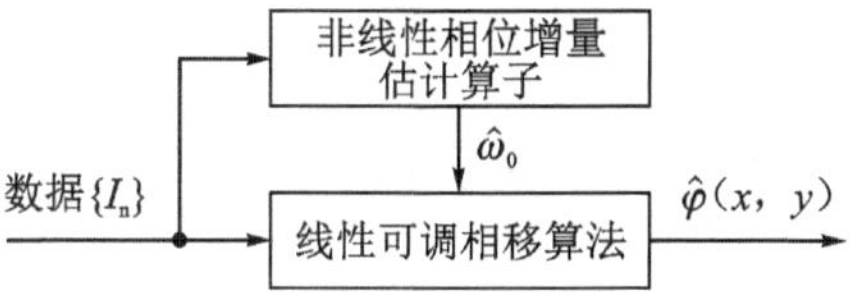

图 3.8　自调相移算法框图。其中，非线性相位增量估计算子与线性可调相移算法完全分离。本书推荐使用该方法是因为其有助于得到相位增量 $\hat{\omega}_0$ 的可靠估计值，进而得到高质量的估计相位 $\hat{\varphi}(x,y)$

为了方便读者，继续以 Carré 算法的相位估计公式为例，其为[方程(3.15)]：

$$\tan(\hat{\omega}_0/2)=\sqrt{\frac{3(I_1-I_2)-I_0+I_3}{I_0+I_1-I_2-I_3}},\hat{\omega}_0\in(0,\pi) \tag{3.32}$$

但是需强调，上面的简单改进也同适用于其他相似的相位增量估计公式。由文献[81] 119
可知，上面的方程是通过求解正定方程组(4 个方程、4 个未知量)获得的准确表达式。然而，

对于实际的干涉信号(特别是含有噪声时),上式只能获得实际时域载频 ω_0 的估计值,并且,通常每一像素得到的估计值也不同,即 $\hat{\omega}_0 \to \hat{\omega}_0(x,y)$。

对于已正确完成标定的装置,在整个有效干涉数据区域内,相位增量是均匀的[82]。通常该区域可采用约束光瞳定义为

$$P(x,y)=\begin{cases}1 & \text{原始内部测量数据}\\ 0 & \text{其他}\end{cases} \tag{3.33}$$

当采用分解的表达式时,可使用均值的方法提高相位增量的估计精度,其表示为

$$\bar{I}_n=\frac{1}{(\#P)}\sum_{(x,y)\in P} I(x,y),n=\{0,1,2,3\} \tag{3.34}$$

这里 $\#P$ 表示了 $P(x,y)$ 中为 1 的像素数目,采用该方法可获得

$$\tan(\bar{\omega}_0/2)=\sqrt{\frac{3(\bar{I}_1-\bar{I}_2)-\bar{I}_0+\bar{I}_3}{\bar{I}_0+\bar{I}_1-\bar{I}_2-\bar{I}_3}} \tag{3.35}$$

方程(3.35)没有使用四个原始的观测值估计局部 $\hat{\omega}_0(x,y)$,而是使用了 $4\times(\#P)$个平均值估计平均相位增量 $\bar{\omega}_0$,进而将其用于整个像平面。该方法即为提高可靠性的主要改进。毕竟,舍弃一些数据是无关紧要的,因为对于现代成像传感器,$\#P$ 上的像素数目一般处于$10^6\sim10^7$ 量级上。

下面,对该可靠相位增量估计方法进行应用,为了方便读者,将方程(3.19)复写如下:

$$A_0\exp[\mathrm{i}\hat{\varphi}(x,y)]=\cos(\bar{\omega}_0/2)[-I_0+I_1+I_2-I_3]+\mathrm{i}\sin(\bar{\omega}_0/2)[I_0+I_1-I_2-I_3] \tag{3.36}$$

120 同前,估计的相位 $\hat{\varphi}(x,y)$ 以 2π 为模,是上述解析信号的辐角,且振幅因子 A_0 含有条纹对比度信息,其对质量导向的相位去包裹亦很重要。最后,必须强调尽管这种平均的方法可以补偿相位增量估计公式中噪声的影响,但是估计相位 $\hat{\varphi}(x,y)$ 中观测的噪声却仅与相移算法中可调算子部分有关。下面给出相应的计算仿真,并完整地完成 Carré 算法[81]的谱分析。

3.3.6 噪声下 Carré 相移算法的计算机仿真

下面给出一系列计算机数值仿真,测试 Carré 算法[81]的相位解调能力。首先,测试本节讨论的三个 Carré 算法公式,其重写如下:

第一个为非线性公式:

$$\tan[\hat{\varphi}(x,y)]=\frac{+\sqrt{3(I_2-I_3)^2-(I_1-I_4)^2+2(I_1-I_4)(I_2-I_3)}}{-I_0+I_1+I_2-I_3} \tag{3.37}$$

第二个为分解的公式:

$$\tan[\hat{\omega}_0(x,y)/2]=\sqrt{\frac{3(I_1-I_2)-I_0+I_3}{I_0+I_1-I_2-I_3}}$$

$$\tan[\hat{\varphi}(x,y)]=\tan[\hat{\omega}_0(x,y)/2]\frac{I_0+I_1-I_2-I_3}{-I_0+I_1+I_2-I_3} \tag{3.38}$$

最后一个为分解公式与上面提出的平均方法相结合的公式:

$$\tan(\bar{\omega}_0/2)=\sqrt{\frac{3(\bar{I}_1-\bar{I}_2)-\bar{I}_0+\bar{I}_3}{\bar{I}_0+\bar{I}_1-\bar{I}_2-\bar{I}_3}},\bar{I}_n=\frac{1}{(\#P)}\sum_{(x,y)\in P}I(x,y)$$

$$\tan[\hat{\varphi}(x,y)]=\tan(\bar{\omega}_0/2)\frac{I_0+I_1-I_2-I_3}{-I_0+I_1+I_2-I_3} \tag{3.39}$$

其中，当为有效干涉数据时，$P(x,y)=1$，$\# P$ 为 $P(x,y)$ 中为 1 的像素数目。为了对比有意义，仿真中三个公式采用了同样的输入数据(见图 3.9)。 121

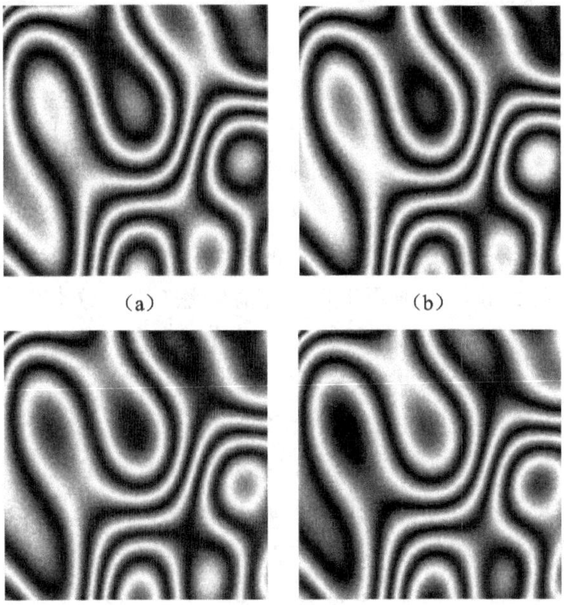

(a)　(b)　(c)　(d)

图 3.9　(a)～(d)受一定数量白色高斯噪声污染的四帧时域相移干涉图，其实际的相位增量为 $\omega_0=\pi/3$，并将采用本文讨论的三种 Carré 算法公式分别进行解调

从图 3.9 可见，在下面的意义下，这些相移干涉图近乎是理想的：在整个像平面上条纹对比度正确处 $P(x,y)=1$；此时只添加了少量的加性白色高斯噪声，方差为 $\sigma^2=0.2\pi$；时域载频是均匀的，其真值为 $\omega_0=\pi/3$；且不受高次谐波的歪曲。图 3.10 给出了由 Carré 算法[81]上述三个公式得到的估计相位。同样，这些解调量均采用同样的输入数据获得(见图 3.9)。

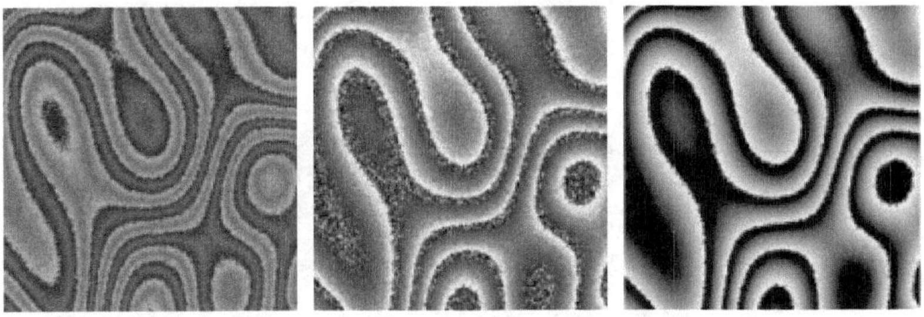

(a)　(b)　(c)

图 3.10　由 Carré 算法获得的估计相位 $\hat{\varphi}(x,y)$：(a)非线性方法的结果；(b)简单相位增量估计方法结合可调相移算法的结果；(c)提出的可靠平均相位增量估计方法结合可调相移算法公式的结果。这些已在文中进行了讨论

从图 3.10(a)可见，方程(3.37)非线性的均方根运算为条纹解调求反问题，再次引入了符号不定的困难，且估计的相位以 π 为模。然而，由于应用了 Creath[61,84]、Schreiber 和

Bruning[83]提出的将相位分配至单位圆正确象限的方法，分解公式[方程(3.38)和方程(3.39)]得到以 2π 为模的估计相位 $\hat{\varphi}(x,y)$。另外，从图 3.10(b)和(c)清楚地发现，该两种方法的结果含有的噪声较少。

图 3.10(b)对应于原 Carré 算法[方程(3.38)]分解公式得到的解调结果。可见，即便输入数据白色高斯噪声的数量较少，但还是对估计相位的质量产生了很大的影响。这是因为此时只有 4 个值(取不同相位增量条纹图中同一像素的数据)用于估计局部 $\hat{\omega}_0(x,y)$，因此，估计结果易受噪声影响。而可调相移算法部分没有失调误差可靠性，直接将该含有噪声的相位增量值用于对应像素的相位估计，从而在相位上观测到了颗粒点噪声。

122 最后，图 3.10(c)给出了提出的平均方法的结果，它采用了所有可用的数据估计平均相位增量 $\bar{\omega}_0$。然后将该可靠的估计值用于可调相移算法(整个像平面使用一个相位增量)，从而得到了正确的以 2π 为模的估计相位 $\hat{\varphi}(x,y)$，从图 3.10(c)中可以看出，它没有颗粒点噪声。

下面说明在正确的载频范围内保持元频率响应 $G(\omega_0)\geqslant 1$ 的重要性。此时仍采用图3.9的相移干涉图。然而为了易于观察，此时将白色高斯噪声的方差设计为 $\sigma^2=\pi/2$，且其在整个仿真过程中保持不变。由于元频率响应与 ω_0 有关，所以本次仿真中产生了相位增量不同的 6 套四帧相移条纹图，其相位增量依次为：$\omega_0=\{0.314, 0.602, 0.803, 1.571, 2.146, 2.816\}$。针对以上数值，用 Carré 算法计算的元频率响应分别为：$G(\omega_0)\approx\{0.04, 0.41, 1.07, 4.00, 2.00, 0.04\}$。在上面条件下，应用于分解的 Carré 算法(结合提出的平均方法)，得到的结果见图 3.11。

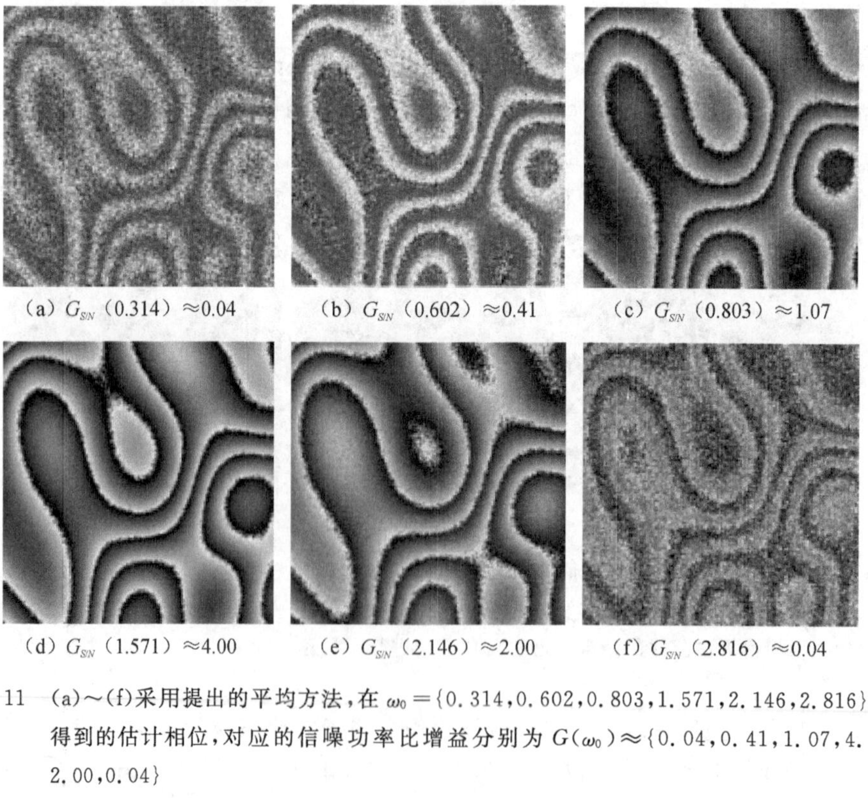

(a) $G_{S/N}$ (0.314) ≈0.04　(b) $G_{S/N}$ (0.602) ≈0.41　(c) $G_{S/N}$ (0.803) ≈1.07

(d) $G_{S/N}$ (1.571) ≈4.00　(e) $G_{S/N}$ (2.146) ≈2.00　(f) $G_{S/N}$ (2.816) ≈0.04

图 3.11　(a)～(f)采用提出的平均方法，在 $\omega_0=\{0.314, 0.602, 0.803, 1.571, 2.146, 2.816\}$时，得到的估计相位，对应的信噪功率比增益分别为 $G(\omega_0)\approx\{0.04, 0.41, 1.07, 4.00, 2.00, 0.04\}$

从图中可见，即使在极端的噪声下，若 $G(\omega_0)\geqslant 1$ 时，也可以正确地估计调制相位 $\varphi(x,y)$。与之相比，若 $G(\omega_0)<1$ 时，解调相位估计值对出现的噪声非常敏感，其与理论预测一致。

3.4 其他自调相移算法的谱分析

上一节证明了应用频率传递函数理论实现采样频谱分析四步可调 Carré 算法[81]的方法。其过程采用了分解的公式(线性相移算法结合非线性相位增量估计算子)。本节将直接使用这些方法评价和设计需要的自调相移算法，而这些方法比 Carré 算法更有效。 123

3.4.1 失调误差可靠的自调四步相移算法

在方程(3.21)中，Carré 算法[81]的线性部分在频域可采用下面频率传递函数进行描述：

$$H_{\text{Carré}}(\omega) = (1-e^{i\omega})(1-e^{i(\omega+\omega_0)})(1-e^{i(\omega+\pi)}) \tag{3.40}$$

在该频率传递函数中，三个谱零点分别位于 $\omega=\{0,-\omega_0,\pi\}$ 处，其意味着 Carré 算法没有失调误差可靠性(因为其在 $\omega=-\omega_0$ 处只有一阶谱零点)。同时前面也证明了采用下面平均公式[方程(3.35)]能够更可靠地(抑制加性噪声)估计相位增量：

$$\bar{\omega}_0 = 2\arctan\sqrt{\frac{3(\bar{I}_1-\bar{I}_2)-\bar{I}_0+\bar{I}_3}{\bar{I}_0+\bar{I}_1-\bar{I}_2-\bar{I}_3}},\bar{I}_n = \frac{1}{(\# P)}\sum_{(x,y)\in P} I(x,y) \tag{3.41}$$

其中，若为有效干涉数据时，$P(x,y)=1$，而其他时，则 $P(x,y)=0$，$(\# P)$为 $P(x,y)=1$ 的像素数目。尽管该平均方法可以补偿输入数据中的噪声，但是一般情况下，估计的 $\bar{\omega}_0$ 与实际的 ω_0 仍存在着差异。对此更有效的方法是，在使用方程(3.41)估计相位增量的同时，并结合下面频率传递函数： 124

$$\begin{aligned} H_4(\omega) &= (1-e^{i\omega})(1-e^{i(\omega+\omega_0)})^2 \\ &= 1-(1+e^{i\omega_0})e^{i\omega}+(2e^{i\omega_0}+e^{i2\omega_0})e^{i2\omega}-e^{i2\omega_0}e^{i3\omega_0} \end{aligned} \tag{3.42}$$

由于上式在 $\omega=-\omega_0$ 处有二阶谱零点，所以该频率传递函数对于 $\omega_0\in(0,\pi)$上的每一个相位增量具有失调误差可靠性。该性能是由设计保证的。对式(3.42)频率传递函数直接进行反傅里叶变换，可得

$$h_4(t) = \delta(t)-(1+e^{i\omega_0})\delta(t-1)+(2e^{i\omega_0}+2e^{i2\omega_0})\delta(t-2)-e^{i2\omega_0}\delta(t-3) \tag{3.43}$$

结合方程(3.41)，可得下面具有失调误差可靠的自调相移算法：

$$\bar{\omega}_0 = 2\arctan\sqrt{\frac{3(\bar{I}_1-\bar{I}_2)-\bar{I}_0+\bar{I}_3}{\bar{I}_0+\bar{I}_1-\bar{I}_2-\bar{I}_3}},\bar{I}_n = \frac{1}{(\# P)}\sum_{(x,y)\in P} I(x,y)$$

$$A_0\exp[i\hat{\varphi}(x,y)] = I_0-(1+e^{i\bar{\omega}_0})I_1+(2e^{i\bar{\omega}_0}+2e^{i2\bar{\omega}_0})I_2-e^{i2\bar{\omega}_0}I_3 \tag{3.44}$$

该自调相移算法的信噪功率比增益或元频率响应为

$$G_{S/N}(\omega_0) = \frac{|1-e^{i\omega_0}|^2\,|1-e^{i2\omega_0}|^4}{\frac{1}{2\pi}\int_{-\pi}^{\pi}|1-e^{i\omega}|^2\,|1-e^{i(\omega+\omega_0)}|^4 d\omega},\omega_0\in(0,\pi) \tag{3.45}$$

$H_{\text{Carré}}(\omega)$与 $H_4(\omega)$的区别在于：前面的算法在 $\omega=-\omega_0$ 处只有一阶零点，从而使得其方法对失调误差(当相位增量估计与实验值不同时)敏感。与之相比，$H_4(\omega)$在 $\omega=-\omega_0$ 处有两个零点，从而使得该可调相移算法可补偿由于相位增量估计值产生的误差。该失调误差

可靠的自调相移算法的谱图分别见图 3.12、图 3.13，这是本书的一个创新之处。

(125)

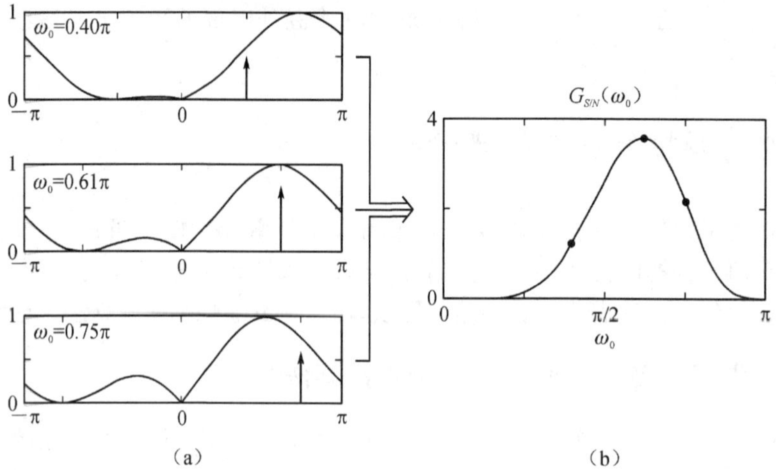

图 3.12 (a)提出的失调误差可靠的自调四步相移算法，在 $\omega_0=\{0.4\pi, 0.61\pi, 0.75\pi\}$ 时的频率传递函数；(b)由该类频率传递函数的连续曲线获得的元频率响应 $G_{S/N}(\omega_0)$[方程(3.45)]。从图形的观点讲，元频率响应上的每一点对应了频率传递函数上垂直箭头代表的量与其曲线包围的面积之比[(b)中的黑点对应于(a)中的三个频率传递函数]

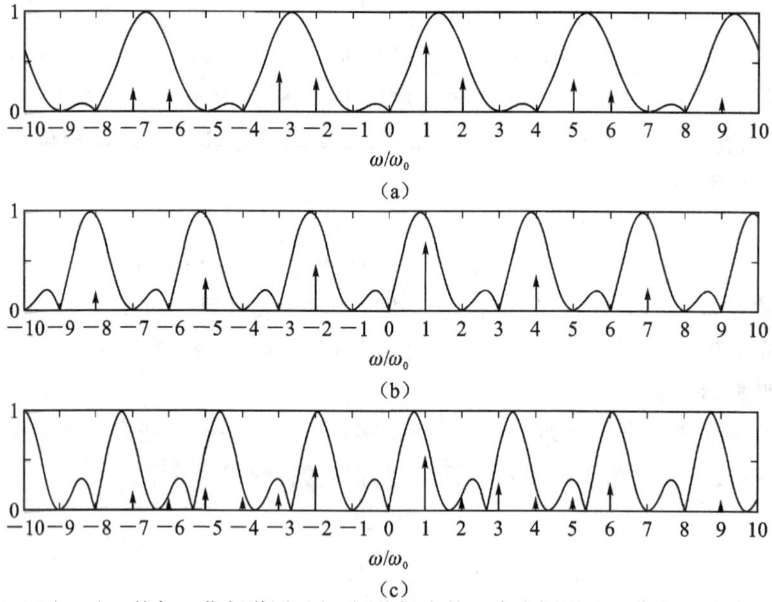

图 3.13 $|H(\omega)|-\omega/\omega_0$ 的归一化频谱图，用于评价提出的四步失调误差可靠的相移算法的谐波抑制能力；(a) $\omega_0=\pi/2$；(b) $\omega_0=2\pi/3$；(c) $\omega_0=3\pi/4$

从图 3.13 可见，提出的自调相移算法对 $\omega_0\in(0,\pi)$ 上任一的相位增量具有失调误差可靠性，其由设计保证。同样可见，在 $\omega_0\approx110°$ 处，元频率响应 $G(\omega_0)$ 达到了最大值，其与 Carré 算法相位增量估计算子具有最优信噪比时的响应一致(见图 3.7)。

最后，由于 $H_4(\omega)$ 的设计是为了提高失调误差可靠性，有经验的读者会认为，其设计可能
126 损失了谐波抑制能力。为了对此评价，图 3.13 给出了三个不同时域载频的归一化频率响应。

从图可见，一般地，提出的四步相移算法不能抑制二阶歪曲谐波，但在 $\omega_0=2\pi/3$ 处例外，此时其谐波抑制能力与 Bruning 等[6]提出的三步最小二乘相移算法相同。这是因为设计时采用了额外的谱零点，优化了频率传递函数抑制失调误差的能力，而不是用于抑制谐波歪曲(对此，根据经验可知，至少需要四个谱零点或五个相位增量)。

3.4.2　Stoilov-Dragostinov 自调五步相移算法

下面分析 Stoilov-Dragostinov[82]提出的自调五步相移算法，其表述为

$$\sin[\hat{\omega}_0(x,y)]=\sqrt{1-\left[\frac{I_0-I_4}{2(I_1-I_3)}\right]^2}$$

$$\tan[\hat{\varphi}(x,y)]=\sin[\hat{\omega}_0(x,y)]\,\frac{2(I_1-I_3)}{2I_2-I_0-I_4}\tag{3.46}$$

根据方程(3.46)，熟悉的读者可以清楚地发现，该自调算法实际上由 Hariharan 等[44]提出的线性自调五步相移算法结合非线性相位增量估计算子构成(其与余弦函数有关而不是正弦函数)，因为

$$\cos^2[\hat{\omega}_0(x,y)]=\frac{I_0-I_4}{2(I_1-I_3)},\ \sin(\hat{\omega}_0)=\sqrt{1-\cos^2(\hat{\omega}_0)}\tag{3.47}$$

继续按照前面章节讨论的方法，可得可靠的(抑制加性噪声)相位增量平均估计算子为

$$\bar{\omega}_0=\arccos\sqrt{\frac{\bar{I}_0-\bar{I}_4}{2(\bar{I}_1-\bar{I}_3)}},\ \bar{I}_n=\frac{1}{(\# P)}\sum_{(x,y)\in P}I(x,y)\tag{3.48}$$

其中，若为有效干涉数据时，$P(x,y)=1$，而其他则 $P(x,y)=0$，$(\# P)$为 $P(x,y)=1$ 的像素数目。然而，从经验上看，该相位增量估计公式不如 Carré 算法[81]可靠(即便进行了平均处理)。其可能因为在 Carré 算法中，相位增量的分子、分母中，使用的数据取自四帧相移干涉图，而在上式中仅使用了两帧。因此，推荐在所有场合中使用 Carré 算法[方程(3.35)]的相位增量算子取代方程(3.48)。

如果使用本书提出的方法进行相位增量估计，读者应该清楚，自调算法几乎所有的谱行
为只与线性可调部分有关，具体地讲，在本节该自调相移算法即为 Hariharan 等[44]提出的五 127
步相移算法。可调五步算法的频率传递函数和元频率响应应为

$$H(\omega)=(1-e^{i\omega})(1-e^{i(\omega+\omega_0)})(1-e^{i(\omega+\pi-\omega_0)})(1-e^{i(\omega+\pi)})\tag{3.49}$$

$$G(\omega_0)=\frac{4\left|1-e^{i2\omega_0}\right|^2\left|1-e^{i4\omega_0}\right|^2}{\dfrac{1}{2\pi}\displaystyle\int_{-\pi}^{\pi}\left|(1-e^{i2\omega})(1-e^{i(\omega+\omega_0)})(1-e^{i(\omega-\omega_0)})\right|^2\mathrm{d}\omega}\tag{3.50}$$

这里 $\omega_0\in(0,\pi)$。从 $H(\omega)$中可见，该频率传递函数仅含有一阶零点，位于 $\omega=\{0,-\omega_0,-\pi+\omega_0,\pi\}$处。然而，应该指出的是，该频率传递函数仅在 $\omega_0=\pi/2$ 时两个可调零点重合，形成了二阶零点，因此，此时对失调误差可靠。具体如图 3.14 所示，其中元频率响应由方程(3.50)得到。

由图 3.15 可见，与 Carré 算法相比，该自调五步相移算法在谐波抑制能力方面同样比较差，而该结果与额外的零点无关。

另外还发现，一般 Stoilov-Dragostinov[82]自调五步相移算法不能抑制二阶及以上的歪曲谐波。但当 $\omega_0=\pi/2$ 时，其情况是一个特例(此时性能最好)，在谐波抑制能力方面与 Bruning 等[6]提出的四步最小二乘相移算法相同。

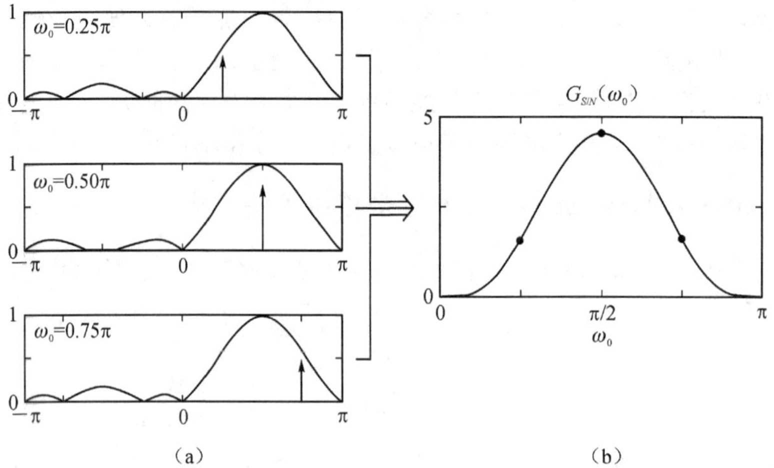

图 3.14 (a) Stoilov-Dragostinov[82]自调五步相移算法线性部分在 $\omega_0=\{2\pi/5,2\pi/4,2\pi/3\}$处的三个频率传递函数。(b)由该类频率传递函数的连续曲线获得的元频率响应 $G_{S/N}(\omega_0)$。曲线中的黑点分别对应于(a)中的三个频率传递函数

128

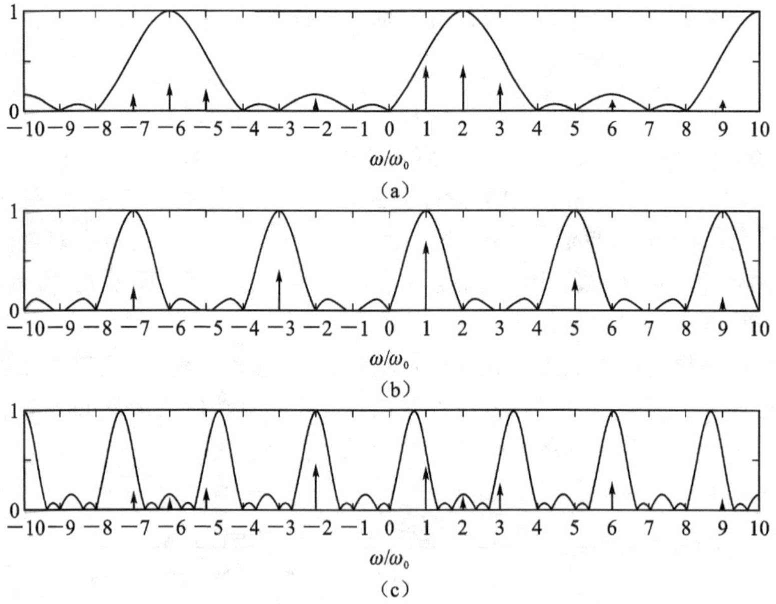

图 3.15 评价 Stoilov-Dragostinov[82]提出的五步自调 PSA 谐波抑制能力的归一化频率传递函数：(a)$\omega_0=\pi/4$；(b) $\omega_0=2\pi/3$；(c)$\omega_0=3\pi/4$

3.4.3 失调误差可靠的五步自调相移算法

本节设计和评价在区间 $\omega_0\in(0,\pi)$上失调可靠的五步自调相移算法。其为本书的创新，也是针对 Stoilov-Dragostinov 相移算法分析后，进一步改进的结果。同前，首先设计需要的谱响应为

$$H(\omega)=(1-e^{i\omega})(1-e^{i(\omega+\omega_0)})^2(1-e^{i(\omega+\pi)}) \tag{3.51}$$

显然，该频率传递函数在 $\omega_0=\{0,\pi\}$ 处，有两个固定的一阶零点，在 $\omega=-\omega_0$ 处有一个可调二阶谱零点(光滑作用)，因此该算法可抑制失调误差。展开上面二项式相乘的形式，并变换到时域，可得

$$h(t)=1-2e^{i\omega_0}e^{i\omega}-(1-e^{i\omega_0})e^{i2\omega}+2e^{i\omega_0}e^{i3\omega}-e^{i\omega_0}e^{i4\omega} \tag{3.52}$$

因此，可得失调误差可靠的五步自调相移算法为

$$A_0\exp[i\hat{\varphi}(x,y)]=I_0-2e^{i\bar{\omega}_0}I_1-(1-e^{i\bar{\omega}_0})I_2+2e^{i\bar{\omega}_0}I_3-e^{i\bar{\omega}_0}I_4$$

$$\bar{\omega}_0=2\arctan\sqrt{\frac{3(\bar{I}_1-\bar{I}_2)-\bar{I}_0+\bar{I}_3}{\bar{I}_0+\bar{I}_1-\bar{I}_2-\bar{I}_3}},\bar{I}_n=\frac{1}{(\# P)}\sum_{(x,y)\in P}I(x,y) \tag{3.53}$$

如前，$P(x,y)$ 为二值光瞳，限定了有效干涉数据的区域，$(\# P)$ 为 $P(x,y)=1$ 时的像素数 129
目。须注意，对该自调相移算法，上面使用了本书提出的 Carré 算法[81]平均相位增量估计算子。由于空域平均的作用，此时本书认为在相位增量估计时没有必要使用第五帧干涉图的数据。根据方程(3.51)，并将 $H(\omega)$ 代入元频率响应公式，通过代数运算可得

$$G_{S/N}(\omega_0)=\frac{|1-e^{i2\omega_0}|^2\,|1-e^{i2\omega_0}|^4}{\frac{1}{2\pi}\int_{-\pi}^{\pi}|1-e^{2i\omega}|^2\,|1-e^{i(\omega+\omega_0)}|^4\,d\omega} \tag{3.54}$$

图 3.16 和图 3.17 分别给出了该自调五步失调误差可靠相移算法的相关图形。

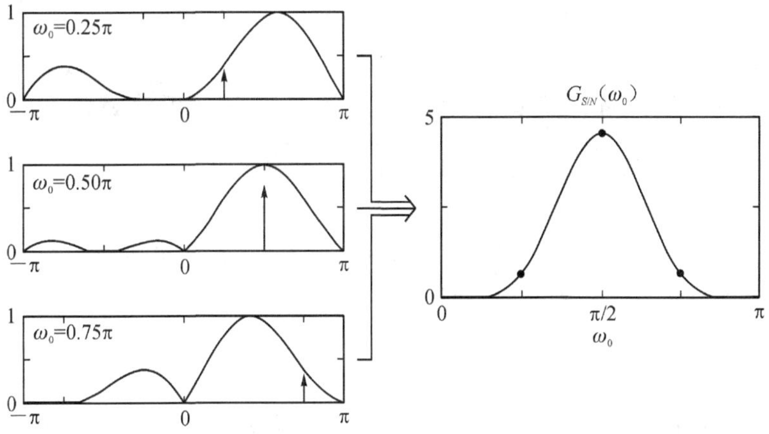

(a)　　(b)

图 3.16　(a)失调可靠五步自调相移算法在 $\omega_0=\{\pi/4,\pi/2,3\pi/4\}$ 处的三个频率传递函数；(b)由该类频率传递函数曲线得到的元频率响应 $G_{S/N}(\omega_0)$[黑点对应于(a)中的三个频率传递函数]

在图 3.17 中可见，信噪功率比增益 $G_{S/N}(\omega_0)$ 的峰值发生在 $\omega_0=\pi/2$ 处。同时指出，在区间 $\omega_0\in(\pi/4,3\pi/4)$ 以外，信噪功率比明显下降。从图 3.17 清楚可见，该自调相移算法在谐波抑制能力方面，与 Carré 算法同样较差，该结果是因为增加的零点，只能提高失调误差的可靠性，具体过程如图 3.17 所示。

再者，提出的失调可靠五步相移算法一般不能抑制二阶及以上的歪曲谐波。但存在着 $\omega_0=\pi/2$ 的特例(最优的 ω_0)，此处，其谐波抑制能力与 Bruning 等[6]提出的四步最小二乘相移算法相当。

130

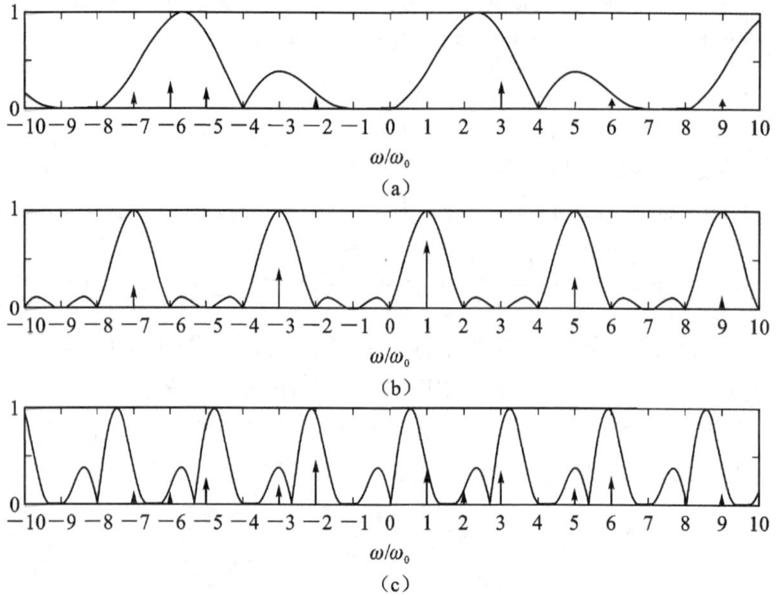

图 3.17　$|H(\omega)|$-ω/ω_0 的归一化频谱图，用于评价提出的五步自调相移算法的谐波抑制能力：(a)$\omega_0=\pi/4$；(b)$\omega_0=\pi/2$；(c)$\omega_0=3\pi/4$

3.4.4　在原点和调频处具有两个零点的五步自调相移算法

另一种五步自调相移算法有用的频率传递函数可表述为

$$H(\omega)=(1-e^{i\omega})^2\ (1-e^{i(\omega+\omega_0)})^2 \tag{3.55}$$

其在 $\omega=0$ 和谐振频率 $\omega=-\omega_0$ 处具有二阶谱零点。此时，在使用强度不稳定的激光光源场合(如二极管激光)，该算法特别有用。同前，根据上面的方程易得

$$A_0\exp[i\hat{\varphi}(x,y)]=I_0-2(1+e^{i\varpi_0})I_1+(1+4e^{i\varpi_0})I_2-2(e^{i\varpi_0}+e^{i2\varpi_0})I_3+e^{i2\varpi_0}I_4 \tag{3.56}$$

同样，这里建议使用平均 Carré 公式[81]估计相位增量：

$$\bar{\omega}_0=2\arctan\sqrt{\frac{3(\bar{I}_1-\bar{I}_2)-\bar{I}_0+\bar{I}_3}{\bar{I}_0+\bar{I}_1-\bar{I}_2-\bar{I}_3)}},\bar{I}_n=\frac{1}{(\# P)}\sum_{(x,y)\in P}I(x,y) \tag{3.57}$$

式中：$P(x,y)$为二值光瞳，用于约束有效干涉数据的区域；$(\# P)$为 $P(x,y)=1$ 时的像素数
131 目。将方程(3.55)代入元频率响应公式，有

$$G_{S/N}(\omega_0)=\frac{|H(\omega_0)|^2}{\frac{1}{2\pi}\int_{-\pi}^{\pi}|H(\omega;\omega_0)|^2\mathrm{d}\omega}=\frac{|1-e^{i\omega_0}|^2\ |1-e^{i2\omega_0}|^4}{\frac{1}{2\pi}\int_{-\pi}^{\pi}|1-e^{i\omega}|^2\ |1-e^{i(\omega+\omega_0)}|^4\mathrm{d}\omega} \tag{3.58}$$

评价该五步自调相移算法相应谱行为的图形分别见图 3.18、图 3.19。

从图 3.19 可见，该自调相移算法在区间 $\omega_0\in(80°,155°)$上，$G_{S/N}(\omega_0)\geqslant 1$，在 $\omega_0=2\pi/3$ 时，信噪功率比增益近似地达到了最大值。关于其谐波抑制能力，有经验的读者易知，由于额外的谱零点用于抑制失调误差和(或)光源强度不稳定的影响，从而造成该性能较差，见图 3.19。

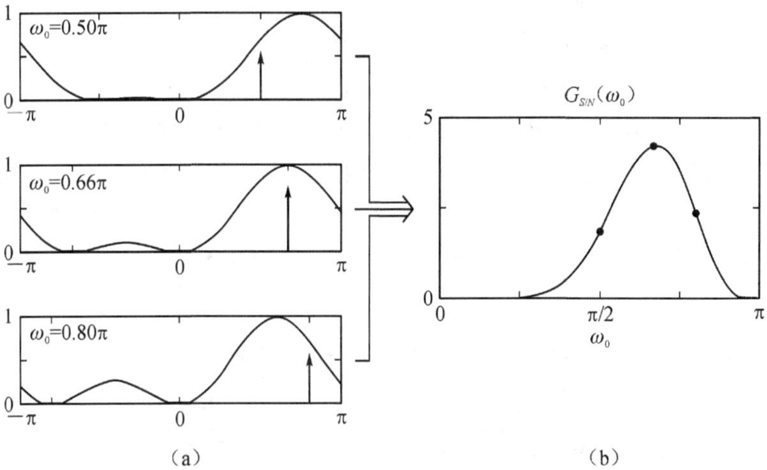

图 3.18　(a)提出的五步自调相移算法在 $\omega_0=\{\pi/2,2\pi/3,4\pi/5\}$ 时的三个频率传递函数；(b)其由本类频率传递函数连续曲线获得的元频率响应 $G_{S/N}(\omega_0)$，[黑点对应于(a)中的三个频率传递函数]

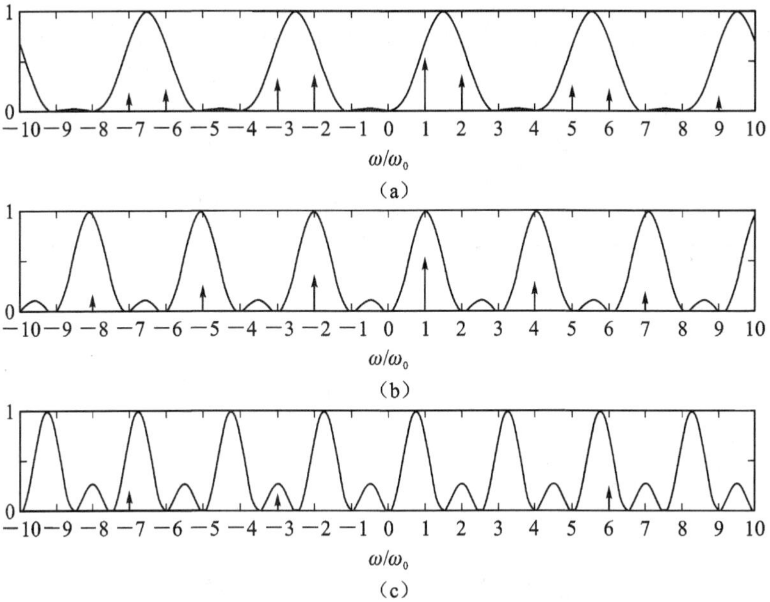

图 3.19　$|H(\omega)|-\omega/\omega_0$ 的归一化频谱图，用于评价提出的五步自调相移算法的谐波抑制能力：(a) $\omega_0=\pi/2$；(b) $\omega_0=2\pi/3$；(c) $\omega_0=4\pi/5$

从图 3.19 亦可见，提出的五步自调相移算法一般具有对失调误差和(或)激光光源强度不稳定的鲁棒性，但是无法抑制二阶失真谐波的影响，即便在使用最优的载频下($\omega_0=2\pi/3$ 时)，其谐波抑制能力仅与 Bruning 等[6]提出的三步最小二乘相移算法类似。

3.4.5　具有三个可调零点的五步自调相移算法

下面给出另一种使用五个相位增量时，由四个谱零点构成频率传递函数的结构。从中

132 可知，相比前面已分析的自调相移算法，该结构的独特性在于，具有更宽的元频率响应。

考虑下面的频率传递函数，其仅由一阶谱零点组成：

$$H(\omega)=(1-e^{i\omega})(1-e^{i(\omega+\omega_0)})(1-e^{i(\omega-2\omega_0)})(1-e^{i(\omega-3\omega_0)}) \tag{3.59}$$

可见，上式在 $\omega=\{0,-\omega_0\}$ 处其具有基本的谱零点，满足正交条件，而另外的两个零点在 $\omega=\{2\omega_0,3\omega_0\}$ 处。继续前面的方法，可容易地得到相应的自调相移算法（需满足 $\omega_0\in(0,\pi)$）：

$$\begin{aligned}A_0\exp[i\hat{\varphi}(x,y)]=&e^{i5\varpi_0}I_0-(e^{i2\varpi_0}+e^{i3\varpi_0}+e^{i5\varpi_0}+e^{i6\varpi_0})I_1\\&+(1+e^{i2\varpi_0}+e^{i3\varpi_0}+e^{i4\varpi_0}+e^{i6\varpi_0})I_2\\&-(1+e^{i\varpi_0}+e^{i3\varpi_0}+e^{i4\varpi_0})I_3+e^{i\varpi_0}I_4\end{aligned} \tag{3.60}$$

同前，使用提出的平均 Carré 公式[81]，可估计相位增量为

$$\bar{\omega}_0=2\arctan\sqrt{\frac{3(\bar{I}_1-\bar{I}_2)-\bar{I}_0+\bar{I}_3}{\bar{I}_0+\bar{I}_1-\bar{I}_2-\bar{I}_3)}},\ \bar{I}_n=\frac{1}{(\#P)}\sum_{(x,y)\in P}I(x,y) \tag{3.61}$$

133 式中：$P(x,y)$ 为二值光瞳，其约束了具有有效干涉数据的区域；$(\#P)$ 为 $P(x,y)=1$ 时的像素数目。将方程（3.59）代入元频率响应公式，进行代数化简后，可得下面的公式：

$$G_{S/N}(\omega_0)=\frac{2\pi\left|1-e^{i\omega_0}\right|^4\left|1-e^{i2\omega_0}\right|^4}{\int_{-\pi}^{\pi}\left|(1-e^{i\omega})(1-e^{i(\omega+\omega_0)})(1-e^{i(\omega-2\omega_0)})(1-e^{i(\omega-3\omega_0)})\right|^2 d\omega} \tag{3.62}$$

评价该自调五步相移算法相应的谱图分别见图 3.20、图 3.21。

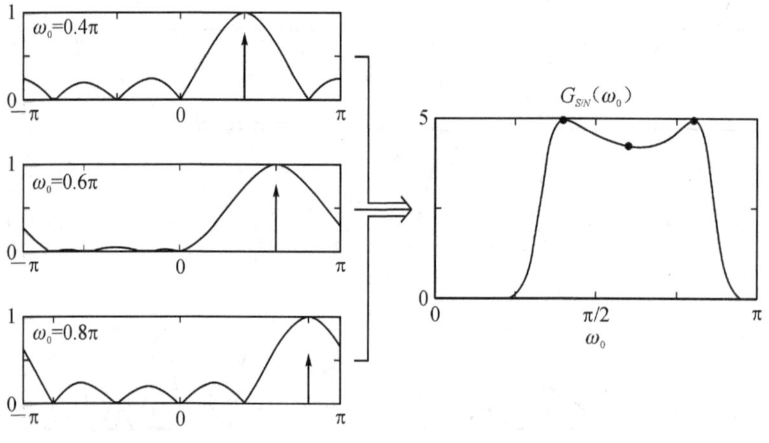

（a）　　　　　　（b）

图 3.20　(a)提出的相移算法在 $\omega_0=\{0.4\pi,0.6\pi,0.8\pi\}$ 处的三个频率传递函数；(b)由该类频率传递函数曲线得到的元频率响应 $G_{S/N}(\omega_0)$[黑点对应于(a)中的三个频率传递函数]

从图 3.21 可见，该自调五步相移算法的元频率响应近似地在 $\omega_0\in(50°,160°)$ 上保持了很好的信噪功率比特性，而在该区间外，信噪功率比突然下降。同样指出，$G_{S/N}(\omega_0)$ 在 $\omega_0=\{2\pi/5,4\pi/5\}$ 两处分别达到最大值 5.0，其表明该相移算法抑制加性噪声的带宽较大。

从图 3.21 亦可见，一般该相移算法不能抑制二阶歪曲谐波，而在最优的时域载频处（$\omega_0=\{0.4\pi,0.8\pi\}$），其谐波抑制能力与 Bruning 等[6]提出的五步最小二乘相移算法类似。

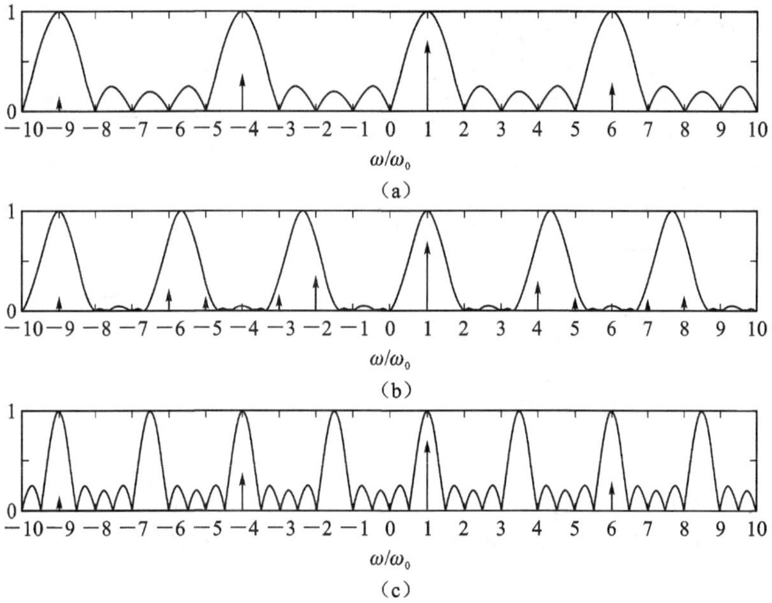

图 3.21　$|H(\omega)|$-ω/ω_0 的归一化频谱图，用于评价提出的相移算法的谐波抑制能力：(a)$\omega_0=0.4\pi$；(b)$\omega_0=0.6\pi$；(c)$\omega_0=0.8\pi$

3.4.6　具有二阶谐波抑制能力的自调五步相移算法

最后，本节介绍一种可抑制二阶歪曲谐波的自调五步相移算法。具体地讲，由前面的例子可知，本书介绍的可调相移算法虽然可以抑制二阶歪曲谐波的两个分量，但其只是在一些 134
特定的情况下具有该性能，而不是在连续范围情况下。

首先，给出具有四个一阶谱零点的频率传递函数表达式：

$$H(\omega)=(1-e^{i\omega})(1-e^{i(\omega+\omega_0)})(1-e^{i(\omega+2\omega_0)})(1-e^{i(\omega-2\omega_0)}) \tag{3.63}$$

显然，前两个二项式之积使该频率传递函数在 $\omega=\{0,-\omega_0\}$ 处，满足正交条件，而后两个零点配置在 $\omega=\pm2\omega_0$ 处($\omega_0\in(0,\pi)$)。然而，从谱图(图 3.22)上可见，必须特别注意频率传递函数以 2π 为周期的特点。同前，可得下面可调相移算法：

$$\begin{aligned}A_0\exp[i\hat{\varphi}(x,y)]=\ &I_0-[1+e^{i\bar{\omega}_0}+2\cos(2\bar{\omega}_0)]I_1\\&+[1+e^{i\bar{\omega}_0}][1+2\cos(2\bar{\omega}_0)]I_2\\&-\{1+e^{i\bar{\omega}_0}[1+2\cos(2\bar{\omega}_0)]\}I_3+e^{i\bar{\omega}_0}I_4\end{aligned} \tag{3.64}$$

同样，估计值 $\bar{\omega}_0$ 可采用前面 Carré 公式[81]的平均方法获得：

$$\bar{\omega}_0=2\arctan\sqrt{\frac{3(\bar{I}_1-\bar{I}_2)-\bar{I}_0+\bar{I}_3}{\bar{I}_0+\bar{I}_1-\bar{I}_2-\bar{I}_3}},\ \bar{I}_n=\frac{1}{(\#P)}\sum_{(x,y)\in P}I(x,y) \tag{3.65}$$

这里，对有效干涉数据 $P(x,y)=1$，否则 $P(x,y)=0$，$(\#P)$表示 $P(x,y)=1$ 时的像素数目。 135
将公式(3.63)代入元频率响应公式，并对其进行简化：

$$G_{S/N}(\omega_0)=\frac{2\pi\left|1-e^{i\omega_0}\right|^4\left|1-e^{i2\omega_0}\right|^2\left|1-e^{i3\omega_0}\right|^2}{\int_{-\pi}^{\pi}\left|(1-e^{i\omega})(1-e^{i(\omega+\omega_0)})(1-e^{i(\omega+2\omega_0)})(1-e^{i(\omega-2\omega_0)})\right|^2d\omega} \tag{3.66}$$

其在 $\omega_0\in(0,\pi)$上的连续曲线如图 3.22 所示。

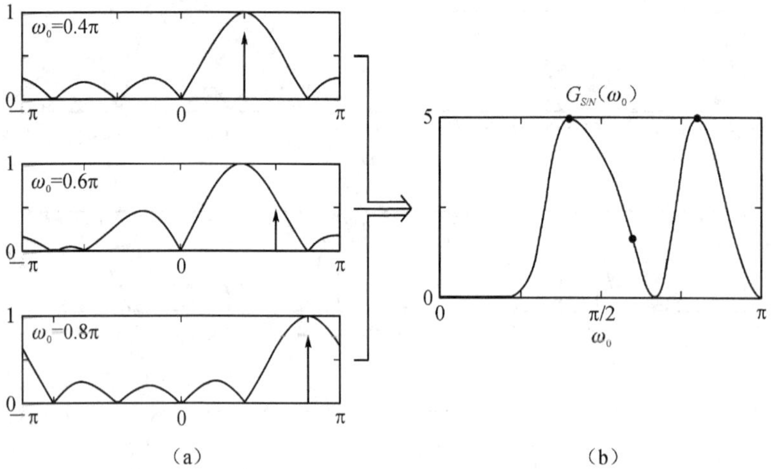

图 3.22 (a)提出的相移算法在 $\omega_0=\{0.4\pi, 0.6\pi, 0.8\pi\}$ 处的三个频率传递函数;(b)由该类频率传递函数曲线得到的元频率响应 $G_{S/N}(\omega_0)$[黑点对应于(a)中的三个频率传递函数]

从原理上讲,该自调相移算法的设计,保证了在区间$(0,\pi)$上的每一个 ω_0 至少抑制的歪曲谐波可达到二阶。遗憾的是,当 $\omega_0=2\pi/3$ 时,由于$\{\omega_0, \pm 2\omega_0\}$交叠,其元频率响应在该相位增量附近处降为零。其过程可清楚地在图中发现。

图 3.23 采用三个归一化频谱评价了该算法的谐波抑制能力。同前,垂直箭头代表了解析信号 $b_n\exp[in\varphi(x,y)]H(n\omega_0)\delta(\omega-n\omega_0)$。显然,在 $\omega/\omega_0=1$ 处的垂直箭头为需要的谱结果。

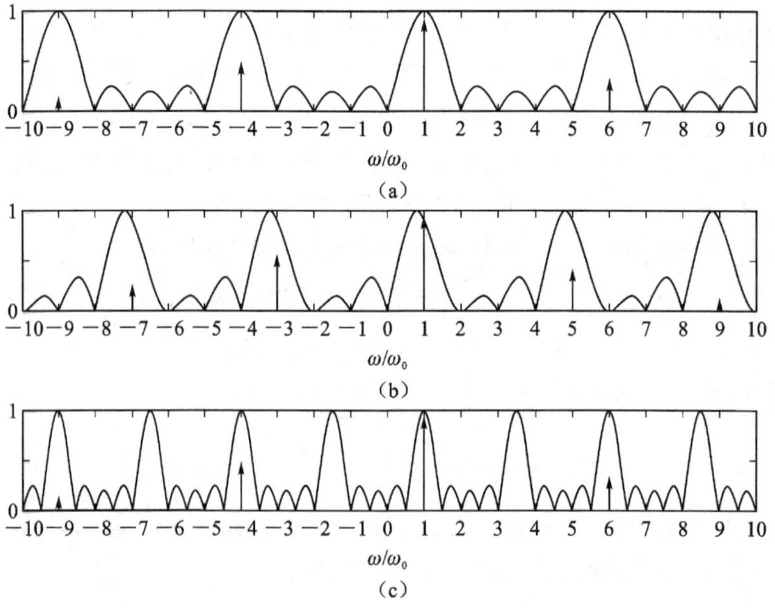

图 3.23 $|H(\omega)|$-ω/ω_0 的归一化频谱图,用于评价提出的相移算法的谐波抑制能力:(a)$\omega_0=0.4\pi$;(b)$\omega_0=0.6\pi$;(c)$\omega_0=0.8\pi$

对图 3.22 和图 3.23 进行分析可知,通过合理的设计,提出的自调相移算法歪曲谱波抑制能力至少可以达到二阶。但是遗憾的是,该可调五步相移算法在区间 $\omega_0 \in [(50°,110°) \cup (125°,170°)]$上(此时,$G_{S/N}(\omega_0) \geqslant 1$)存在着不连续的动态范围。应清楚,尽管在该区间范围以外,该算法仍可用,但此时对加性噪声非常敏感(见图 3.11)。本书认为采用谱图描述相移算法的特性是非常重要的,因为在元频率响应变为零的范围内,此时无法从相移算法的频 136
率传递函数预测到任何信息。

3.5 自标定相移算法

上面讨论的异步技术,假定相邻采样帧间具有恒定但未知的局部时域载频,亦即对于 M 个连续采样帧的时域窗,其干涉图在时域上的变化可表述为:$I(t)=a+b\cos(\varphi+\omega_0 t)$,$t=1,\cdots,M$。该公式非常有效地描述了干涉图在时域的变化过程,其中相位是随时间单调变化的,并使用了较高的采样频率。例如在外差时域散斑干涉法中的应用[90-91],又如其应用在条纹投影法中,此时使用了高频的空间载波和高的空间采样频率[见图 4.5(a)]。

然而在使用采样帧数目较少(约 3~10)的相位测量干涉术场合,如果意图从一套含有未知且随机的相位增量的相移干涉图中恢复每一点的相位,此时则将产生另一种重要的解调问题。在该场合中,空时域干涉图可表述为 137

$$I(\boldsymbol{r},t)=a(\boldsymbol{r})+b(\boldsymbol{r})\cos[\varphi(\boldsymbol{r})+\delta(t)] \tag{3.67}$$

这里相移 $\delta(t)$是未知的。为了简化,假定背景和调制在时域不发生变化。此时,条纹解调的目的是为了从 M 帧干涉图 $I(\boldsymbol{r},t)$中,估计 M 个相移 $\delta(t)$及每一点的相位 $\varphi(\boldsymbol{r})$。本书将处理该问题的方法称为自标定技术。自标定技术可同时地、自适应地从测量干涉图中估计相移和相位。在自标定方法中,其首先估计相移,然后采用最小二乘方法获得相位。后面章节将介绍两种常用的自标定相移算法:迭代最小二乘算法(advanced iterative algorithm,AIA)[92]和主量分析方法(principal component analysis, PCA)[93]。这两种方法均可解调相移条纹图而无须预先已知相移,并对背景和调制的要求低,从而放松了相移器的使用要求。如,存在着不可控的机械振动时,迭代最小二乘法和主量分析法均可用于估计采集的随机相移条纹图的相位[94-95]。

3.5.1 迭代最小二乘法

如果相位增量 $\delta(t)$已知,方程(3.67)每一像素点表示的测量光强随参考相位呈正弦规律变化,其周期是已知的,且含有三个未知变量,分别为:背景、条纹调制度和参考相位。此时,使用最小二乘法迭代地计算相位,将测量强度拟合成正弦函数,可以很好地实现测量相位的估计[43,64]。

然而,如果 M 个相移均是未知时,此时,对于每一个像素有 $M+3$ 个未知量,却只有 M 个方程,因此,使用自标定方法无法解决相位解调问题。显然使用每个像素独立地求解相位是不可能的。然而,如果背景和条纹调制度是恒定的,或至少其为低通信号,此时利用空时域相关的思想可以实现相位增量的自标定,进而解调相位。

自相移干涉术产生以来,已发表了大量的自标定方法,有效地解决了相移误差和相移器标定的问题[96-99]。本节主要讨论迭代的方法,其为相移增量自标定问题纯粹在空域上提供了一种求解方案。而文献[99]中提出的关于每一时域帧的解调方法将在 5.6 节详细讨论。迭代方法利用时域相移干涉图的空间统计特性实现自标定要求。如果背景和条纹调制度恒定，对于一套 M 帧相移干涉图，设其具有 N 个像素，因此，总共有 NM 个方程和 $3N+M$ 个未知量(严
138 格地讲，当设置 $\delta(1)=0$ 时，有 $3N+M-1$ 个未知量)，这样为了建立超定方程组，须满足

$$NM > 3N + M \tag{3.68}$$

或者

$$M > 3\frac{N}{N-1} \tag{3.69}$$

一般图像的大小约为 $N\approx10^4$ 个像素，可得 $N\geqslant4$，此时其为最低帧数要求，这里隐含地假定 NM 个方程独立，且相邻像素在空间上是不相关的。很多迭代技术一般要求四帧图像，但是，除非相移间隔几乎是均匀的，且在测量时能够得到很好的初始估计值，否则，一般情况下需要较多帧的图像(约 10～15 帧)。迭代最小二乘法[92,100]是最先发表的、至少需要 3 帧干涉图的迭代相移技术。在该技术的基本思想中，其将自标定过程分为两步：相位估计和相移估计，然后迭代该过程直至收敛。文献[92]没有给出清楚的关于该迭代收敛性的证明，但除了一些无法控制的相移组合外，迭代最小二乘法通常总是收敛的。

迭代最小二乘法的第一步是计算各像素点的相位。在该步骤中，将每帧干涉图逐列地表示为向量：即将所有列变换成一列 $N\times1$ 的向量。此时，方程(3.67)表示的 M 帧相移干涉图，可重写为

$$f(n,t) = a(n,t) + b(n,t)\cos[\varphi(n) + \delta(t)] \tag{3.70}$$

这里，$n=1, \cdots, N$ 代表了每帧条纹图的像素数目，$t=1,\cdots,M$ 为相移干涉图的帧数。方程(3.70)假定背景和条纹调制度仅与像素位置有关，因此，方程(3.70)进一步可写为

$$f(n,t) = a(n) + c(n)\cos\delta(t) + s(n)\sin\delta(t) \tag{3.71}$$

这里

$$\begin{aligned} c(n) &= b(n)\cos\varphi(n) \\ s(n) &= -b(n)\sin\varphi(n) \end{aligned} \tag{3.72}$$

如果假定相移 $\delta(t)$ 已知，此时共有 $3N$ 个未知量和 NM 个方程，因此，对于每一个像素，上面过程转换为使用 $N\geqslant3$ 个方程求解下面最小化问题：

$$\begin{aligned} U(n) &= \sum_{t=1}^{M}[I(n,t) - f(n,t)]^2 \\ &= \sum_{t=1}^{M}[I(n,t) - a(n) + c(n)\cos\delta(t) + s(n)\sin\delta(t)]^2 \end{aligned} \tag{3.73}$$

139 $U(n)$ 在最小二乘意义上的解需满足

$$\partial U(n)/\partial a(n) = 0, \partial U(n)/\partial c(n) = 0, \partial U(n)/\partial s(n) = 0 \tag{3.74}$$

进而得

$$\boldsymbol{X}(n) = \boldsymbol{A}_1^{-1}\boldsymbol{B}(n) \tag{3.75}$$

这里 $\boldsymbol{X}(n)$ 和 $\boldsymbol{B}(n)$ 为 3×1 向量，对于每一个像素有

$$\boldsymbol{X}(n) = [a(n), c(n), s(n)]^{\mathrm{T}} \tag{3.76}$$

且

$$\boldsymbol{B}(n) = \Big[\sum_t I(n,t), \sum_t I(n,t)\cos\delta(t), \sum_t I(n,t)\sin\delta(t)\Big]^{\mathrm{T}} \tag{3.77}$$

而 $\boldsymbol{A}_1$ 与位置无关，为

$$\boldsymbol{A}_1=\begin{bmatrix} M & \sum_t \cos\delta(t) & \sum_t \sin\delta(t) \\ \sum_t \cos\delta(t) & \sum_t \cos^2\delta(t) & \sum_t \cos\delta(t)\sin\delta(t) \\ \sum_t \sin\delta(t) & \sum_t \cos\delta(t)\sin\delta(t) & \sum_t \sin^2\delta(t) \end{bmatrix} \tag{3.78}$$

当矩阵 $\boldsymbol{A}_1$ 至少含有三个不同的相移时，则其为非奇异阵（有逆阵），进而可逐点地求解 $\boldsymbol{X}(n)$。根据方程(3.75)，可得包裹相位为

$$\varphi(n)=\arctan\left[\frac{-s(n)}{c(n)}\right] \tag{3.79}$$

矩阵 $\boldsymbol{A}_1$ 每帧只需计算一次，因此该步骤处理时间等同于传统的最小二乘相移算法[43,64]。

若已完成估计包裹相位，迭代最小二乘法的第二步需要逐帧地计算相移。这里假设背景强度和调制振幅没有像素间的变化，则方程(3.70)可重写为

$$f(n,t)=a(t)+c(t)\cos\varphi(n)+s(t)\sin\varphi(n) \tag{3.80}$$

这里有

$$\begin{aligned} c(t)&=b(t)\cos\delta(t) \\ s(t)&=-b(t)\sin\delta(t) \end{aligned} \tag{3.81}$$

此时，若使用迭代最小二乘法第一步得到的相位 $\varphi(n)$，则有 $3M$ 个未知量和 NM 个方程，其可使用超定的最小二乘方法求解。对于每一帧，理想模型与实际测量的相移干涉图间的误差为

$$\begin{aligned} U(t)&=\sum_{n=1}^{N}\left[I(n,t)-f(n,t)\right]^2 \\ &=\sum_{n=1}^{N}\left[I(n,t)-a(t)+c(t)\cos\varphi(n)+s(t)\sin\varphi(n)\right]^2 \end{aligned} \tag{3.82}$$

则其最小二乘解应满足 140

$$\partial U(t)/\partial a(t)=0,\partial U(t)/\partial c(t)=0,\partial U(t)/\partial s(t)=0 \tag{3.83}$$

进而得

$$\boldsymbol{X}(t)=\boldsymbol{A}_2^{-1}\boldsymbol{B}(t) \tag{3.84}$$

这里 $\boldsymbol{X}(t)$和 $\boldsymbol{B}(t)$为 3×1 向量，对每一相移帧，有

$$\boldsymbol{X}(t)=\left[a(t),c(t),s(t)\right]^{\mathrm{T}} \tag{3.85}$$

及

$$\boldsymbol{B}(t)=\left[\sum_n I(n,t),\sum_n I(n,t)\cos\varphi(n),\sum_n I(n,t)\sin\varphi(n)\right]^{\mathrm{T}} \tag{3.86}$$

$\boldsymbol{A}_2$ 为 3×3 矩阵：

$$\boldsymbol{A}_2=\begin{bmatrix} N & \sum_n \cos\varphi(n) & \sum_n \sin\varphi(n) \\ \sum_n \cos\varphi(n) & \sum_n \cos^2\varphi(n) & \sum_n \cos\varphi(n)\sin\varphi(n) \\ \sum_n \sin\varphi(n) & \sum_n \cos\varphi(n)\sin\varphi(n) & \sum_n \sin^2\varphi(n) \end{bmatrix} \tag{3.87}$$

因此可得相移为

$$\delta(t) = \arctan\left[\frac{-s(t)}{c(t)}\right] \tag{3.88}$$

在迭代最小二乘法中，由方程(3.75)和方程(3.84)表示的两个步骤可进行迭代运算，直至相位增量收敛。若 $\delta^k(t)$ 为第 k 次迭代的相位增量，则收敛准则为

$$\left|\left[\delta^k(t) - \delta^k(1)\right] - \left[\delta^{k-1}(t) - \delta^{k-1}(1)\right]\right| < \varepsilon \tag{3.89}$$

这里 ε 为预定义的收敛精度，一般 $\varepsilon \approx 10^{-3} \sim 10^{-4}$。当满足收敛条件时，可由上一次计算的相移得到精确的相位。

最近，迭代最小二乘法的思想已被推广至补偿干涉图间相位倾斜误差的场合[101]，此时，相移与更多的空间参数有关[102-103]。

3.5.2　主量分析法

迭代最小二乘法算法存在着两个主要的缺点：对噪声敏感，另外，其收敛与相位增量的初始值有关。因此单独使用迭代最小二乘法算法时，最好的策略是：选择不同的初始值或相位增量，并检查不同的初始值下恢复相位的一致性。

本节介绍另一种自标定相移算法，可克服上述两个问题[93,104]。该方法即所谓的主量分析相移算法[105]。主量分析基于计算正交变换，该变换将一套相关的测量值转换成一套不相关的变量，并称该变量称为主量。主量分析变换也可按照变换主量的协方阵为一对角阵的
141 方式进行定义。对于干涉图解调而言，就是根据相移干涉图，在整个空间上计算相关关系。另一些作者也研究了空域相关的方法[106-109]。然而，主量分析理论已经进行了深入的研究，是一种快速的、易于使用的方法[如，几乎所有的编程语言都可实现奇异值分解(singular value decomposition, SVD)的方法]。

与迭代最小二乘算法相同，将一套相移干涉图表述为

$$I(\boldsymbol{r},t) = a(\boldsymbol{r}) + b(\boldsymbol{r})\cos[\varphi(\boldsymbol{r}) + \delta(t)] \tag{3.90}$$

这里 $n=1, \cdots, N$ 表示了每一帧图的所有像素，$t=1, \cdots, M$ 为相移帧数。在主量分析中，必须假定背景和调制度不随时间变化。如果已滤除直流分量，方程(3.90)可重写为

$$I_b(r,t) = c(t)\cos\varphi(\boldsymbol{r}) + s(t)\sin\varphi(\boldsymbol{r}) \tag{3.91}$$

同前，有

$$\begin{aligned} c(t) &= b\cos\delta(t) \\ s(t) &= -b\sin\delta(t) \end{aligned} \tag{3.92}$$

方程(3.91)表明，相移序列的每一时域帧，可以表示为 $\cos\varphi$ 和 $\sin\varphi$ 两个信号的线性组合，对一般干涉图而言，它是不相关的，因为

$$\sum_r \cos\varphi(\boldsymbol{r})\sin\varphi(\boldsymbol{r}) \approx 0 \tag{3.93}$$

从主量分析法的观点看，上面的分析表明，一套相移图可以张成秩为 2 的向量空间 $\mathbb{R}^N$。另一种解释为：两个主量 $\cos\varphi$ 和 $\sin\varphi$ 可以完整地描述整套相移干涉图。主量分析自标定相移算法的主要思想是：计算一套 N 帧相移干涉图的协方阵，然后寻找线性变换将其对角化。根据该线性变换，可获得含有全部方差信息的两个主量，进而由反正切函数得到相移。

在实际中，主量分析算法包含了三个步骤：首先，与迭代最小二乘法方法相同，将每一帧相移干涉图按列向量化(将所有列压栈成 $N\times1$ 的向量，N 为条纹图的像素数目)。每一时

间采样的向量化干涉图表述为

$$I(n,t) = a(n) + b(n)\cos[\varphi(n) + \delta(t)] \tag{3.94}$$

这里,$n=1, \cdots, N$ 为像素坐标;$t=1, \cdots, M$ 为相移帧数。根据向量化的干涉图,可将其按水平向上合并,构建 $M\times N$ 矩阵,对该列向量转置可得 142

$$\boldsymbol{X} = [I(n,1), \cdots, I(n,M)]^{\mathrm{T}} \tag{3.95}$$

因此,$\boldsymbol{X}$ 的每一列表示了向量化的干涉图。相移干涉图 $M\times N$ 的协方阵为

$$\boldsymbol{C}_X = (\boldsymbol{X} - \boldsymbol{m}_x)(\boldsymbol{X} - \boldsymbol{m}_x)^{\mathrm{T}} \tag{3.96}$$

这里 $\boldsymbol{m}_x$ 为与 $\boldsymbol{X}$ 大小相同的矩阵,其每列元素为 $\boldsymbol{X}$ 相应列的均值。因此,$\boldsymbol{m}_x$ 为每一点背景的估计值:

$$\boldsymbol{m}_x(n,1:M) = \sum_{t=1}^{M} I(n,t) \approx a(n) \tag{3.97}$$

因此上面减去 $\boldsymbol{m}_x$ 表示了滤除干涉图直流分量的过程。根据定义易知,协方阵元素与滤除直流分量后的各自干涉图的空间相关:

$$\boldsymbol{C}_X(i,j) = \sum_{r} b^2(\boldsymbol{r})\cos[\varphi(\boldsymbol{r}) + \delta(i)]\cos[\varphi(\boldsymbol{r}) + \delta(j)] \tag{3.98}$$

第二步,由于 $\boldsymbol{C}_X$ 为实对称阵,因此总是可通过线性变换将其对角化(如,使用奇异值分解技术),因此可得

$$\boldsymbol{C}_Y = \boldsymbol{A}\boldsymbol{C}_X\boldsymbol{A}^{\mathrm{T}} \tag{3.99}$$

这里 $\boldsymbol{A}$ 为正交矩阵,变换后的协方阵 $\boldsymbol{C}_Y$ 是对角阵。

最后一步为获得主量的过程:

$$\boldsymbol{Y} = \boldsymbol{A}(\boldsymbol{X} - \boldsymbol{m}_x) \tag{3.100}$$

$\boldsymbol{Y}$ 的每一行为主量。主量由均值为零($\boldsymbol{m}_Y$)的干涉图与对角协方矩阵变换而成。已证明[104],对理想的余弦信号[如方程(3.94)],由其前两个主量可得下面两正交信号:

$$\begin{aligned} \boldsymbol{Y}(1,n) &= b(n)\cos\varphi(n) \\ \boldsymbol{Y}(2,n) &= b(n)\sin\varphi(n) \end{aligned} \tag{3.101}$$

如果满足下面条件:

$$\sum_{t} \cos\delta(t)\sin\delta(t) \approx 0 \tag{3.102}$$

则每一像素的相位可由主量计算为

$$\varphi(n) = \arctan[-Y(2,n)/Y(1,n)] \tag{3.103}$$

主量分析法另一有意义的结果为:当协方阵 $\boldsymbol{C}_Y$ 仅有两个非零对角元素时,$\boldsymbol{A}$ 的前两行 143
为相位增量 $\delta(t)$ 的余弦和正弦值。

$$\begin{aligned} \boldsymbol{A}(1,t) &= \cos\delta(t) \\ \boldsymbol{A}(2,t) &= \sin\delta(t) \end{aligned} \tag{3.104}$$

一般地,测量的光强中含有谐波,此时相移干涉图可表示为

$$I(n,t) = a(n) + \sum_{k} b_k(n)\cos k(\varphi(n) + \delta(t)) \tag{3.105}$$

这样,应用主量分析法将产生 M 个主量,其各自携带了每一谐波的正交分量[110]:

$$
\begin{aligned}
\boldsymbol{Y}(1,n) &= b_1(n)\cos\varphi(n) \\
\boldsymbol{Y}(2,n) &= b_1(n)\sin\varphi(n) \\
\boldsymbol{Y}(1,n) &= b_2(n)\cos 2\varphi(n) \\
\boldsymbol{Y}(1,n) &= b_2(n)\sin 2\varphi(n) \\
&\vdots
\end{aligned}
\tag{3.106}
$$

例如：Xu 等[110]成功地使用主量分析法解调了一套相移斐索干涉图：

$$
I(\boldsymbol{r},t) = a + \frac{b}{1 - d\cos[\varphi(\boldsymbol{r}) + \delta(t)]} \tag{3.107}
$$

该作者指出，斐索干涉图可由方程(3.105)的谐波展开式进行表述，而其相位 $\varphi(r)$ 可由前面两个主量得到。该情况也适用于其他为采集的条纹而引入谐波量的场合，如，由于信号饱和，或者在实验时非线性响应的记录过程。另外，主量分析法也适用于存在着不同时域过程的场合，其意味着，当采集相移干涉图时，含有电子或扫描噪声。此时，前两个主量含有相位信息，而别的主量描述了时域噪声的信息。

对于具有空间载频的单帧干涉图，众所周知，其可变换为相移干涉图[111-113]。因而，此时也可直接应用主量分析技术[114]。

主量分析法的主要缺点是存在着主量符号不定的问题，而且也无法确定哪一个主量对应了 $\cos\varphi$ 或 $\sin\varphi$。这是由于 $\boldsymbol{C}_X$ 的特征向量符号欠定引起的。另外，其行位置(第一或第二)与 $\boldsymbol{C}_X$ 特征值的大小有关，而该特征值对于实图像是波动的。另一个问题是：当主量分析
144 法的应用条件[方程(3.102)]不满足时，此时解调过程是近似的[104]。符号欠定的问题可通过相位增量的先验信息进行确定[115-116]。对于不满足主量分析法条件时，可采用主量分析法与迭代最小二乘法自标定相移算法结合的方法进行修正[115,117]。在该技术中，主量分析法得到的结果 $\varphi(\boldsymbol{r})$ 和 $\delta(t)$ 被用作迭代最小二乘法迭代细化的初始值。

最后需要考虑，主量分析法可视为通过内积计算正交量的过程，其定义为

$$
\langle I_i, I_j \rangle = \sum_{r} b^2(\boldsymbol{r})\cos[\varphi(\boldsymbol{r}) + \delta(i)]\cos[\varphi(\boldsymbol{r}) + \delta(j)] \tag{3.108}
$$

在此意义下，任何正交化的方法均可用于计算正交信号，如，使用 Gram-Schmidt 方法[118]。

图 3.24 给出了用主量分析法处理 10 帧含有 10%加性噪声的相移条纹图的数值例子，其背景定义为 $a(x,y)=x/50$，图像大小为 300×300 像素，条纹调制度为 $b(x,y)=\exp[-0.5(x^2+y^2)/10^4]$。图 3.24 中给出了第一帧仿真条纹图 I_1，以及由主量分析法计算的两个主量：$Y_1=b\cos\varphi$ 和 $Y_2=b\sin\varphi$。

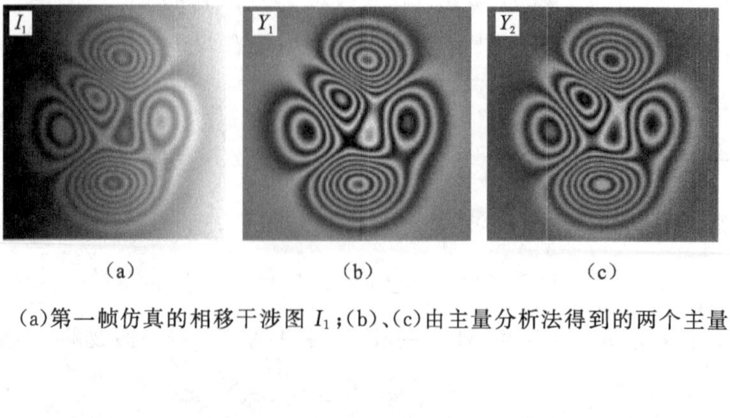

(a) (b) (c)

图 3.24 (a)第一帧仿真的相移干涉图 I_1；(b)、(c)由主量分析法得到的两个主量 Y_1、Y_2

图 3.25 给出了由主量分析法和迭代最小二乘法方法得到的解调相位。主量分析法处理时间为 0.2 s，迭代最小二乘法需要 44 s，迭代了 10 次，其相位增量误差为 $\varepsilon=0.1$。该对比是非常典型的，与之相比，迭代最小二乘法收敛慢且不保证收敛，得到的结果也耗时较多(两个数量级)，且精度与主量分析法相近。

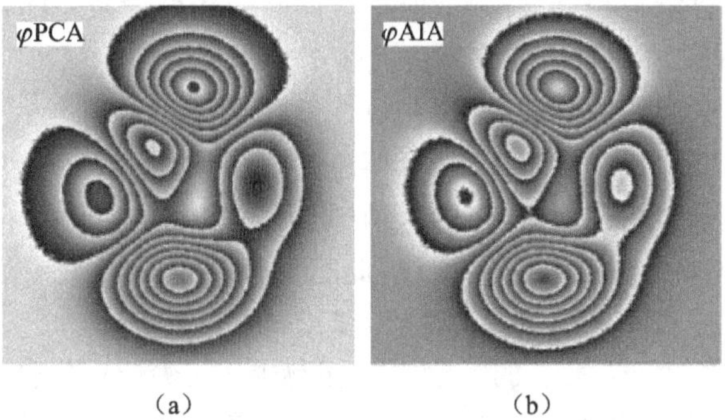

图 3.25　(a)、(b)采用主量分析法和迭代最小二乘法两种算法对图 3.24 的解调结果

图 3.26 和图 3.27 给出了分别应用两种自标定方法对实验采集的 19 帧相移条纹图的处理结果。此时，干涉图大小为 528×628 像素，其相移随时间单调变化。用主量分析法计算相位需要 0.64 s，而迭代最小二乘法迭代了 3 次，产生的相位增量误差为 $\varepsilon=0.01$，耗时 72.6 s。图 3.26 给出了第一帧条纹图 I_1 和两个主量 Y_1、Y_2，图 3.27 给出了由两种方法得到的相位。

145

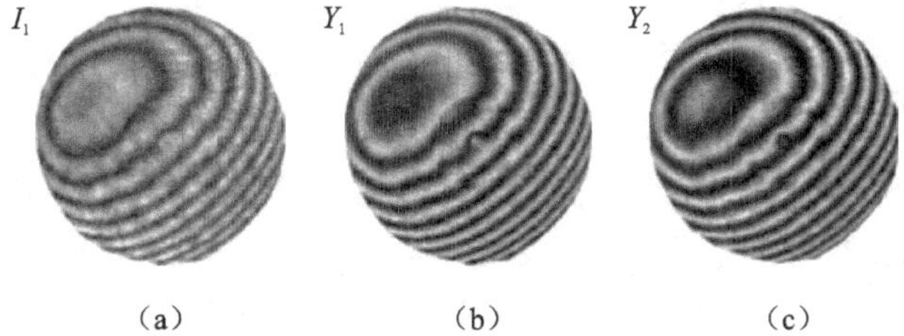

图 3.26　(a)19 帧相移条纹图的第一帧 I_1；(b)、(c)由主量分析法得到的两个主量 Y_1、Y_2

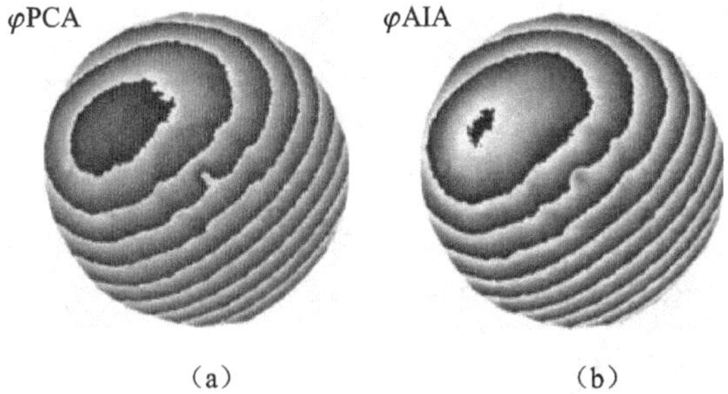

图 3.27　(a)、(b)使用主量分析法和迭代最小二乘法对图 3.16 解调的结果

3.6 总结

本章分析了自调相移算法，其可用于解调相移干涉图间具有恒定但未知的相位增量时的相位。同时分析了自标定相移算法，此时干涉图间的相位增量是随机变化的。

• 本章开始有异议地将时域相移算法大体上分为三大类：

——具有固定系数的线性相移算法(相位增量固定)；

——具有可变且已知相位增量 ω_0 的可调线性相移算法；

——具有可变且未知相位增量 ω_0 的自调(非线性)相移算法。

146 • 接着讨论了自调(非线性)相移算法，此时估计相位是测量干涉图的非线性函数，首先分析了常用的也是首次发表的自调算法：四步 Carré 相移算法。

• 特别地，分析了 Carré 算法的频率响应、谐波响应、失调可靠性以及信噪功率比。

• 后续的讨论指出非线性相移算法可分解为可调相移算法与非线性相位增量估计算子的结合。因而，非线性相移算法中的线性部分与非线性相位估计算子可完全解耦。采用两个完全分离的估计算子，可以设计无限个具有需要性能的可调相移算法。其结果是，设计局部载频 ω_0 估计算子的策略可以完全不同，且完全可与线性可调相移算法的设计标准无关。

• 线性可调相移算法结合非线性载频估计算子的分解策略，使得完整地分析频率传递函数、谐波、失调可靠性，以及信噪功率比成为可能。特别地，本书指出 Carré 算法的最大信噪功率比在相位增量约为 110°时。

• 接下来，在 $\omega\in(0,\pi)$时，引入了元频率响应 $G_{S/N}(\omega_0)$的概念。元频率响应与其同类频率传递函数的连续变化有关，即由可调线性相移算法除以相移算法输出的总噪声(均在 ω_0 谐振)得到。因此，元频率响应根据 S/N 输出比揭示了线性可调相移算法有效可用的带宽。

• 采用线性可调相移算法结合建立的非线性相位增量估计算子，给出了设计五步可调相移算法的各种可能的结构，这些设计的五步自调相移算法，可以得到失调误差、背景抑制、谐波响应、信噪功率比等相应的鲁棒性能。所有给出的例子，仅仅只是采用提出的分解策略，设计的无限个可能的自调相移算法的个例。

147 • 自调相移算法的应用要求，干涉图间具有未知但恒定的相位增量。然而，如果试图从具有未知且相移任意的干涉图中恢复逐点相位时，此时需要应用自标定相移技术。其可同时地、自适应地从测量干涉图中估计未知的相移和相位。

• 本章的最后一节讨论了两种常用的自标定相移算法：Wang 和 Han[92] 提出的迭代最小二乘法，Vargas 等[93] 提出的主量分析法。这两种自标定相移算法均可解调对相移没有任何先验知识的干涉图。由于仅对背景和调制信号有很小的限制，因此其方法放松了相移器的使用要求。从经验看，应优先使用主量分析法自标定方法，如果需要的话，可使用迭代最小二乘法将主量分析法的结果进一步细化。两种方法的结合，为相移干涉术提供了有力的工具，可使其无须相移的先验信息。

第 4 章　空域载波解调方法 149

4.1　引言

本章讨论空域载波干涉图的解调技术。一般来说，干涉图在空域引入载波是单帧干涉图相位解调的最好选择，并且也使得空域载波干涉图应用时域解调技术成为可能。本章首先讨论线性载波的使用场合及空间频率的概念。线性载波属于最简单的情况，此时可借助基于傅里叶变换技术的分析方法。在线性载波分析方法之后，引入时-频分析方法，而后续的两节则致力于圆形载波和逐点载波的讨论，并指出逐点载波可解释为线性载波在二维空间的自然延伸。继而，将介绍正则化正交滤波器，其通过增加先验信息，如空间的平滑性，从而促使单帧条纹图相位解调成为可能。最后，本章给出空域方法和时域载波方法的基本关系。

4.2　线性空域载波

4.2.1　线性载波干涉图

第 2 章已指出，引入时域载波，通过相位采样技术可实现一套时域干涉图的相位解调。本章将介绍如何把时域载波的概念方法应用于空间维度，实现单帧干涉图的相位解调。

从干涉图处理的观点看，空间载波相位 $c(x,y)$ 属于一种特殊的信号，如果将其加载于调制相位之中，则可更容易地实现干涉图分析。在空域，由实验装置产生的干涉图具有下面的形式：

$$I(\boldsymbol{r}) = a + b\cos[\varphi(\boldsymbol{r}) + c(\boldsymbol{r})] \tag{4.1}$$

式中：$\boldsymbol{r}(x,y)$ 为干涉图平面中的位置向量；b 和 a 分别为调制度和背景信号；$\varphi(\boldsymbol{r})$ 为调制相位 150
（被测量）。首先给出最简单的线性载波表达式：

$$c(x,y) = u_0 x \tag{4.2}$$

式中：u_0 称为 x 向空间载波频率（简称空间载频）。在概念上，该空间载波与第 2 章讨论的时域载波完全等同。根据式(4.2)，线性载波干涉图的表达式为

$$I(\boldsymbol{r}) = a + b\cos[\varphi(\boldsymbol{r}) + u_0 x] \tag{4.3}$$

对于空间载波的物理解释必须与所使用的实验技术相结合。例如，使用泰曼-格林(Twyman-Green)干涉仪测量物体形貌时，可通过相对物光倾斜参考光的方式产生载波干涉图[8]。而在斐索(Fizeau)干涉仪中，如果将被测面和参考面相对旋转形成一定的楔角[119]，也同样可产生倾斜的载波条纹。在条纹投影轮廓技术中，空间载波和观测方向与投影方向之间的夹角密切相关[120]，但在光测弹性方法当中，可使用双折射楔为等差条纹图引入载波[121]。更多的载波形状及应用可参见文献[122]。在任何情况下，载波干涉图的视觉效果，

由测量视场中干涉图准直条纹在倾斜后表现出的特征决定。由于该原因，一些时候也将线性载波干涉图称为开型条纹图，以区别于含有闭型条纹的一般干涉图。图 4.1 给出了含有相同调制相位 φ 的两种干涉图，其中一个不含载波，而另一个含有 $u_0=2\pi/5$ rad/px 的空间载波。

尽管图 4.1 的两张图看似不同，但其含有的调制相位 φ 信息是相同的。然而从本章的
151 后续内容可知，添加线性载波使得分析图 4.1(a)的载波干涉图可借助于第 1 章介绍的线性正交滤波器的方法。另一方面，它也使得单帧闭型干涉图的相位解调成为可能，同时它也隐含着，此时也可使用第 5 章将要介绍的非线性技术。

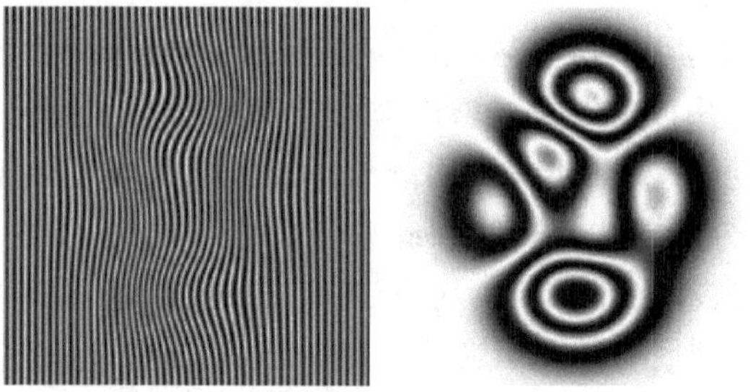

(a) 无线性载波　　(b) 开型干涉图（含有线性载波）

图 4.1　含有相同相位信息的干涉图

使用线性正交滤波器分析载波干涉图的方法，也同样适用于本章介绍的所有形式的空间载波干涉图，而不仅局限于线性载波干涉图。基于此，在任何动态实验可行的场合，其相位解调常常选择引入空间载波的方法，因为，此时被测量(亦即相位 φ)随时间变化，所以，只能得到一帧与被测现象有关的干涉图。

为了量化地说明线性载波可实现单帧干涉图相位解调，重写方程(4.3)为

$$I(x)=a+b\cos\varphi(x)\cos u_0x-b\sin\varphi(x)\sin u_0x \tag{4.4}$$

由此可见，上面载波干涉图中同时含有 $\cos\varphi$ 信号及其正交信号 $\sin\varphi$，且其分别受线性载波相位的正弦和余弦函数调制。因此，后续的解调工作需要分离上面含有相位信息的两个正交信号，进而按照相移干涉术中的方法，使用反正切函数计算测量相位。同时，还应注意到，由于 $\sin u_0x$ 项的作用，为了正确搜索 $\sin\varphi$ 的符号，解调时，至少还需要确定载波 u_0 的符号。例如，在干涉表面测量中，该问题对于区分被测面凹凸的细节信息非常重要。由式(4.4)还可得出，载波很小时，$\sin\varphi$ 的振幅也很小，从而使得 $\cos\varphi$ 项成为干涉图的主要组成部分，进而无法应用空域相移干涉技术。为了说明选择载波的方法，下面将简要介绍条纹跟踪方法。其为最早的数字图像相位解调技术，主要基于获取干涉条纹图中明暗条纹的中心位置。根据式(4.3)可知，其过程等价于当整个相位为 $n\pi$ 时，寻找 x_k 的空间位置(n 为条纹级数)：

$$\phi(x_k)=\varphi(x_k)+u_0x_k=n\pi \tag{4.5}$$

由此，可得到调制相位为

$$\varphi(x_k)=n\pi-u_0x_k \tag{4.6}$$

线性载波 u_0 事先是已知的，或者可采用最小二乘线性拟合的方法进行估计。显然，对于重新定义的相位 $\varphi(x_k)$，可由离散数据(x_k,φ_k)插值得到。其即为条纹跟踪法特别适用于分析高密度倾斜条纹干涉图的原因，而且采用这种方法，可实现很多被测物体的测量，且插

值的结果具有非常高的测量精度。对于连续分布的相位 φ，载波干涉图的条纹级数必须是由图像的左边至右边单调增加(或减少，其与 u_0 的符号有关)。从而，式(4.5)表示的整体相位项也一定是单调变化的，即

$$\frac{\partial \phi}{\partial x} = \frac{\partial \varphi}{\partial x} + u_0 > 0 \tag{4.7}$$

从而，线性载波的最小值需满足 152

$$|u_0| > \left|\frac{\partial \varphi}{\partial x}\right|_{\max} \tag{4.8}$$

另外，如果干涉图满足正确采样条件，则上面整体相位项必须满足奈奎斯特条件：

$$\left|\frac{\partial \phi}{\partial x}\right| < \pi \tag{4.9}$$

进而可得载波设计须满足的第二个条件：

$$|u_0| + \left|\frac{\partial \varphi}{\partial x}\right|_{\max} < \pi \tag{4.10}$$

将线性载波可直接地推广至二维场合，此时空间载波由标量形式转变为向量形式：$\boldsymbol{q}_0 = (u_0, v_0)$，这样线性载波干涉图可表示为

$$I(\boldsymbol{r}) = a + b\cos[\varphi(\boldsymbol{r}) + \boldsymbol{q}_0 \cdot \boldsymbol{r}] \tag{4.11}$$

在此情况下，设计线性载波条件为

$$|\boldsymbol{q}_0| > |\nabla \varphi| \tag{4.12}$$

4.2.2　瞬时空间频率

本小节介绍瞬时空间频率的概念，它对于深入理解空域解调方法非常重要。首先介绍具有恒定相位 φ_0 的线性载波干涉图，其表达式为

$$I(x) = a + b\cos(\varphi_0 + u_0 x) \tag{4.13}$$

该干涉图的频谱为

$$I(u) = \mathcal{F}[I(x)] = a\delta(u) + \frac{1}{2}b[\mathrm{e}^{\mathrm{i}\varphi_0}\delta(u - u_0) + \mathrm{e}^{-\mathrm{i}\varphi_0}\delta(u + u_0)] \tag{4.14}$$

上式中的频谱主要由振幅为 b 的两个 δ 信号组成，而且相位 φ_0 的中心频率分别为 $u = u_0$ 和 $u = -u_0$。对于如方程(4.13)表示的实信号，其频谱为厄米特(Hermitian)矩阵，$I(u) = I^*(-u)$，且完全由频率空间中大于零($u>0$)的部分决定。因此，方程(4.13)表示的干涉图，可由厄米特谱中 $u = u_0$ 处的单个谱量表示。据此，可以认为方程(4.13)表述的干涉图在空间上是单调的或者简单单调，称频率变量 u 为空域频率。对于单调的干涉图，空域频率 u 与其频率空间之间存在着密切的联系。

空域频率 u 的单位为 rad/px(或 rad/mm)。对于离散傅里叶变换，空域频率为离散量，表示单位场的条纹数目(单位为 ff)(第 k 个离散傅里叶变换的值表示全场中具有 k 个条纹的谐波的振幅)。因此，如果采样干涉图有 N 个点，且每次采样间隔为 Δx[mm]，则不同单 153
位间的关系为

$$u\,[\mathrm{rad/mm}] \Leftrightarrow \frac{1}{\Delta x}u\,[\mathrm{rad/px}] \Leftrightarrow \frac{N}{2\pi}\frac{1}{\Delta x}u \quad [\mathrm{ff}] \tag{4.15}$$

下面，将增加相位的复杂性，然后进一步分析下式表示的一维干涉图的频谱

$$I(x)=a+b\cos\varphi(x) \tag{4.16}$$

如果假定调制相位在局部上，可很好地由一阶泰勒展开式进行近似，则有

$$\varphi(x)=\varphi(x_0)+\left(\frac{\mathrm{d}\varphi}{\mathrm{d}x}\right)_{x_0}(x-x_0)=\varphi_0+\varphi_x(x_0)x \tag{4.17}$$

上式表明，在局部上，任意 x_0 附近的干涉图可表述为

$$I(x)=a+b\cos[\varphi_0+\varphi_x(x_0)x] \tag{4.18}$$

此时，在局部上，其频谱为

$$I(u)=a\delta(u)+\frac{1}{2}b[\mathrm{e}^{\mathrm{i}\varphi_0}\delta(u-\varphi_x)+\mathrm{e}^{-\mathrm{i}\varphi_0}\delta(u+\varphi_x)] \tag{4.19}$$

同样，上式得到了由两个 δ 函数组成的单频谱量，其分别位于 $u=\varphi_x(x_0)$ 和 $u=-\varphi_x(x_0)$ 处。因此，可定义干涉图的瞬时空间频率为 $\varphi_x(x)$。图 4.2的曲线给出了在局部上单调的信号及其频谱的示例。在图 4.2(a)中，信号的局部空间载波为阶梯形的三个阶跃信号，分别为 10 ff、20 ff 和 30 ff 的示例，其已在图中用虚线绘出。图 4.2(b)绘制了整个干涉图的频谱。可见其中出现了三个类似 δ 函数形状的波峰，其对应的记录位置分别位于 10 ff、20 ff 和 30 ff 处。其频谱不是理想 δ 函数，是因为该干涉图仅仅在局部上是单调的，且在操作上隐含地表明阶梯形的空间频率，是因为使用了窗函数产生的，即对干涉图进行了截断操作。图 4.3 给出了另一个例子，该干涉图具有线性载波，其变化范围为 10 ff 到 30 ff。图 4.3(a)为干涉图，图 4.3(b)为相应的频谱。此时，严格地讲，该干涉图不满足局部上单调，但其频谱仍与空域频率范围在 10 ff 至 30 ff 之间的实际干涉图的通带十分相似。上面两个例子给出的局部
154 单调的概念具有一般意义，且其概念适用于干涉图中几乎所有的位置（只要该位置存在着条纹）。

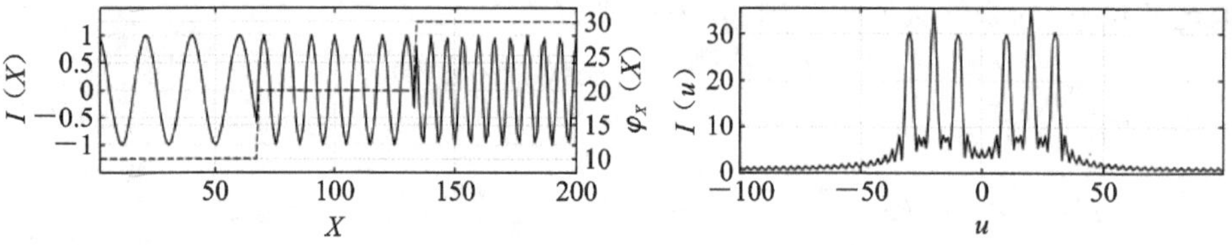

(a) (b)

图 4.2　局部单调的干涉图及其频谱

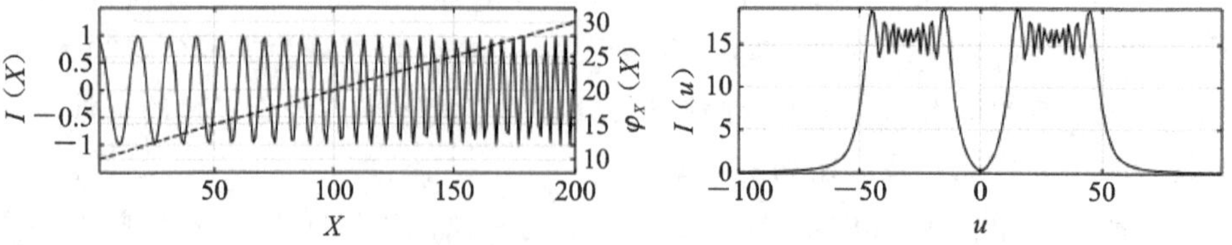

(a) (b)

图 4.3　空间频率连续的局部单调干涉图及其频谱

不使用标量，而使用相位梯度向量，将空间载波概念可直接推广至二维空间：

$$[\varphi_x(r),\varphi_y(r)]=\nabla\varphi(r) \tag{4.20}$$

在二维空间情况下，如果将干涉图某一局部区域的相位可近似为平面：

$$\varphi(\boldsymbol{r}) = \varphi_0 + \nabla\varphi \cdot \boldsymbol{r} \tag{4.21}$$

此时，可以认为该干涉图是局部单调的，且其瞬时空间频率也有明确的定义。这一点非常重要，因为几乎所有的解调技术都明确地或隐含地认为干涉图是局部单调的。然而也存在着不满足该条件的区域，换句话讲，该区域存在着相位极值，或者简单地由于噪声、阴影、遮挡等，致使这些区域没有条纹。另外，在出现相位极值、最大值、最小值和鞍点情况下，将产生相位梯度消失的现象：$\nabla\varphi\approx 0$。此时，在局部上，需要有更高阶数的泰勒展开式表述相位：

$$\varphi(\boldsymbol{r}) = \varphi_0 + \frac{1}{2}\boldsymbol{r}^{\mathrm{T}}\boldsymbol{H}_{\varphi}\boldsymbol{r} \tag{4.22}$$

这里 $\boldsymbol{H}_{\varphi}$ 为海森(Hessian)矩阵。此时，空间频率已不再是单一的。

上面的讨论意图表明，尽管局部空间单调是一种限制性条件，但其又同为一般条件。因为当工作区域含有条纹时，几乎所有的实干涉图均满足该条件。另外，由于含有相位极值，如最大值、最小值或鞍点，此区域不满足局部单调条件，因而，所有基于该假定的条纹处理方法均无法应用于此区域。例如，图 4.4 给出了分别具有单调区域和相位极值点的实际干涉图。区域 A 是很好的空间单调的例子，其具有典型的倾斜条纹，因此，从图 4.4 中该区域的傅里叶变换频谱可见，其具有类似 δ 函数的谱形。而在另一侧，区域 B 和 C 对应了非单调区域，此时相位须采用方程(4.22)进行描述。由于区域 B 和 C 的傅里叶变换明显与区域 A 的结果不同，所以，所有解调方法在此区域不能工作，而在区域 A 则可正常工作。如果除去区域 B 和 C，以及中心偏上的第二个鞍点，该干涉图可认为是局部单调的。

155

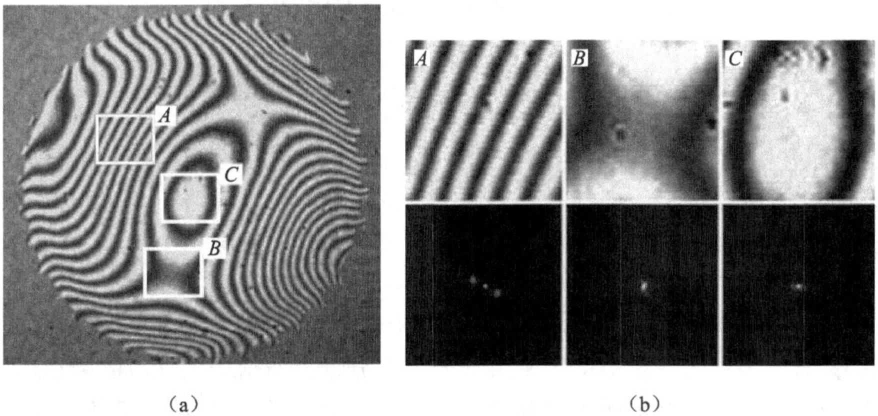

图 4.4　(a)具有单调区域和驻点的实际干涉图。(b)标记的区域及其傅里叶变换，A 为单调区域，具有倾斜条纹和类似 δ 函数的傅里叶变换；B 和 C 分别含有鞍点和最大值点，从其傅里叶变换图可见，该区域明显没有单调的变化行为

最后指出，局部单调的重要作用在于，应用频率传递函数设计局部单调干涉图的线性滤波器 $H(u)$ 时，可通过计算频率响应在其局部空间频率处，将局部单调干涉图近似为干涉图的振幅调制。也就是说，该滤波过程的结果可用局部频率处滤波器频率响应与相应干涉图频谱的乘积进行近似。在数学上，如果设 $I(x)$ 为干涉图的表达式，$I'(x)$ 为使用滤波器 $H(u)$ 对 $I(x)$ 滤波后得到的结果，则

$$I'(u) = H(u)I(u) \equiv H(u)\,\mathcal{F}[I(x)] \approx \mathcal{F}\left\{H[\varphi_x(x)]I(x)\right\} \tag{4.23}$$

其也可表述为

$$I'(x) = \mathcal{F}^{-1}[H(u)I(u)] \approxeq H[\varphi_x(x)]I(x) \tag{4.24}$$

该公式非常有用，如在第 5 章，将使用其讨论空域相移算法。

4.2.3　线性载波同步探测技术

最早用于分析空域干涉条纹图的方法，是通过在时域使用直接变换的相位调制处理技术实现的。Womack[123]提出的空域同步法是最早用于分析线性载波的技术。为了简化，假定干涉图具有竖直方向的载波条纹：

$$I(\boldsymbol{r}) = a + b\cos[\varphi(\boldsymbol{r}) + u_0 x] \tag{4.25}$$

在同步方法中，将方程(4.3)表述的干涉图与两个正交的纯载波信号相乘得

156

$$\begin{aligned} I_s(\boldsymbol{r}) &= I(x,y)\sin(u_0 x) \\ I_c(\boldsymbol{r}) &= I(x,y)\cos(u_0 x) \end{aligned} \tag{4.26}$$

可见，该过程等同于两个频率相同但栅线方向相互垂直的光栅相乘，进而，形成乘性莫尔条纹的过程。$\cos(u_0 x)$项代表了参考光栅(不变形光栅)，而干涉图即为变形光栅。莫尔条纹含有需要的测量信息，且相对 I_s 和 I_c 含有 $\pi/2$ 的相移。因此，可以将两个信号：$\sin(u_0 x)$和$\cos(u_0 x)$看作参考光栅。如果使用具有线性载波的复参考干涉图的形式可将上式简化。设载波为

$$C(r) = \exp(\mathrm{i}u_0 x) \tag{4.27}$$

则方程(4.25)表示的线性载波干涉图，根据复信号指数函数可表述为

$$I(\boldsymbol{r}) = a + I_\varphi^*(\boldsymbol{r})\exp[\mathrm{i}u_0 x] + I_\varphi(\boldsymbol{r})\exp[-\mathrm{i}u_0 x] \tag{4.28}$$

式中：

$$I_\varphi(\boldsymbol{r}) = \frac{1}{2}b\exp[-\mathrm{i}\varphi(\boldsymbol{r})] \tag{4.29}$$

上式即为与干涉图有关的解析信号[124]。该信号的频谱没有多余的负频率分量，可容易地得到相位。此时，任何根据干涉图计算解析信号 $I_\varphi(\boldsymbol{r})$的方法均可用于相位解调。为了得到$I_\varphi(\boldsymbol{r})$，取干涉图与复载波之积，亦即将干涉图进行调制，并表示为

$$I_c(\boldsymbol{r}) = I(\boldsymbol{r})C(\boldsymbol{r}) = a\exp(\mathrm{i}u_0 x) + I_\varphi^*(\boldsymbol{r})\exp(2\mathrm{i}u_0 x) + I_\varphi(\boldsymbol{r}) \tag{4.30}$$

上式含有三项，其中两项为高频项，其空间中心频率分别在 $u=u_0$ 和 $u=2u_0$ 处，第三项为低通解析信号，含有搜索的调制相位。如果干涉图谱分量分布恰当，$I_\varphi(\boldsymbol{r})$的频谱不会与高频项的频谱发生混叠，则可以实现相位解调。没有混叠时，可使用空域低通滤波器(设其脉冲响应为 h_{LP})分离调制干涉图中的低频项和高频部分，即得

$$I_\varphi(\boldsymbol{r}) = I_c * h_{\mathrm{LP}} = A_0\exp[-\mathrm{i}\varphi(\boldsymbol{r})] \tag{4.31}$$

这里使用 A_0 是因为考虑到滤波器可能会对恢复的解析信号的振幅产生影响。根据方程(4.31)，可得包裹相位为

$$\varphi_W(\boldsymbol{r}) = \arg[I_\varphi^*(\boldsymbol{r})] \tag{4.32}$$

对同步过程进行傅里叶分析，可以更好地阐明载波以及干涉图的空间频率在解调过程中的作用。线性载波干涉图的傅里叶频谱为

$$I(\boldsymbol{q}) = a\delta(u) + I_\varphi^*(u-u_0,v) + I_\varphi(u+u_0,v) \tag{4.33}$$

同时，受线性参考载波调制的干涉图的傅里叶变换为 157

$$I_c(\boldsymbol{q}) = a\delta(u-u_0,v) + I_\varphi^*(u-2u_0,v) + I_\varphi(\boldsymbol{q}) \tag{4.34}$$

式中：$\boldsymbol{q}=(u,v)$，为空间频率的坐标向量。根据方程(4.34)可知，已调干涉图的频谱在频率空间移动了 $\Delta=-u_0$。此时，低频旁瓣已转变为 $I_\varphi(\boldsymbol{q})$，而直流项和 I_φ^* 项分别被迁移至 $u=+u_0$ 和 $u=+2u_0$ 处。如果谱瓣 $I_\varphi(q)$ 为带限信号，且位于半径为 ρ 的圆内，即满足

$$\rho \approx |\nabla\varphi|_{\max} < u_0 \tag{4.35}$$

此时无混叠作用，则谱瓣 $I_\varphi(\boldsymbol{q})$ 可容易地使用低通滤波器实现分离。设 $H_{\mathrm{LP}}(\boldsymbol{q})$ 为低通滤波器的频率传递函数，则从调制干涉图的频谱中恢复的解析信号为

$$I_\varphi(\boldsymbol{q}) = H_{\mathrm{LP}}(\boldsymbol{q})I(\boldsymbol{q}) \tag{4.36}$$

图 4.5 给出了同步解调方法的整个过程。图 4.5(a)分别给出了由条纹投影实验得到的线性载波干涉图、线性参考载波以及由载波与原始干涉图相乘得到的已调干涉图。 158
图 4.5(b)的第一张图为线性载波干涉图的频谱，其有两个旁瓣 $I_\varphi(\boldsymbol{q})$和 $I_\varphi^*(\boldsymbol{q})$，清楚地可见其对称地出现在原点的两侧；第二张图为已调干涉图 $I_c(\boldsymbol{q})$的频谱，其两个旁瓣向右迁移，此时，左边的旁瓣 $I_\varphi(\boldsymbol{q})$位于 $\boldsymbol{q}=(0,0)$的低频区域。另外，图中白色圆圈标记了低通滤波器的滤波范围；最后可见，若使用低通滤波器滤除了中心旁瓣，进而可使用方程(4.32)计算相位 φ_W。

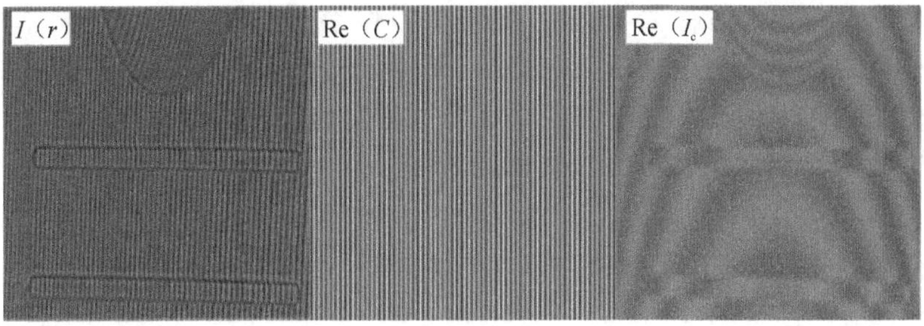

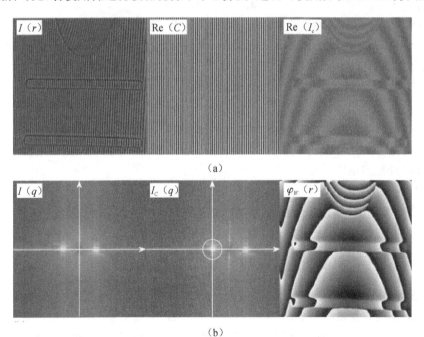

(a)

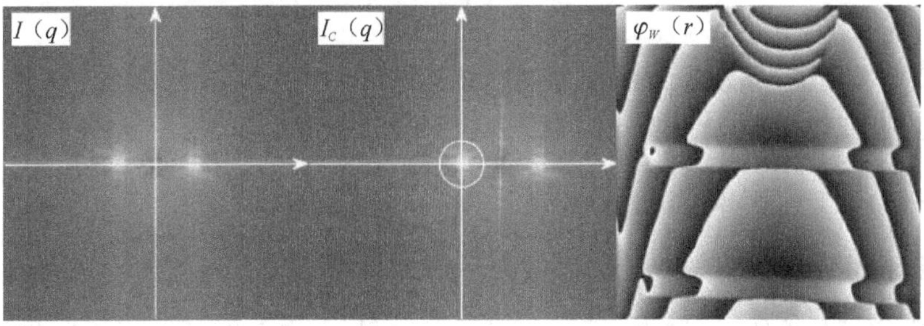

(b)

图 4.5　同步解调过程示例：(a)分别为实际的线性载波干涉图、复载波的实部 $\mathrm{Re}(C(\boldsymbol{r}))$和已调干涉图的实部 $\mathrm{Re}[I_c(\boldsymbol{r})]$；(b)分别为载波干涉图的频谱 $I(\boldsymbol{q})$、已调干涉图的频谱 $I_c(\boldsymbol{q})$(白色圆圈标明了滤出低频旁瓣的低通滤波器的范围)，以及低通滤波后由 I_c 得到的包裹相位 φ_W

前面的讨论表明，在线性载波的参考作用下，同步方法将干涉图信息迁移至低频段，接着可使用低通滤波器，从载波信号中分离解析信号。对该方法的解释，也隐含了另一种解调线性参考载波干涉图的策略：此时不是移动信号的频谱，而是移动低通滤波器。

现重新考虑方程(4.33)，线性载波干涉图频谱可写为

$$I(u,v) = a\delta(u) + I_{\varphi}^{*}(u-u_0,v) + I_{\varphi}(u+u_0,v) \tag{4.37}$$

由式(4.37)可见，其中心谱瓣为直流电路信号，而两个旁瓣为以 $u=\pm u_0$ 为中心频率的解析信号。此时，为了移动低通滤波器的频谱，即将其脉冲响应 h_{LP}[方程(4.31)]与参考的线性载波 $C(\boldsymbol{r})$相乘：

$$\mathrm{h}_{\mathrm{c}}(\boldsymbol{r}) = \mathrm{h}_{\mathrm{LP}}(\boldsymbol{r})C(\boldsymbol{r}) = \mathrm{h}_{\mathrm{LP}}(\boldsymbol{r})\exp(\mathrm{i}u_0 x) \tag{4.38}$$

由傅里叶变换的调制特性可知，滤波器的傅里叶变换频率为

$$H_{\mathrm{c}}(\boldsymbol{q}) = \mathcal{F}[\mathrm{h}_{\mathrm{c}}] = H_{\mathrm{LP}}(u-u_0,v) \tag{4.39}$$

这表明，新产生的滤波器为带通滤波器，且与 h_{LP}具有相同的谱形，但其中心频率位于 $u=u_0$ 处。例如，当使用的低通滤波器是方差为 σ_x 和 σ_y 的高斯窗时，其脉冲响应为

$$\mathrm{h}_{\mathrm{LP}}(\boldsymbol{r}) = \exp\left[-\frac{1}{2}\left(\frac{x^2}{\sigma_x^2}+\frac{y^2}{\sigma_y^2}\right)\right] \tag{4.40}$$

频率响应为

$$H_{\mathrm{LP}}(\boldsymbol{q}) = \frac{1}{2\pi\mid\sigma_x\sigma_y\mid}\exp\left[-\frac{1}{2}\left(\frac{u^2}{\sigma_u^2}+\frac{v^2}{\sigma_{\mathrm{v}}^2}\right)\right] \tag{4.41}$$

且各个方差之间满足

$$\sigma_u\sigma_x = \sigma_{\mathrm{v}}\sigma_y = 1 \tag{4.42}$$

这里(u,v)的单位为弧度/像素，(x,y)的单位为像素。方程(4.42)是测不准原理的下限[125]。换句话讲，高斯滤波器具有小海森伯(Heisenberg)窗。此时，移动后的滤波器 h_{c} 在
159 文献中被称为加伯(Gabor)滤波器[125-126]。如果滤波器的带宽足够大，可使 $I_{\varphi}^{*}(u-u_0,v)$通过，并抑制其他谱量，此时，可得 I_{φ}^{*} 的谱瓣为

$$I_{\varphi}^{*}(u-u_0,v) = I(\boldsymbol{q})H_{\mathrm{c}}(\boldsymbol{q}) \tag{4.43}$$

或者，采用卷积的形式在直接空间(空域)表示为

$$I_{\varphi}^{*}(\boldsymbol{r})\exp(\mathrm{i}u_0 x) = I(r) * \mathrm{h}_{\mathrm{c}} = A_0\exp[-\mathrm{i}\varphi(\boldsymbol{r}) + \mathrm{i}u_0 x] \tag{4.44}$$

进而，由上式计算相位为

$$\varphi_{\mathrm{W}}(\boldsymbol{r}) = \arg\{[I(\boldsymbol{r}) * \mathrm{h}_{\mathrm{c}}]\exp(-\mathrm{i}u_0 x)\} \tag{4.45}$$

从 4.2.5 节可知，移动低通滤波器的方法是另外一种处理线性载波干涉图的经典技术路线，即傅里叶变换的方法[8]，其最初用于频域的滤波操作。

4.2.4　线性和非线性空域相移算法

根据线性滤波器的观点，空域同步解调技术即为第 2 章介绍的正交滤波过程。在经典的时域中，典型的正交滤波器需要约 4～7 个采样条纹图。然而，在同步空域相位检测中，使用低通滤波器分离干涉图频谱和提取相位时，要求为低通滤波器施加大量的采样值。例如，在解调图 4.5 的例子中，使用的图像大小为每行 $M=512$ 个像素，而高斯低通滤波器的方差为 $\sigma_u=15$ 像素(条纹/场)。此时，不确定原理表示为

$$\sigma_u\sigma_x = \frac{M}{2\pi} \tag{4.46}$$

这里 σ_x 的单位为像素。据此，可得 $\sigma_x\approx 6$ 像素，其表述了脉冲响应 h_{LP}(或移动后的 h_{c})在空间上的持续长度 $\Delta x\approx 6\sigma_x=36$ 像素。在文献中，常常对时域相移干涉术中使用采样帧较少的线性正交滤波器，与同步相位探测中需要大量采样点的空间滤波进行了隐晦地区分。那么如何在这两种表面上完全不同的方法之间建立起联系呢？对此，设在关心的像素点附近，

取几个采样值组成一个很小的邻域，并假定该邻域内的相位是恒定的。此时，若位置 x 附近的小邻域内像素数满足 $N \ll M$，可将该邻域内的线性载波干涉图视为一维信号

$$I(x) = a + b\cos(\varphi_0 + u_0 x) \quad x = 1, \cdots, N \tag{4.47}$$

上式对于 N 个采样施加了局部相位恒定条件：$\varphi(x) \approx \varphi_0$。一般，图像的大小为 $M \approx 500$ 像素，滤波器的大小为 $N \approx 5$ 像素。这样，与第 2 章的时域情况相同，可使用脉冲响应为 $\mathrm{h}(x)$ 的线性正交相移算法，从 N 个采样恢复相位，设该相移算法的快速傅里叶变换为 $H(u)$，满足下面正交和直流电滤波特性

$$H(-u_0) = H(0) = 0, H(u_0) \neq 0 \tag{4.48}$$ 160

也可进一步对滤波器施加一些特性，如具有失调可靠性，则有

$$H'(-u_0) = 0 \tag{4.49}$$

或具有宽带宽的直流量抑制能力

$$H'(0) = 0 \tag{4.50}$$

对于空域的情况，失调不敏感和宽带宽直流电抑制能力是空域相移算法需要的特性。采用与第 2 章相同的方法，也可为空域相移算法构造需要的性能及设计合理的采样数目。例如，在载波 u_0 处谐振的常用的五步滤波器，可用下面脉冲响应进行表述

$$\begin{aligned} \mathrm{h}_5(x) = {} & [2\delta(x) - \delta(x-2) + \delta(x+2)]\sin(u_0) \\ & + \mathrm{i}[2\delta(x-1) - 2\delta(x+1)] - \mathrm{i}[\delta(x-2) - \delta(x+2)]\cos(u_0) \end{aligned} \tag{4.51}$$

其频率响应为

$$H_5(u) = 4\sin\{u[\cos(u-u_0) - 1]\} \tag{4.52}$$

进而，局部解析信号由 5 个连续的采样计算为

$$\begin{aligned} A_0 \exp[-\mathrm{i}\varphi(r) + \mathrm{i}u_0 x] &= I(x) * \mathrm{h}_5(x) \\ &= [2I(x) - I(x-2) + I(x+2)]\sin(u_0) \\ &\quad + \mathrm{i}[2I(x-1) - 2I(x+1) \\ &\quad - (I(x-2) - I(x+2))\cos(u_0)] \end{aligned} \tag{4.53}$$

然后得到调制相位为

$$\varphi_W(x) = \arg\{[I(x) * \mathrm{h}_5(x)]\exp(-\mathrm{i}u_0 x)\} \tag{4.54}$$

或由经典的反正切公式得

$$W[\varphi(x) + u_0(x)] = \arctan\left\{\frac{2I(x-1) - 2I(x+1) - [I(x-2) - I(x+2)]\cos(u_0)}{[2I(x) - I(x-2) - I(x+2)]\sin(u_0)}\right\} \tag{4.55}$$

对于 $u_0 = \pi/2$ 时，方程(4.54)表示了熟知的 Hariharan 算法[2,44]。为了说明五步空域相移算法的性能，图 4.6 给出了按行解调干涉图[图 4.5(a)]的过程。其得到的相图采用了方程(4.54)表示的五步空域相移算法，$u_0 = 0.773$ rad/px，非常接近 $\pi/4$，而载波可由干涉图频谱进行估计。可见，获得的相图与图 4.5(b)的同步技术获得的结果相似，但含有较多的噪声，其原因在于两个滤波器的响应差异。图 4.6(b)给出了五步相移算法在 u_0 谐振的频率响应，频率移动了的低通滤波器的谱响应(实际上是中心轮廓)，以及干涉图频谱的廓形。低通滤波器为高斯滤波器，$\sigma_u = 15$ 像素，移动至 $u = u_0$[方程(4.38)]。通过设计，五步空域相移算法满足正交条件[方程(4.48)]，且对 $u = u_0$ 的失调不敏感，具有优良的特性。因为干涉图 161
的空间频率在 u_0 附近具有 $\Delta u \approx 0.1\pi$ 的变化。解调结果表明，对于给定的失调不敏感的方

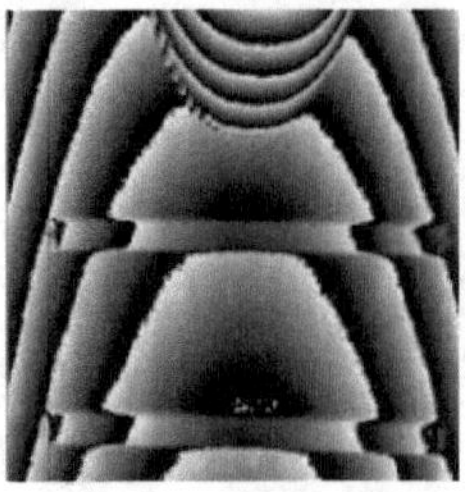

(a)

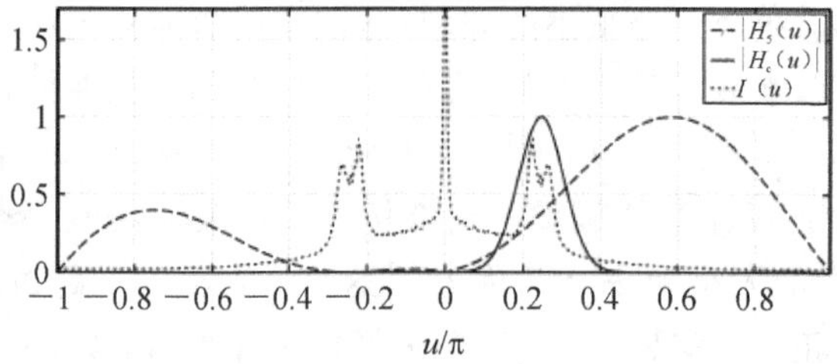

(b)

图 4.6 (a)使用方程(4.54)在 $u_0=0.773$ 时，从图 4.5(a)中恢复的相位 φ_W；(b)五步相移算法的频率传递函数 $|H_5|$ 和使用在图 4.5(a)中的同步滤波器 $|H_c|$。图中也绘制了干涉图的频谱 $I(u)$

法，小邻域局部相位恒定的假定是恰当的[方程(4.47)]。在另一方面，与同步方法相比，该方法测量结果具有较大的噪声是可以预见的。第 2 章指出在 u_0 处谐振的正交滤波器，其恢复相位的信噪比为

$$s_\varphi=\frac{m_\varphi(u_0)}{\sigma_\varphi} \tag{4.56}$$

频率传递函数式中

$$m_\varphi(u_0)=|I_\varphi(u_0)|=\frac{b}{2}|H(u_0)| \tag{4.57}$$

表示 $u=u_0$ 时解析信号的振幅。另外，有

$$\sigma_\varphi=\sqrt{\frac{1}{2\pi}\int_{-\pi}^{\pi}\frac{\eta(u)}{2}\,|H(u)|^2\mathrm{d}u} \tag{4.58}$$

式中：σ_φ 为相位噪声的方差；$\eta(u)$ 为加性噪声信噪比的振幅谱[30,39]。代入上面的相关数据，本例中 $s_\varphi[H_c]/s_\varphi[H_5]\approx6$。按照其频率传递函数预测结果看，同步滤波器性能更好，测量相位的信噪比是五步线性正交滤波器信噪比的 6 倍。在另一方面，线性五步相移算法只有 5 个像素的空间支撑，而高斯低通滤波器 $\sigma_u=15$ 像素时，估计支撑数据为 36 像素。方程(4.57)可推广至在所有的空间频率处满足正交条件的线性滤波过程中：

$$m_\varphi(\varphi_x)=|I_\varphi(\varphi_x)|=\frac{b}{2}|H(\varphi_x)| \tag{4.59}$$

上式是局部空间频率的函数，可作为评价相移算法性能的重要指标。

162 在图 4.6(b)的例子中，五步相移算法的谐振频率根据干涉图的频谱获得。因此，$H_5(u)$ 的频率响应在 $u_0\approx0.25\pi$ 附近，可很好地满足正交条件。即，在 u_0 附近有：$H_5(-u_0)\approx0$ 和 $H_5(u_0)\neq0$。如果将同样的五步方法应用于谱量为 $u\approx0.7\pi$ 的另一干涉图中的区域时，将产生失调误差。因为此时，尽管 $H_5(0.7\pi)\approx1$，而 $H_5(-0.7\pi)\approx0.4$。第 2 章已证明线性相移算法的相位失调误差与频率传递函数在相应的局部域频率处的谱响应有关。因此，在该实验中，可以预见的失调误差为

$$\Delta\varphi(r)=\frac{|H_5(-0.7\pi)|}{|H_5(0.7\pi)|}\sin2\varphi=0.4\sin2\varphi \tag{4.60}$$

为了解决该问题，可使用另一种滤波器，其可在更宽的空间频率范围内，满足正交条件。显然图 4.6 的高斯带通滤波器可以实现该要求，因为其在 $u<0$ 时 $|H_c(u)|=0$。即，该滤波器对其通带窗口内所有的空间频率满足正交条件。但此时必须将方程(4.54)的 h_5 仅需要 5 个

采样的要求，修改为高斯带通滤波器 h_c 的 36 个采样值要求。这里产生了一个问题：是否存在一个滤波器能同时满足小数目采样要求及宽范围的正交条件（即 $u<0$ 时，$|H_c(u)|=0$）？对此，假定在每一大小为 N 的小邻域内，其局部相位可近似为

$$\varphi(x)=\varphi_0+\varphi_x x \quad x=1,\cdots,N \tag{4.61}$$

此时，在要求干涉图满足局部单调性假定的同时，还要求局部空间载波与位置坐标有关：

$$I(x)=a+b\cos(\varphi_0+\varphi_x x) \quad x=1,\cdots,N \tag{4.62}$$

这里，为了实现相位解调：对于每一邻域 N，同时需要估计相位 φ 和干涉图空间频率 φ_x。第 3 章已指出，实现上述目的可分为两步：首先计算局部空间频率 φ_x，然后应用在该频率处谐振的任一种使用 N 采样的相移算法提取相位。针对上述目的，线性方法似乎能够解决该问题，但第 3 章同时还指出了，估计局部频率是一种非线性的过程，即属于非线性自调算法的范畴，它是经典的一般异步技术，如 Carré 方法[5,86]或 Stoilov 方法[82]。例如，使用第 2 章介绍的技术，可设计在 φ_x 处谐振的四步相移算法为[127]：

$$\begin{aligned}h_4(\varphi_x)=&\left[-\delta\left(x+\frac{3}{2}\right)+\delta\left(x+\frac{1}{2}\right)+\delta\left(x-\frac{1}{2}\right)-\delta\left(x-\frac{3}{2}\right)\right]\cos\frac{\varphi_x}{2}\\&+\mathrm{i}\left[\delta\left(x+\frac{3}{2}\right)+\delta\left(x+\frac{1}{2}\right)-\delta\left(x-\frac{1}{2}\right)-\delta\left(x-\frac{3}{2}\right)\right]\sin\frac{\varphi_x}{2}\end{aligned} \tag{4.63}$$

从四帧采样估计局部空间载波为

$$\tan\left(\frac{\varphi_x(x)}{2}\right)=\sqrt{h(x)*I(x)} \tag{4.64}$$

式中： 163

$$\begin{aligned}\mathrm{h}(x)=&\ \delta\left(x+\frac{3}{2}\right)+\delta\left(x+\frac{1}{2}\right)-\delta\left(x-\frac{1}{2}\right)-\delta\left(x-\frac{3}{2}\right)\\&+\mathrm{i}\left[3\left(\delta\left(x-\frac{1}{2}\right)-\delta\left(x+\frac{1}{2}\right)\right)-\delta\left(x-\frac{3}{2}\right)+\delta\left(x+\frac{3}{2}\right)\right]\end{aligned} \tag{4.65}$$

结合线性四步相移算法和非线性频率估计算子，可得邻域 N 的相位为

$$\varphi_W(x)=\arg[I(x)*\mathrm{h}_4(\varphi_x)] \tag{4.66}$$

也可使用经典的公式得

$$\tan[\varphi(x-2.5)]=\frac{\operatorname{sgn}(I_2-I_3)\sqrt{3(I_2-I_3)^2-(I_1-I_4)^2+2(I_2-I_3)(I_1-I_4)}}{(I_2+I_3)-(I_1+I_4)} \tag{4.67}$$

这里约定：$I_n=I(x-n)$，并将在正交项引入的符号函数定义为：$\operatorname{sgn}(\sin\varphi)=\operatorname{sgn}(I_2-I_3)$[86]。方程(4.67)即为经典的 Carré 方法。该结果具有一般意义，任一种经典的异步技术均可表述为：将可调线性相移算法与局部非线性空域载频估计算子组合，进而产生了使用小样本的非线性正交滤波器的过程。尽管还没有与线性系统理论等同的理论可实现计算局部空间频率的新方法对此进行综合，但已报道了一些相关的方法，如：基于启发的归纳算法[128]、滤波器组[126,129]、代数运算[80,82]、小波分析[130]或正则化干涉图梯度的分析技术[131]。对于非线性可调技术性能的表征，此时不能使用振幅响应的方法，但可以采用计算理想的、空间上单调的干涉图 $I=\cos\varphi_x x$ 的输出信号的方法，总是能够得到解析信号 $I_\varphi(\boldsymbol{r})$ 的振幅。若将该技术用于 Carré 算法时，可得输出调制度与局部空间频率的函数关系[132]为

$$m_\varphi(\varphi_x)=|\cos\varphi_x\sin^2\varphi_x|=|0.25(\cos3\varphi_x-\cos\varphi_x)| \tag{4.68}$$

图 4.7 给出了应用 Carré 算法对图 4.5(a)干涉图的解调结果。图 4.7(a)为相图，图 4.7(b)绘制了干涉图的频谱以及 Carré 算法的调制度和高斯带通滤波器的频率响应[用于处理图 4.5(a)]。可见，就滤波器响应而言，当 $u_0 \approx 0.25\pi$ 时，Carré 算法的性能与五步相移算法类似，但是，对所有的 4 个采样值，只要局部相位可用方程(4.62)进行线性近似，通过设计可以更容易地实现所谓的正交条件。根据上面的例子可知，空域相移算法一旦选定，则滤波器的噪声抑制、正交区域等性能随即也得以确定。然而，应用多栅格的方法，任一空域相移算法可变换为超带宽技术[132]，即在所有空间频率上获得近似平直的频率响应。

164
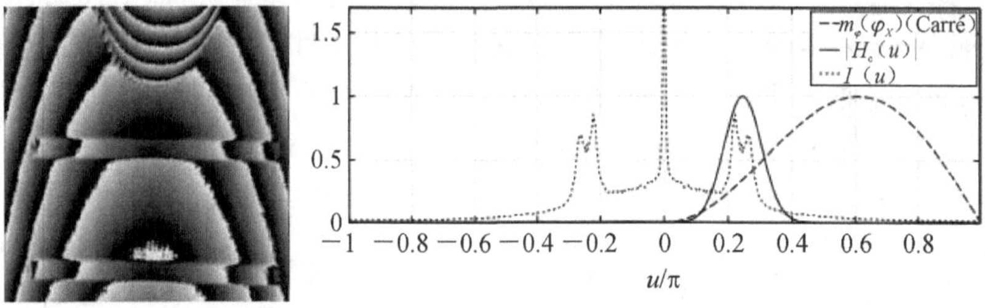

(a)　　　　(b)

图 4.7　(a)使用 Carré 算法计算图 4.5(a)中的相位 φ_W；(b)Carré 算法输出的振幅 $m_\varphi(\varphi_x)$和使用在图 4.5(a)的同步滤波器 $|H_c|$。同时也给出了干涉图的频谱 $I(u)$

综上所述，由第 3 章的结论可知，非线性自调方法可由线性可调滤波器结合非线性空域频率估计算子进行构造。例如，首先构造在一般频率 $\boldsymbol{q}=(\varphi_x,\varphi_y)$[方程(4.38)]处谐振的高斯带通滤波器，然后在处理条纹图时，使该一般频率与条纹图的局部频率相适应。

4.2.5　傅里叶变换条纹分析方法

Takepa[8,120]发展的傅里叶条纹图分析方法属于另一种空间同步技术。其方法最初基于一维线性载波，但又很快被拓展至整个二维层面上的条纹分析之中[133,134]。继续采用前面的符号表示方法，一般的线性载波干涉图可表示为

$$I(\boldsymbol{r}) = a(\boldsymbol{r}) + b(\boldsymbol{r})\cos[\varphi(r) + \boldsymbol{q}_0 \cdot \boldsymbol{r}] \tag{4.69}$$

式中：$\boldsymbol{q}_0=(u_0,v_0)$为二维载波向量。注意到，此时处理的是整个 $N\times M$ 的图像，具有很大数目的采样值，例如，通常 $N,M\geqslant 100$ 像素。将方程(4.69)重写为复数形式，可得

$$I(\boldsymbol{r}) = a(r) + I_\varphi^*(\boldsymbol{r})\mathrm{e}^{\mathrm{i}\boldsymbol{q}_0\cdot\boldsymbol{r}} + I_\varphi(\boldsymbol{r})\mathrm{e}^{-\mathrm{i}\boldsymbol{q}_0\cdot\boldsymbol{r}} \tag{4.70}$$

上面干涉图的解析信号表示为

$$I_\varphi(\boldsymbol{r}) = \frac{b}{2}\mathrm{e}^{-\mathrm{i}\varphi(\boldsymbol{r})} \tag{4.71}$$

对方程(4.69)进行傅里叶变换，可得

$$I(\boldsymbol{q}) = a(\boldsymbol{q}) + I_\varphi(\boldsymbol{q}-\boldsymbol{q}_0) + I_\varphi^*(\boldsymbol{q}+\boldsymbol{q}_0) \tag{4.72}$$

假定上式中交流信号中的 b 为常数，且允许直流量具有一定的空间变化。同前，引入载波向量 $\boldsymbol{q}_0$ 可实现两个旁瓣信号 $I_\varphi(\boldsymbol{r})\mathrm{e}^{-\mathrm{i}\boldsymbol{q}_0\cdot\boldsymbol{r}}$和 $I_\varphi^*(\boldsymbol{r})\mathrm{e}^{\mathrm{i}\boldsymbol{q}_0\cdot\boldsymbol{r}}$在空间上的有效分离，否则其在频率空
165 间上是混叠的。为了实现该分离，可使用中心频率为 $\boldsymbol{q}_0$ 的带通滤波器 $H_C(\boldsymbol{q})$，此时分离的解析信号的频谱为

$$I_{\varphi}(\boldsymbol{q}-\boldsymbol{q}_0)=H_c(\boldsymbol{q})I(\boldsymbol{q})=\mathcal{F}\left\{A_0\exp[-\mathrm{i}\varphi(\boldsymbol{r})+\mathrm{i}\boldsymbol{q}_0\cdot\boldsymbol{r}]\right\} \tag{4.73}$$

由此，恢复相位为

$$\varphi_W(r)=\arg(\{\mathcal{F}^{-1}[I_{\varphi}(\boldsymbol{q}-\boldsymbol{q}_0)]\exp(-\mathrm{i}\boldsymbol{q}_0\cdot\boldsymbol{r})\}^*) \tag{4.74}$$

这里没有按照 Takeda 的方法移动旁瓣 $I_{\varphi}(\boldsymbol{q}-\boldsymbol{q}_0)$，而是使用载波 $C(r)=\exp(\mathrm{i}\boldsymbol{q}_0\cdot\boldsymbol{r})$ 去除了线性项。从前面可知，带通滤波器可容易地通过将方程(4.38)表示的低通滤波器移至空间频率 $\boldsymbol{q}=\boldsymbol{q}_0$ 处进行构建。在傅里叶变换方法中，带通滤波器 H_c 可看作线性正交滤波器，其可实现提取干涉图解析信号的目的。一般地，使用傅里叶变换技术在处理速度上有明显的优势，但也引起了新的误差源，如边界效应、处理模板，或者一般因为干涉图中的不连续区域等而产生的问题。当应用傅里叶变换方法时，首要考虑的问题是该方法可在多大程度上允许干涉图具有空域变化。$I_{\varphi}(\boldsymbol{q})$ 的宽度由干涉图在空间上的频率组成决定。如果将干涉图整个相位表示为 $\phi=\varphi+\boldsymbol{q}_0\cdot\boldsymbol{r}$，则在 u 方向上，该旁瓣频率的最小值 $u_{\min}$、最大值 $u_{\max}$ 分别为

$$u_{\min}\approx\phi_{x,\min}=u_0-\left|\frac{\partial\varphi}{\partial x}\right|_{\max} \tag{4.75}$$

和

$$u_{\max}\approx\phi_{x,\max}=u_0+\left|\frac{\partial\varphi}{\partial x}\right|_{\max} \tag{4.76}$$

因此，根据经验，载波必须足够大，以满足 $u_{\min}\gg0$，此时需

$$u_0\gg\left|\frac{\partial\varphi}{\partial x}\right|_{\max} \tag{4.77}$$

按照 4.2.1 节的定量推导，在垂直方向上，空间频率同样需满足

$$v_0\gg\left|\frac{\partial\varphi}{\partial y}\right|_{\max} \tag{4.78}$$

在二维，该条件表示为

$$|q_0|\gg R \tag{4.79}$$

式中：$R\approx\left|\frac{\mathrm{d}\varphi}{\mathrm{d}\rho}\right|_{\max}=\left|\sqrt{\varphi_x^2+\varphi_y^2}\right|_{\max}$。在后续的研究工作中，Takeda[120] 将该方法应用于条纹轮廓测量技术。由于此时存在着谐波，因此其过程产生了新的重要情况。例如在投影二值条纹图的场合中，照度不再呈正弦规律分布，其可被表述为不同谐波分量的线性组合：

$$I(\boldsymbol{r})=a+\sum_{n=1}^{\infty}b_n\cos[n(\varphi+\boldsymbol{q}_0\cdot\boldsymbol{r})] \tag{4.80}$$

其复数形式的表达式为 166

$$I(\boldsymbol{r})=\sum_{n=-\infty}^{\infty}I_{n\varphi}(\boldsymbol{r})\exp(\mathrm{i}n\boldsymbol{q}_0\cdot\boldsymbol{r}) \tag{4.81}$$

式中：

$$I_{n\varphi}(\boldsymbol{r})=\frac{b_n}{2}\mathrm{e}^{-\mathrm{i}n\varphi(\boldsymbol{r})} \tag{4.82}$$

为第 n 次谐波的解析信号。将上面含有大量谐波的干涉图变换到频域有

$$I(\boldsymbol{q})=\sum_{n=-\infty}^{\infty}I_{n\varphi}(\boldsymbol{q}-n\boldsymbol{q}_0) \tag{4.83}$$

同前，载波将谐波分为两个旁瓣，分别位于 $\boldsymbol{q}=|n|\boldsymbol{q}_0$ 和 $\boldsymbol{q}=-|n|\boldsymbol{q}_0$ 处。原理上，使用合适的

带通滤波器，若其中心频率为 $n\boldsymbol{q}_0$，可以滤除其中任一谐波量，即可恢复测量相位。然而，谐波的振幅 b_n 随 n 迅速衰减，同样由第 n 次谐波计算的相位的信噪比亦是如此。因此，在实际应用中，通常设计带通滤波器 H_c 时，仅考虑滤除 $n=1$ 的谐波即可：

$$I_{1_\varphi}(\boldsymbol{q}-\boldsymbol{q}_0) = H_c(\boldsymbol{q})I(\boldsymbol{q}) = \mathcal{F}\left\{A_0\exp[-\mathrm{i}\varphi(\boldsymbol{r})+\mathrm{i}\boldsymbol{q}_0\cdot\boldsymbol{r}]\right\} \tag{4.84}$$

对上式进行反傅里叶变换，可得相位为

$$\varphi_W(r) = \arg(\left\{\mathcal{F}^{-1}[I_{1_\varphi}(\boldsymbol{q}-\boldsymbol{q}_0)]\exp(-\mathrm{i}\boldsymbol{q}_0\cdot\boldsymbol{r})\right\}^*) \tag{4.85}$$

考虑到 $\phi_n=n(\varphi+\boldsymbol{q}_0\cdot\boldsymbol{r})$为每一谐波的相位，则 n 次谐波在 u 方向上的谱宽度为

$$\Delta n \approx \left|\frac{\partial(n\varphi)}{\partial x}\right|_{\max} = n\Delta_0 \tag{4.86}$$

相位的最大变化由载波决定，因此，载波必须足够大，才能避免一次谐波与其他谐波相互交叠，该条件可表述为

$$u_0 + \left|\frac{\partial\varphi}{\partial x}\right|_{\max} > n\left(u_0 - \left|\frac{\partial\varphi}{\partial x}\right|_{\max}\right),\quad n>1 \tag{4.87}$$

进而，可得

$$\left|\frac{\partial\varphi}{\partial x}\right|_{\max} < \left(\frac{n-1}{n+1}\right)u_0 \tag{4.88}$$

上面的因子$(n-1)/(n+1)$是单调递增的，其下限在 $n=2$ 时取得，则有

$$\left|\frac{\partial\varphi}{\partial x}\right|_{\max} < \frac{u_0}{3} \tag{4.89}$$

前面的讨论均隐含地假定空间采样频率非常高。实际上，采样对傅里叶变换方法影响很大，特别是在处理谐波时。第 1 章讨论了空间采样将连续信号的频谱变换为周期谱的过
167 程。因此，当出现谐波时，不仅要关心谐波之间的交叠，也要注意到混淆作用[135]。傅里叶变换的另一个重要的问题在于，拍摄的图像不能无限大。在实际中，通常处理的图像是离散的、有限大小的图像。此时，干涉图可视为无限长序列与空间窗 $w(\boldsymbol{r})$的乘积：

$$I_w(\boldsymbol{r}) = w(\boldsymbol{r})I(\boldsymbol{r}) \tag{4.90}$$

其傅里叶变换为

$$I_w(\boldsymbol{q}) = I(\boldsymbol{q}) * w(\boldsymbol{q}) \tag{4.91}$$

因而可见，上面数字图像的频谱与空间窗的频谱在频域进行了卷积运算，即通过空间窗的截断约束了数字图像的大小。最简单的窗函数为 $N\times M$ 的矩形窗，但一般窗函数 $w(\boldsymbol{r})$可以是任意形状的。经验上，如果图像较大，即 $N,M\geqslant 100$，且 $w(\boldsymbol{r})$接近于矩形采样窗，则可使用近似条件：$w(\boldsymbol{q})\approx\delta(\boldsymbol{q})$，从而满足所谓的单调窗条件[136]。否则，必须考虑由于加窗产生的影响作用。由于 $w(\boldsymbol{r})$不连续，其频谱 $w(\boldsymbol{q})$含有零点，因此不能直接进行解卷积运算。此时可使用迭代的方法[137]，在模板外对加窗后的干涉图进行外插。也可使用迭代运算，直接对由傅里叶变换方法得到的相位进行细化[138-139]。

图 4.8 给出了对图 4.5 中的线性载波干涉图应用傅里叶变换方法得到的结果。中间的图为干涉图 $I(\boldsymbol{q})$的频谱。从图中清楚地可见，两个谱瓣 $I_\varphi(\boldsymbol{q}-\boldsymbol{q}_0)$和 $I_\varphi^*(\boldsymbol{q}+\boldsymbol{q}_0)$相对原点对称分布。白色圆圈表示了用于分离谱瓣 $I_\varphi(\boldsymbol{q}-\boldsymbol{q}_0)$的高斯带通滤波器的位置和大小。

从图可见，图 4.8 解调的相位与图 4.5 的结果非常相似。这主要是因为同步解调和傅
168 里叶变换方法本质上是同一方法的不同形式而已。在第一种方法中，通过空间参考载波致

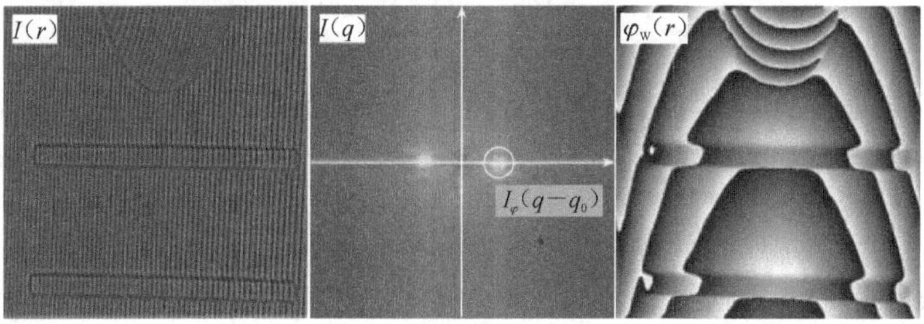

图 4.8　傅里叶变换方法的应用示例。$I(\boldsymbol{q})$为线性载波干涉图 $I(\boldsymbol{r})$的频谱。高斯带通滤波器的位置和大小已用白色圆圈标记，其用于实现分离谱瓣 $I_\varphi(\boldsymbol{q}-\boldsymbol{q}_0)$。最后一张为解调的相位 $\varphi_W(\boldsymbol{r})$。该例为移动滤波器解调相位的典型例子，可与图 4.5 的结果进行比较

使信号的频谱进行移动，然后应用低通滤波。而第二种方法采用空间参考载波使低通滤波器的频谱迁移，形成了带通滤波器，进而滤除了信号频谱。原理上，移动信号的方法相比移动滤波器的方法没有任何的优势。然而，从后面正则化正交滤波器章节的内容可知，使用移动信号的方法具有绝对优势。在另一方面，通过对每一相位使用不同的载波，移动滤波器的方法可实现一帧干涉图中多个调制相位的混合编码。这表明，傅里叶变换方法可非常有效地使用已有的频谱带宽。

莫尔偏折术是复用频率空间的典型例子[140]。该技术使用矩形光栅将两个镜头获得的正交的偏折向在一帧干涉图内进行了混合编码。其矩形光栅可由两个线性光栅相互交叠(通常90°)得到。在文献[140]中介绍了莫尔偏折术的测量装置，其包含两个相距一定距离的矩形光栅和一个放置在第一光栅前的镜头。此时，产生的干涉图可表示为两个二值条纹的乘积：

$$I(\boldsymbol{r}) = \left[\sum_{n=-\infty}^{\infty} I_{n\alpha}\exp(\mathrm{i}n\boldsymbol{q}_1\cdot\boldsymbol{r})\right]\left[\sum_{m=-\infty}^{\infty} I_{m\beta}\exp(\mathrm{i}n\boldsymbol{q}_2\cdot\boldsymbol{r})\right] \tag{4.92}$$

式中：

$$\begin{aligned} I_{n\alpha}(\boldsymbol{r}) &= \frac{b_n}{2}\mathrm{e}^{-\mathrm{i}n\alpha(\boldsymbol{r})} \\ I_{m\beta}(\boldsymbol{r}) &= \frac{b_m}{2}\mathrm{e}^{-\mathrm{i}m\beta(\boldsymbol{r})} \end{aligned} \tag{4.93}$$

为各次谐波的解析信号；α 和 β 分别为测量的两个偏折相位；$\boldsymbol{q}_1$ 和 $\boldsymbol{q}_2$ 为两个载波。对于矩形光栅，该两个载波是正交的，因此满足 $\boldsymbol{q}_1\cdot\boldsymbol{q}_2=0$，从而可更好地利用频谱带宽，并使谱量交叠的影响最小化。将方程(4.92)展开可得

$$\begin{aligned} I(\boldsymbol{r}) = &\frac{b_0^2}{4} + \frac{b_0}{2}I_{1\alpha}(\boldsymbol{r})\exp(\mathrm{i}\boldsymbol{q}_1\cdot\boldsymbol{r}) + \frac{b_0}{2}I_{1\beta}(\boldsymbol{r})\exp(\mathrm{i}\boldsymbol{q}_2\cdot\boldsymbol{r}) \\ &+ I_{1\alpha}(\boldsymbol{r})I_{1\beta}(\boldsymbol{r})\exp[\mathrm{i}(\boldsymbol{q}_1+\boldsymbol{q}_2)\cdot\boldsymbol{r}] + \cdots \end{aligned} \tag{4.94}$$

其傅里叶变换为

$$I(\boldsymbol{q}) = \frac{b_0^2}{4}\delta(\boldsymbol{q}) + \frac{b_0}{2}I_{1\alpha}(\boldsymbol{q}-\boldsymbol{q}_1) + \frac{b_0}{2}I_{1\beta}(\boldsymbol{q}-\boldsymbol{q}_2) + \cdots \tag{4.95}$$

如果两个载波 $\boldsymbol{q}_1$ 和 $\boldsymbol{q}_2$ 设计恰当，两个谱瓣 $I_{1\alpha}(\boldsymbol{q})$和 $I_{1\beta}(\boldsymbol{q})$分别可由两个中心频率为 q_1 和 q_2 的带通滤波器 H_{1c}和 H_{2c}进行分离。同前分析，此时由带通滤波器得到的与一次谐波有关的两个解析信号为

169
$$
\begin{aligned}
I_{1\alpha}(\boldsymbol{q}-\boldsymbol{q}_1) &= H_{1c}(\boldsymbol{q})I(\boldsymbol{q}) = \mathcal{F}\{A_0\exp[-\mathrm{i}\alpha(\boldsymbol{r})+\mathrm{i}\boldsymbol{q}_1\cdot\boldsymbol{r}]\} \\
I_{1\beta}(\boldsymbol{q}-\boldsymbol{q}_2) &= H_{2c}(\boldsymbol{q})I(\boldsymbol{q}) = \mathcal{F}\{A_0\exp[-\mathrm{i}\beta(\boldsymbol{r})+\mathrm{i}\boldsymbol{q}_2\cdot\boldsymbol{r}]\}
\end{aligned}
\tag{4.96}
$$

据此，利用方程(4.74)，可得相图 $\alpha_W(\boldsymbol{r})$ 和 $\beta_W(\boldsymbol{r})$。在图 4.9(a)给出了渐变镜头的莫尔偏折图 $I(\boldsymbol{r})$，其采集时使用了矩形光栅。在 $I(\boldsymbol{r})$ 中，含有两套莫尔条纹系统，其由形成矩形光栅的两个线性光栅分别产生。每一组莫尔系统即为一帧线性载波干涉图，其频谱由常见的两个谱瓣与谐波组成。两套莫尔系统之积则产生了四个主瓣和相应的串挠的谐波分量。图 4.9(a)清楚地表示了四个主瓣。两个白色圆圈标记了两个带通滤波器的位置和大小，它们分别分离了谱瓣 $I_{1\alpha}(\boldsymbol{q}-\boldsymbol{q}_1)$ 和 $I_{1\beta}(\boldsymbol{q}-\boldsymbol{q}_2)$。图 4.9 给出了得到的相位 $\alpha(\boldsymbol{r})$ 和 $\beta(\boldsymbol{r})$，它们根据向量 $I_{1\alpha}(\boldsymbol{r})$ 和 $I_{1\beta}(\boldsymbol{r})$ 由方程(4.74)得到。

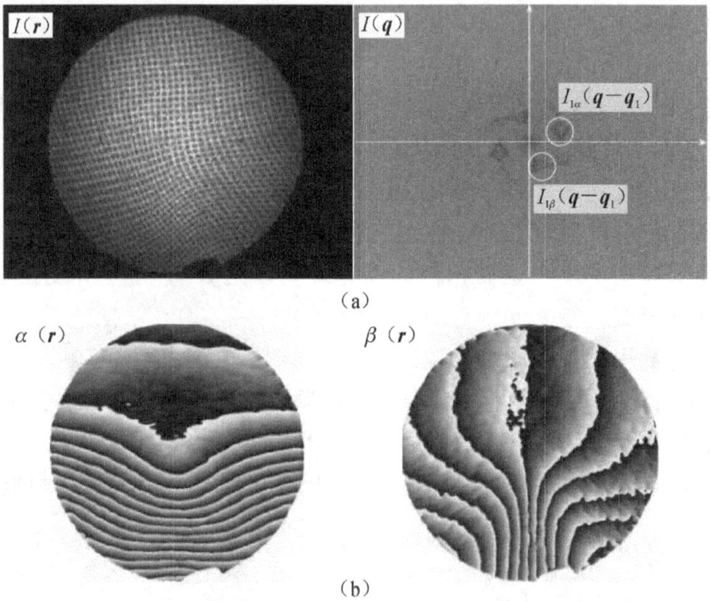

图 4.9　傅里叶变换方法应用于复合条纹图的例子。(a)90°交错光栅形成的偏折干涉图，其实际由两个含有正交载波的两套莫尔系统形成。每一载波为垂直和水平偏折角产生了相应的谱瓣，分别标记为 $I_{1\alpha}(\boldsymbol{q}-\boldsymbol{q}_1)$ 和 $I_{1\beta}(\boldsymbol{q}-\boldsymbol{q}_2)$。白色圆圈表示了用于解调相位的带通滤波器的位置。(b)由每一谱瓣得到的相位。可见，由于边界的不连续产生了相图的边界效应

170　4.2.6　条纹图空-频分析方法

至此，已经讨论了解调载波干涉图的两大类方法：空域方法和频域方法。空域方法本质上是局部的，因此解调误差不会从其误差源向远处传递。例如，与边界有关的误差仅产生在边界处。相反地，其方法易受噪声的影响，根据测不准原理，滤波器在空间范围越小，其谱带越宽，从而导致噪声易于通过，通常产生宽带信号。在另一方面，对于傅里叶变换方法而言，可以使用窄带正交滤波器滤除噪声，但此时信号在空间上不在局部化，且边界效应非常明显，并远远超出了边界以外。总之，须在空域误差局部化与噪声滤除之间权衡处理。

那么，是否存在着一种兼具二者方法优点的技术：即该技术空域局部化好，且噪声滤除能力强。对此，可以考虑空-频分析方法[125-126,141-142]。在该方法中，可调正交带通滤波器对每一点进行处理，同时搜索滤波器的谐振频率。从而在最大输出响应处获得局部空域频率

$\varphi_x(\boldsymbol{r})$。继而，使用该瞬时空间频率进行积分或将其用作线性正交相变频率的调谐频率。因为高斯滤波器具有最小的海森伯窗，通常选择其作为滤波器。采用专业的术语，就使用一小系列空域频率而言，称其为滤波带组[126]，如果采用的空域频率是连续变化的，即为短时傅里叶变换（windowed Fourier transform，WFT）[143]或小波变换[125,142]。空-频分析的性能良好，但也需要很高的计算成本。傅里叶变换的方法或空域的方法仅需要与单个滤波器进行卷积运算，然而，空-频方法则必须将干涉图与 K 个滤波器在每一空间位置进行卷积，从而搜寻到需要的结果。其中，K 的值与需要的频率分辨率有关。

下面讨论在一维情况下采用短时傅里叶变换的表示方法[141]。一般，一维线性干涉图可被表述为

$$I(x) = a + b\cos[\varphi(x) + u_0 x] \tag{4.97}$$

其短时傅里叶变换定义为

$$I(n,\xi) = \int_{-\infty}^{\infty} I(x)w(x-n)\exp(-\mathrm{i}x\xi)\mathrm{d}x \tag{4.98}$$

这里 $w(x)$ 为窗函数，具有有限空间支撑。对于给定的位置 n，$I(n,\xi)$ 表示由移动窗 $w(x-n)$ 从干涉图中截取的一小部分干涉图的频谱。采用空-频描述法的合理性在于：干涉图在局部上的频谱更容易解释，且主要的空间频率在此时即为瞬时空间频率。例如，在局部空域单调的情况下，对于小邻域而言，其频谱由位于瞬时频率处的两个 δ 谱瓣组成。前已提及，由于高斯窗具有最小的海森伯窗[方程(4.42)]，一般地，短时傅里叶变换的窗函数常常选用高斯 171
窗，其表示为

$$w(x) = \exp\left(-\frac{x^2}{2\sigma_x^2}\right) \tag{4.99}$$

因为窗函数为偶函数，则短时傅里叶变换可重写为

$$I(n,\xi) = \int_{-\infty}^{\infty} I(x)w(n-x)\exp[\mathrm{i}\xi(n-x)]\exp(-\mathrm{i}\xi n)\mathrm{d}x \tag{4.100}$$

采样卷积形式可表述为

$$I(n,\xi) = \exp(-\mathrm{i}\xi n)[I(x) * \mathrm{h_g}(x,\xi)] \tag{4.101}$$

这里：

$$\mathrm{h_g}(x,\xi) = w(x)\exp(\mathrm{i}x\xi) \tag{4.102}$$

上式即为 Gabor 滤波器，ξ 为调谐频率，其频谱为

$$H_{\mathrm{g}}(u,\xi) = w(u-\xi) \tag{4.103}$$

由此可清楚地理解调谐频率 ξ 的作用。Gabor 滤波器为品质优良的正交滤波器，其调谐频率和标准差在调谐频率 ξ 处满足正交条件。对于 Gabor 滤波器而言，根据其定义可知 $H_{\mathrm{g}}(\xi,\xi)=\dfrac{1}{2\pi\sigma}\neq 0$，因此上面正交条件可表示为 $H_{\mathrm{g}}(0,\xi)\approx 0$ 和 $H_{\mathrm{g}}(-\xi,\xi)\approx 0$。进而，按照该观点可知，短时傅里叶变换的模：

$$m(n,\xi) = |I(n,\xi)| \tag{4.104}$$

上式可解释为：短时傅里叶变换的模是 Gabor 滤波器 $\mathrm{h_g}(x,\xi)$ 与 $x=n$ 处每一空间频率在局部相匹配的结果。如果干涉图在局部上是空间单调的，则最大响应出现在瞬时频率处，因此，对于线性载波干涉图有

$$\phi_x(x) = \varphi_x(x) + u_0 = \arg\max_{\xi} m(x,\xi) \tag{4.105}$$

若已得到瞬时局部频率，此时，可由积分的方法恢复相位。也可使用 $\varphi_x(x)$ 作为 Gabor 滤波器的局部调谐频率，再按照 4.2.4 节的方法提取相位。因此可得解析信号为

$$I(x) * \mathrm{h}_g[x, \phi_x(x)] = A_0 \exp[\mathrm{i}\varphi(x) + \mathrm{i}u_0 x] \tag{4.106}$$

进而，相位为

$$W[\varphi(x) + u_0 x] = \arg\{I(x) * \mathrm{h}_g[x, \phi_x(x)]\} \tag{4.107}$$

将干涉图表示为下式，可直接把空-频分析的方法推广至二维情形：

$$I(\boldsymbol{r}) = a + b\cos[\varphi(\boldsymbol{r}) + \boldsymbol{q}_0 \cdot \boldsymbol{r}] \tag{4.108}$$

172 式中：$q_0 = (u_0, v_0)$ 为载波，线性载波干涉图的二维短时傅里叶变换为四维信号：

$$I(s, \vartheta) = \iint_{-\infty}^{\infty} I(\boldsymbol{r})\, w(\boldsymbol{r} - \boldsymbol{s}) \exp(-\mathrm{i}\boldsymbol{r}\boldsymbol{\vartheta})\, \mathrm{d}x\mathrm{d}y \tag{4.109}$$

这里 $\boldsymbol{s} = (n, m)$ 和 $\boldsymbol{\vartheta} = (\xi, \eta)$ 分别为空间位置和频移向量。同样，短时傅里叶变换可被解释为干涉图与二维 Gabor 滤波器（在 $\boldsymbol{q} = \boldsymbol{\vartheta}$ 谐振处）的卷积，其中二维 Gabor 滤波器表示为

$$\mathrm{h}_g(\boldsymbol{r}, \boldsymbol{\vartheta}) = w(\boldsymbol{r}) \exp(\mathrm{i}\boldsymbol{r}\boldsymbol{\vartheta}) \tag{4.110}$$

为了得到局部空间频率，可搜索每一位置 $\boldsymbol{s} = (n, m)$ 上空域频率 $\boldsymbol{\vartheta} = (\xi, \eta)$ 的最大值，其可使四维信号 $\boldsymbol{I} = (\boldsymbol{s}, \boldsymbol{\vartheta})$ 的振幅达到最大：

$$\nabla\phi(\boldsymbol{r}) = \nabla\varphi + \boldsymbol{q}_0 = \arg\max_{\vartheta} | I(\boldsymbol{s}, \boldsymbol{\vartheta}) | \tag{4.111}$$

若已获得空域频率，可使用在空间频率 $\nabla\varphi(r)$ 处谐振的 Gabor 滤波器恢复相位。恢复的解析信号为

$$I(x) * \mathrm{h}_g[\boldsymbol{r}, \nabla\varphi(\boldsymbol{r})] = A_0 \exp[\mathrm{i}\varphi(x) + \mathrm{i}\boldsymbol{q}_0 \cdot \boldsymbol{r}] \tag{4.112}$$

进而得相位为

$$W[\varphi(\boldsymbol{r}) + \boldsymbol{q}_0 \cdot \boldsymbol{r}] = \arg\{I(\boldsymbol{r}) * \mathrm{h}_g[\boldsymbol{r}, \nabla\phi(r)]\} \tag{4.113}$$

严格地将空-频分析的方法推广至二维是显而易见的。然而，其过程计算量非常大。如果将空间频率组成的空间离散成 $L \times L$ 个采样点，实现方程（4.109）意味着需要 L^2 次空域卷积。在另一方面，搜寻空间频率 $\boldsymbol{\vartheta}$，满足位置 $\boldsymbol{s}$ 处 $|I(\boldsymbol{s}, \boldsymbol{\vartheta})|$ 有最大值的过程为二维搜索，其过程若出现噪声时将变得非常复杂。因此，空-频分析通常逐行地采用一维公式的形式。图 4.10给出了短时傅里叶变换应用于图 4.9 莫尔偏折图时得到的解调结果。此例中，图像大
173 小为 494×652 像素，高斯窗的标准差取：$\sigma_x = \sigma_y = 20$ 像素，图 4.9 中谱瓣 $I_{1\alpha}(\boldsymbol{q} - \boldsymbol{q}_1)$ 和 $I_{1\beta}(\boldsymbol{q} - \boldsymbol{q}_2)$ 的采样栅格大小为 20×20 像素。可见，该方法得到了很好的结果，特别是在边界处。但是为了获得该结果需要对每一谱瓣卷积 400 次，而不是傅里叶变换方法中对每一谱

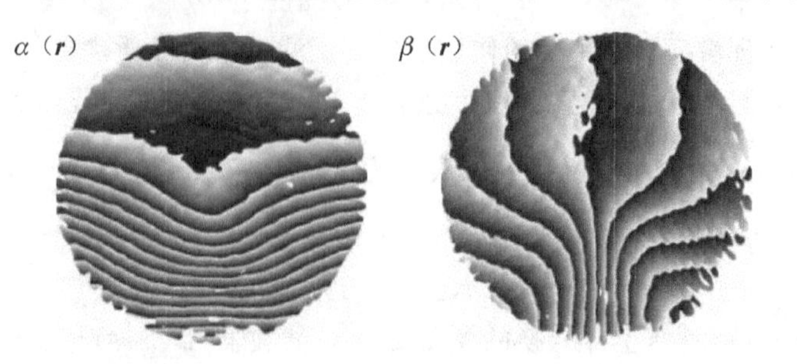

（a）　　　　（b）

图 4.10　短时傅里叶变换处理图 4.9 莫尔偏折图的结果。此时相对图 4.9，边界效应得到了很好的改善

瓣仅需卷积 1 次。在结束短时傅里叶变换方法之前，须指出文献[141]对将短时傅里叶变换应用于干涉图分析进行了很好的总结，其还包括了其他的空-频分析方法。

4.3 圆空域载波

4.3.1 圆载波干涉图

在实验中，4.2.1 节介绍的线性载波非常适合相位接近于平面的干涉图[根据方程(4.8)和(4.10)]。然而，也存在着测量相位非常接近回转面函数的情况，如球面[144]或锥面[9,145]。在这些测量例子中，载波相位最好采用理想的径向函数：$\phi_c=f(\rho)$，其中 $\rho^2=x^2+y^2$，为径向距离。Garcia-Marquez 等[144]首次提出使用圆载波解调准圆形干涉图的方法，即在斐索干涉仪中使用了球参考面（牛顿环）。在该工作中，Garcia-Marquez 等使用的抛物线载波的相位为

$$c(\rho)=D\rho^2 \tag{4.114}$$

其中参数 D 用于调节原点处的曲率。圆载波的另一种非常有意义的形式可采用圆锥相位。Servin[9,145]使用圆锥相位分析了角膜形貌(corneal topography)测量方法中的 Placido 角膜环形图像。在该方法中，其圆锥载波为

$$c(\rho)=\omega_0\rho \tag{4.115}$$

式中：ω_0 为径向空间载波。

图 4.11 给出了与图 4.1 具有相同调制相位的载波干涉图，但此时分别使用了圆锥载波和抛物线载波。在原理上，二者非常相似（均为环形条纹），但是，两个载波相位的谱特性完全不同，因此解调的结果也完全不同。

174

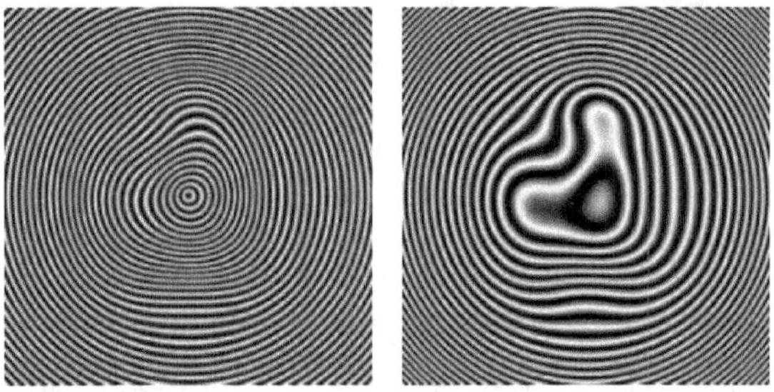

(a)　　(b)

图 4.11　(a)圆锥载波干涉图；(b)抛物线载波干涉图。两者含有相同调制相位

直接采用前面线性载波时的量化参数，如果使用条纹跟踪的方法分析圆形干涉图，首先需要根据已指定条纹级数 n 的亮、暗条纹确定其位置 (x_k, y_k)，从而可得这些点的调制相位为

$$\varphi(x_k,y_k)=n\pi-c(x_k,y_k) \tag{4.116}$$

如果相位是光滑的，则条纹级数是连续的，且在径向上整个相位是单调的

$$\frac{\mathrm{d}[\varphi+c(\rho)]}{\mathrm{d}\rho}>0 \tag{4.117}$$

如果已经正确标记了条纹级数，圆载波的第二个条件要求需要对干涉图进行正确采样，因此，每个采样在径向上的相位变化必须小于 π：

$$\left|\frac{\mathrm{d}[\varphi + c(\rho)]}{\mathrm{d}\rho}\right| < \pi \tag{4.118}$$

上面两个方程分别表示了圆锥和抛物线的参数条件，对于抛物线载波相位有

$$D \gg \left|\frac{1}{2\rho}\frac{\partial \varphi}{\partial \rho}\right|_{\max} = \left|\frac{1}{2\rho}(\varphi_x \cos\theta + \varphi_y \sin\theta)\right|_{\max} \tag{4.119}$$

对于圆锥载波有

$$\omega_0 \gg \left|\frac{\partial \varphi}{\partial \rho}\right|_{\max} = |\varphi_x \cos\theta + \varphi_y \sin\theta|_{\max} \tag{4.120}$$

式中：θ 为极角，即极径与极轴的夹角。

4.3.2　圆载波同步探测技术

本节对前面的定性分析进行公式推导。设圆载波干涉图可表示为

$$I(\boldsymbol{r}) = a + b\cos[\varphi(r) + c(\rho)] \tag{4.121}$$

按照同步方法，并使用下面复参考载波信号解调相位：

$$C(\boldsymbol{r}) = \exp[\mathrm{i}c(\rho)] \tag{4.122}$$

175 则由下面乘积运算可得已调干涉图为

$$I_c(\boldsymbol{r}) = I(\boldsymbol{r})C(\boldsymbol{r}) = a\exp[\mathrm{i}c(\rho)] + \frac{1}{2}b\exp[2\mathrm{i}c(\rho) + \varphi] + \frac{1}{2}b\exp(\varphi) \tag{4.123}$$

上式得到的两个高频谱瓣分别表示为 $A_c = a\exp[\mathrm{i}c(\rho)]$ 和 $B_c = \frac{1}{2}b\exp[2\mathrm{i}c(\rho)+\varphi]$，而感兴趣的低频信号为 $I_\varphi = \frac{1}{2}b\exp(\varphi)$。同步技术的关键点在于要求载波 $C(\rho)$ 为一带限信号。若满足此条件，上面三项可在频域完全分离。对于抛物线载波 $c(\rho) = D\rho^2$，两个高频谱瓣的空间频率分别为

$$q_A(\boldsymbol{r}) = \nabla[\arg(A_c)] = 2\boldsymbol{D} \cdot \boldsymbol{r} \tag{4.124}$$

和

$$q_B(\boldsymbol{r}) = \nabla[\arg(B_c)] = 4\boldsymbol{D} \cdot \boldsymbol{r} + \nabla\varphi \tag{4.125}$$

式中：$r = (x, y)$ 为位置向量，其原点在圆载波的中心。如上面两个方程所表明的，两个高频谱瓣在低频区域发生了交叠，且与解析信号 I_φ(其以低空间频率为中心频率)有交叠。因此，若采用抛物线载波，是不能使用线性滤波器分离的该三个谱瓣。此时有必要采用迭代的方法估计解析信号 $I_\varphi = \frac{1}{2}b\exp(\varphi)$[144]。在另一方面，圆锥载波 $c(\rho) = \omega_0\rho$ 只有单一的空间频率 $|\boldsymbol{q}| = \omega_0$，三个谱瓣 A_c、B_c 和 I_φ 均为带限信号，分别位于 $|\boldsymbol{q}| = \omega_0$、$|\boldsymbol{q}| = 2\omega_0$ 和 $|\boldsymbol{q}| = 0$ 处。与线性载波方法相同，避免三个谱瓣间相互交叠的主要条件为

$$\omega_0 \gg \left|\frac{\partial \varphi}{\partial \rho}\right|_{\max} \tag{4.126}$$

为了说明其方法的性能，对图 4.11 的圆干涉图，分别使用了抛物性载波和圆锥载波，图 4.12 给出了方程(4.123)表示的已调干涉图 $I_c(\boldsymbol{r})$。图 4.12(a)和(b)分别为两种载波下，同步积的实部和 $I_c(\boldsymbol{r}) = I(\boldsymbol{r})C(\boldsymbol{r})$ 的傅里叶变换。可见，对于抛物线载波，三个谱瓣 A_c、B_c 和

I_φ 在低频段有交叠。而对于圆锥载波，三个谱瓣彼此之间完全分离，且解析信号 I_φ 处于低频区域的中心。

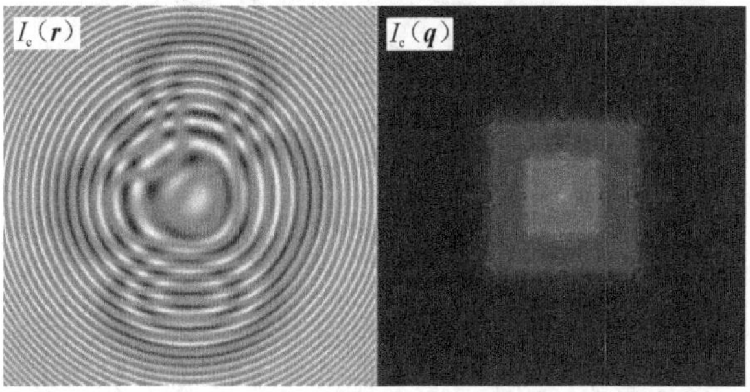

(a)

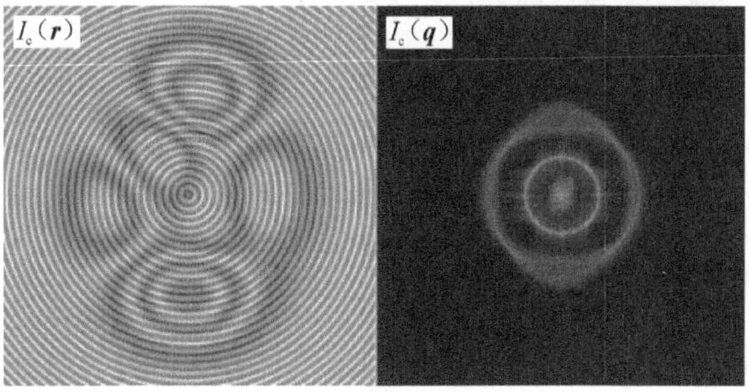

(b)

图 4.12　圆载波同步解调：(a)抛物线载波时，I_c 的实部及其傅里叶变换；(b)圆锥载波时的结果。可见，只有圆锥载波可分离三个谱瓣，进而能使用线性低通滤波器恢复解析信号 $I_\varphi = A_0 \exp(\varphi)$

与线性同步技术相同，解析信号可通过对已调干涉图[方程(4.121)的 $I_c(r)$]低通滤波获得。同样，一般选择高斯低通滤波器：h_{LP}[见方程(4.40)]。此时，有

$$I_\varphi(\boldsymbol{q}) = I_c(\boldsymbol{q}) H_{LP}(\boldsymbol{q}) \tag{4.127}$$

由此得解析信号为

$$I_\varphi(\boldsymbol{r}) = \mathcal{F}^{-1}[I_\varphi(\boldsymbol{q})] = A_0 \exp(\varphi) \tag{4.128}$$

图 4.13 给出了图 4.11 应用上面方法的解调结果，它们分别采用了抛物线载波和圆锥载波。前已说明，只有圆锥载波[见图 4.13(b)]可将解析信号的谱瓣，从高频谱量中分离出 176
来。而对于抛物线载波的情况[见图 4.13(a)]，解调结果中含有调制相位和抛物线载波的混合信息，在图像中心清楚可见。

有趣的是，对于没有调制的圆锥载波干涉图 $I(\boldsymbol{r}) = a + b\cos(\omega_0 \rho)$，其谱瓣不是环形的 δ 信号。而频谱具有环形 δ 形状的二维干涉图为贝塞尔轮廓干涉图：$I(\boldsymbol{r}) = a + bJ_0(\omega_0 \rho)$，其傅里叶变换为圆形 δ 函数：$I(\boldsymbol{q}) = a\delta(\boldsymbol{q}) + \dfrac{b}{\omega_0}\delta(|\boldsymbol{q}| - \omega_0)$[145]。然而，未调制的圆锥载波重要的特性在于其频谱是带限信号，因而可从解析信号中分离载波的谱瓣。最后须指出，线性载波的方法对于载波沿着载波条纹的移动是不敏感的。与前面类似，对于圆载波方法而言，其相对圆载波的切向偏离也不敏感。换句话讲，圆载波的方法仅对 φ 径向的变化敏感[146]。

177

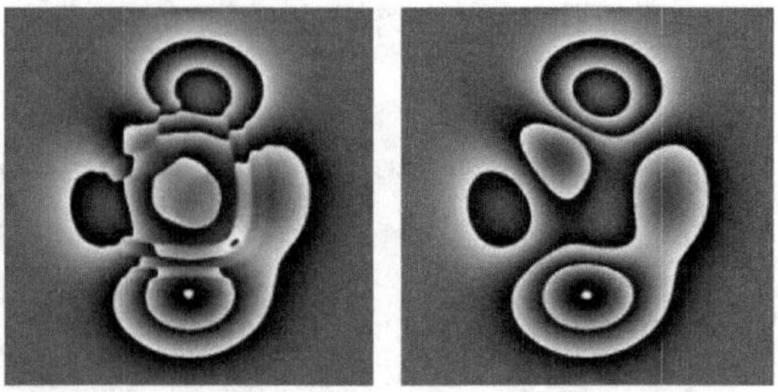

(a) (b)

图 4.13 圆载波同步解调的结果：(a)使用抛物线载波方法的解调结果；(b)使用圆锥载波的解调结果。可见，采用抛物线载波，使用低通滤波，不能有效地从抛物线载波中分离解析信号的谱瓣(图片影印已获得 OSA 授权)

4.4 二维逐点空间载波

4.4.1 逐点载波干涉图

前已述及，空间载波的方法对研究动态实验非常有效。该方法采用一帧图可完全恢复调制相位的信息。线性载波特别适合于相位接近平面的情况，而圆载波则适用于相位接近锥面的情况。然而对于这两种方法而言，其解调方法都隐含着是一维的处理过程(使用圆载波时，必须将干涉图转换成极坐标形式)，从而，二者均未能全面地使用已有的二维谱带宽，而充分利用其带宽，则在抑制由于光电探测器的非线性响应、增益饱合或多光束干涉等产生的谐波方面非常重要[13]。

在真正意义上使用二维载波，可对干涉图的每一像素按照需要的相位(属于$[0,2\pi]$ rad)方式进行相位调制，从而可更有效地利用已有的二维谱空间。假定每一点相位的移动不受其邻域串扰，此时，将这种引入空间相移的方式称为逐点载波的方法[10,147]。其方法为空间波前调制提供了新途径，且没有线性或圆锥载波的限制。逐点载波干涉图可表述为

$$I(\boldsymbol{r}) = a + b\cos[\varphi(\boldsymbol{r}) + c(\boldsymbol{r})] \tag{4.129}$$

上式中的载波相位可以形象地描述为调制相位模板，在模板内每一像素均产生了相应的相
178 位增量。Millerd[10]和 Novak 等[147]首次表述了逐点载波的方法，并使用了图 4.14 定义的 2×2超像素模板。在其方法中，超像素(或基块)周期地在整个 CCD(charge-coupled device，电荷耦合器件)中复现，从而为每一像素引入载波 $c(\boldsymbol{r})$(或相位模板)。

文献[10]、[147]提出的相位模板，可以使用与 CCD 像素排列一致的微偏振阵列实现，但该设计仅可产生如图 4.14 所示的超像素结构。文献[148]的作者提出了一种使用液晶空间光调制器的方法，结合液晶空间光调制器的灵活性，可产生几乎所有需要的相位模板。

对于使用如图 4.14 所示的超像素例子，可将所有的相移为 0 rad 的像素进行分类，从而产生一张没有载波的干涉图，其具有 0 rad 的全局相移。同理，也可对其他的超像素单元进行分类，最终，可以得到四张没有载波的相移干涉图(如图 4.15 所示)，它将 128×128 的逐点载波干涉图分成了四个 64×64 的具有 $\pi/2$ 相位增量的相移干涉图。

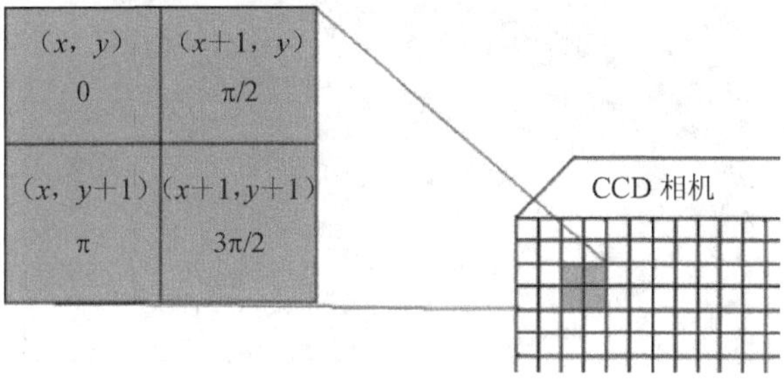

图 4.14 超像素相位模板。其通过超像素在整个 CCD 中周期地复现产生二维载波(图片影印已获得 OSA 授权)

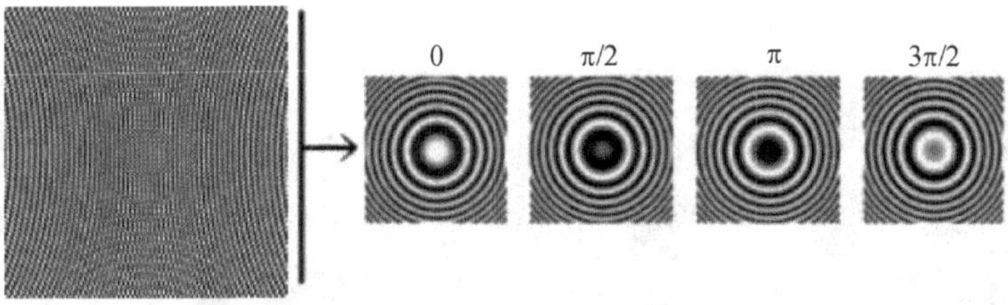

图 4.15 由逐点干涉图得到的四张相移为 $\pi/2$ 的干涉图。原干涉图大小为 128×128,而分离的四帧相移干涉图大小均为 64×64。其相移依次为 0、$\pi/2$、π 和 $3\pi/2$,分别对应了 $I(x,y)$、$I(x+1,y)$、$I(x,y+1)$ 和 $I(x+1,y+1)$(图片影印已获得 OSA 授权)

对于上面四帧相移干涉图应用四步相移算法,可得估计的超像素相位为 179

$$\begin{aligned}\hat{\varphi}(x,y) &= \arctan\left[\frac{I(0)-I(\pi)}{I(\pi/2)-I(3\pi/2)}\right] \\ &= \arctan\left[\frac{I(x,y)-I(x,y+1)}{I(x+1,y)-I(x+1,y+1)}\right] \qquad x,y=1,3,5,\cdots,N-1\end{aligned} \tag{4.130}$$

“^”表示解调相位为估计值。即使在理想、无噪声情况下,$\hat{\varphi}(\boldsymbol{r})$相对于理想值 $\varphi(\boldsymbol{r})$也具有很小的偏差。因为计算 $\hat{\varphi}$ 的四个像素不仅发生了相移,而且在空域也发生了移动,从而产生了失调误差。该失调误差与相位 $\varphi(\boldsymbol{r})$的空间变化有关。设与像素$(x,y+1)$相邻的相位可表示为 $\varphi(x,y+1)\approx\varphi(x,y)+\varphi_y(x,y)$,因此,理论上具有 π 相移的干涉图 $I(x,y+1)$的实际相移为 $\pi+\varphi_y(x,y)$。在使用方程(4.130)计算 $\hat{\varphi}$ 时,同样的失调误差也出现在另外两帧相移图像中。图 4.16(a)给出了图 4.15 逐点干涉图使用方程(4.130)解调的相位,图 4.16(b)给出了估计误差 $\Delta\varphi(\boldsymbol{r})=\hat{\varphi}(\boldsymbol{r})-\varphi(\boldsymbol{r})$(该误差放大了 5 倍以便于观察)。可见,误差图中具有四步相移算法典型的失调误差分布:误差条纹周期是局部条纹周期的 2 倍。同时,误差的振幅随相位梯度增加而增加。

上面介绍的技术与扫描莫尔法没有太多的差异[111-112,150],在扫描莫尔中也是按照图 4.15的方法,通过对线性载波干涉图采样,获得一套相移干涉图。存在这种相似性的原因在于逐点载波仅只是形成载波相位的另一种方法。逐点空间载波与其他空间载波的方法唯一的差别在于载波波前的形成方式。图 4.17 给出了没有调制相位的两种载波干涉图的具体情况。其中一个是具有 45°朝向的线性载波,另一个为 2×2 超像素的逐点载波。可见,图中

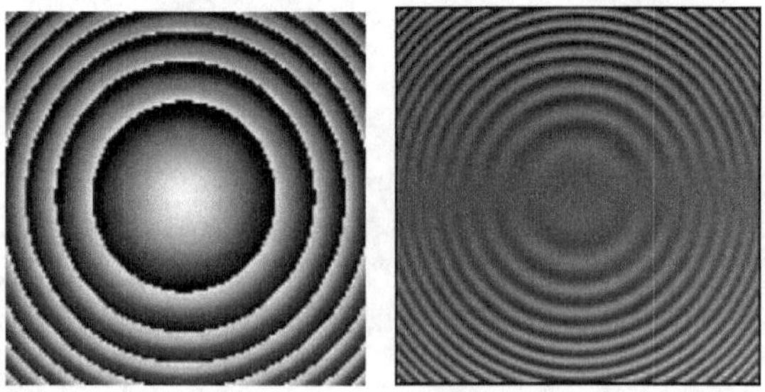

(a)　　(b)

图 4.16　(a)使用方程(4.130)从图 4.15 中得到解调相位 $\hat{\varphi}(\boldsymbol{r})$；(b)估计的相位与实际相位间的误差 $\Delta\varphi(\boldsymbol{r})=\hat{\varphi}(\boldsymbol{r})-\varphi(\boldsymbol{r})$(图片来自文献[12]，已获得许可)

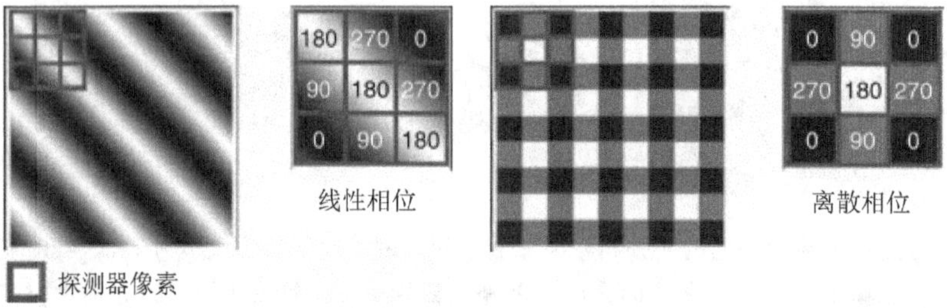

(a)　　(b)

图 4.17　相位为 0 的逐点干涉图：(a)线性载波；(b)逐点载波。(图片影印已获得 Dr. Kimbrough 授权，SPIE 版权所有)

180 3×3 的两个嵌入块在局部上非常相似，但逐点载波具有真正意义的二维特性，而且由后面可知，其谱特性与线性载波完全不同。

使用采样的方法解调相位模板干涉图最主要的缺点在于存在着失调误差。但如果使用大于 2×2 的超像素，则该失调误差可最小化。第 2 章的讨论已表明，使用较多的采样可以提高线性相移算法的失调和谐波抑制能力。在二维逐点载波方法中，其特性同样起作用：超像素愈大，效果愈好[13,148,151]。例如，在文献[13]中，作者提出了 3×3 的逐点载波(9 阶线性相移干涉术)，获得了良好的失调和谐波抑制特性。其优良频率响应的实现，借助了第 2 章的傅里叶设计方法。然而，随着超像素在空域增大，失调误差和与谐波有关的问题也随之变得严重。因此，除去特殊情况，如用平面调制相位，空域采样的方法不能完全避免出现的相位误差。下节将介绍另一种同步解调方法，可准确地实现逐点载波干涉图的相位解调。

4.4.2　逐点载波同步探测技术

本节分析逐点载波干涉图[12]的同步解调方法及其频谱特性[11,13,113]。首先分析理想情况，接着将分析拓展至基波信号出现谐波的情况。逐点载波干涉图可表述为

$$I(\boldsymbol{r})=a+b\cos[\varphi(\boldsymbol{r})+c(\boldsymbol{r})] \tag{4.131}$$

同前，上式中的 a、b 和 $\varphi(\boldsymbol{r})$ 分别为背景、条纹振幅和调制相位。二维逐点载波 $c(\boldsymbol{r})$ 通过相位模板，为每一像素引入相位增量。该二维逐点载波通过在整个图像平面上，倾斜 $N\times M$ 个单

元的方式产生，因此可表述为

$$C(\boldsymbol{r}) = e^{ic(\boldsymbol{r})} = e^{is(\boldsymbol{r})} * \left[\sum_{n}\sum_{m}\delta(x - mM, y - nN)\right] \quad m,n \in \mathbb{Z} \tag{4.132}$$ 181

上式中，$s(\boldsymbol{r})$表示了单元上每一点的相位，$\exp[is(\boldsymbol{r})]$为单元上每一点的复指数函数。为了简化，假定梳函数不受空间限制，$n,m=-\infty,\cdots,-1,0,1,\cdots,\infty$，因而复载波 $C(\boldsymbol{r})$在空域是无界的。分析同步解调方法时，无须清楚地表述二维载波 $c(\boldsymbol{r})$。然而为了便于说明，这里采用了已商用的 2×2 逐点相位模板[11,151]，并将超像素表示为

$$\boldsymbol{s}(\boldsymbol{r}) = \begin{bmatrix} 0 & \frac{\pi}{2} \\ \pi & \frac{3\pi}{2} \end{bmatrix} \tag{4.133}$$

则逐点相位模板为

$$\begin{aligned}\exp[i\boldsymbol{s}(\boldsymbol{r})] &= \sum_{\xi=0}^{M-1}\sum_{\eta=0}^{N-1}\exp[i\boldsymbol{s}(\xi,\eta)]\delta(x-\xi,y-\eta) \\ &= e^{i\cdot 0}\delta(x,y) + e^{i\frac{\pi}{2}}\delta(x-1,y), \\ &\quad + e^{i\frac{3\pi}{2}}\delta(x-1,y-1) + e^{i\pi}\delta(x,y-1)\end{aligned} \tag{4.134}$$

下面给出了另一种相位模板，即 Padilla 等[13]提出的 3×3 螺旋结构（如图 4.18 所示）：

$$\boldsymbol{s}(\boldsymbol{r}) = \omega_0 \begin{bmatrix} 0 & 1 & 2 \\ 7 & 8 & 3 \\ 6 & 5 & 4 \end{bmatrix} \tag{4.135}$$

式中：$\omega_0 = 2\pi/9$，则有

$$\begin{aligned}\exp[i\boldsymbol{s}(\boldsymbol{r})] = {} & \delta(x,y) + e^{i\frac{2\pi}{9}}\delta(x-1,y) + e^{i\frac{4\pi}{9}}\delta(x-2,y) \\ & + e^{i\frac{14\pi}{9}}\delta(x,y-1) + e^{i\frac{16\pi}{9}}\delta(x-1,y-1) + e^{i\frac{6\pi}{9}}\delta(x-1,y-2) \\ & + e^{i\frac{12\pi}{9}}\delta(x,y-2) + e^{i\frac{10\pi}{9}}\delta(x-1,y-2) + e^{i\frac{8\pi}{9}}\delta(x-2,y-2)\end{aligned} \tag{4.136}$$

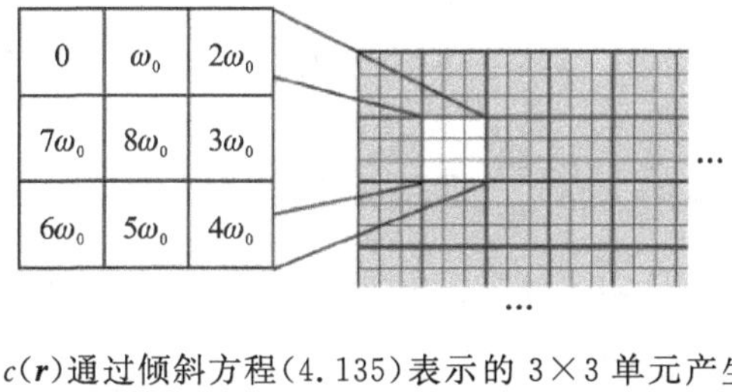

图 4.18　逐点载波 $c(\boldsymbol{r})$通过倾斜方程（4.135）表示的 3×3 单元产生（图片影印已获得 M. Padilla 授权，SPIE 版权所有）

通常在同步解调中，可将逐点载波干涉图表示为下面复指数函数： 182

$$I(\boldsymbol{r}) = a + I_{\varphi}^{*}(\boldsymbol{r})\exp[ic(\boldsymbol{r})] + I_{\varphi}(\boldsymbol{r})\exp[-ic(\boldsymbol{r})] \tag{4.137}$$

式中：

$$I_{\varphi}(\boldsymbol{r}) = \frac{1}{2}b\exp[-i\varphi(\boldsymbol{r})] \tag{4.138}$$

为解析信号。若将该逐点干涉图与复载波相乘，可得

$$I_{c}(\boldsymbol{r}) = I(\boldsymbol{r})C(\boldsymbol{r}) = a\exp[ic(\boldsymbol{r})] + I_{\varphi}^{*}(\boldsymbol{r})\exp[2ic(\boldsymbol{r})] + I_{\varphi}(\boldsymbol{r}) \tag{4.139}$$

上式含有同步解调时产生的三个典型项，其中两个高频项分别含有 $\exp[ic(\boldsymbol{r})]$、$\exp[2ic(\boldsymbol{r})]$，而低频项包含调制相位。同样，如果干涉图的各个谱量在频率轴上分布恰当，则与 I_φ 有关的谱瓣不会与高频项发生混叠。此时，可采用脉冲响应为 $\mathrm{h_{LP}}$ 的低通滤波器，实现低频项与已调干涉图的高频谱量部分之间的相互分离：

$$I_\varphi(\boldsymbol{r}) = I_c * \mathrm{h_{LP}} = A_0 \exp[-i\varphi(\boldsymbol{r})] \tag{4.140}$$

由此得相位为

$$\varphi(\boldsymbol{r}) = \arg[I_\varphi^*(\boldsymbol{r})] \tag{4.141}$$

在线性同步解调中，空间载波的频率必须高于信号的最高频率，从而可以有效地采用线性滤波的方法分离出解析信号(见 4.2 节)。然而，由于逐点载波的二维特性，此时，较上面一维分离相等同的条件将变的复杂些。与线性载波及圆载波的情况相同，对于同步过程进行傅里叶分析，可阐明载波的作用。逐点载波干涉图的频谱为

$$I(\boldsymbol{q}) = a\delta(\boldsymbol{q}) + I_\varphi^*(\boldsymbol{q}) * \mathcal{F}[\mathrm{e}^{ic(r)}] + I_\varphi(\boldsymbol{q}) * \mathcal{F}[\mathrm{e}^{-ic(r)}] \tag{4.142}$$

而受逐点参考载波调制的干涉图的傅里叶变换为

$$I_c(\boldsymbol{q}) = a\,\mathcal{F}[\mathrm{e}^{ic(r)}] + I_\varphi^*(\boldsymbol{q}) * \mathcal{F}[\mathrm{e}^{2ic(r)}] + I_\varphi(\boldsymbol{q}) \tag{4.143}$$

在进一步推导之前，必须确定复逐点载波的频谱，其为

$$C_k(\boldsymbol{q}) = \mathcal{F}[\mathrm{e}^{ikc(r)}] = \mathcal{F}\left\{\mathrm{e}^{iks(r)} * \left[\sum_n \sum_m \delta(x - mM, y - nN)\right]\right\},\ k \in \mathbb{Z} \tag{4.144}$$

若定义单元相位的频谱为

$$W_k(\boldsymbol{q}) = \mathcal{F}\{\exp[iks(\boldsymbol{r})]\} \tag{4.145}$$

183 则

$$\begin{aligned} C_k(\boldsymbol{q}) &= W_k(u,v) \sum_n \sum_m \delta\left(u - \frac{2\pi m}{M}, y - \frac{2\pi n}{N}\right) \\ &= \sum_n \sum_m W_k\left(\frac{2\pi m}{M}, \frac{2\pi n}{N}\right) \delta\left(u - \frac{2\pi m}{M}, v - \frac{2\pi n}{N}\right) \end{aligned} \tag{4.146}$$

从而逐点载波干涉图的频谱为

$$\begin{aligned} I(\boldsymbol{q}) = {} & a\delta(u) + I_\varphi^*(q) * \left[\sum_n \sum_m W_1(q_{m,n}) \delta\left(u - \frac{2\pi m}{M}, v - \frac{2\pi n}{N}\right)\right] \\ & + I_\varphi(\boldsymbol{q}) * \left[\sum_n \sum_m \overline{W}_1(q_{m,n}) \delta\left(u - \frac{2\pi m}{M}, v - \frac{2\pi n}{N}\right)\right] \end{aligned} \tag{4.147}$$

式中：$\overline{W}_k = \mathcal{F}\left\{\exp[-iks(\boldsymbol{r})]\right\}$，$q_{m,n} = (u_m, v_n) = (2\pi m/M, 2\pi n/N)n, m \in \mathbb{Z}, \cdots$。

另一方面，受载波调制的干涉图的频谱为

$$\begin{aligned} I_c(\boldsymbol{q}) = {} & a\left[\sum_n \sum_m W_1(q_{m,n}) \delta\left(u - \frac{2\pi m}{M}, v - \frac{2\pi n}{N}\right)\right] \\ & + I_\varphi^*(\boldsymbol{q}) * \left[\sum_n \sum_m W_2(q_{m,n}) \delta\left(u - \frac{2\pi m}{M}, v - \frac{2\pi n}{N}\right)\right] + I_\varphi(q) \end{aligned} \tag{4.148}$$

从方程(4.147)可知，逐点载波干涉图的频谱由谱瓣 $I_\varphi(\boldsymbol{q})$ 和 $I_\varphi^*(\boldsymbol{q})$(线性载波时由傅里叶变换产生的旁瓣)在点 $q_{m,n} = (2\pi m/M, 2\pi n/N)$ 处的复现且加权叠加组成，而权值则为在上面相应点处估计的单元相位：$W_1(2\pi m/M, 2\pi n/N)$。

另一方面，由方程(4.148)可知，已调干涉图的频谱由直流项与谱瓣 $I_\varphi^*(\boldsymbol{q})$ 加权叠加而成，且该谱量在频率 $q_{m,n} = (2\pi m/M, 2\pi n/N)$ 处不断复现，而权值分别为在上述相应点处估

计的单元相位：$W_1(q_{m,n})$、$W_2(q_{m,n})$。此外，根据方程(4.143)和方程(4.148)可知，当仅采用逐点载波逐点地调制干涉图时，搜索的解析信号 $I_\varphi(\boldsymbol{r})$不含载波，即其频谱 $I_\varphi(\boldsymbol{q})$在频域原点处的位置，此时，可使用低通滤波器有效地将其提取出来[见方程(4.141)]。在这种情况下，选取的单元满足的最小必要条件为

$$\sum_r \exp[\mathrm{i}ks(x,y)] = 0 \quad k = 1,2 \tag{4.149}$$

将其在频域表述为

$$W_k(0,0) = 0 \quad k = 1,2 \tag{4.150}$$

若不满足该条件，位于原点处的解析信号 $I_\varphi(\boldsymbol{q})$的谱瓣与直流及 $I_\varphi^*(\boldsymbol{q})$的谱瓣[权重为 $W_{1,2}(0,0)$]将发生混叠，从而无法采用线性低通滤波器将其分离[见方程(4.140)]。迄今，已发表的所有大小为 $K=N\times M$ 的超像素，其相位模板形式为

$$\boldsymbol{s}(\boldsymbol{r}) = \frac{2\pi}{K}\boldsymbol{S} \tag{4.151}$$

上式中 $\boldsymbol{S}$ 为 $N\times M$ 的矩阵，含有 K 个连续的整数，如$\{0,\cdots,K-1\}$，按照这种方式可产生 K 184
个等间隔的相移。当所有整数 $k\neq 0$ 时，任一具有该函数形式的超像素可自动地满足方程(4.149)的条件。与线性载波的情况相同，逐点解调的方法要求 $I_\varphi(\boldsymbol{r})$的带宽分别在 x 向和 y 向上小于 $2\pi/M$ 和 $2\pi/N$ rad。若满足该条件，可采用低通滤波器很好在频域上抑制方程(4.148)中的高频项[见方程(4.140)]。其带宽限制条件可表示为

$$\begin{aligned} \left|\frac{\partial\varphi}{\partial x}\right|_{\max} &< 2\pi/M \\ \left|\frac{\partial\varphi}{\partial y}\right|_{\max} &< 2\pi/N \end{aligned} \tag{4.152}$$

需要指出的是，对于一般的逐点载波而言，与线性载波情况相同，均无法滤除移动后的谱瓣 $I_\varphi(\boldsymbol{q}-\boldsymbol{q}_{n,m})$和 $I_\varphi^*(\boldsymbol{q}-\boldsymbol{q}_{n,m})$，因为其在所有的位置 $\boldsymbol{q}_{m,n}$处发生了混叠。

采用 3×3 逐点载波[见方程(4.135)]，图 4.19 数值模拟实现了正弦条纹图的相位调制。图 4.19(a)和(b)分别给出了仅含有相位 $\varphi(\boldsymbol{r})$而无载波的干涉图及其频谱。图 4.19(c)和(d)给出了添加载波后产生的逐点载波干涉图及其频谱，此时，调制相位为 $\varphi(\boldsymbol{r})+c(\boldsymbol{r})$。图 4.19(e)和(f)为方程(4.139)表示的同步积的实部及其频谱。最后，图 4.19(g)和(h)给出了解调相位 $\varphi(\boldsymbol{r})$[使用方程(4.41)]及 $I_\varphi(\boldsymbol{r})$的频谱。图 4.19(f)的黑色圆圈表示了用于分离谱瓣 $I_\varphi(\boldsymbol{q})$的低通滤波器的滤波范围。同样，在图 4.19(d)和(f)中可清楚地发现，谱瓣间 185
分离的距离在两个方向上均为 $2\pi/3$。

至此，上面均将逐点载波干涉图建模为理想的正弦信号，且仅受测量的物理变量及逐点载波调制，见方程(4.131)。然而，由于 CCD 光电探测器的过饱和和(或)多光束干涉等影响，实际得到的条纹图常常是非正弦的。该实验误差致使基波信号产生了谐波(歪曲条纹图)，也进一步使估计相位的质量发生了退化。由于干涉图随相位周期地变化，被歪曲的干涉图强度可表示为傅里叶级数的形式：

$$I(\boldsymbol{r}) = a + \sum_{k=1}^{\infty} b_k \cos k[\varphi(\boldsymbol{r}) + c(\boldsymbol{r})] \tag{4.153}$$

其复指数形式为

$$I(\boldsymbol{r}) = \sum_{k=-\infty}^{\infty} I_{k\varphi}(\boldsymbol{r})\exp[-\mathrm{i}kc(\boldsymbol{r})] \tag{4.154}$$

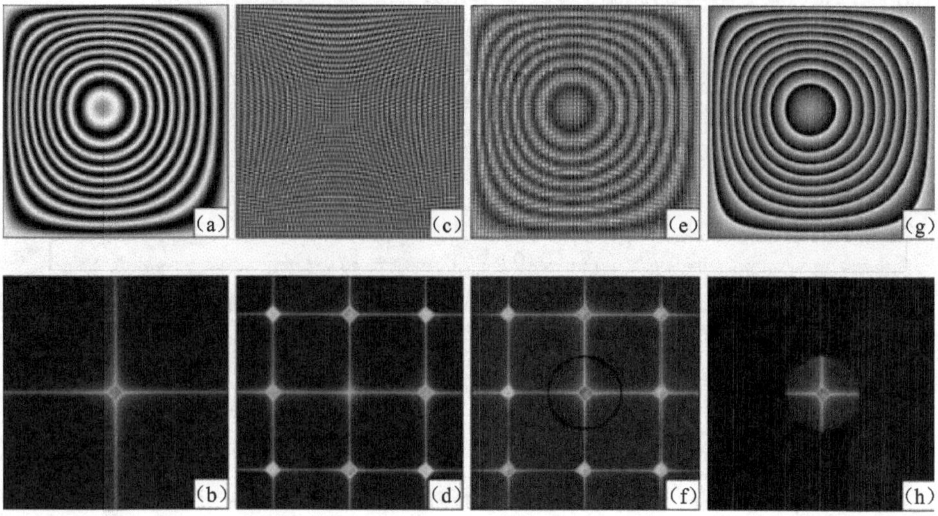

图 4.19 逐点载波干涉图解调过程，具体分析见文中（图片影印已获得 M. Padilla 授权，SPIE 版权所有）

式中：

$$I_{k\varphi}(\boldsymbol{r}) = \frac{1}{2}b_k \exp[-\mathrm{i}k\varphi(\boldsymbol{r})] \tag{4.155}$$

其中：$b_0 = 2a$。按照同步解调的方法，将复指数载波 $C(\boldsymbol{r}) = \exp[\mathrm{i}c(\boldsymbol{r})]$ 与干涉图相乘可得

$$I_{\mathrm{c}}(\boldsymbol{r}) = I(\boldsymbol{r})C(\boldsymbol{r}) = \sum_{k=-\infty}^{\infty} I_{k\varphi}(\boldsymbol{r})\exp[-\mathrm{i}(k-1)c(\boldsymbol{r})] \tag{4.156}$$

进一步可将其表述为

$$I_{\mathrm{c}}(\boldsymbol{r}) = I_{\varphi}(\boldsymbol{r}) + \sum_{k\neq 1} I_{k\varphi}(\boldsymbol{r})\exp[\mathrm{i}(1-k)c(\boldsymbol{r})] \tag{4.157}$$

上式有意地将第一项从求和项中分离出来，是为了强调其与方程(4.139)的相似性。

与方程(4.146)相同，函数 $C_{(1-k)}(\boldsymbol{q}) = \mathcal{F}\{\exp[\mathrm{i}(1-k)c(\boldsymbol{r})]\}$ 为梳函数，该式中的 $W_{(1-k)}(q) = \mathcal{F}\{\exp[\mathrm{i}(1-k)s(\boldsymbol{r})]\}$ 与超像素 $s(r)$ 有关。因而，所有的谱瓣 $I_{k\varphi}(q)$ 将在 $q_{m,n} = (2\pi m/M, 2\pi n/N)$ 处复现（并叠加）。此时为了避免所有的谐波与位于频率原点的谱瓣 $I_{\varphi}(\boldsymbol{q})$ 相混叠，必须增加条件：$W_k(0,0) = 0\ \forall k$（与理想干涉图的要求：$k=1,2$ 不同）。然而，对于如方程(4.151)表示的等间隔的超像素，当 $1-k_p = pK$ 时，有 $C_{1-k}(\boldsymbol{r}) = 1\ \forall k$，而对于索引号为 k_p 的点，有 $C_{1-k_p}(\boldsymbol{q}) = \delta(\boldsymbol{q})$，这样相应的谐波谱瓣 $I_{k_p\varphi}(\boldsymbol{q})$ 将与解析信号 $I_{\varphi}(\boldsymbol{q})$ 发生混叠。例如，当使用 2×2 超像素[见方程(4.133)]时，$k = \{-3, 5, -7, 9, \cdots\}$ 的谐波在原点处与 $I_{\varphi}(\boldsymbol{q})$ 混叠。而在另一方面，对于 3×3 超像素[见方程(4.135)]，同样的问题也会发生在 $k = \{-8, 10, -17, 19, \cdots\}$ 处。总之，对于可用方程(4.151)表示的等间隔的超像素（其对应了迄今已发表
186 的所有方法），此时，简单地使用低通滤波器恢复解析信号 $I_{\varphi}(\boldsymbol{r})$，将受到混叠谐波的影响。然而，一般由于 $|b_k| \ll |b_1|$，因此混叠谐波的阶次越大，其影响越小。该情况意味着 3×3 超像素比 2×2 超像素拥有更好的谐波抑制能力，但同时却减少了解调相位的带宽。其过程见图 4.20。图中给出了同步积 $I_{\mathrm{c}}(\boldsymbol{r}) = I(\boldsymbol{r})C(\boldsymbol{r})$ 的频谱，其分别使用了 2×2($K=4$)和 3×3($K=9$)的单元[113]，且干涉图强度受到了谐波的歪曲。逐点载波超像素在空间上的大小，可通过权

衡允许的带宽和谐波抑制能力进行确定。然而，如果增加时域载波的方法是可行的话，可使用空时域的方案，此时不受上面的限定，而且，当使用小超像素（即 2×2）建立逐点载波时，带宽大、谐波抑制能力优良[77]。

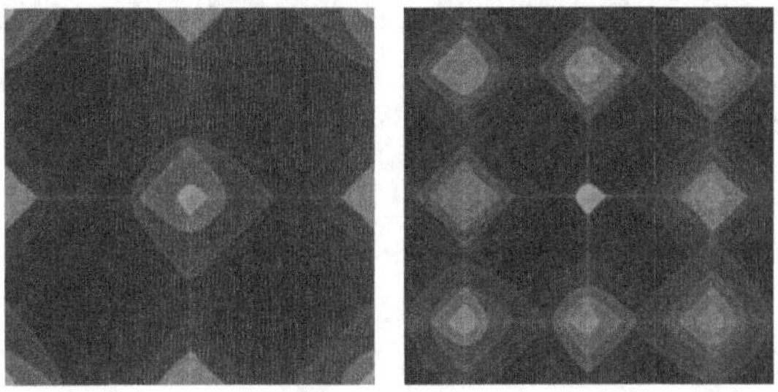

（a）　　　　（b）

图 4.20　干涉图 4.19 同步积 $I_c(\boldsymbol{r})=I(\boldsymbol{r})C(\boldsymbol{r})$ 的频谱。(a)方程(4.133)表示的 2×2 单元；(b)方程(4.135)表示的 3×3 单元。注意，当为 2×2 单元时，谐波 $k=\{-3,5\}$ 发生了交叠，而对于 3×3 单元时，谐波 $k=\{8\}$ 几乎可忽略（引自文献[113]，已获授权）。另一方面，2×2 单元时，谐波分离间隔为 π，而 3×3 单元时谐波分离间隔为 $2\pi/3$。因此，3×3 超像素时，可用带宽比 2×2 时要小（图片影印已获得 M. Padilla 授权，SPIE 版权所有）

4.5　正则化正交滤波器

至此，本章内容均假定干涉图信号是无界的，所有的采样数据均有效。然而实际测量时，干涉图在空间上受限于图像传感器的大小，另外由于实验的问题，如阴影、遮挡或去相关等，致使一些采样中含有无效的测量值。因此，对无界干涉图加窗，是描述干涉图更好的模型：

$$I_w(x)=I(x)w(x) \tag{4.158}$$

为了简单，此处首先分析一维的情况。若为有效像素时，模板 $w(x)$ 的值为 1，而其他则 187
为 0。对于图 4.9(a)的偏折干涉图，其采用了圆形模板。有界干涉图的频谱为

$$I_w(u)=I(u)*w(u) \tag{4.159}$$

上式表明，其频谱为相应的无限信号频谱与模板频谱的卷积。例如，当为线性载波干涉图时，有

$$I(x)=a+b\cos[\varphi(x)+u_0x] \tag{4.160}$$

当使用傅里叶变换方法计算频谱时，方程(4.72)表示的谱瓣是不能得到的，但可通过与模板的频谱卷积运算，得其褶皱的频谱为

$$I_{\varphi w}(u-u_0)=I_\varphi(u-u_0)*w(u) \tag{4.161}$$

在测量实验中，由于模板 $w(x)$ 的范围不仅包含图像传感器的窗口，也包含由于阴影、噪声等造成的无效采样，这使得实际的情况变得更复杂。解决此问题的另一种方法是采用同步技术，其操作过程在整个图像的直接空间，不需要进行傅里叶变换。然而，由 4.2.4 节的讨论可知，对于 512 像素图像，低通滤波器在空域常用的大小为 30 像素。此时，在模板的边缘，条纹图有用的数据与无效的测量数据发生了混合。这种由于卷积滤波器在边缘处产生

的相位畸变对高精度测量的影响非常大，例如，在测量望远镜镜面的应用场合。因此，一般来说，由于加窗，特别是在模板边界处，产生的褶皱，使得解调干涉图变成了病态问题。在数学上，为了解决该问题，其意味着必须引入额外的信息。正则化贝叶斯估计方法对此提供了途径。在此背景下，Marroquin 等[32,34]提出了所谓的鲁棒正交滤波器(robust quadrature filter, RQF)。设方程(4.160)表示的线性载波干涉图在测量数据有效，即 $w(x)=1$ 时，采用一阶(膜片)正则化的 RQF 方法，其意图是建立一种通带的复信号：

$$f = A_0 \exp\{\mathrm{i}[\varphi(x) + u_0 x]\} \tag{4.162}$$

对此，可最小化下面的惩罚函数：

$$U(f) = \sum_{x=1}^{N} w(x)\,|f(x) - I(x)|^2 + \lambda \sum_{x=2}^{N} |f(x) - f(x-1)\exp(\mathrm{i}u_0)|^2 \tag{4.163}$$

上式第一项用于搜索与实验数据近似的解，第二项为正则化项，目的是为调制相位 φ 施加了光滑条件，若 $|\varphi(x)-\varphi(x-1)| \ll r$($r$ 为可忽略的小量)，则 $|f(x)-f(x-1)\exp(\mathrm{i}u_0)| \ll r$。参数 λ 用于控制数据项和正则化项之间的平衡。若将一维信号排列为 $N\times 1$ 的列向量，N 为像素数目，则方程(4.163)可重写为

$$\boldsymbol{U}(\boldsymbol{f}) = \|\boldsymbol{W}[\boldsymbol{I}(x) - \boldsymbol{f}(x)]\|^2 + \lambda\,\|\boldsymbol{R}\boldsymbol{f}\|^2 \tag{4.164}$$

188 式中：$\boldsymbol{W}=\mathrm{diag}[w(x)]$，为 $N\times N$ 对角矩阵，满足 $\boldsymbol{W}(n,n)=w(n)$。$\|\boldsymbol{f}\|^2=\boldsymbol{f}^{*}\boldsymbol{f}$，为 $\boldsymbol{f}$ 的范数，$\boldsymbol{f}^{*}$ 表示复共轭转置。$\boldsymbol{R}$ 为 $(N-1)\times N$ 矩阵，表示为

$$\boldsymbol{R} = \begin{pmatrix} -\mathrm{e}^{\mathrm{i}u_0} & 1 & 0 & \cdots & & \\ 0 & -\mathrm{e}^{\mathrm{i}u_0} & 1 & & & \\ \vdots & & & & & \\ & & \ddots & & & \\ & & & -\mathrm{e}^{\mathrm{i}u_0} & 1 & 0 \\ & & & 0 & -\mathrm{e}^{\mathrm{i}u_0} & 1 \end{pmatrix} \tag{4.165}$$

上面矩阵形式假定 $\boldsymbol{f}$ 满足自由边界的条件，其表述为

$$\boldsymbol{f}(x) = \boldsymbol{f}(x-1)\exp(\mathrm{i}\omega_0) \quad x < 1 \text{ 且 } x > N \tag{4.166}$$

自由边界的物理意义为，在模板以外，假定相位是恒定的，且等于上一位置已知的相位值：$\varphi(0)=\varphi(1)$ 和 $\varphi(N+1)=\varphi(N)$。方程(4.164)的最小值可在 $\partial U/\partial f^{*}=0$ 条件下得到，因此有

$$(\boldsymbol{W}^{\mathrm{T}}\boldsymbol{W} + \lambda\boldsymbol{L})\boldsymbol{f} = (\boldsymbol{W}^{\mathrm{T}}\boldsymbol{W})\boldsymbol{I} \tag{4.167}$$

式中：$\boldsymbol{L}=\boldsymbol{R}^{*}\boldsymbol{R}$，为 $N\times N$ 矩阵，可表示为

$$\boldsymbol{L} = \begin{pmatrix} 1 & -\mathrm{e}^{-\mathrm{i}u_0} & \cdots & & \\ -\mathrm{e}^{\mathrm{i}u_0} & 2 & -\mathrm{e}^{-\mathrm{i}u_0} & & \\ \vdots & & \ddots & & \\ & & -\mathrm{e}^{\mathrm{i}u_0} & 2 & -\mathrm{e}^{-\mathrm{i}u_0} \\ & & 0 & -\mathrm{e}^{\mathrm{i}u_0} & 1 \end{pmatrix} \tag{4.168}$$

最后，RQF 的解为

$$\boldsymbol{f} = \boldsymbol{Q}\boldsymbol{I} \tag{4.169}$$

式中：

$$\boldsymbol{Q} = (\boldsymbol{W}^{\mathrm{T}}\boldsymbol{W} + \lambda\boldsymbol{L})^{-1}\boldsymbol{W}^{\mathrm{T}}\boldsymbol{W} \tag{4.170}$$

方程(4.169)的线性方程组为 $N\times N$ 系统。对于一般像素为 $N\approx500$ 的图像，不建议直接计算逆矩阵 $\boldsymbol{Q}^{-1}$，因为计算成本非常大。在使用图像场合时，适宜使用稀疏求解器，因为此时，在存储器和资源利用方面最有效。另一种可选的方法，是使用迭代梯度下降法，此时复信号可迭代地估计为

$$\boldsymbol{f}^{k}=\boldsymbol{f}^{k-1}-\gamma\,\nabla U(\boldsymbol{f}^{k-1}) \tag{4.171}$$

式中：

$$\nabla U(\boldsymbol{f})=(\boldsymbol{W}^{\mathrm{T}}\boldsymbol{W}+\lambda\boldsymbol{L})\boldsymbol{f}-(\boldsymbol{W}^{\mathrm{T}}\boldsymbol{W})\boldsymbol{I} \tag{4.172}$$

在方程(4.169)中，Q 的每一行可被解释为是线性正交滤波器的脉冲响应。因此，采用傅里叶描述的方法对理解 RQF 方法非常有用。对于一阶解而言，若设置 $w(x)=1\ \forall\, x$，内 189
部点的差分方程(不含边界)可表示为

$$f(x)+\lambda[2f(x)-\exp(-\mathrm{i}u_0)f(x+1)-\exp(\mathrm{i}u_0)f(x-1)]=I(x) \tag{4.173}$$

对其取傅里叶变换，可得

$$f(u)(1+\lambda\{2-\exp[-\mathrm{i}(u-u_0)]-\exp[\mathrm{i}(u-u_0)]\})=I(u) \tag{4.174}$$

从上式求解 $f(u)$ 可得，RQF 的一阶解形式为：$f(u)=H(u)I(u)$，进而可得下面表示的以 $u=u_0$ 为中心频率的带通滤波器：

$$H(u)=\frac{1}{1+2\lambda[1-\cos(u-u_0)]} \tag{4.175}$$

这是 RQF 滤波器对没有边界无限信号的响应。在这些条件下，RQF 的解是线性的、移动不变性的滤波器。而且，无界 RQF 是带通滤波器，其宽度由正则化参数 λ 控制，λ 愈大，滤波器带宽愈小。另外，无界 RQF 具有正交性的特点，这是因为，对于典型的 N、λ 和 u_0 的取值，RQF 满足第 2 章的正交条件，即

$$H(u_0)\neq0,H(0)=H(-u_0)=0 \tag{4.176}$$

例如，$\lambda=100$，$u_0=\pi/2$ rad/px，一阶无界 RQF 满足：$H_m(0)\approx0.005$，$H_m(-\pi/2)\approx0.003$，$H_m(\pi/2)=1$，其通带带宽：$\sigma_x\approx0.2$ rad/px(等同于高斯滤波器)。因而，根据这些参数可知，无界 RQF 为性能良好的正交滤波器，并可如同傅里叶变换方法[方程(4.73)]一样，用于分离解析信号的谱瓣 I_φ。

对于加窗后的干涉图，此时丢失了一部分采样值[$w(x)=0$]，由方程(4.169)得到的 RQF 解仍是线性的，但不满足移动不变性。按照第 1 章数字滤波器的术语，方程(4.169)中矩阵 $\boldsymbol{Q}$ 的各行，是空域可变线性滤波器的脉冲响应，因此，通过调节该响应，可使边界及丢失数据的影响最小化。而每一行的傅里叶变换，可解释为对应滤波器的局部频率响应，忽略边缘，这些响应可近似为由方程(4.175)给出的无界解的频率响应。因此，Marroquin 等将该方法命名为鲁棒正交滤波器(RQF)。RQF 与第 3 章的相移算法不同，不能表示为单个的卷积滤波器。但是，其可在每一点产生最优的脉冲响应，进而最小化惩罚函数[方程(4.164)]的所有采样：

$$f(k)=\sum_{n=1}^{N}\mathrm{h}_k(n)I(n) \tag{4.177}$$

式中：$\mathrm{h}_k(n)=Q(k,n)$，$n=1,\cdots,N$，为 $x=k$ 处 RQF 的脉冲响应。最后，若 RQF 滤波器的通带设计正确，此时可以从线性载波干涉图中恢复解析信号，即得 $f(x)=I_\varphi(x)$，以及调制相位[方程(4.73)]。特别是在边界附近，由于 RQF 脉冲响应不对称，因而其频率传递函数的相

190 位不是线性的。因此，必须考虑群延迟及其对解调过程的影响[152]。

考虑到搜索的解函数 $f(x)$，为定义在中心频率 $u=u_0$ 的窄带信号，据此也可推导方程(4.163)的一阶正则化算子。根据傅里叶变换时移特性可知，信号 $f(x)\exp(-\mathrm{i}u_0x)$ 是中心频率在 $u=0$ 的低频信号。对于该信号，在空间缓慢变化的一阶正则化过程可表述为

$$|f(x)\mathrm{e}^{-\mathrm{i}u_0x}-f(x-1)\mathrm{e}^{-\mathrm{i}u_0x}\mathrm{e}^{\mathrm{i}u_0}|^2=|f(x)-f(x-1)\mathrm{e}^{\mathrm{i}u_0}|^2 \tag{4.178}$$

上式表明方程(4.163)的 RQF 解在空域上与傅里叶变换方法是等价的，即将低通滤波器移动至解析信号的谱瓣处(移动滤波器的方法)。

一般地，对于正则化项，可使用任意的、能迫使相位面在空间上连续的函数。在正则化方法中，二阶算子(薄板)也是常选用的。对于自由边界条件时，方程(4.164)表示的薄板正则化算子，用于强迫曲率的连续性，可表示为 $(N-2)\times N$ 的矩阵：

$$\boldsymbol{R}=\begin{pmatrix}-\mathrm{e}^{\mathrm{i}u_0} & 2 & -\mathrm{e}^{-\mathrm{i}u_0} & \cdots & & \\ \vdots & & & \ddots & & \\ & & & -\mathrm{e}^{\mathrm{i}u_0} & 2 & -\mathrm{e}^{-\mathrm{i}u_0}\end{pmatrix} \tag{4.179}$$

同样，由方程(4.169)可得 RQF 的解，其中 $N\times N$ 矩阵：$L=R^*R$ 须使用方程(4.179)计算。若设置 $w(x)=1$，对内部点的差分方程进行傅里叶变换，可得薄板 RQF 的频率传递函数为(其由 Marroquin 等[32]提出)：

$$H(u)=\frac{1}{1+2\lambda[6+2\cos 2(u-u_0)-8\cos(u-u_0)]} \tag{4.180}$$

实际中，RQF 滤波器的原始公式存在着一个问题：直流量滤除不彻底，滤除性能由参数 u_0 和 λ 共同决定。例如，当 $\lambda=1$，$u_0=\pi/2$ rad/px 时，对无界一阶 RQF 有：$H(0)=0.3$，$H(u_0)=1$。此时，直流项去除效果很差。当线性载波频率较低时，该问题则更严重，例如，继续前面的例子，若取 $u_0=\pi/8$ rad/px，有 $H(0)=1.77$。可见，此时该 RQF 不能滤除直流项，且滤波器的输出，受干涉图低通后的结果调制。2.9 节已讨论过，对该问题可通过增加直流滤波器，为谱响应增加零点进行解决。例如，对于一阶惩罚函数，其可通过为数据项增加一阶差分算子实现：

$$\begin{aligned}U(f)=&\sum_{x=2}^{N}w(x)\,|[f(x)-f(x-1)]-[I(x)-I(x-1)]|^2\\&+\lambda\sum_{x=2}^{N}|f(x)-f(x-1)\exp(\mathrm{i}u_0)|\end{aligned} \tag{4.181}$$

191 此时，上式中若 x 或 $x-1$ 处数据无效时，$w(x)=0$。该惩罚函数的矩阵形式为

$$U(f)=\|\boldsymbol{WD}(\boldsymbol{I}-\boldsymbol{f})\|^2+\lambda\|\boldsymbol{Rf}\|^2 \tag{4.182}$$

式中：$\boldsymbol{D}$ 表示一阶差分算子，定义为 $(N-1)\times N$ 的矩阵：

$$\boldsymbol{D}=\begin{pmatrix}-1 & 1 & 0 & \cdots & & \\ 0 & -1 & 1 & & & \\ \vdots & & & & & \\ & & \ddots & & & \\ & & & -1 & 1 & 0\\ & & & 0 & -1 & 1\end{pmatrix} \tag{4.183}$$

取 $\partial U/\partial f^*=0$，可得

$$(\boldsymbol{D}^{\mathrm{T}}\boldsymbol{W}^{\mathrm{T}}\boldsymbol{W}\boldsymbol{D}+\lambda\boldsymbol{L})\boldsymbol{f}=(\boldsymbol{D}^{\mathrm{T}}\boldsymbol{W}^{\mathrm{T}}\boldsymbol{W}\boldsymbol{D})\boldsymbol{I} \tag{4.184}$$

由此，最终可得 $f(x)$的解为 $\boldsymbol{f}=\boldsymbol{QI}$，$\boldsymbol{Q}$ 为

$$\boldsymbol{Q}=(\boldsymbol{D}^{\mathrm{T}}\boldsymbol{W}^{\mathrm{T}}\boldsymbol{W}\boldsymbol{D}+\lambda\boldsymbol{L})^{-1}(\boldsymbol{D}^{\mathrm{T}}\boldsymbol{W}^{\mathrm{T}}\boldsymbol{W}\boldsymbol{D}) \tag{4.185}$$

当所有数据均有效时，模板矩阵 $\boldsymbol{W}$ 为$(N-1)\times(N-1)$的单位阵，此时方程(4.185)变为

$$(\boldsymbol{L}_{\mathrm{D}}+\lambda\boldsymbol{L})\boldsymbol{f}=\boldsymbol{L}_{\mathrm{D}}\boldsymbol{I} \tag{4.186}$$

式中：

$$\boldsymbol{L}_{\mathrm{D}}=\boldsymbol{D}^{\mathrm{T}}\boldsymbol{D}=\begin{pmatrix} 1 & -1 & 0 & \cdots & & & \\ -1 & 2 & -1 & & & & \\ \vdots & & & \ddots & & & \\ & & & & -1 & 2 & -1 \\ & & & & 0 & -1 & 1 \end{pmatrix} \tag{4.187}$$

进而，内部点的差分方程[方程(4.186)]表示为

$$\begin{aligned} & 2I(x)-I(x-1)-I(x+1) \\ = & 2f(x)-f(x-1)-f(x+1) \\ & +\lambda[2f(x)-\mathrm{e}^{-\mathrm{i}u_0}f(x+1)-\mathrm{e}^{\mathrm{i}u_0}f(x-1)] \end{aligned} \tag{4.188}$$

其傅里叶变换为

$$f(u)\left\{2(1-\cos u)+\lambda\left[2-\mathrm{e}^{-\mathrm{i}(u-u_0)}-\mathrm{e}^{\mathrm{i}(u-u_0)}\right]\right\}=2(1-\cos u)I(u) \tag{4.189}$$

最终，使得无界一阶 RQF 滤波器具有直流抑制能力。由 $f(u)=H(u)I(u)$变形可得

$$H(u)=\frac{2(1-\cos u)}{2(1-\cos u)+2\lambda[1-\cos(u-u_0)]} \tag{4.190}$$

从方程(4.190)可知，直流抑制型 RQF 滤波器满足 $H(0)=0$，且与 RQF 参数无关。同前，对于界内含有无效数据点的情况，方程(4.185)中矩阵 $\boldsymbol{Q}$ 的各行可看作与空域位置有关的脉冲响应，其均有滤除直流项的能力。

前已述及，RQF 滤波器可视为频率响应移至载波频率处的正则化低通滤波器，因此其 192
不能保证满足正交条件中的 $H(-u_0)=0$。例如，当 $\lambda=1$ 和 $u_0=\pi/2$ rad/px 时，无界直流抑制型的一阶 RQF 有：$H(0)=0$ 和 $H(u_0)=1$，但是 $H(-u_0)=0.333$。其引入了失调误差，即典型的双条纹空间误差，其在恢复的相位中的振幅为 $\Delta\varphi=\dfrac{|H(-u_0)|}{|H(u_0)|}=0.33$ rad(见 2.6 节)。为了迫使设计的 RQF 滤波器满足正交条件，RQF 的惩罚函数须调整：在数据项中增加复共轭 $\bar{f}$(无移位)[136]。例如，此时，一阶 RQF 的惩罚函数变为

$$U(f)=\sum_{x=1}^{N}w(x)\left|f(x)+\bar{f}(x)-2I(x)\right|^2+\lambda\sum_{x=2}^{N}\left|f(x)-f(x-1)\mathrm{e}^{\mathrm{i}u_0}\right|^2 \tag{4.191}$$

按矩阵表示法，上面惩罚函数可重写为

$$U(\boldsymbol{f},\bar{\boldsymbol{f}})=\|A[\boldsymbol{f}+\bar{\boldsymbol{f}}-2\boldsymbol{I}]\|^2+\lambda\|\boldsymbol{Rf}\|^2 \tag{4.192}$$

式中：矩阵 $\boldsymbol{A}=\boldsymbol{W}\times\boldsymbol{D}$，包含了模板及直流滤波器，矩阵 $\boldsymbol{R}$ 由方程(4.165)给出。若将该表达式展开，则惩罚函数表示为

$$U(\boldsymbol{f},\bar{\boldsymbol{f}})=(\boldsymbol{f}^{*}+\boldsymbol{f}^{\mathrm{T}}-2\boldsymbol{g}^{\mathrm{T}})\boldsymbol{A}^{*}\boldsymbol{A}(\boldsymbol{f}+\bar{\boldsymbol{f}}-2\boldsymbol{g})+\lambda\boldsymbol{f}^{*}\boldsymbol{R}^{*}\boldsymbol{Rf} \tag{4.193}$$

按照定义，有$(\bar{\boldsymbol{f}})^{*}\equiv\boldsymbol{f}^{\mathrm{T}}$，进一步将惩罚函数可重写为

$$U(\boldsymbol{f}, \bar{\boldsymbol{f}}) = (\boldsymbol{f}^* + \boldsymbol{f}^{\mathrm{T}} - 2\boldsymbol{g}^{\mathrm{T}})\boldsymbol{A}^*\boldsymbol{A}(\boldsymbol{f} + \bar{\boldsymbol{f}} - 2\boldsymbol{g}) + \lambda \boldsymbol{f}^{\mathrm{T}}\boldsymbol{R}^{\mathrm{T}}\bar{\boldsymbol{R}}\bar{\boldsymbol{f}} \tag{4.194}$$

式中，因为范数为实数，所以使用了 $\|\boldsymbol{Rf}\|^2 = \boldsymbol{f}^*\boldsymbol{R}^*\boldsymbol{Rf} = \boldsymbol{f}^{\mathrm{T}}\boldsymbol{R}^{\mathrm{T}}\bar{\boldsymbol{R}}\bar{\boldsymbol{f}}$。方程(4.192)惩罚函数的最小值可由计算$\partial U/\partial \boldsymbol{f}^* = 0$和$\partial U/\partial(\bar{\boldsymbol{f}})^* = \partial U/\partial \boldsymbol{f}^{\mathrm{T}} = 0$得到，由此产生了下面线性方程组：

$$\begin{aligned} L_A(f + \bar{f} - 2I) + \lambda L f &= 0 \\ L_A(f + \bar{f} - 2I) + \lambda L^* f &= 0 \end{aligned} \tag{4.195}$$

这里，$L_A = \boldsymbol{A}^*\boldsymbol{A}$，$L = \boldsymbol{R}^*\boldsymbol{R}$。该线性方程组可重新整理为

$$\begin{cases} (L_A + \lambda L)f + L_A\bar{f} = 2L_A I \\ L_A f + (L_A + \lambda L^*)\bar{f} = 2L_A I \end{cases} \tag{4.196}$$

或

$$\begin{pmatrix} J & L_A \\ L_A & J^* \end{pmatrix}\begin{pmatrix} f \\ \bar{f} \end{pmatrix} = \begin{pmatrix} 2L_A I \\ 2L_A I \end{pmatrix} \tag{4.197}$$

193 式中：$J = L_A + \lambda L$。求解线性方程组，同样可得解形式：$f = QI$，这里 Q 的各行可视为理想正交滤波器的脉冲响应，其对每一点产生的最优解与模板有关。若设置 $w(x) = 1\ \forall x$，对方程(4.197)的差分方程进行傅里叶变换，可得

$$\begin{aligned} [H_{\mathrm{A}}(u) + \lambda H_{\mathrm{R}}(u - u_0)]f(u) + H_{\mathrm{A}}(u)g(u) &= 2H_{\mathrm{A}}(u)I(u) \\ H_{\mathrm{A}}(u)f(u) + [H_{\mathrm{A}}(u) + \lambda H_{\mathrm{R}}(u + u_0)]g(u) &= 2H_{\mathrm{A}}(u)I(u) \end{aligned} \tag{4.198}$$

式中：$H_{\mathrm{A}} = H_{\mathrm{R}} = 2(1 - \cos u)$且 $g(u) = \mathcal{F}[\bar{f}(x)]$。求解 $f(u)$，可得一阶 RQF 滤波器[方程(4.191)]无界的频率传递函数为

$$H(u) = \frac{2H_{\mathrm{A}}(u)H_{\mathrm{R}}(u + u_0)}{H_{\mathrm{A}}(u)[H_{\mathrm{R}}(u + u_0) + H_{\mathrm{R}}(u - u_0)] + \lambda H_{\mathrm{R}}(u + u_0)H_{\mathrm{R}}(u - u_0)} \tag{4.199}$$

该频率响应对任何载波和正则化参数的组合，均为理想正交滤波器，亦即，其满足 $H(0) = H(-u_0) = 0$和 $H(u_0) = 2$，且与 λ、u_0 无关。为获得使用薄板（二阶）时的解，须按照方程(4.179)的形式设置 R，并根据方程(4.199)得到无界频率响应，但须设置 $H_{\mathrm{R}} = 2\lambda[6 + 2\cos 2(u - u_0) - 8\cos(u - u_0)]$。

该类滤波器的鲁棒性可从下面几点进行说明。首先，与一般线性、移动不变的滤波器情况不同，其解不受模板边界近似的影响，也就是说，正则化解使用了自由边界条件。该特点对于不规则形状的区域非常重要，并使得通过权重 $w(x)$引入质量图变为可能。RQF 方法可对干涉图中丢失的数据插值，并迫使该区域在一阶（膜片）或二阶（薄板）导数意义下具有连续性。而且，通过为惩罚函数引入额外项，可建立可靠的非线性滤波器，因为此时其解空间不再为线性系统，但又增加了一些特殊的性质，如，输出调制均衡化[32]。

全局正则化滤波器的思想可拓展至没有局部载波的场合。此时有必要同时估计信号 $f(x)$及局部空间频率 $u(x) = \varphi_x$[33]。同样，对于有多个相位增量的图像[153]，使用 RQF 方法可以构建噪声抑制能力良好的相移算法。

图 4.21 给出了 $N = 64$ 时，一阶 RQF 的频率响应和脉冲响应，若取 $u_0 = \pi/2$，$\lambda = 20$ 时，其具有 DC 抑制能力[见方程(4.197)]。图 4.21(a)给出了 $x = 1(H_1)$和无界[H_∞由方程(4.199)给出]时的频率响应。从这两种情况可知，RQF 为理想正交滤波器，满足 $H(0) = H(-u_0) = 0$。在本例中，采样值 $x = 32$ 时的频率响应，实际上与无界响应是重合的。图 4.21(b)和(c)分别为 $x = 1$ 和 $x = 32$ 时，RQF 脉冲响应的实部。从图 4.21(a)可见，在抑制失调误差和直流滤波方面，H_∞具有良好的性能（对于 $u = -u_0$，$u = 0$ 和噪声抑制方面，响

应曲线几乎平直为 0(其比 H_1 滤波器面积更小些))。然而,根据图 4.21(c)的脉冲响应可 194
知,无界滤波器使用了约 25 个采样,如果该滤波器在边界工作时,其会影响 12 个相邻元素。该问题可以通过使用 RQF 的 h_1 方式[图 4.21(b)的脉冲响应]解决。最后,图 4.21(d)给出了 $x=32$ 时的脉冲响应,但此时,设置了 5 个无效的中心采样点[即 $w(x)=0$],以此说明该情况对脉冲响应的影响[与图 4.21(c)相比]。

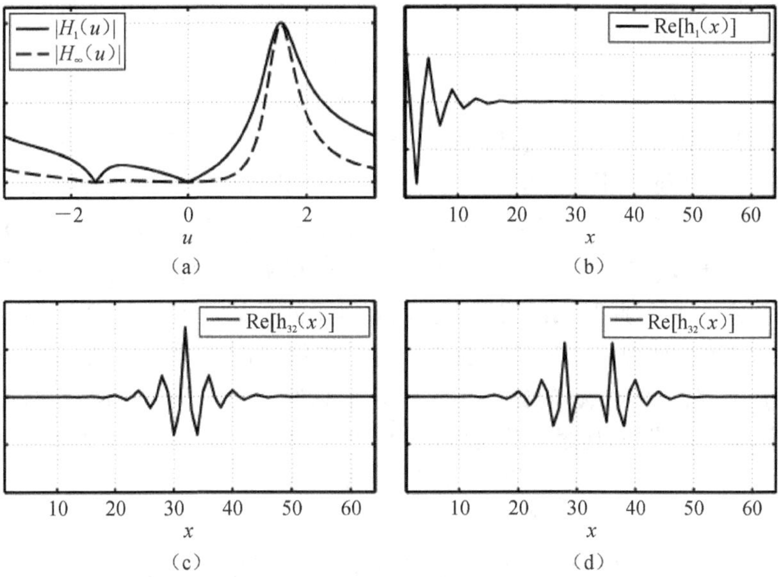

图 4.21　采样点 $N=64$ 时,一阶直流滤波型 RQF 在 $u_0=\pi/2,\lambda=20$ 时的频率响应。(a)频率响应:$x=1$ 时(连续线)及无界时[$H_\infty(u)$消隐线];(b)、(c)分别为取 $x=1$ 和 $x=32$ 时,脉冲响应的实部;(d)$x=32$ 时的脉冲响应,此时在中心具有 5 个无效的采样点[在 5 个中心采样点处,$w(x)=0$]

对于使用的数据为图像时,应用前面讲的一维 RQF 需要采用逐行的方式进行处理。若条纹方向已知,则可对该一维形式的求解过程进行控制[154]。也可对应地使用一阶惩罚函数的二维差分形式[方程(4.163)],进而通过求解 $\partial U/\partial f(x,y)=0$[32]得到测量结果。然而,需要指出的是,其他正则化算子及直流滤波器的一般化过程是非常繁琐的,且需要更复杂的方法进行描述(但如果已知条纹方向,一维逐行处理方式是可控的[154])。此时,采用上面矩阵的表述形式非常有用,但必须使用向量图与克罗内克积形式将二维信号进行变换[155]。如果
二维图像 $f(x,y)$的大小为 $N\times M$,则 x 向和 y 向的 1 阶差分可表述为 195

$$
\begin{aligned}
f_x(x,y) &= \boldsymbol{I}_N \boldsymbol{f}(x,y)\boldsymbol{D}_x^{\mathrm{T}} \\
f_y(x,y) &= \boldsymbol{D}_y \boldsymbol{f}(x,y)\boldsymbol{I}_M
\end{aligned}
\tag{4.200}
$$

式中:差分算子 $\boldsymbol{D}_x$、$\boldsymbol{D}_y$ 由方程(4.183)给出,$\boldsymbol{I}_N$ 为 $n\times n$ 的单位矩阵。若将图 $\boldsymbol{f}$ 逐列向量化,可将图像堆栈为 $NM\times 1$ 的向量,则 $\boldsymbol{f}_{x,y}$ 的差分运算可表述为

$$
\begin{aligned}
f_{\mathrm{v},x} &= \mathbb{D}_x \boldsymbol{f}_{\mathrm{v}} \\
f_{\mathrm{v},y} &= \mathbb{D}_y \boldsymbol{f}_{\mathrm{v}}
\end{aligned}
\tag{4.201}
$$

式中:$\boldsymbol{f}_{\mathrm{v}}=\mathrm{vec}(\boldsymbol{f})$为向量化图像,且

$$
\mathbb{D}_x = \boldsymbol{I}_{\mathrm{N}} \otimes \boldsymbol{D}_x
$$

$$\mathbb{D}_y = \boldsymbol{D}_y \otimes \boldsymbol{I}_M \tag{4.202}$$

表示了差分算子。在方程(4.202)中，$\otimes$表示克罗内克积[155]。由向量图产生的差分算子$\mathbb{D}_x$、$\mathbb{D}_y$大小分别为$[N(M-1)]\times(NM)$和$[(N-1)M]\times(NM)$。若使用方程(4.183)的差分算子$\mathbb{D}_x$、$\mathbb{D}_y$，则表示了自由边界条件下的一阶差分算子。使用这些符号，图像向量化后的直流滤波一阶惩罚函数为

$$U(f_{\mathrm{v}}) = \| \mathbb{W}_x \mathbb{D}_x [\boldsymbol{I}_{\mathrm{v}} - \boldsymbol{f}_{\mathrm{v}}] \|^2 + \| \mathbb{W}_y \mathbb{D}_y [\boldsymbol{I}_{\mathrm{v}} - \boldsymbol{f}_{\mathrm{v}}] \|^2 + \lambda | \mathbb{R}_x \boldsymbol{f}_{\mathrm{v}} |^2 + | \mathbb{R}_y \boldsymbol{f}_{\mathrm{v}} |^2 \tag{4.203}$$

式中：$\mathbb{W}_x$、$\mathbb{W}_y=\mathrm{diag}\{\mathrm{vec}[\boldsymbol{w}(x,y)]\}$在$x$、$y$方向上具有权重的转置矩阵，$\mathbb{R}_x=\boldsymbol{I}_{\mathrm{N}}\otimes\boldsymbol{R}_x$和$\mathbb{R}_y=\boldsymbol{R}_y\otimes\boldsymbol{I}_M$，为正则化算子，而$\boldsymbol{R}_x$、$\boldsymbol{R}_y$由方程(4.165)给出。同前，惩罚函数的最小值可通过计算$\partial U/\partial f_{\mathrm{v}}=0$得到。因而可得一套与方程(4.185)同形式的线性方程组：

$$(\mathbb{D}_x^{\mathrm{T}}\mathbb{W}^{\mathrm{T}}\mathbb{W}\mathbb{D}_x + \mathbb{D}_y^{\mathrm{T}}\mathbb{W}^{\mathrm{T}}\mathbb{W}\mathbb{D}_y + \lambda\,\mathbb{L})\boldsymbol{f}_{\mathrm{v}} = (\mathbb{D}_x^{\mathrm{T}}\mathbb{W}^{\mathrm{T}}\mathbb{W}\mathbb{D}_x + \mathbb{D}_y^{\mathrm{T}}\mathbb{W}^{\mathrm{T}}\mathbb{W}\mathbb{D}_y)\boldsymbol{I}_{\mathrm{v}} \tag{4.204}$$

式中：$\mathbb{L}=\mathbb{R}_x^*\mathbb{R}_x+\mathbb{R}_y^*\mathbb{R}_y$。对于一般$500\times500$的图像，上面过程线性方程系统的维度为$250000\times250000$。可见，此时无法应用标准的矩阵形式。然而方程(4.204)的矩阵非常结构化，因此，该方程组可使用高效率的稀疏方法进行求解。同前，在形式上，方程(4.204)的解形式可写为$\boldsymbol{f}_{\mathrm{v}}=\boldsymbol{Q}\boldsymbol{I}_{\mathrm{v}}$。此时，$\boldsymbol{Q}$的各行是$N\times M$个脉冲响应在每一点向量化的结果。另外，还可使用迭代梯度下降法，通过迭代可得解为

$$\boldsymbol{f}_{\mathrm{v}}^{k} = \boldsymbol{f}_{\mathrm{v}}^{k-1} - \gamma\,\nabla U(\boldsymbol{f}_{\mathrm{v}}^{k-1}) \tag{4.205}$$

式中：

$$\nabla U(\boldsymbol{f}_{\mathrm{v}}) = (\mathbb{D}_x^{\mathrm{T}}\mathbb{W}^{\mathrm{T}}\mathbb{W}\mathbb{D}_x + \mathbb{D}_y^{\mathrm{T}}\mathbb{W}^{\mathrm{T}}\mathbb{W}\mathbb{D}_y + \lambda\,\mathbb{L})\boldsymbol{f}_{\mathrm{v}}^{k-1} \tag{4.206}$$

$$-(\mathbb{D}_x^{\mathrm{T}}\mathbb{W}^{\mathrm{T}}\mathbb{W}\mathbb{D}_x + \mathbb{D}_y^{\mathrm{T}}\mathbb{W}^{\mathrm{T}}\mathbb{W}\mathbb{D}_y)\boldsymbol{I}_{\mathrm{v}} \tag{4.207}$$

图4.22给出了图4.9表示的眼科器械镜头水平偏折干涉图的解调结果。为了突出边界效应，本例子使用了环形模板。图4.22(a)和(b)分别给出了RQF和傅里叶变换的结果。可见，RQF在边缘处相比傅里叶变换方法效果较好。在这种情况下，由于模板的面积大于有
196 效采样数据的区域，因此RQF方法相应于频域方法中的傅里叶变换(见4.2.5节)和短时傅里叶变换(见4.2.6节)而言更有效。使用RQF还可以自适应地得到短时傅里叶变换方法中的局部谐振频率[33,156]。另外，RQF方法也能实现多帧相移条纹图的异步解调[153]。对于存在相位不连续的情况(例如，采用干涉法测台阶)，RQF方法可以自适应地、逐段光滑地恢复测量结果并保留原有的边缘[32,157]。在文献[158]中，Marroquin等对RQF在条纹图像处理上的应用进行了很好总结，具体可参见该文献。

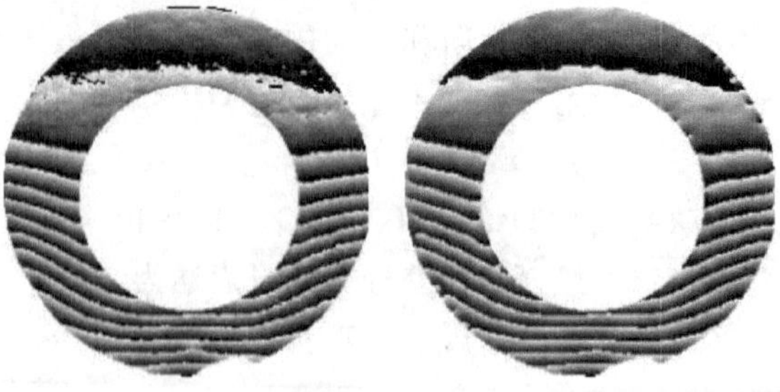

(a)　　　　(b)

图4.22　解调的相位：(a)RQF方法；(b)傅里叶变换方法。前者在边界附近效果较好

在本节最后将把 RQF 方法推广至任意载波信号的情况。本节研究的所有 RQF 方法均假定采用线性载波，这是因为不同的正则化算子，若具有 1.8 节中表述的低通正则化滤波器的带通形式，线性载波的形式易于实现。然而，对于复杂载波而言，如圆载波或逐点载波，其膜片和薄板的正则化项，不能像线性载波那样容易表述[见方程(4.165)和(4.179)]。其复杂性难以实现的另一个理由在于，搜索信号是带通的，因此，需要将滤波器移动至信号的带通频率处。这同样产生了 4.2.5 节讨论过的移动滤波器还是移动信号之间的博弈问题。更重要的是，对于 RQF，当采用移动滤波器的方法时，必须在惩罚函数的置信项上引入 f 的复共轭[方程(4.191)]，从而产生了由 N、ω_0 和 λ 任意组合而成的正交滤波器。

与使用线性载波的锁相环法类似[19,159]，如果将载波调制信号移动到低频区域，可以简化 RQF 方法的形式。对于任意载波 $c(\boldsymbol{r})$ 调制的干涉图，其过程可通过干涉图与复载波相乘(如同 4.2.3 节、4.3.2 节、4.4.2 节中的同步方法)容易地实现，具有任意载波 $c(\boldsymbol{r})$ 的干涉图可表述为

$$I(\boldsymbol{r}) = a + b\cos[\varphi(\boldsymbol{r}) + c(\boldsymbol{r})] \tag{4.208}$$ 197

对上式乘以复信号 $C(\boldsymbol{r}) = \exp(\mathrm{i}c(\boldsymbol{r}))$，则得下面同步信号：

$$I_c(\boldsymbol{r}) = I(\boldsymbol{r})C(\boldsymbol{r}) = a\exp[\mathrm{i}c(\boldsymbol{r})] + I_\varphi^*(\boldsymbol{r})\exp[2\mathrm{i}c(\boldsymbol{r})] + I_\varphi(\boldsymbol{r}) \tag{4.209}$$

若 $C(\boldsymbol{r})$ 是带限的，并满足 4.2.3 节、4.3.2 节及 4.4.2 节讨论的混叠条件，则使用标准的低通正则化滤波器(见 1.8 节)，可通过低通滤波操作得到解析信号 $I_\varphi = \frac{b}{2}\exp(\mathrm{i}\varphi)$。

例如，对于具有一般载波 $c(\boldsymbol{r})$ 的一维干涉图，相应的一阶同步 RQF 滤波器，可由最小化下面惩罚函数建立：

$$U(\boldsymbol{f}) = \|\boldsymbol{W}[I_c(x) - f(x)]\|^2 + \lambda\|\boldsymbol{R}\boldsymbol{f}\|^2 \tag{4.210}$$

式中：$\boldsymbol{W} = \mathrm{diag}[\boldsymbol{w}(x)]$ 为 $N \times N$ 转置矩阵，且每一点 x 均有相应的权重，$\boldsymbol{I}_c(x)$ 为由方程(4.209)得到的同步干涉图，$\boldsymbol{R}$ 为 $(N-1) \times N$ 矩阵：

$$\boldsymbol{R} = \begin{pmatrix} -1 & 1 & 0 & \cdots & & \\ 0 & -1 & 1 & & & \\ \vdots & & \ddots & & & \\ & & & & & \\ & & & -1 & 1 & 0 \\ & & & 0 & -1 & 1 \end{pmatrix} \tag{4.211}$$

在方程(4.210)的惩罚函数中，因为搜索信号 $I_\varphi = \frac{b}{2}\exp(\mathrm{i}\varphi)$ 已经是低通的；再者因为设计的滤波器是理想的正交滤波器[$I_c(x)$ 已表示了复信号，且正则化项与载波无关]，所以此时无须直流滤波算子。同前，取 $\partial U/\partial \boldsymbol{f}^* = 0$，计算 $U(\boldsymbol{f})$ 的最小值，可得一套线性方程组为

$$(\boldsymbol{W}^{\mathrm{T}}\boldsymbol{W} + \lambda\boldsymbol{R}^{\mathrm{T}}\boldsymbol{R})\boldsymbol{f} = (\boldsymbol{W}^{\mathrm{T}}\boldsymbol{W})\boldsymbol{I}_c \tag{4.212}$$

其解形式为

$$\boldsymbol{f} = \boldsymbol{Q}\boldsymbol{I}_c \tag{4.213}$$

式中：

$$\boldsymbol{Q} = (\boldsymbol{W}^{\mathrm{T}}\boldsymbol{W} + \lambda\boldsymbol{R}^{\mathrm{T}}\boldsymbol{R})^{-1}\boldsymbol{W}^{\mathrm{T}}\boldsymbol{W} \tag{4.214}$$

$\boldsymbol{Q}$ 的各行可被视为与空间位置有关的低通滤波器的脉冲响应，其带宽由正则化参数 λ 控制。

这些同步 RQF 的可靠性意义在于其可适用于空间中的每一位置[与权重 $w(x)$有关，且由于 I_c 是复数而具有正交性]。

198 ## 4.6 时域分析与空域分析的关系

在结束本章之前，还需要再对时域载波分析与空域载波分析之间的关系进行阐明。基本上来说，在时域载波(第 2 章、第 3 章)框架下的所有方法和技术，同样可适用于空间载波干涉图，反之亦然。

对于具有空间载波的干涉图，每一系列 N 个连续的像素可被视为时域信号，当其相位恒定时，任何时域的同步或异步的方法均可用于该相位的解调。而且，如果载波信号(见 4.2.3节)是相移的，则任何载波干涉图可转换为一套时域相移干涉图[111-113]。

另一方面，也可将一套时域相移干涉图转换为空域载波信号[160]，即将各列进行压栈，然后可使用任一种空域或频域的二维解调方法。

总之，时域的方法可适用于空域载波，反之亦然，而且选择时域还是空域方法更多地依赖于实现的层面，而不是信号的时域或空域特征。

4.7 总结

本章指出，除去驻点外，任何干涉图均可在局部被表述为单调信号，其瞬时空间频率为干涉图的相位梯度。因此，解调滤波器对干涉图的作用可近似为方程(4.24)：

$$I'(x) = \mathcal{F}^{-1}[H(u)I(u)] \approx H[\varphi_x(x)]I(x) \tag{4.215}$$

式中：$\varphi_x = \partial\varphi/\partial x$ 为瞬时空间频率。该结果使得可以构建以下思想：将滤波器 $H[u]$的作用量化为局部空间频率的函数，进而可评价对于给定的干涉图时使用哪一种滤波器是最优的。

同时，还讨论了将设计的载波施加于干涉图的方法，以方便解调过程，并证明了应用载波时唯一的限制在于其应是带限信号。接着介绍了线性、圆形及逐点载波的相关内容。但本章的内容体系也可推广至读者使用其他载波的场合。

进而讨论了傅里叶变换的方法和同步方法，并将其广义地分为移动信号(同步)和移动滤波器(傅里叶)的方法，从而分析了二者之间的关联，以及其与空-频技术和正则化技术之间的关系。

199 综上所述，对于载波干涉图，本章方法应用的经验可归结如下：

- 如果载波未知但干涉图是带限的，且具有矩形矩阵的结构，则应首选傅里叶变换方法；
- 如果载波事先已知(包括其带宽)，使用同步方法是一种好的选择；
- 对于没有很好定义的载波且(或)干涉图具有高的空间频率成分时，使用空-频和正则化的方法更可靠，且可节省资源。

第 5 章　空域无载波解调方法 201

5.1　引言

本章介绍另一种处理闭型条纹图的方法。此时，由于条纹图不含载波，因而无法直接地应用第 4 章已讨论的技术。对此，需要利用条纹图方向角携带的额外信息。下面在针对无载波空域方法的问题进行阐述时，首先说明闭型条纹图分析时无法使用线性滤波器的原因。然后介绍第一种闭型条纹图的解调方法，亦即正则化相位跟踪法(regularizd phase tracker, RPT)。之后，接着介绍鲁棒正交滤波器(robust quadrature filters, RQF)的自适应特性，其表明：由于采用了一些 RPT 的思想，RQF 可用于解调闭型条纹图。另外，在介绍这两种方法的同时，需要意识到确立条纹方向在条纹图分析中的必要性。对此，将使用一节的内容阐述条纹方向和方位的概念以及其计算方法。本章最后将介绍 Vortex 滤波器及一般正交变换(general quadrature transform, GQT)，并在一维时域信号到三维空时域测量的广泛意义下，阐明条纹方向和局部空间频率量在正确地、可靠地获得闭型条纹图解调结果中起的重要作用。进而指出使用条纹方向信息，可以把第 2 章、第 3 章以及附录中所有的一维相移算法应用 GQT 推广到 n 维空间(二维或三维)。

5.2　闭型条纹图相位解调

本节将介绍一种新的为解调单帧闭型条纹图设计的技术。前面第 4 章已讨论过的含有载波的解调方法均假定相位在空间上是单调变化的。其在物理上，意味着干涉图只能含有开型(类似载波)的条纹。然而，在一般情况下，相位的所有特殊行为是无法一一做出假定
的，因而，在这种情况下是不能使用线性载波的方法实现相位解调。而对于这种一般情况， 202
干涉图含有闭型和(或)开型条纹。

下面首先分析一般一维干涉图直接应用傅里叶变换方法时存在的问题。设

$$I(x) = b\cos[\varphi(x)] \tag{5.1}$$

上式假定 DC 项已经滤除[161]。与使用载波的场合类似，上面的干涉图可写为

$$I(x) = \frac{1}{2}b\{\exp[\mathrm{i}\varphi(x)] + \exp[-\mathrm{i}\varphi(x)]\} = I_\varphi(x) + I_\varphi^*(x) \tag{5.2}$$

其解析信号可表示为下面形式(须注意该复共轭与第 4 章的不同)：

$$I_\varphi(x) = \frac{1}{2}b\exp[\mathrm{i}\varphi(x)] \tag{5.3}$$

则该干涉图的频谱为

$$I(u) = I_\varphi(u) + I_\varphi^*(u) \tag{5.4}$$

在空域载波傅里叶变换分析方法中，上式表示了两个谱瓣。然而，对于这种一般情况而

言，两个谱瓣的频率量 $\varphi_x(x)$ 和 $-\varphi_x(x)$ 在频谱的低频段相互交叠，从而致使二者无法完整地分离。此时，最好使用下面单位阶跃函数在频域作为滤波器：

$$s(u) = \frac{1}{2}\left[1 + \frac{u}{|u|}\right] \tag{5.5}$$

如果认为干涉图在局部上是空间单调的，则在一小邻域内相位可表示为 $\varphi(x) = \varphi_0 + \varphi_x(x)$，此时，滤波后的干涉图可表示为

$$I'(x) = \mathcal{F}^{-1}[s(u)I(u)] \approx s[\varphi_x(x)]I(x) \tag{5.6}$$

按照单位阶跃函数的定义，其又可表示为

$$I'(x) = \begin{cases} \frac{1}{2}b\exp[i\varphi(x)] & \varphi_x > 0 \\ \frac{1}{2}b\exp[-i\varphi(x)] & \varphi_x < 0 \end{cases} \tag{5.7}$$

将上式表示为封闭形式，可得

$$I'(x) = \frac{1}{2}b\{\cos[\varphi(x)] + i\,\mathrm{sgn}[\varphi_x(x)]\sin[\varphi(x)]\} \tag{5.8}$$

最后，解调的相位为 $\hat{\varphi} = \arg[I'(r)]$，而相应的空间频率为 $\nabla\hat{\varphi} = (|\varphi_x|, \varphi_y)$。方程(5.8)清楚地表明，除非已知各点上空间频率的符号，否则无法恢复正确的相位。方程(5.8)也表明，解调闭型条纹图时由于需要估计 $\mathrm{sgn}(\varphi_x)$ 项，因此该过程是非线性的，其另一有意义
203 的结果是恢复的信号 $I'(x)$ 只能是正的空间频率。回想线性载波的情况，如果所有的相位可表示为 $\phi = \varphi + \omega_0 x(\omega_0 \gg \varphi_x)$，此时 $\mathrm{sgn}(\phi_x) = 1\ \forall x$，因而可采用滤波信号 $I'(r) = I_\phi(r) = \frac{1}{2}b\exp(i\phi)$ 恢复相位。

在二维情况下，u 向的垂直阶跃函数可表示为

$$s(q) = \frac{1}{2}\left(1 + \frac{u}{|u|}\right) \tag{5.9}$$

此时，同样只能得到与方程(5.8)相同的结果。图 5.1 给出了使用傅里叶变换方法解调闭型条纹图的实际例子。该例子使用了垂直阶跃函数[方程(5.9)]作为滤波器。正如期望的情况，解调的相位 $\hat{\varphi}(r)$ 只有正的水平梯度(从 π 至 $-\pi$ 的相位跳变仅出现水平线上)，且相图在所有 $\varphi_x = 0$ 的点上存在着奇异性，结果产生了穿过闭型条纹中心的错误垂直线，其可在图 5.1 中清楚可见。

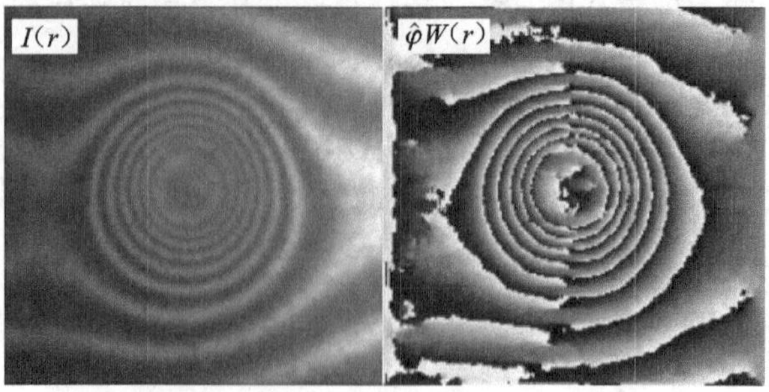

(a)　　　　(b)

图 5.1　(a)、(b)利用由方程(5.8)给出的水平阶跃函数解调闭型条纹。滤波器只能得到正的空间频率，且相位图在垂直方向上只有正的梯度。其结果是，在 $\varphi_x \approx 0$ 处致使闭型条纹相位不一致

由方程(5.8)可以得到解决该问题的思路：解调单帧闭型条纹图的相位时，必须建立一种方法可以计算与干涉图 $I_c=-b\sin\varphi$ 相联系的正交信号。对此，可构建解析信号：$I_\varphi(x)=I-\mathrm{i}I_c=A_c\exp[\mathrm{i}\varphi(x)]$，由此，计算相位为：$\varphi_x=\arg[I_\varphi(x)]$。由上已知，计算一般干涉图的正交信号在本质上属于非线性的过程，因此，所采用的技术必须解决该问题。

在历史上，第 4 章讨论过的条纹跟踪法首次实现了闭型条纹图的解调(即分析一般干涉图)。在其方法中，通过对亮暗条纹图定位，进而建立了沿着条纹方向(条纹骨架)的连续
线[162]。接着为每一条纹指定了相应的条纹级数。最后通过对条纹级数插值的方法完成其 204
他点的求解。该方法在出现噪声时，特别是在条纹断裂、条纹中心以及鞍点等处，产生了很多的问题，而且一般难以自动处理。后来，在 1986 年，Kreis[163] 提出了一种基于阶跃滤波器[见方程(5.8)]的方法，对上面分割 $\mathrm{sgn}(\varphi_x)$ 取值恒定的区域，然后再人工地校正符号的条纹跟踪方法进行了改进。Kreis 的方法非常有用，可以自动处理条纹图[164]，但由于需增加一帧相移(相移量未知)条纹图，因此，打破了使用单帧条纹图像解调相位的前提。1997 年，Servin 等[22] 和 Marroquin 等[33] 首次实现了单帧闭型条纹图自动解调的过程。他们意识到了该问题的病态性，提出应用正则化技术为相位恢复的过程增加先验信息。上面两种方法均假定相位符号在空间上是光滑的，并使用了优化方法计算相位。有必要指出，相比 Kreis 的工作早些，Servin 已经意识到了如果增加一帧能提供更多信息的相移条纹图，可容易地解决符号不定问题。Marroquin 等[165] 和 Servin 等[166] 还意识到了条纹方位在解决单帧条纹图的相位解调问题中的重要作用，即其可实现局部相位与空间频率在计算过程中的解耦。更重要的是，Larkin[167-168] 的工作首次澄清了条纹方位的作用。在该工作中，Larkin 指出在使用所谓的螺旋相位变换(spiral phase transform)进行相位解调时，必须明确地计算局部条纹方向。尽管该工作开创了一种新的条纹解调途径，但其推导方法只是启发式的，且没有建立起方位项与螺旋相位变换之间的物理意义。在 Larkin 的工作发表两年之后，Servin 等[169] 运用所谓的 GQT 思想才清楚地揭示了解调过程的本质特性。在其工作中，Servin 等结合方向空间的概念推导了正交算子的一般表述形式，并证明该算子的定义包含着两个方面的内容。其定义中第一部分内容与条纹方向有关，而第二部分内容主要是非线性算子，即在局部空间单调(局部上简单的图像)近似下，实现了 Larkin 提出的螺旋相位变换。最后，Quiroga 等[154] 证明了应用方位信息可将一维空间的相移干涉(PSI)算法推广至一般的二维闭型条纹图处理的场合。

下面开始讨论用于自动实现闭型条纹图解调的第一种实用技术，即 RPT。

5.3　正则化相位跟踪法(RPT)

RPT[22,166] 首次实现了单帧闭型条纹图的相位解调。其方法的实现主要基于在局部上
将干涉图建模为空间单调的简单条纹图。在该技术中，相位在局部上被近似为平面，而描述 205
该平面的相关参数主要包括相位偏移量及空间频率。首先，按照习惯，将干涉图表示为

$$I(\boldsymbol{r})=a+b\cos\varphi(\boldsymbol{r}) \tag{5.10}$$

式中：$\boldsymbol{r}=(x,y)$。另外，从上式的 DC 项、AC 项以及相位项唯一可得到的先验知识是：该三项在空间上是光滑的。在应用 RPT 时，先需要去除 DC 项，然后再将 AC 项归一化，其过程可称为条纹图归一化[161,170-171]。归一化后，则干涉图表示为

$$I_n(\boldsymbol{r}) = \cos\varphi(\boldsymbol{r}) \tag{5.11}$$

RPT 的主要思想在于：在局部上将相位近似为平面，其平面可表述为

$$p(x,y,\xi,\eta) = \varphi_0(x,y) + \varphi_x(x,y)(x-\xi) + \varphi_y(x,y)(y-\eta) \tag{5.12}$$

式中：$\xi,\eta=\{-0.5N,\cdots,0.5N\}$，为局部上定义在工作点 $\boldsymbol{r}=(x,y)$ 邻域上的虚拟变量(元变量)。在 RPT 中，确定每一点 $\boldsymbol{r}=(x,y)$ 处的参数 $\{\varphi_0,\varphi_x,\varphi_y\}$ 时，需要最小化下面的惩罚函数[22]

$$U_{\mathrm{T}} = \sum_{x,y} U_r(\varphi_0,\varphi_x,\varphi_y) \tag{5.13}$$

式中：

$$U_r(\varphi_0,\varphi_x,\varphi_y) = \sum_{(\xi,\eta)\in N} \{I_n(\xi,\eta) - \cos[p(x,y,\xi,\eta)]\}^2 + \lambda \sum_{(\xi,\eta)\in N} [\varphi_0(\xi,\eta) - p(x,y,\xi,\eta)]^2 m(\xi,\eta) \tag{5.14}$$

表达式中的 λ 称为正则化参数，N 表示了点 $\boldsymbol{r}=(x,y)$ 的邻域，$m(x,y)$ 为指示函数，若已经完成对点 (x,y) 的计算，则 $m(x,y)=1$，否则为 0。该算法的原理基于著名的正则化数学思想，即通过引入一些额外的信息，解决条纹处理中的病态问题。在 RPT 中，该额外信息是假定每一点的相位解 $\varphi_0(\boldsymbol{r})$ 在空间上具有光滑的特性。在方程(5.14)的惩罚函数中第一项表示了模型 $\cos[p(x,y,\xi,\eta)]$ 与观测数据 $I_n(\boldsymbol{r})$ 在领域 N 内局部上的接近性。第二项对相位解 $\varphi_0(\boldsymbol{r})$ 的非光滑性进行限制(惩罚)。正则化参数 λ 用于调节过拟合(满足 $I_n(\xi,\eta)\approx\cos[p(x,y,\xi,\eta)]$，但得到的相位是不光滑的)与欠拟合(得到了光滑相位解 φ_0，但和测量数据的拟合误差较大)之间的平衡关系。遗憾的是，因为 U_{T} 常常为多峰函数{此时，存在着多个解组合 $[\varphi_0(\boldsymbol{r}),\varphi_x(\boldsymbol{r}),\varphi_y(\boldsymbol{r})]$ 与输入数据 $I_n(\boldsymbol{r})$ 相匹配}，所以搜索使该函数[方程(5.13)]在全局上最小化惩罚函数
206 的最小值，非常困难且计算量很大。对此，Servin 等[22] 提出了一种晶体序列增长的扫描策略，通过依次最小化每点的 $U_r(\varphi_0,\varphi_x,\varphi_y)$ 实现了 U_{T} 的最小化。在应用时，每一点参数 $\boldsymbol{\theta}=(\varphi,\varphi_x,\varphi_y)^{\mathrm{T}}$ 的初始值(种子)可取前面已处理过的上一个像素的参数。

最小化局部惩罚函数[方程(5.14)]的过程属于非线性问题，可采用迭代的方法求解。对此，最简单的方法是梯度下降法，其可采用下面的迭代公式计算得到上面参数 $\boldsymbol{\theta}$ 在每一点的解为

$$\theta_{n+1} = \theta_n - \tau \nabla U_r(\theta_n) \tag{5.15}$$

式中梯度 $\nabla U_r=\left(\dfrac{\partial U}{\partial\varphi_0},\dfrac{\partial U}{\partial\varphi_x},\dfrac{\partial U}{\partial\varphi_x}\right)$ 可分别表示为

$$\begin{aligned}
\frac{\partial U_r}{\partial\varphi_0} &= 2\sum\nolimits_{\xi,\eta}\{I_n(\xi,\eta)-\cos[p(x,y,\xi,\eta)]\}\sin[p(x,y,\xi,\eta)] \\
&\quad - 2\lambda\sum\nolimits_{\xi,\eta}[\varphi_0(\xi,\eta)-p(x,y,\xi,\eta)]m(\xi,\eta) \\
\frac{\partial U_r}{\partial\varphi_x} &= 2\sum\nolimits_{\xi,\eta}\{I_n(\xi,\eta)-\cos[p(x,y,\xi,\eta)]\}\sin[p(x,y,\xi,\eta)](x-\xi) \\
&\quad - 2\lambda\sum\nolimits_{\xi,\eta}[\varphi_0(\xi,\eta)-p(x,y,\xi,\eta)](x-\xi)m(\xi,\eta) \\
\frac{\partial U_r}{\partial\varphi_0} &= 2\sum\nolimits_{\xi,\eta}\{I_n(\xi,\eta)-\cos[p(x,y,\xi,\eta)]\}\sin[p(x,y,\xi,\eta)](y-\eta) \\
&\quad - 2\lambda\sum\nolimits_{\xi,\eta}[\varphi_0(\xi,\eta)-p(x,y,\xi,\eta)](y-\eta)m(\xi,\eta)
\end{aligned} \tag{5.16}$$

RPT 解调过程始于种子像素点 $\boldsymbol{r}_0$(初始点)。一般该初始点在条纹频率高的区域进行选择,且此处空间频率(φ_x,φ_y)具有明确的定义。对于初始像素点,迭代方程(5.15)直至其收敛,然后将得到的相位和空间频率记为 $\boldsymbol{\theta}(\boldsymbol{r}_0)=[\varphi(\boldsymbol{r}_0),\varphi_x(\boldsymbol{r}_0),\varphi_y(\boldsymbol{r}_0)]^{\mathrm{T}}$。参数 $\boldsymbol{\theta}$ 的初始值可在区间$(-1,1)$上随机选择,但不能为 $\boldsymbol{\theta}=(0,0,0)^{\mathrm{T}}$,通常,正则化参数 τ 的值可在 0.1 与 10 之间选择。一旦完成种子(初始)像素的解调,将处理模板设置为 1,即 $m(\boldsymbol{r}_0)=1$,继而,后续相位的解调过程如下:

(1)选择像素点 $\boldsymbol{r}_1$,并与前面已解调的像素相联系,然后使用前面得到的 3 个参数作为初始条件:即 $\boldsymbol{\theta}(\boldsymbol{r}_1)=\boldsymbol{\theta}(\boldsymbol{r}_0)$,对方程(5.15)迭代运算;

(2)迭代计算收敛后,设置 $m(\boldsymbol{r}_1)=1$;

(3)重复步骤 1,直至完成感兴趣区域的所有像素点的处理。

RPT 的主要优点是求解得到的相位 $\varphi(\boldsymbol{r})$没有包裹,这是因为该求解系统通过正则化参数为解组合的结果施加了连续性条件。如果第一次使用 RPT 得到的相位和空间频率与实际解调相位相接近,此时也可再次使用 RPT 对得到的解组合进一步细化,并设置所有像素处理模板的值为 $m(\boldsymbol{r})=1$。例如,Servin 等[22]提出在上面迭代过程中增加该步骤以细化求解结果。

RPT 求解过程包括局部解调技术和扫描技术两部分,此时,致使局部解调误差成为误 207
差源并进一步向下传递,因此,扫描步骤在其方法中非常关键。在实际应用时,首先要考虑感兴趣区域是否只含有测量数据。亦即,如果干涉图的条纹中心区域周围含有噪声区域(如图 4.4)时,扫描路径不能经过噪声区域再回到条纹的中心区域。在噪声区域,RPT 得到的结果显然不可靠,且该误差会进一步传递到相关数据的区域。条纹图中只含有条纹的区域可使用一些方法自动探测得到。归一化过程[161,170-171]通过估计条纹的局部振幅:$b(\boldsymbol{r})$[方程(5.10)],从而实现了条纹图的归一化处理。此时,可利用条纹振幅并结合阈值判断或其他更巧妙的技术,如腐蚀滤波[172],确定处理的区域是否含有有效的条纹数据。一旦选定处理区域,扫描波前的形状对处理结果就变得非常重要了。经验上,解调相位增长的区域越紧凑,解调结果越可靠。这也是质量图引导去包裹方法[173-175](其扫描过程由质量图进行引导)中不争的事实。质量图可用评价干涉图的局部质量,从而通过其对扫描过程的引导,可首先对高质量的数据区域进行解调,进而再引导完成低质量区域的解调工作。如果计算的质量图是正确的,则误差只局限于在低质量区域产生。常用的质量指示函数可采用局部空间频率 $\rho(\boldsymbol{r})=|\nabla\varphi|$处的振幅。该图可容易地由频率滤波器组进行确定[129,176],或者也可由干涉图梯度滤波的方法得到[177]。因为若局部空间频率的模(振幅)较大时,可以很好地满足局部单调性的假定[见方程(5.12)],从而,RPT 运行得越良好。所以,选择局部空间频率的模是一种优良的指标参数。

上面的内容后面还将进一步讨论。干涉图的解调过程可分为两步:确定干涉图正交信号(从干涉图计算 $\sin\varphi$)和计算条纹方向图。如果解调干涉图使用条纹跟踪的方法[166]时,扫描策略也可类似地划分为:条纹跟踪扫描沿着条纹进行,或等同地沿着等相位廓线进行。当 RPT 解调相位沿着条纹进行时,此时,局部相位 $\varphi_0(\boldsymbol{r})$保持不变,而空间频率$[\varphi_x(\boldsymbol{r}),\varphi_y(\boldsymbol{r})]$变化缓慢。在通过方程(5.15)迭代初始值的过程中,当求解的结果 $\boldsymbol{\theta}(\boldsymbol{r})=[\varphi(\boldsymbol{r}),\varphi_x(\boldsymbol{r}),\varphi_y(\boldsymbol{r})]^{\mathrm{T}}$ 从上一位置传递到下一位置时,若 $\varphi_0(\boldsymbol{r})$保持不变,其可简化最小化过程,且求解迅速,并能减少误差。条纹跟踪法的另一优点是其解调过程可以围绕条纹中心进行。而这些中心点通常对应着相位的局部最大值和最小值，因此，此处的相位无法表述为平面[见图 4.4(a)]，需要进一步处理。另外，RPT 处理时，必须不时地从一个条纹跳至另一
208 条纹，此时，条纹跟踪算子若结合基于局部空间频率振幅的质量图是非常有用的。因此，使用 RPT 技术或其他解调方法按顺序解调干涉图时，建议使用这种结合扫描的方法。

图 5.2 给出了条纹跟踪法解调的例子。图 5.2(a)为正则化后的剪切散斑闭型条纹图。图 5.2(b)为二值化后用于扫描条纹的质量图。该质量图基于条纹分割的方法，可引导 RPT 围绕条纹中心进行工作，并避开没有条纹的区域，直至完成整个条纹区域的处理。图5.2(c)～图 5.2(e)给出了在条纹引导下解调相位的渐进过程中，捕捉的三张波前图。最后，图 5.2(f)表示了最终解调的相图(为了更好地观察，图中对其进行了包裹)。

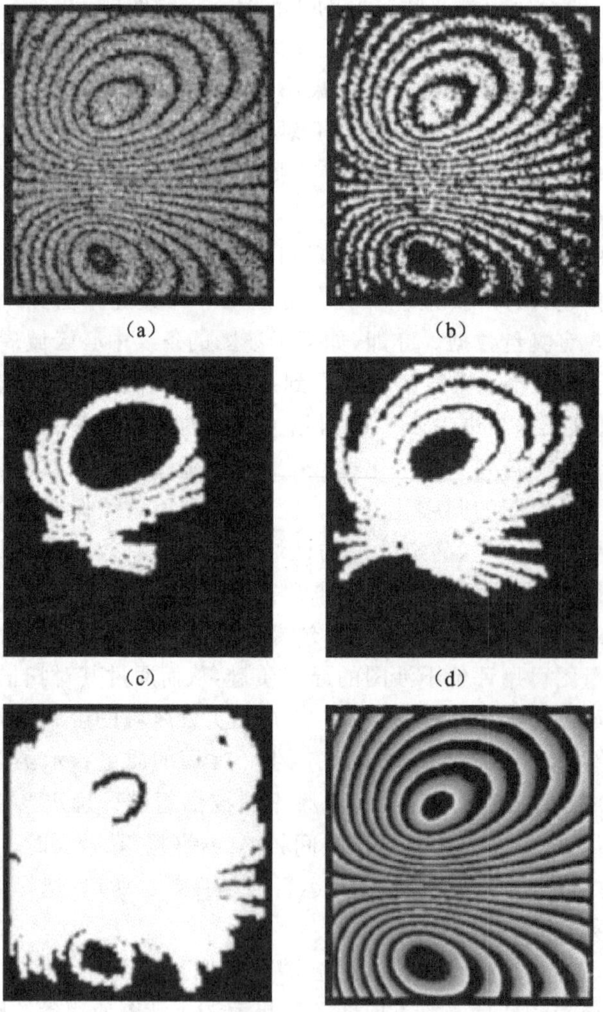

图 5.2　条纹跟踪 RPT 解调示例。(a)剪切散斑干涉图；(b)由分割条纹得到的二值质量图；(c)～(e)扫描过程中的三张波前图；(f)解调的相位，为了便于观察对其进行了重新包裹(图片影印已获得 OSA 授权)

上面的讨论表明了扫描步骤非常重要，但是还必须清楚 RPT 解调方法本身也是非常重要的。在 RPT 中，局部解调的实现基于对正则化惩罚函数的最小化。而在原始的 RPT 中，惩罚函数是由方程(5.14)定义的，有必要指出对原方程进行一些修改可使得解调更可靠，并减少对噪声的敏感性。

当处理单帧闭型条纹图时，其主要问题是存在着很多的相位值与观测数据相适应。例如，下面给出了三个离焦的相位：

$$\begin{aligned}\varphi_1(\boldsymbol{r}) &= x^2 + y^2 \\ \varphi_2(\boldsymbol{r}) &= \arccos[\cos\varphi_1(\boldsymbol{r})] \\ \varphi_3(\boldsymbol{r}) &= \operatorname{sgn}(x)\varphi_1(\boldsymbol{r})\end{aligned} \tag{5.17}$$

它们均有相同的余弦值。RPT 求解过程中，在通过搜索相对观察值有最好置信度的相位值的同时，还需要保证其在空间上是光滑的，从而解决了该问题。在条纹解调的场合中，RPT 得到的结果为相位 $\varphi_1(\boldsymbol{r})$。然而，在出现噪声时，该方法无法区分各个解，特别是在低频区域。在这种情况下，需要对 RPT 进行简单地修正，即通过对解相位施加时域连续性条件以更多地约束求解结果[166,178]。然而，考虑到实际上 RPT 解调时仅使用了一帧条纹图，对此，可通过为 RPT 增加额外项，以实现相位时域连续性验证的目的。该项约束基于对干涉图进行很小的相移后，其与原始干涉图差别不大的假定。这样原始惩罚函数[方程(5.14)]可修改为

$$\begin{aligned}U_r(\varphi_0,\varphi_x,\varphi_y) = &\sum_{(\xi,\eta)\in N}\left\{2I_n(\xi,\eta) - \cos[p_1(x,y,\xi,\eta)] - \cos[p_2(x,y,\xi,\eta)]\right\}^2 \\ &+ \lambda\sum_{(\xi,\eta)\in N}[\varphi_0(\xi,\eta) - p(x,y,\xi,\eta)]^2 m(\xi,\eta)\end{aligned} \tag{5.18}$$

式中： 209

$$\begin{aligned}p_1(x,y,\xi,\eta) &= p(x,y,\xi,\eta) + \alpha \\ p_2(x,y,\xi,\eta) &= p(x,y,\xi,\eta) - \alpha\end{aligned} \tag{5.19}$$

典型的 α 值可在 0.1π 到 0.3π 之间选取。由式中可见，p_1 和 p_2 仅在相移 α 上有差异，因而在最小二乘的意义下，归一化的干涉图必须取 $\cos p_1$ 和 $\cos p_2$ 之间的某个值。换句话讲，使用方程(5.18)，在施加了很小相移约束时，可以迫使得到的解能够产生平滑性最好的条纹图。将方程(5.18)重写为

$$\begin{aligned}U_r(\varphi_0,\varphi_x,\varphi_y) = &\sum_{(\xi,\eta)\in N}\left\{2I_n(\xi,\eta) - \cos\alpha\cos[p(x,y,\xi,\eta)]\right\}^2 \\ &+ \lambda\sum_{(\xi,\eta)\in N}[\varphi_0(\xi,\eta) - p(x,y,\xi,\eta)]^2 m(\xi,\eta)\end{aligned} \tag{5.20}$$ 210

也就是说，施加归一化照度必须与相移后的求解结果相似这一条件，等同于为归一化干涉图的大小相对于拟合数据增加了一个因子：$\gamma = 1/\cos\alpha$。因此，在 RPT 中增加相移项等价于增加归一化条纹图的振幅。从一方面讲，该操作使得 RPT 技术在噪声下更可靠，但此时得到的相位也因振幅的变化而发生了歪曲。如果虚拟的相移 α 很小时，取 $m(\boldsymbol{r}) = 1\ \forall r$，该歪曲影响可通过再一次应用标准的惩罚函数[见方程(5.14)]，按照细化相位的方式进行校正，当然，此时也可使用迭代条件模式(iterative conditional mode, ICM)的方法[22]。因此，使用虚拟相移的方法是一种非常有效的策略，不仅简单，而且可以大大提高 RPT 的可靠性。

第 4 章介绍了空间载波干涉图解调方法，该方法通过引入空间载波可由一帧干涉图得

到其相应的正交信号：$b\sin\varphi$，进而结合该正交信号与滤除 DC 项的干涉图提取了相位。在 RPT 中，当使用正交信号时，可考虑下式表示的干涉图梯度：

$$\begin{aligned} I_{nx}(\boldsymbol{r}) &= -\varphi_x(\boldsymbol{r})\sin\varphi(\boldsymbol{r}) \\ I_{ny}(\boldsymbol{r}) &= -\varphi_y(\boldsymbol{r})\sin\varphi(\boldsymbol{r}) \end{aligned} \tag{5.21}$$

方程(5.21)表明归一化干涉图的梯度可表示为受空间频率调制的干涉图的正交信号。利用该特点为 RPT 的惩罚函数增加额外项，可以迫使干涉图的一阶差分尽可能地与方程(5.21)相同。例如，在文献[179]中，其正交惩罚函数为

$$\begin{aligned} U_r(\theta) = &\sum_{(\xi,\eta)\in N}\left\{I_n(\xi,\eta)-\cos[p(x,y,\xi,\eta)]\right\}^2 \\ &+\sum_{(\xi,\eta)\in N}[\Delta_x I_n(\xi,\eta)-\varphi_x\sin[p(x,y,\xi,\eta)]\}^2 \\ &+\sum_{(\xi,\eta)\in N}\left\{\Delta_y I_n(\xi,\eta)-\varphi_y\sin[p(x,y,\xi,\eta)]\right\}^2 \\ &+\lambda\sum_{(\xi,\eta)\in N}[\varphi_0(\xi,\eta)-p(x,y,\xi,\eta)]^2 m(\xi,\eta) \end{aligned} \tag{5.22}$$

式中 $\Delta_x I$、$\Delta_y I$ 分别为逐行、逐列计算的一阶差分。引入导数项类似于为干涉图增加了 $\alpha=\pi/2$ 的相位增量。此时，可迫使一阶差分必须与求解相位的正交信号相同。这样，该条件限制了更多的、可能的相位解。然而，使用一阶差分 $\Delta_x I_n$、$\Delta_y I_n$ 的方法时，必须进行滤波以避
211 免噪声传递和造成收敛性变差。此时可使用高斯导数(derivative of Gaussian, DoG)核估计上面一阶差分[105]。与相移的方式相比，这种正交 RPT 不会歪曲计算的相位，且能够可靠地解调低频闭型条纹图。因为在低频时，归一化方法不能最优地工作，从而使归一化后的干涉图 I_n 在振幅上有波动。在标准的 RPT 中，如果归一化条纹图的振幅小于 1 时，其解调结果趋向于得到方程(5.17)表示的反三角函数的解 φ_3[179]。而此时，使用正交 RPT 的方法可解决上面因为条纹图归一化产生的问题，并且工作有效。

图 5.3 为使用正交 RPT 方法解调的结果。图 5.3(a)为归一化后的低频剪切散斑闭型干涉图(由实验得到)。即使在开型条纹场合，干涉图的低频性也为空间处理技术(如傅里叶变换技术)提出了很大的挑战。图 5.3(b)为用于跟踪条纹扫描时的质量图。图 5.3(c)～(e)为采用正交 RPT 沿着解调路径得到的三张捕捉图。图 5.3(f)为最终解调的相位图，同样相位进行了包裹以方便观察。

为了校正正则化误差，Legarda-Saenz 等[180]提出了一种改进的 RPT 方法，可对已滤除 DC 项，但没有归一化的条纹图进行处理：

$$I(\boldsymbol{r}) = b(\boldsymbol{r})\cos\varphi(\boldsymbol{r}) \tag{5.23}$$

该方法的改进在于为标准的 RPT 函数增加了一项新的约束，即考虑了干涉图振幅 b_r 及其梯度 $\nabla b=(b_x,b_y)$，从而对 RPT 的原理进行了拓展，实现了使用局部平面很好地拟合条纹振幅的目的，其惩罚函数可表示如下：

$$\begin{aligned} U_r(\varphi_0,\varphi_x,\varphi_y,b,b_x,b_y) = &\sum_{(\xi,\eta)\in N}[I_n(\xi,\eta)-b_0\cos p(x,y,\xi,\eta)]^2 \\ &+\lambda\sum_{(\xi,\eta)\in N}[\varphi_0(\xi,\eta)-p(x,y,\xi,\eta)]^2 m(\xi,\eta) \\ &+\mu\sum_{(\xi,\eta)\in N}[b_0(\xi,\eta)-p_b(x,y,\xi,\eta)]^2 m(\xi,\eta) \end{aligned} \tag{5.24}$$

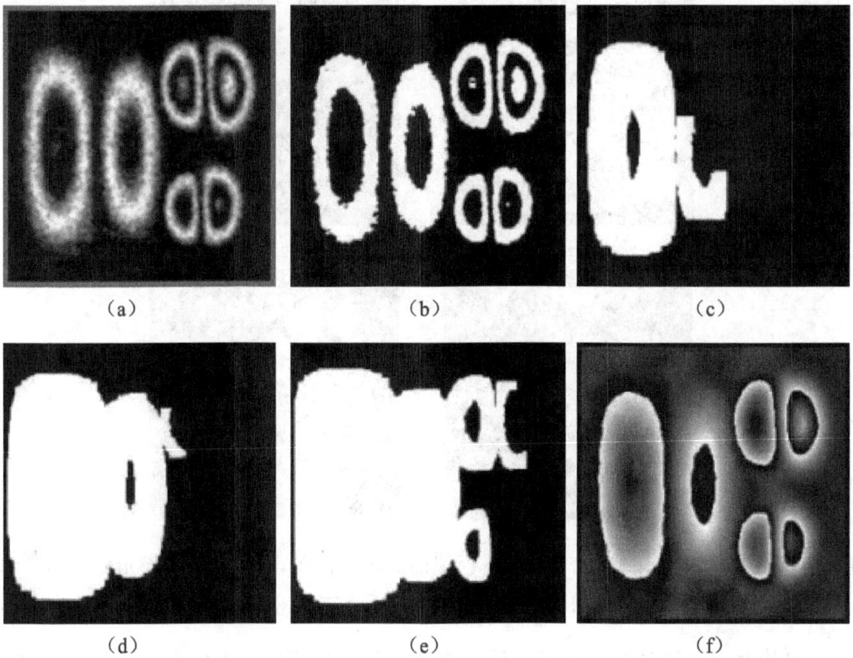

图 5.3　正交 RPT 解调低频实验散斑干涉图的示例。(a)剪切散斑干涉图；(b)由分割图像得到的二值化质量图；(c)～(e)扫描过程中捕捉的三张图；(f)解调的相位(进行了包裹处理以便于观察)

式中 $p_b(x,y,\xi,\eta)=b_0(x,y)+b_x(x,y)(x-\xi)+b_y(x,y)(y-\eta)$。由于需要估计干涉图的振幅，在最小化惩罚函数时该方法需要考虑的参数超过了 6 个，因而其收敛慢，且得到的局部最小值具有偏大的风险。然而，该方法在处理含有低频量条纹的条纹图时具有优势，因为在此时标准 RPT 需要的归一化处理操作常常易于趋向失败。

然而，上面设计的 RPT 方法在条纹极值区域产生了问题，此时由于$\nabla\varphi\approx 0$，因而无法使用平面表述相位。在这些区域，RPT 的近似假定不满足，而且归一化过程也易于失败。按照为局部惩罚函数增加参数的思路，Tian 等[181]、Kai 和 Kemao[182]提出了两种改进的 RPT。 212
文献[181]提出将局部相位建模为二次函数的方法。为了使改进后的 RPT 在噪声下具有稳定性，其方法额外地引入了正则化项，迫使二次曲线具有连续性。使用这种改进的 RPT，作者认为可以解决标准的 RPT 存在的路径依赖问题。例如图 5.4 给出了该方法采用圆处理模板对模拟干涉图的处理结果，其干涉图含有多个相位最大值、最小值以及鞍点。图 5.4(b)给出了采用该 RPT 方法解调时的 Z 形路径。图 5.4(c)表示了该方法按照初始路径增长方式解调干涉图时剩余的部分。图 5.4(d)为包裹后的解调相位[181]。

文献[182]对文献[180]的干涉图模型进行了进一步的拓展，其惩罚函数同时包括了 DC 项和 AC 项，并在局部上把相位建模为二次函数。在这种方法中，局部函数含有 12 个参数：3 个与 DC 项有关，3 个与 AC 项有关，3 个用于表示局部相位，3 个为曲线参数。在这种改进的 RPT 方法中，作者提出了一种扫描策略，该策略基于最小化局部惩罚函数的迭代次数。 213
使用该改进的 RPT 方法，作者认为可以处理具有背景变化、振幅变化，甚至相位不连续的单帧闭型条纹图。例如，图 5.5 给出了其方法解调背景和调制不均匀的电子散斑干涉图的过

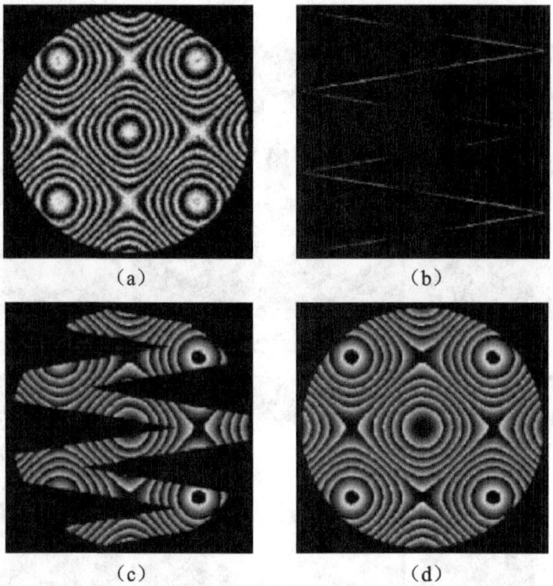

图 5.4 路径无关 RPT 应用实例。(a)计算模拟的散斑干涉图;(b)初始的“Z”形解调路径;(c)在增长路径解调过程中捕捉的图;(d)最后得到的解调相位(图片影印已得 OSA 许可)

程。图 5.5(b)为用于扫描的质量图。计算质量图时,本例使用了迭代局部解调的次数[182]。图 5.5(e)～(f)为解调过程中捕捉的 4 张图。在该方法中,将含有最大值的中心相位放在最后处理,可见该方法可很好地解决振幅差异和噪声问题。图 5.5(g)和图 5.5(h)分别为包裹相位及其余弦值(具体参见文献[182])。

(214)

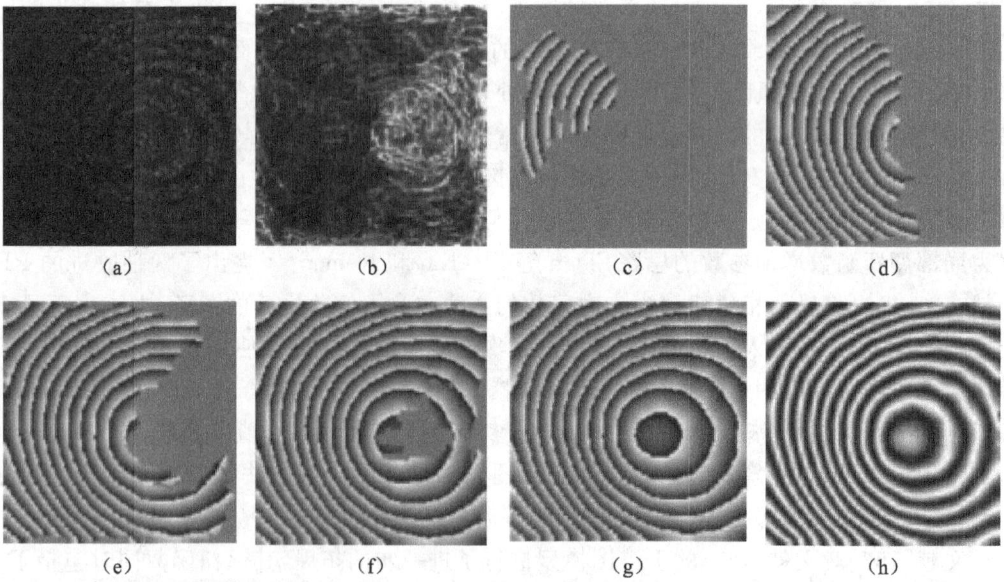

图 5.5 上面一般化 RPT 解调示例。(a)具有背景和条纹振幅变化的实验散斑干涉图;(b)用于引导 RPT 的质量图;(c)～(f)RPT 解调进行过程中捕捉的四张图;(g)、(h)解调的相位及其 cos 值(图片影印已获得 OSA 授权)

在标准的 RPT 方法中最小化局部惩罚函数[方程(5.14)]时只含有三个参数:$\boldsymbol{\theta}=(\varphi_0,\varphi_x,\varphi_y)$。然而,也出现了一些变异的 RPT 方法,其将 RPT 的所有项表述为需要在各个点上求解的局部相位 φ_r 的函数。例如,在 Tian 等[183]提出的 RPT 方案里,通过正则化项为整个相位曲线施加了连续性约束,并使用了离散差分的方法,根据局部相位计算了相位曲线。使用该方法,由于只需要估计相位场,因此局部惩罚函数的优化过程非常迅速。

5.4 局部鲁棒正交滤波器 215

基于路径引导的 RPT 方法主要策略是沿着尽可能多的等相位线(此处相位恒定)分割条纹,进而由空间频率计算相位。按照这种思想,RPT 方法可在局部上搜索最优的解,而采用质量图引导可以保证得到可靠的全局解。然而,RPT 有两个主要问题:第一,RPT 的最小化过程不是线性的;第二,干涉图必须进行归一化。为了解决该问题,可将 4.5 节的全局 RQF 与 RPT 跟踪条纹策略结合起来[156]。这种方法在局部上使用线性 RQF 求解相位,然后使用跟踪条纹的方法将其解向下传递。这种使用局部鲁棒(正则化)线性相位估计算子,进而传递结果的思想也被 Rivera[139]、Legarda-Saenz 和 Rivera[184]研究过。其方法首先得到较粗的相位估计值,接着再将其细化并传递。Dalmau-Cedeno[185]也使用了相似的方法,但在计算相位时,在局部上使用了傅里叶变换的方法。

在局部鲁棒正交滤波器(LRQF)方法中,第一步首先最小化下面函数:

$$\begin{aligned} U_r(f) = &\sum_{(\xi,\eta)\in N} |f_x(\xi,\eta) - I_x(\xi,\eta)|^2 + |f_y(\xi,\eta) - I_y(\xi,\eta)|^2 \\ &+\lambda \sum_{(\xi,\eta)\in N} |f(\xi,\eta) - f(\xi-1,\eta)\exp(-\mathrm{i}u_0)|^2 \\ &+\lambda \sum_{(\xi,\eta)\in N} |f(\xi,\eta) - f(\xi,\eta-1)\exp(-\mathrm{i}v_0)|^2 \end{aligned} \tag{5.25}$$

上式使用了一阶(膜片)正则化算子。同前,N 代表了以工作像素点 $\boldsymbol{r}=(x,y)$ 为中心的局部邻域,$(u_0,v_0)\equiv[\bar{\varphi}_x(\boldsymbol{r}),\bar{\varphi}_y(\boldsymbol{r})]$ 为邻域 N 内的局部平均空间频率,亦即,其是局部载波频率的最佳近似。如同在 RQF 方法中,其主要的意图是根据正则化惩罚函数[方程(5.25)]寻找最接近实验数据 $I(\boldsymbol{r})$ 的信号:$f(\boldsymbol{r})=b(\boldsymbol{r})\exp\varphi(\boldsymbol{r})$。前面 4.5 节已经研究过,最小化方程(5.25)的过程可解释为应用正交滤波器使其在 (u_0,v_0) 处发生谐振,而其带宽可由正则化参数 λ 进行控制。对于方程(5.25),上面采用了薄板模型,并为了简化而忽略了 f^* 项,但此时也可使用其他的 RQF 公式。

若已知局部载波频率 (u_0,v_0) 时,可使用 4.5 节介绍的任意一种方法求解方程(5.25)的最小值,进而可得局部邻域 N 内各点的局部相位为

$$\varphi(\xi,\eta) = \arg[f(\xi,\eta)] \quad \xi,\eta \in N \tag{5.26}$$

一旦当前点 $\boldsymbol{r}=(x,y)$ 周围的相位已计算完成,则可使用跟踪条纹扫描的方法移至下一点 $\boldsymbol{r}'=(x',y')$。然而,在处理下一点之前,须对 r' 处的局部载波频率进行更新。当完成邻 216
域 N 内的相位求解后,该计算的局部相位值可作为初始值计算 r' 处的局部载波频率:

$$\begin{aligned} u_0(\boldsymbol{r}') &= \arg[\exp(\mathrm{i}\{[\varphi(x,y)-\varphi(x',y)](x-x')\})] \\ v_0(\boldsymbol{r}') &= \arg[\exp(\mathrm{i}\{[\varphi(x,y)-\varphi(x,y')](y-y')\})] \end{aligned} \tag{5.27}$$

上式使用了复指数形式,可以可靠地减去包裹相位 $\varphi(x,y)$,并且假定干涉图是正确采样的,满足 $|\varphi_x,\varphi_y|<\pi$ rad。若 $\boldsymbol{r}'$ 处的局部载波频率更新后,便可在新位置处最小化方程(5.25)的惩罚函数,并重新更新下一位置的局部载波频率。若邻域 N 越小,LRQF 工作越

快，但此时对噪声的可靠性减小。典型的邻域 N 大小可在 3×3 到 9×9 像素之间选取。

最后，还需要解决如何确定种子像素处局部载波频率的问题。在文献[156]中，作者提出了一种使用 Gabor 滤波器的方法：

$$g(r,u_0,v_0)=\exp\left(-\frac{\|\boldsymbol{r}\|^2}{\sigma^2}\right)\exp[-\mathrm{i}(u_0x+v_0y)] \tag{5.28}$$

上式可在一定的空间频率处发生谐振，如$(u_0,v_0)=(\pi/2,\pi/2)$。此时，可选择 Gabor 滤波器响应最大的位置作为种子(初始)点。在实际中，使用 Gabor 滤波器组[126]比较好，同样，选择响应最大处为局部载波频率(和种子像素)。Gabor 滤波器的带宽 σ 及邻域的大小与方程(4.46)有关。

在图 5.6 中，使用模拟干涉图对 LRQF 和标准 RPT 方法的性能进行了比较。由于添加了 0 均值，方差在 0.06～1.0 之间变化(参见模拟图)的正态相位噪声，图 5.6 明显地发生了退化。对于 RPT 而言，首先需要对条纹图进行归一化，其使用的参数为：$\gamma=20$，$N=6\times6$。而 LRQF 使用的参数为：$\gamma=5$，$N=6\times6$。条纹图的大小为 256×256，其处理时间分别为：11.1 s(RPT)和 4.2 s(LRQF)。由于噪声的退化作用，归一化效果差，RPT 处理趋于失败。然而，LRQF 在条纹密集区域，即便是噪声很大时，仍保持了良好的性能。

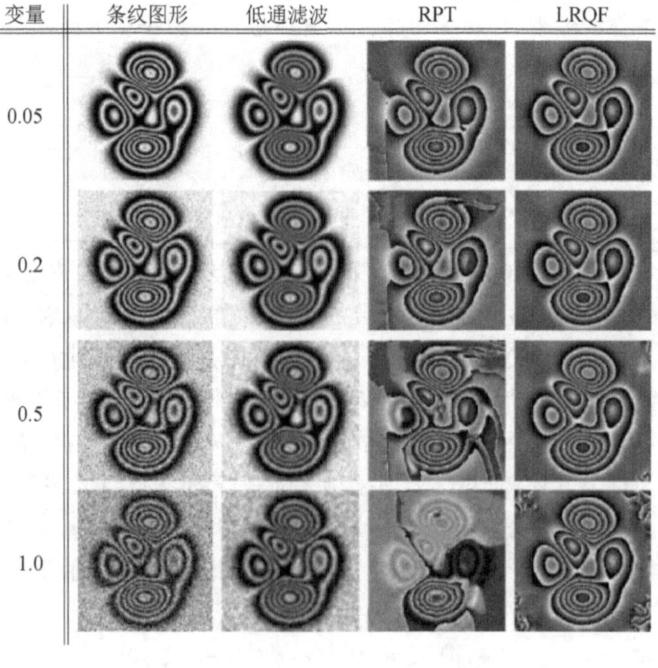

图 5.6 LRQF 与标准 RPT 方法的性能比较。每一行的干涉图质量由于相位噪声而发生了退化，噪声方差的范围为 0.05～1.0 rad(图片影印已获得 SPIE 授权)

5.5 二维条纹图的方向

5.5.1 干涉图处理中的条纹方位

在数字图像处理中，方位作为局部特征与图像空间结构有关。例如，含有边界的区域是高度结构化的,具有明确的方位。而在另一方面,含噪或平滑的区域则趋向具有弱的方位结构,其方位定义模糊。因而,利用方位是进行角点检测[187]或方向滤波[188]的有效手段。具体 217
地讲,方位特征与在局部简单的图像有关,因为任一小邻域的频谱由一对小谱瓣组成,此时其谱瓣与局部梯度具有相同的方位角度[189]。大多数干涉图均可归类为局部简单的图像,也就是说在局部它是空间单调的。4.2.2 节已经讨论过,除去极值相位,干涉图上的小相位块总是可近似为平面,即

$$\varphi(\boldsymbol{r}) = \varphi_0(r) + \nabla\varphi \cdot \boldsymbol{r} \tag{5.29}$$

其中,$\nabla\varphi$ 在整个小块中几乎保持不变。干涉图块 $I=a+b\cos\varphi$ 的傅里叶变换为

$$I(q) = a\delta(q) + \frac{1}{2}b\left[\mathrm{e}^{\mathrm{i}\varphi_0}\delta(q-\nabla\varphi) + \mathrm{e}^{-\mathrm{i}\varphi_0}\delta(q+\nabla\varphi)\right] \tag{5.30}$$

上面干涉图的频谱包括了位于中心处与背景 a 有关的 δ 信号,和两个位于 $q=\pm\nabla\varphi$ 处 218
的 δ 信号,其在频域上的方位角为:$\beta=\arctan(\varphi_y/\varphi_x)$。该方位角与干涉图块中与条纹相垂直的线朝向一致,图 5.7 采用图形的方式证明了该概念。图 5.7(a)给出了含有驻点的复杂干涉图,其中矩形 1 标记了含有高频量的区域,矩形 2 标记的低频区域含有相位最大值,矩形 3 标记的区域内含有相位鞍点。图 5.7(b)和(c)分别为矩形 1 干涉图块的放大图及其傅里叶变换。可见,图 5.7(c)中的两个 δ 信号与局部空间频率和方位角 β 有关。图 5.7(b)在条纹上同样也绘制了方位角,显然可见该方向与条纹相互垂直。也有一些观点认为可将干涉图条纹视为等相位线。因而,相位梯度与条纹相互垂直。总之,条纹在局部上的方位和瞬时空间频率密切相关,简单地说,二者为同一信息的两种形式。

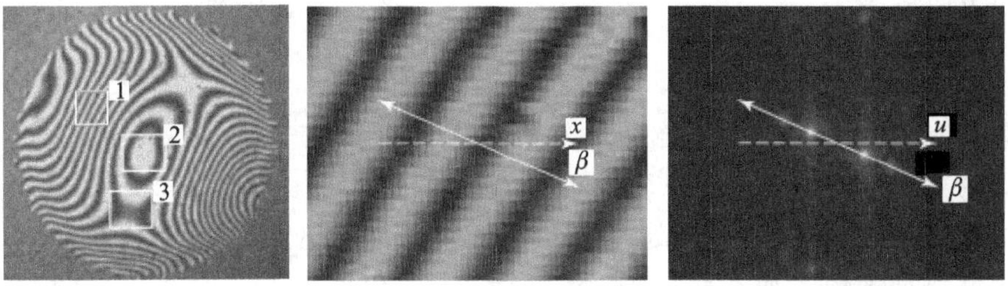

(a)　(b)　(c)

图 5.7　(a)含有高频区域(矩形 1)和驻点(矩形 2 和 3)的复杂干涉图;(b)矩形 1 的放大图,其上绘制了局部空间频率的方位角;(c)图(b)的频谱,其中含有两个与局部空间频率有关的 δ 信号及其方位角 β

方向滤波技术[190-195]首次在干涉图处理中应用了条纹的方位信息。这些方法均假定污染图像的高频噪声是各向同性的。在任一方位上,条纹信号和噪声具有相同的空间频率。但是沿着条纹时,条纹信号的频率非常低,此时易于和高频噪声相分离。因此所有提及的文献均是沿着条纹对干涉图进行扫描,或使用方向滤波器抑制噪声。

在单帧闭型条纹图的相位解调场合中,条纹方位也有重要的应用。由下一节可知,二维解调过程可分为两步:正交信号获取和条纹方位计算。一般地,该两步操作均可以可靠地实现,这是因为此时可以使用线性滤波器估计正交信号,而条纹方位角也可使用局部线性的方 219
法进行计算。

Marroquin 等[165]首次在该领域做了研究工作。其工作证明了如果将解调过程分为两

步，设计的非线性自适应正交滤波能够可靠地单独估计条纹方向和空间频率。同时，Servin 等[166]采用跟踪条纹扫描策略对标准的 RPT 进行了改进。其方法在使用条纹作为质量图时隐含地引入了方位信息。该改进工作的理由在于在解调相位时，尽可能多地跟踪各向同性线，可以实现空间频率与估计相位的解耦。虽然，上面提及的工作有力地证明了方位信息的重要性。但是，关于方位信息更明确的作用仍没有被清楚地阐述。Larkin[167-168]首次阐明了条纹方位角在相位解调的作用，并指出如何结合线性滤波器（螺旋相位变换）和条纹方向实现单帧闭型条纹解调的方法。后来，Servin 等[169]进一步将 Larkin 的方法推广为 n 维正交变换，其算子也包含了两项：条纹方向项和非线性算子。在局部单调近似下（即局部简单的图像），该非线性算子亦可实现 Larkin 的螺旋相位变换。

5.5.2 条纹方位和方向

下面首先对条纹方位与方向的概念进行定义，通常，干涉图的模型为

$$I(\boldsymbol{r}) = a(\boldsymbol{r}) + b(\boldsymbol{r})\cos\varphi(\boldsymbol{r}) \tag{5.31}$$

前面已提及，可将条纹解释为各向同性线，因而，下式表示的向量场定义了条纹上每一点的方向向量：

$$\boldsymbol{n}_\varphi(\boldsymbol{r}) = \frac{\nabla\varphi}{|\nabla\varphi|} \tag{5.32}$$

$\boldsymbol{n}_\varphi$ 为单位向量，其垂直于条纹上的每一点。方向向量即为归一化的空间频率向量，其与每一小块图像（见图 5.7）频谱中右边谱瓣的方向有关。在二维时，另一种表示方向向量的方法可采用条纹方向角：

$$\beta(\boldsymbol{r}) = \arctan\left(\frac{\varphi_y}{\varphi_x}\right) \tag{5.33}$$

方向向量与方向角的关系可表示为

$$\boldsymbol{n}_\varphi(\boldsymbol{r}) = (\cos\beta, \sin\beta) \tag{5.34}$$

220 然而，这些定义因为与相位（条纹处理的结果）无关，因而不实用。这是因为在实际中，探测器直接观测到的是光强，而不是方向向量，再者相位是包裹在余弦函数表示的光强之中。因而，上面的方位信息若从干涉图中得到才是方便的。对此，进一步计算垂直于条纹的方位向量为

$$\boldsymbol{n}_I(\boldsymbol{r}) = \frac{\nabla I}{|\nabla I|} \tag{5.35}$$

假定背景和振幅在空间上是平滑的，方位向量与方向向量之间的关系为

$$\boldsymbol{n}_I(\boldsymbol{r}) = -b\sin\varphi(\boldsymbol{r})\frac{\nabla\varphi}{|\nabla I|} = -\operatorname{sgn}[\sin\varphi(\boldsymbol{r})]\boldsymbol{n}_\varphi(\boldsymbol{r}) \tag{5.36}$$

在 DC 项和 AC 项空间变化明显的场合，方程(5.36)的误差较大[196]。此时可采用条纹归一化的方法解决该问题。

由方位向量的定义可知，条纹方位角可定义为

$$\theta(\boldsymbol{r}) = \arctan\left(\frac{I_y}{I_x}\right) \tag{5.37}$$

进而，可将条纹的方位向量表示为

$$\boldsymbol{n}_I(\boldsymbol{r}) = (\cos\theta, \sin\theta) \tag{5.38}$$

虽然两个向量看起来相似，但在实际中存在着明显的差异，而且这种差异正是单帧闭型条纹相位解调的核心问题。条纹方向向量为一平滑向量场，并沿着相位梯度的方向。对于闭型条纹，如果沿着条纹，其方向角在(0,2π]范围内变化。而在另一方面，根据照度梯度在局部的数据，圆形条纹直径左边的点和右边的点的位置是无法判断的(在局部它们是相同的)。对于闭型条纹的方位角，如果沿着闭型条纹时，其在(0,2π]上变化了两个周期。因此，n_φ 被称为方向向量，n_I 被称为方位向量。图 5.8 和图 5.9 采用图形的方式证明了方向向量和方位向量的概念。图 5.8(a)给出了叠加在圆形干涉图上的方向向量场，图 5.8(b)在条纹方向角图(黑色代表 0 rad，白色代表 2π rad)上叠加了与图 5.8(a)相同的向量场。当沿着圆形条纹时，方向向量平滑变化直至条纹闭合，其中方向向量的初始状态采用黑色表示。方向角图从 0 到 2π 平滑变化，然后跳变回 0 rad。因此，从条纹中心开始，产生了 2π rad 的错位(注意条纹中心为相位驻点)。图 5.9 表示了与图 5.8 相同的信息，但使用了方位向量替代方向向量。在图 5.9(a)中，沿着条纹时，方位向量从 0 到 π 平滑变化，然后方向发生了 π rad 的变化，接着方位向量又开始从 0 到 π 平滑变化，直到在起点出现了新的方向跳变。该行为 221
在图 5.9(b)的条纹方位角图中(黑色代表 0 rad，白色代表 π rad)清楚可见。在该图中，从条纹中心开始发生了两个 π rad 的错位。

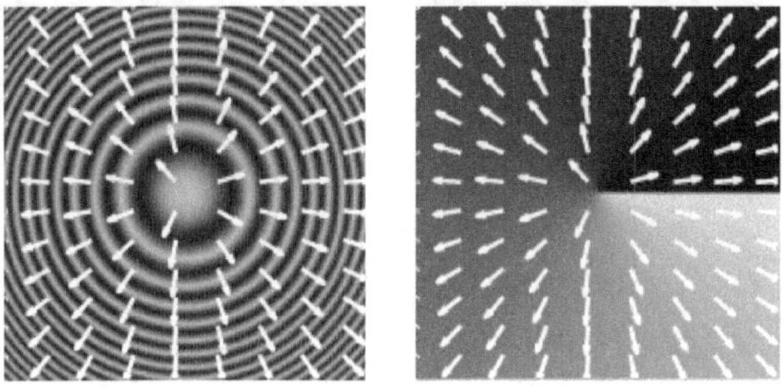

(a)　　　　(b)

图 5.8　(a)叠加在圆形条纹图上的方向向量；(b)叠加着方向向量的条纹方向角图(黑色代表 0 rad，白色代表 2π rad)

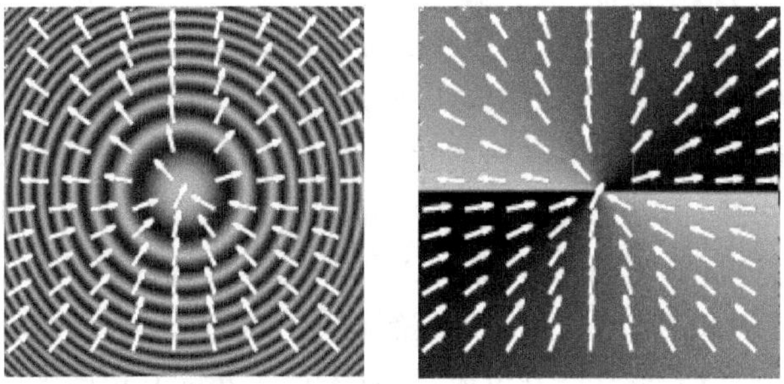

(a)　　　　(b)

图 5.9　(a)叠加着方位向量的圆形条纹图；(b)叠加着方位向量的条纹方位角图(黑色代表 0 rad，白色代表 π rad)

最后须提醒，条纹方向含有干涉图解调几乎所有的信息。例如，若能计算条纹方向向量 n_φ 和空间频率在局部上的模 $|\nabla\varphi|$[129]，则可得相位梯度为

$$\nabla\varphi(\boldsymbol{r}) = \boldsymbol{n}_{\varphi}\,|\,\nabla\varphi\,| \tag{5.39}$$

显然，对其积分[197-198]，可得调制相位 φ。因而，一种好的计算条纹方向方法可以使干涉图解调变得更容易。

222 ### 5.5.3 方位估计

根据方程(5.35)可知，若将干涉图梯度近似为有限差分的形式，则可直接计算出其方位[196,199]。例如，可将干涉图中心处的梯度采用差分近似为

$$\nabla I(x,y) = \frac{1}{2}[I(x+1,y) - I(x-1,y), I(x,y+1) - I(x,y-1)] \tag{5.40}$$

其优点是应用非常简单，但此时对噪声很敏感。实际中，直接应用方程(5.40)是不能计算方位的。图 5.10 给出了实际干涉图的方位向量及其方位角。从图 5.10(a)可见，方位向量朝向几乎是随机的，而图 5.10(b)的方位角图与散斑相图相似。

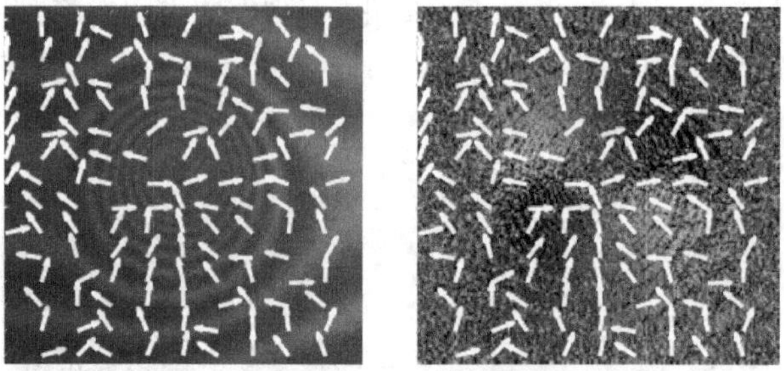

(a) (b)

图 5.10 (a)叠加了方位向量的圆形条纹图；(b)条纹方位角度(黑色代表 0 rad，白色代表 π rad)，其上叠加了方位向量

解决该问题时需要可靠地估计梯度，也可通过方位角滤波的方法，或者二者的结合。使用 DoG 滤波器[105,196]可以很可靠地计算含有噪声信号的梯度。在另一方面，为了滤除方位角，还必须考虑这一实际情况：对于闭型条纹干涉图，其方位角在每一驻点处(条纹中心或鞍点)会出现两个 π rad 的错位问题，具体如图 5.9 所示。在这种情况下，不能直接应用传统的低通滤波技术。但可使用正弦-余弦滤波器对包裹的角信号进行平滑处理[200]。该方法通过计算包裹信号的正弦和余弦值，产生了两个连续的信号，其过程可以容易地采用滤波得到。然而，标准的正弦-余弦滤波方法不能在条纹方位计算中直接应用，因为 θ 和 $\theta+\pi$ 代表了同一方向，但实际上须注意 $\cos\theta=-\cos(\theta+\pi)$ 和 $\sin\theta=-\sin(\theta+\pi)$。因而，如果在局部将方位的正弦值和余弦值进行平均处理时，其滤波结果是不正确的，因为 θ 和 $\theta+\pi$ 方向相互抵消而不是累加。如果在滤波前将方位结果进行两倍处理，则可解决该问题。此时，两倍后的
223 方位值在求均值时仅抵消了垂直的方位值，而对平行的方位值是增强的。数学上，为了滤除方位角，必须计算两倍后方位角(由照度梯度得到)的正弦和余弦值：

$$\begin{aligned} c(\boldsymbol{r}) &= \cos 2\theta \\ s(\boldsymbol{r}) &= \sin 2\theta \end{aligned} \tag{5.41}$$

然后滤除两个信号，可得 $s_f(\boldsymbol{r})$ 和 $c_f(\boldsymbol{r})$，则条纹方位角可计算为

$$\theta_{\mathrm{f}}(\boldsymbol{r}) = \frac{1}{2}\arctan\left(\frac{s_{\mathrm{f}}}{c_{\mathrm{f}}}\right) \tag{5.42}$$

一般地，滤波过程表示为在大小为 N 的小邻域上的滑动平均操作。利用三角关系：$\sin 2\theta = 2\sin\theta\cos\theta$ 和 $\cos 2\theta = \cos^2\theta - \sin^2\theta$，根据照度梯度可将滤波过程重写为

$$\begin{aligned} s_{\mathrm{f}}(\boldsymbol{r}) &= \frac{\sum \sin 2\theta}{N^2} = \frac{\sum 2I_x I_y}{N^2} \\ c_{\mathrm{f}}(\boldsymbol{r}) &= \frac{\sum \cos 2\theta}{N^2} = \frac{\sum (I_y^2 - I_x^2)}{N^2} \end{aligned} \tag{5.43}$$

进而，滤除的方位角为

$$\theta_{\mathrm{f}}(\boldsymbol{r}) = \frac{1}{2}\arctan\left[\frac{2\sum I_x I_y}{\sum (I_y^2 - I_x^2)}\right] \tag{5.44}$$

在这种情况下，方程(5.40)可直接用于计算照度的梯度，当然也可用其他的可靠滤波器，如 DoG 滤波器。有必要指出，方程(5.44)与计算机视觉中常用的结构张量的方法得到的结果相同[189]。

图 5.11 给出了 DoG 滤波器结合正弦-余弦滤波的方法对图 5.10 干涉图的处理结果。在图 5.11 的 DoG 滤波器中，$\sigma = 3$ 像素，窗口大小为 14 像素，正弦-余弦滤波器的窗口大小为 15 像素。

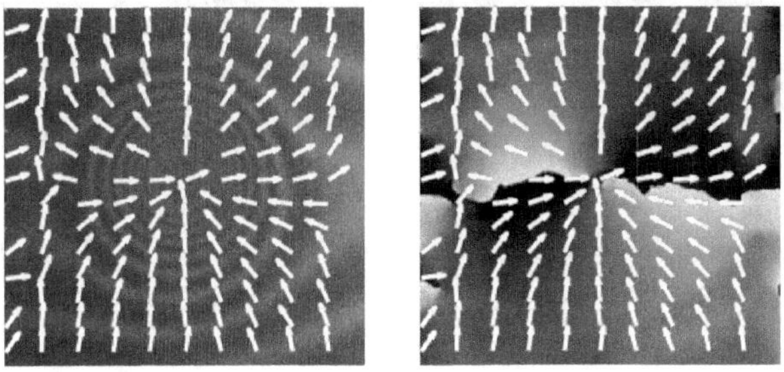

(a)　(b)

图 5.11　(a)使用 DoG 滤波器和正弦-余弦滤波器得到的条纹方位向量；(b)条纹方位角(黑色代表 0 rad，白色代表 π rad)。读者可将本图与图 5.9 的结果相对比

可见，结合 DoG 滤波器和正弦-余弦滤波是计算条纹方位非常有效的方法。然而，由于该两种滤波器均需要在小邻域上进行局部的平滑操作，因此其过程与空间频率有关，此时必须考虑空间频率的影响[196,199,201]。换句话讲，尽管从图 5.11 可见，DoG 方法看起来对条纹方位的作用是各向同性的，但是在实际上，它是尺度变化的。

还可以采用平面拟合的方法估计照度梯度。在其方法中，将干涉图的局部照度被建模为平面：$I(x,y) = a + bx + cy$，其中参数 b 和 c 可由最小二乘法拟合得到，进而局部梯度可计算为：$\nabla I = (b,c)$。对于空间频率低的干涉图，该方法为计算局部照度梯度的很好策略，但其是尺度变化的，而且还存在着一定程度上的空间各向异性。 224

下面介绍最后一种条纹方位估计方法，即最小方向导数法。该方法基于干涉图的方向导数沿着条纹最小这一事实。如果在 0°、45°、90°和 135°处对方向导数进行采样时，那么，就有可能得到一个方位，使其方向导数具有最小值[202]。在该方法中，上面提及的四个方向导

数分别为

$$
\begin{aligned}
d_0 &= \sqrt{2}\,|\,I(x-1,y)-I(x+1,y)\,| \\
d_{45} &= |\,I(x-1,y+1)-I(x+1,y-1)\,| \\
d_{90} &= \sqrt{2}\,|\,I(x,y-1)-I(x,y+1)\,| \\
d_{135} &= |\,I(x-1,y-1)-I(x+1,y+1)\,|
\end{aligned} \tag{5.45}
$$

根据这些导数,在大小为 N 的邻域上计算其累加和:$D_i(\boldsymbol{r})=\sum_N d_i$,则条纹方位角可计算为

$$
\theta(\boldsymbol{r})=\frac{1}{2}\arctan\left(\frac{D_{45}-D_{35}}{D_0-D_{90}}\right)+\pi/2 \tag{5.46}
$$

该技术看似与 DoG 滤波或平面拟合的方法相同。然而,其可紧密地与正弦-余弦平均和一阶差分相结合,从而可产生一种更好的各向同性方法,且几乎满足尺度不变。图 5.12 给出了该方法对前面同样的干涉图进行方位计算的处理结果。在本例中,累加和 D_k 的窗口大小为 35 像素。

225

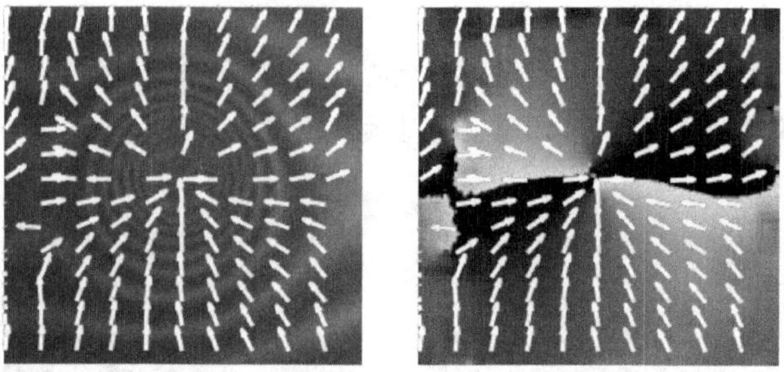

(a)　　(b)

图 5.12　(a)使用最小方向导数技术得到的条纹方位向量;(b)条纹方位角(黑色代表 0 rad,白色代表 π rad)。读者可将本图与图 5.9 相比较

5.5.4　条纹方向计算

根据 5.5.2 节的讨论可知,使用方向角几乎可解决闭型条纹图解调的所有问题。对此,本节提出使用正则化方法估计条纹方向的技术。根据定义,方位角(θ)与方向角(β)之间的关系为

$$
\theta=\beta+k\pi \tag{5.47}
$$

式中:k 为未知整数,$0\leqslant\theta<\pi$。因而,对方位角(θ)与方向角(β)两倍后进行包裹,可得二者之间的关系为

$$
W[2\theta]=W[2\beta] \tag{5.48}
$$

式中:W 表示以 2π 为模的包裹算子。

由方程(5.48)可知,方向角 β 可通过对相图 $W[2\theta]$ 去包裹得到。然而,标准的相位去包裹算法假定相图是对逐点连续函数包裹的结果,但是这里的方向角是不连续的。如果围绕着闭型条纹图的中心移动,则方向角是从 0 到 2π rad 连续变化的,由图 5.8 可见,其产生了 2π rad 的错位,因此此时无法使用标准的相位去包裹算法。如果在视场上存在着多个相位极值(最大值、最小值或鞍点),则方向角图将变得更复杂。图 5.13 描述了该复杂性,即在视

场上有多个极值点，图中表示了条纹方向向量、条纹方位角(黑色代表 0，白色代表 π)，以及方向角(黑色代表 0，白色代表 2π)。

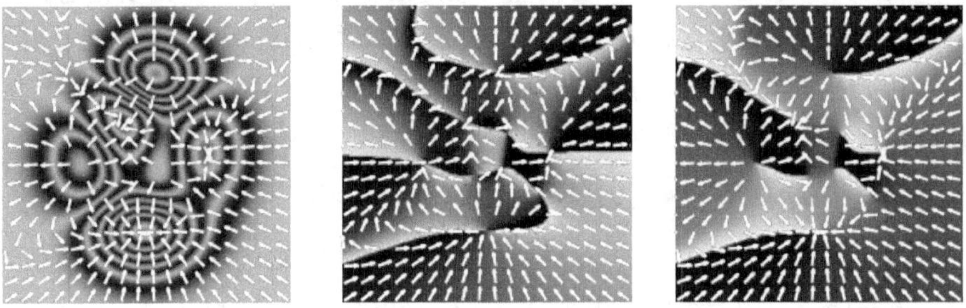

(a)　(b)　(c)

图 5.13　(a)条纹方向向量。(b)条纹方位角(黑色代表 0 rad，白色代表 π rad)。(c)复杂干涉图的条纹方向角(黑色代表 0 rad，白色代表 2π rad)。由于相位极值，方位角中产生了 π rad 错位，该方位角一直传递至边界处或与相位极值相连处。所有处理条纹方向的方法必须得到(b)所示的方位角以获取(c)所示方向角，并保留正确的 2π rad 错位

图 5.13(b)表明了上面过程去包裹非常复杂。然而，必须清楚，从方向角的观点看，0 和 2π rad 代表了相同的方向。这就存在着两方面的重要含义：(i)方向角图以 2π 为模，且是连续变化的；(ii)方向向量平滑变化。方向角以 2π 为模且连续变化的特点是首次提出的方向 226
图的计算方法的基础[203]。在该工作中，Quiroga 提出了一种变异的 RPT 相位去包裹算法[166]，其自然地利用了 2β 以 4π 为模的特点。该方法首先根据干涉图照度(5.5.3 节)计算方位角 θ，然后可得下面信号：

$$\begin{aligned} C(\boldsymbol{r}) &= \cos\left\{W[2\theta]\right\} \\ S(\boldsymbol{r}) &= \sin\left\{W[2\theta]\right\} \end{aligned} \tag{5.49}$$

此时，方向角可在局部上由最小化下面的惩罚函数计算得到

$$\begin{aligned} U_r(\varphi,\varphi_x,\varphi_y) = &\sum_{\xi,\eta\in N} \left|C(\xi,\eta) - \cos[p(x,y,\xi,\eta)]\right|^2 \\ &+ \sum_{\xi,\eta\in N} \left|S(\xi,\eta) - \sin[p(x,y,\xi,\eta)]\right|^2 \\ &+ \lambda \sum_{\xi,\eta\in N} \left|W_{4\pi}[\varphi(\xi,\eta) - p(x,y,\xi,\eta)]\right|^2 m(\xi,\eta) \end{aligned} \tag{5.50}$$

式中：$\varphi(\boldsymbol{r})=2\beta(r)$，$p(x,y,\xi,\eta)=\varphi(x,y)+\varphi_x(x,y)(x-\xi)+\varphi_y(x,y)(y-\eta)$。$W_{4\pi}$算子表示了以 4π 为模的运算。按照惯常，在局部上最小化 RPT 方法的惩罚函数(5.5.3 节)，然后由质量图引导，有序地解调干涉图。尽管正则化项适应了 2β 以 4π 为模的特点，但方向估计方法仍要依赖所使用的扫描策略。扫描策略必须保证在工作时围绕着关键的方位点，即将条纹中心、鞍点以及平坦的相位区域这些点放在最后进行处理。用于引导路径将惩罚函数最小化(5.5.3 节)的典型质量图，可根据条纹梯度的模 $|\nabla I|$ 得到，或者采用计算方位相量的振幅。例如，在使用最小方向导数的方法，即方程(5.46)时，其振幅可表示为 227

$$B(\boldsymbol{r}) = (D_{45} - D_{135})^2 + (D_0 - D_{90})^2 \tag{5.51}$$

RPT 方向估计方法在噪声下具有良好的性能。然而，对于标准的图像和标准大小的正

则化邻域而言，方程(5.50)的非线性最小化过程计算量非常大。为了解决该问题，Villa等[204]提出了采用线性局部正则化技术估计方向的方法，并称其为正则化向量场(vector field regularized, VFR)方向估计，该方法主要假定条纹方向向量是平滑变化的。因此，其主要目的是建立一垂直于被测方位向量场的平滑向量场。在二维时，VFR需要计算平滑向量场：$\boldsymbol{p}=(p_x,p_y)$，且要求其在每一点上垂直于由干涉图照度计算的方位向量 n_I。在工作时，其需要局部地在点 $\boldsymbol{r}$ 周围大小为 N 的邻域内最小化下面的惩罚函数：

$$U_r(p_x,p_y)=\sum_{\rho\in N}\{[\boldsymbol{p}(\boldsymbol{r})\cdot\boldsymbol{n}_I(\rho)]^2+\lambda\parallel\boldsymbol{p}(\boldsymbol{r})-\boldsymbol{p}(\rho)\parallel^2 m(\rho)\}\tag{5.52}$$

式中：$\boldsymbol{p}=(\xi,\eta)$，为邻域 N 内的一点，$m(\boldsymbol{r})$ 为指示图，用于标记 $\boldsymbol{r}$ 点是否已完成估计，λ 为正则化参数。方程(5.52)的最小值需满足：$\nabla_r U(p_x,p_y)=0$，由此，对于每一点 $\boldsymbol{r}$ 可得下面线性方程组：

$$\begin{bmatrix}\sum_\rho[n_x^2(\rho)+\lambda m(\rho)] & \sum_\rho n_x(\rho)n_y(\rho)\\ \sum_\rho n_x(\rho)n_y(\rho) & \sum_\rho[n_y^2(\rho)+\lambda m(\rho)]\end{bmatrix}\begin{bmatrix}p_x(\boldsymbol{r})\\ p_y(\boldsymbol{r})\end{bmatrix}=\begin{bmatrix}\lambda\sum_\rho p_x(\rho)m(\rho)\\ \lambda\sum_\rho p_y(\rho)m(\rho)\end{bmatrix}\tag{5.53}$$

式中：$\boldsymbol{n}_I(\boldsymbol{r})=(n_{Ix},n_{Iy})=(\cos\theta,\sin\theta)$。求解该方程组可得向量场 $\boldsymbol{p}(\boldsymbol{r})$，从而，计算方向向量为

$$\boldsymbol{n}_\varphi(\boldsymbol{r})=[-p_y(\boldsymbol{r}),p_x(\boldsymbol{r})]\tag{5.54}$$

进而计算方向角为

$$\beta(\boldsymbol{r})=\arctan\left(\frac{-p_x}{p_y}\right)\tag{5.55}$$

使用VFR算法时，首先需要设置 $m(\boldsymbol{r})=\boldsymbol{0}\ \forall\boldsymbol{r}$。对于起始点 $\boldsymbol{r}_0$，首先设置 $m(r_0)=1$，$\boldsymbol{p}(\boldsymbol{r}_0)=[-n_{Iy}(r_0),n_{Ix}(r_0)]$。然后，通过求解线性方程组[方程(5.53)]最小化方程(5.52)。当 $\boldsymbol{p}(\boldsymbol{r})$ 已计算完成，设置 $m(\boldsymbol{r})=1$，然后再选择下一点进行同样的计算，继而重复进行上面过程，直至完成所有点。为了实现对干涉图的扫描，Villa等[204]在扫描策略上采用了文献[205]中提出的质量引导图。计算质量图时最好选择照度梯度的模，或者选择用于计算方位相量时的振幅，再者，必须保证处理过程围绕着关键方位点进行。

228 该技术处理速度快，另外，由于采用了正则化方法，其在局部是线性的，且工作非常可靠。有必要提及，方位向量与方向向量的关系已在方程(5.36)进行了明确的定义(适用于 n 维)。例如，对于使用多帧相移干涉图的PSI实验，其方位向量和方向向量分别为：$\boldsymbol{n}_I(x,y,t)=\frac{1}{|\nabla I|}(I_x,I_y,I_t)$ 和 $\boldsymbol{n}_\varphi(x,y,t)=\frac{1}{|\nabla\varphi|}(\varphi_x,\varphi_y,\varphi_t)$。此时需要将VFR方法进行自然地拓展，在PSI实验中，可通过空时域上每一点的线性方程组求解的方位向量确定方向向量[206]。而对于一般的 n 维情况而言，方位向量可由DoG滤波器计算 ∇I 得到。

图5.14和图5.15分别给出了使用VFR方法计算条纹方向得到的结果。图5.14为由干涉图图5.13计算的方向角和方向向量。与图5.14的实际方向相对比可知，VFR可用于
229 处理含有多个相位极值的复杂干涉图。图5.15给出了图5.12所示的实验干涉图的方向信息。该例子描述了VFR处理含噪干涉图的过程。在其过程中，通过拓展条纹低频区域形成了条纹中心。上面两个例子中，方向角的计算均使用了最小方向导数的方法。

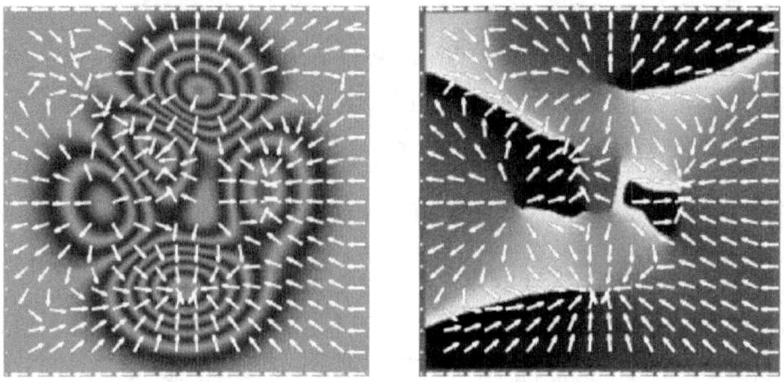

(a)　(b)

图 5.14　VFR 的结果:(a)方向角;(b)图 5.13 干涉图的方向向量,可与图 5.13(b)的实际方向相对比

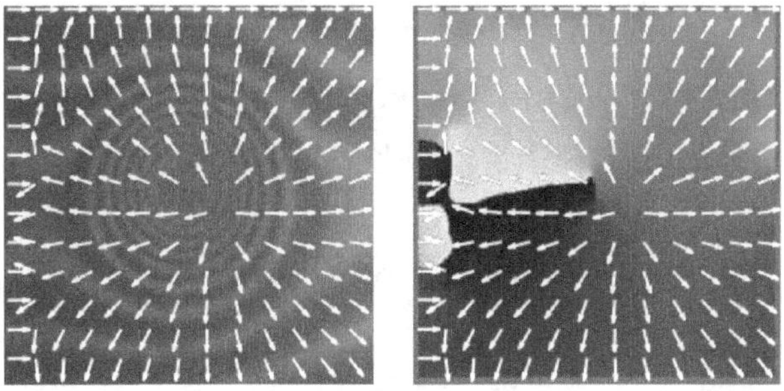

(a)　(b)

图 5.15　图 5.12 中实验干涉图:(a)方向向量;(b)方向角

5.6　二维 Vortex 滤波器

5.6.1　解调相位的希尔伯特变换

如果有一种线性算子能计算干涉图的正交信号,那么解调一般干涉图的问题将会变得容易。在一维信号处理中,这意味着,对于一般的直流量滤除后的干涉图 $I=b\cos\varphi$,如果有一正交算子满足 $Q_1(I)=-b\sin\varphi$,则可得解析信号 $I_\varphi(r)=I-\mathrm{i}Q_1(I)=A_0\exp[\mathrm{i}\varphi(r)]$,从而由其幅角可得相位 φ。在一维时,希尔伯特(Hilbert)变换可实现该目的。根据定义,一维单色信号:$I(x)=b\cos(u_0 x)$的 Hilbert 变换产生的正交干涉图可表示为[29]

$$H_1[I(x)]=-b\sin(u_0 x)\quad u_0\neq 0 \tag{5.56}$$

由此,容易错误地认为由一般干涉图 $I=b\cos(\varphi)$的 Hilbert 变换可得其正交信号,进而可由信号 $A=I-\mathrm{i}H_1(I)$[29]计算相位。然而,上面过程对于一般干涉图是不成立的。已知一维 Hilbert 变换的频率传递函数为

$$H_1(u)=-\mathrm{i}\frac{u}{|u|}=-\mathrm{i}\ \mathrm{sgn}(u) \tag{5.57}$$

进而,由 5.2 节的讨论可知,一般干涉图的 Hilbert 变换为

$$H_1[I(x)]=-\operatorname{sgn}[\varphi_x(x)]b\sin\varphi \tag{5.58}$$

这表明对于一般干涉图而言，Hilbert 变换不能充当正交算子。为了完整地实现该过程，需要确定每一点上空间频率的符号：$\operatorname{sgn}(\varphi_x(x))$，据此一维正交算子可定义为

$$Q_1[I(x)]=\operatorname{sgn}\varphi_x H_1[I(x)]=-b\sin\varphi(x) \tag{5.59}$$

因此，解调一般的一维干涉图是一个非线性过程，其含有两步：线性地应用 Hilbert 变换的过程和非线性地估计空间频率 $\operatorname{sgn}\varphi_x$ 符号的过程。对于含有线性载波的干涉图，整个相位为 ϕ
230 $=\varphi+u_0x$，若 $\varphi_x<u_0$，那么 $\operatorname{sgn}\phi_x=1$，则 $Q_1(I)=H_1(I)$。此即为，只有载波干涉图没有负的空间频率时，才可使用 Hilbert 变换作为干涉图信号的正交算子。

5.6.2 Vortex 变换

如果建立了一种性能良好的二维 Hilbert 算子，寻找二维正交信号的过程便可以容易地解决。将一维 Hilbert 滤波器直接拓展至二维为

$$H_2(u,v)=-\operatorname{sgn}u=-\mathrm{i}\frac{u}{|u|} \tag{5.60}$$

Kreis[163] 使用了上面形式的 Hilbert 变换获得了闭型条纹图的调制相位。然而，同样地，除非调制相位是单调的，且其两个谱瓣可完全分离，否则，方程(5.60)的 Hilbert 变换不能用作正交算子。由该算子得到的相量为

$$\boldsymbol{A}=I-\mathrm{i}H_2(I)=b\cos\hat{\varphi}+\mathrm{i}b\sin\hat{\varphi}=b\exp(\mathrm{i}\hat{\varphi}) \tag{5.61}$$

式中：

$$\nabla\hat{\varphi}=(|\varphi_x|,\ \varphi_y) \tag{5.62}$$

换句话讲，若使用方程(5.60)的 Hilbert 变换解调干涉图，只能得到在 x 向单调的真实相位 φ。为了解决该问题，Larkin 等[167-168] 基于螺旋相位算子，建立了一种二维 Hilbert 变换，其算子的频率传递函数为

$$S(u,v)=\frac{u+\mathrm{i}v}{|u+\mathrm{i}v|}=\exp[\mathrm{i}\alpha(u,v)] \tag{5.63}$$

式中 $\alpha(q)$ 为变换空间上的极角。可将螺旋算子解释为与一维等同的二维符号函数，亦即通过 $S(q)$ 原点的任何一个截面是一个符号函数。为了进一步理解其工作，下面应用螺旋算子对滤除直流量后的空间单调干涉图的处理过程进行分析：

$$I(\boldsymbol{r})=\cos(\boldsymbol{q}_0\cdot\boldsymbol{r})=\cos(u_0x+v_0y) \tag{5.64}$$

其傅里叶变换为

$$I(q)=\frac{1}{2}[\delta(\boldsymbol{q}-\boldsymbol{q}_0)+\delta(\boldsymbol{q}+\boldsymbol{q}_0)] \tag{5.65}$$

式中：$\boldsymbol{q}=(u,v)$。在频域，应用螺旋算子等同于相应的频率响应与信号频谱的乘积，则

$$\mathcal{F}\{S[I(\boldsymbol{r})]\}=I(\boldsymbol{q})S(\boldsymbol{q})=\frac{1}{2}[\delta(\boldsymbol{q}-\boldsymbol{q}_0)+\delta(\boldsymbol{q}+\boldsymbol{q}_0)]\exp[\mathrm{i}\alpha(\boldsymbol{q})] \tag{5.66}$$

231 根据上面定义可知，$\alpha(-\boldsymbol{q}_0)=\pi+\alpha(\boldsymbol{q}_0)$，并利用 δ 函数特性，有

$$\begin{aligned}\delta(\boldsymbol{q}+\boldsymbol{q}_0)\exp[\mathrm{i}\alpha(\boldsymbol{q})]&=\delta(\boldsymbol{q}+\boldsymbol{q}_0)\exp[\mathrm{i}\alpha(-\boldsymbol{q}_0)]\\&=-\delta(\boldsymbol{q}+\boldsymbol{q}_0)\exp[\mathrm{i}\alpha(\boldsymbol{q}_0)]\end{aligned} \tag{5.67}$$

注意到，由于螺旋变换，$\delta(\boldsymbol{q}+\boldsymbol{q}_0)$ 的符号发生了翻转，这是该过程正交运算的结果。若记

$$\beta = \alpha(\boldsymbol{q}_0) = \arctan(v_0, u_0)$$

式中：β 为条纹方向角[定义见方程(5.53)]。最终可得

$$\mathcal{F}\{S[I(\boldsymbol{r})]\} = I(\boldsymbol{q})S(\boldsymbol{q}) = \frac{1}{2}[\delta(\boldsymbol{q}-\boldsymbol{q}_0) - \delta(\boldsymbol{q}+\boldsymbol{q}_0)]\exp(\mathrm{i}\beta) \tag{5.68}$$

对其取傅里叶逆变换，可得

$$S[I(\boldsymbol{r})] = \mathrm{i}\exp[\mathrm{i}\beta(\boldsymbol{r})]\sin(\boldsymbol{q}_0 \cdot \boldsymbol{r}) \tag{5.69}$$

上面的结果非常重要。将螺旋算子应用于单频条纹图时，可得干涉图的正交信号及附带的一个由条纹方向角表示的相位因子。根据螺旋变换，可得与条纹方向有关的各向同性的正交算子为

$$V[I(\boldsymbol{r})] = \mathrm{i}\exp[-\mathrm{i}\beta(\boldsymbol{r})]S[I(\boldsymbol{r})] = -\sin(\boldsymbol{q}_0 \cdot \boldsymbol{r}) \tag{5.70}$$

上面二维线性正交算子称为 Vortex 变换，其最早由 Larkin[99] 提出。对于空间单调干涉图，Vortex 变换是一种准确的正交算子。然而，其仍只适用于局部单调的干涉图。设已有下面归一化的干涉图[161]

$$I(\boldsymbol{r}) = b\cos\varphi(\boldsymbol{r}) \tag{5.71}$$

则

$$S(\boldsymbol{I}) = \mathcal{F}^{-1}\left[\frac{u+\mathrm{i}v}{|u+\mathrm{i}v|}I(\boldsymbol{q})\right] = \mathcal{F}^{-1}\left[\frac{\mathrm{i}[I_x(\boldsymbol{q})+\mathrm{i}I_y(\boldsymbol{q})]}{|u+\mathrm{i}v|}\right] \tag{5.72}$$

上式推导过程应用了傅里叶变换的导数特性，$I_x(\boldsymbol{q}) \equiv \mathcal{F}[I_x(\boldsymbol{r})]$ 表示了 I 在 x 向导数的傅里叶变换。如果条纹图 I 在局部单调，对于导数的滤波运算可以由在局部空间频率处求解的滤波响应的振幅进行近似：

$$S(\boldsymbol{I}) = \mathcal{F}^{-1}\left\{\frac{\mathrm{i}[I_x(\boldsymbol{q})+\mathrm{i}I_y(\boldsymbol{q})]}{|u+\mathrm{i}v|}\right\} \approx \frac{\mathrm{i}[I_x(\boldsymbol{r})+\mathrm{i}I_y(\boldsymbol{r})]}{|\varphi_x(\boldsymbol{r})+\mathrm{i}\varphi_y(\boldsymbol{r})|} \tag{5.73}$$

或

$$S(\boldsymbol{I}) \approx \frac{\mathrm{i}[\varphi_x(\boldsymbol{r})+\mathrm{i}\varphi_y(\boldsymbol{r})]}{|\varphi_x(\boldsymbol{r})+\mathrm{i}\varphi_y(\boldsymbol{r})|}b\sin\varphi \tag{5.74}$$

最后，由 Vortex 变换得到的正交信号采用方向相位校正为 232

$$V[I(\boldsymbol{r})] = \mathrm{i}\exp[-\mathrm{i}\beta(\boldsymbol{r})]S[I(\boldsymbol{r})] \approx -b\sin\varphi(\boldsymbol{r}) \tag{5.75}$$

式中：$\beta(\boldsymbol{r})$ 为局部上的条纹方向角，其定义见 5.5.2 节，局部空间频率的指数形式为

$$\exp[\mathrm{i}\beta(\boldsymbol{r})] = \frac{\varphi_x(\boldsymbol{r})+\mathrm{i}\varphi_y(\boldsymbol{r})}{|\varphi_x(\boldsymbol{r})+\mathrm{i}\varphi_y(\boldsymbol{r})|} \tag{5.76}$$

使用 Vortex 变换，根据解析信号的辐角可获得一般干涉图的调制相位为

$$I_\varphi(r) = I - \mathrm{i}V(\boldsymbol{I}) \approx b\exp[\mathrm{i}\varphi(\boldsymbol{r})] \tag{5.77}$$

基于方程(5.75)表示的 Vortex 变换的解调技术首次将条纹方向的作用和空间频率局部振幅的作用在表达式上进行了清楚地分离。按照该方法，干涉图的解调过程可分为两步：计算非线性条纹方向的过程和应用线性滤波器的过程。Larkin 等[167] 和 Servin 等[169] 已证明，方程(5.75)是一种很好的近似正交算子的方法。它只有在干涉图空间上单调时是准确的。然而，任一平滑相位函数 $\varphi(\boldsymbol{r})$ 总是可以在局部上表述为平面。在这种情况下，从局部来看，干涉图总是含有两个谱瓣，而不是由方程(5.65)表示的两个 δ 函数。此时应用螺旋相位变换会使其中一个谱瓣的符号反向。其与方程(5.68)中的 δ 函数发生的情况相类似。进而应用傅里叶逆变换可得正交信号。Vortex 变换严格的静态相位分析过程可参见文献

[168]。静态相位分析最重要的结论表明方程(5.75)的近似误差正比于相位在局部上的曲率。其结果是,Vortex 变换在相位极值点(条纹中心)和鞍点处失效,因为此时相位在局部上不能表示为平面。

图 5.16 和图 5.17 给出了使用 Vortex 变换的两个例子。在这两个例子中,方向角 $\beta(\boldsymbol{r})$ 均采用 VFR 方法(5.5.4 节)计算得到,而 DC 项在归一化过程中自动滤除[161]。图 5.16 清楚地给出了 Vortex 变换对斐索干涉仪得到的干涉图的处理结果。在围绕闭型条纹中心较密的直条纹区域处,该干涉图基本上是单调的,即其为理想的干涉图,因此方程(5.75)提供了一种很好的近似。然而,在闭型条纹图中心处的上方和下方,分别含有两个鞍点。显然,此处的干涉图不再是空间上单调的,且相位在局部不能表述为平面(见图 4.4 和图 5.7)。在这些点处存在着两个问题:第一,方向不能定义;第二,Vortex 变换的频率响应在 $\nabla\varphi\approx 0$ 处没有定义。因而,在这些点处,解调的相位不可靠,且在这些区域出现了噪声。图 5.17 给出
233 了径向压缩的圆盘形等差条纹图解调的结果。在此例中,图像中心存在着鞍点,且在圆盘边界与其垂直方向上直径的两个交点处,空间频率变化很快。上面两个例子很好地说明了即便是复杂干涉图,Vortex 变换也能得到很好的处理结果。

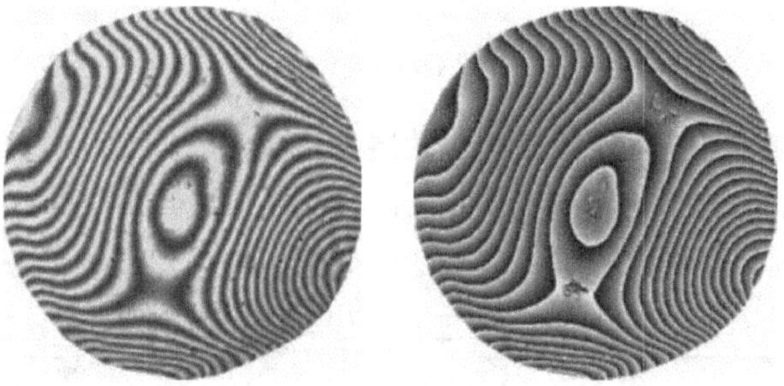

(a) (b)

图 5.16 实验斐索干涉图采用 Vortex 变换解调的结果:(a)条纹图;(b)解调的相位

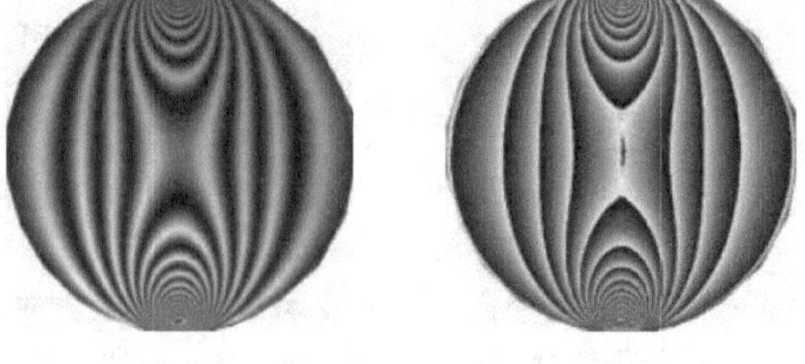

(a) (b)

图 5.17 光弹等差条纹图采用 Vortex 变换解调的结果:(a)条纹图;(b)解调的相位

5.6.3 Vortex 变换应用举例

本节再给出另外两个应用 Vortex 变换的例子,即各向同性的条纹归一化技术,和另一

种在频率空间计算条纹方位的方法。

由前面的方法可知，如 5.3 节介绍的 RPT 方法，解调闭型条纹图时，首先需抑制直流项 $a(\boldsymbol{r})=0$，然后再将条纹的调制项均衡化：$b(\boldsymbol{r})\approx 1$。该操作在直接空间有多种不同的实现方法[207-208]，但若在傅里叶变换方法的可用场合，那么使用螺旋相位变换是一种很好的处理方法[161]（对于含噪的干涉图也可使用滤波器组的方法[170]）。

同前，设背景和振幅空间变化的干涉图为 234

$$I(\boldsymbol{r}) = a(\boldsymbol{r}) + b(\boldsymbol{r})\cos\varphi(\boldsymbol{r}) \tag{5.78}$$

第一步首先滤除 DC 项 $a(\boldsymbol{r})$。如果干涉图背景项在空间上变化很慢，即 $|\nabla\alpha| \ll r$（r 是可忽略的小量），此时可使用高通滤波器 H_{HP}（通常推荐使用高斯滤波器）滤除直流项后，可得

$$I_b(\boldsymbol{r}) = H_{\mathrm{LP}}(I) = b(\boldsymbol{r})\cos\varphi(\boldsymbol{r}) \tag{5.79}$$

进而，通过计算螺旋相位变换后数据的模，可得受 $b(\boldsymbol{r})$ 调制的、含有相位的正交信号为

$$|S[I_b(\boldsymbol{r})]| = |\mathrm{i}\exp[\mathrm{i}\beta(\boldsymbol{r})]\sin\varphi(\boldsymbol{r})| = b(\boldsymbol{r})|\sin\varphi(\boldsymbol{r})| \tag{5.80}$$

最后，利用该结果，可得归一化后的干涉图 I_n 为

$$I_n(\boldsymbol{r}) = \cos\hat{\varphi}(\boldsymbol{r}) \tag{5.81}$$

式中：

$$\hat{\varphi}(\boldsymbol{r}) = \arg[I_b(\boldsymbol{r}) + \mathrm{i}|S[I_b(\boldsymbol{r})]|] \tag{5.82}$$

在一些关心条纹调制项的场合，如，需要用其作为质量参数，可得调制项为

$$b(\boldsymbol{r}) = |I_b(\boldsymbol{r}) + \mathrm{i}|S[I_b(\boldsymbol{r})]|| \tag{5.83}$$

图 5.18 给出了等差条纹图归一化的结果。从图 5.18(a)的条纹图可见，条纹的调制项沿着白色消隐线波动变化。图 5.18(b)为应用螺旋相位变换得到的归一化后的条纹图，最后图 5.18(c)给出了图 5.18(a)和 5.18(b)沿着消隐线的条纹图轮廓，由其可观测归一化的详细过程。

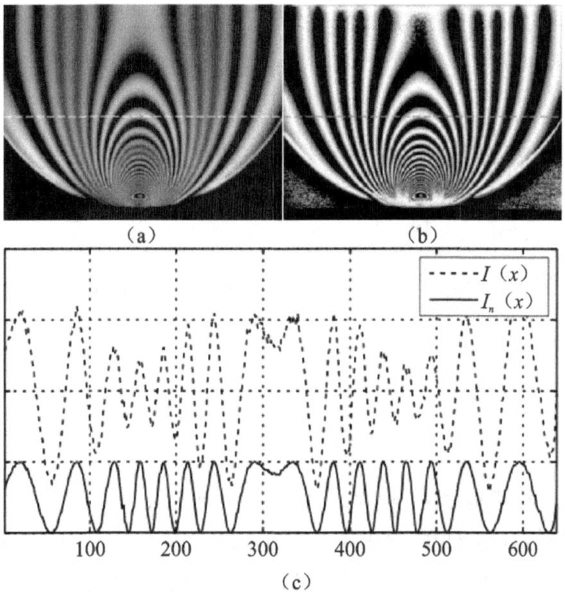

图 5.18　(a)调制变化的干涉图 $I(\boldsymbol{r})$；(b)归一化后的干涉图 $I_n(\boldsymbol{r})$；(c)沿着图(a)和图(b)中消隐线的干涉图轮廓

第二个应用举例给出了使用螺旋相位变换计算条纹方位的过程[209]。从中可见，对滤除DC项后的干涉图 $I'=b\cos\varphi$ 应用螺旋相位变换可得

$$\boldsymbol{S}[I_b(\boldsymbol{r})]=\mathrm{i}\exp[\mathrm{i}\beta(\boldsymbol{r})]\sin\varphi(\boldsymbol{r}) \tag{5.84}$$

若对其再次应用螺旋相位算子，可得

$$\boldsymbol{S}[\boldsymbol{S}[I_b(\boldsymbol{r})]]=\mathrm{i}\exp[\mathrm{i}2\beta(\boldsymbol{r})]\cos\varphi(\boldsymbol{r}) \tag{5.85}$$

根据上面两个结果，由复信号 $O(\boldsymbol{r})$ 的相位可计算方位为

$$O(\boldsymbol{r})=[\mathrm{i}S(I_b)]^2-\mathrm{i}I_bS^2(I_b)=b^2\exp[\mathrm{i}2\beta(\boldsymbol{r})] \tag{5.86}$$

将上面结果称为方位，这是因为根据 $O(\boldsymbol{r})$ 的相位可以得到的是：$W[2\beta(\boldsymbol{r})]=W[2\theta(\boldsymbol{r})]$，而为了从中恢复方向，还需对 $W[2\theta]$ 进一步处理（见 5.5.4 节）。若关心的条纹区域采用矩形定义时，作为在频率-空间各向同性的方法，螺旋相位变换可以很好地替代 5.5.3 节介绍的直接空间的方法。

235 ## 5.7 一般正交变换

根据前面讨论的一维和二维干涉图解调方法，可以得出，一般情况下，相位变化是非单调时，干涉图的解调过程可以分为两步：非线性地估计方向（其最终等同于得到局部空间频率的符号）和线性地应用螺旋相位变换。本节提出 n 维一般正交滤波器的构建方法，并推导 n 维 Hilbert 变换[169]的一般表达式，其也包括二维的情况，并将螺旋相位变换的起源视为更一般非线性算子的线性化近似。

设 n 维滤除直流项后的干涉图为 $I_b(\boldsymbol{r})=b(\boldsymbol{r})\cos\varphi(\boldsymbol{r})$，其中 $\boldsymbol{r}=(x_1,\cdots,x_N)$，应用 n 维正交算子 Q_n 时，期望的结果是得到条纹图的正交信号：

236

$$Q_n\{I_b(\boldsymbol{r})\}=-b(\boldsymbol{r})\sin\varphi(\boldsymbol{r}) \tag{5.87}$$

从而，将解调问题转换为由解析信号求解相位的过程：

$$I_\varphi(\boldsymbol{r})=I_b-\mathrm{i}Q_n\{I_b\}=b\exp\varphi \tag{5.88}$$

按照 Servin 等[169]的观点，计算一般形式的 Hilbert 算子首先要计算条纹强度的梯度：

$$\nabla I(\boldsymbol{r})=-b\sin\varphi\,\nabla\varphi \tag{5.89}$$

上式假定 DC 项和 AC 项是光滑的，对其乘以 $\nabla\varphi$ 并进行整理，可得

$$\frac{\nabla I}{|\nabla\varphi|}\cdot\frac{\nabla\varphi}{|\nabla\varphi|}=-b\sin\varphi(\boldsymbol{r}) \tag{5.90}$$

将 $\boldsymbol{n}_\varphi(\boldsymbol{r})=\dfrac{\nabla\varphi}{|\nabla\varphi|}$ 定义为方向向量，进而得 n 维 Hilbert 变换的一般形式为

$$\boldsymbol{H}_n\{I\}=\frac{\nabla I}{\nabla\varphi} \tag{5.91}$$

进一步得 GQT 为

$$Q_n\{I\}=\boldsymbol{n}_\varphi\cdot\boldsymbol{H}_n\{I\} \tag{5.92}$$

上面 GQT 的方法清楚地表明解调过程包括了两个非线性的步骤：第一步用于计算条纹的方向向量；第二步进行非线性的 Hilbert 变换，此时假定该过程是局部单调的，并可由 n 维 Vortex 变换进行近似。采用向量的符号，n 维螺旋变换的频谱为

$$\boldsymbol{S}_n(q)=\mathrm{i}\frac{\boldsymbol{q}}{|\boldsymbol{q}|}$$

式中：$\boldsymbol{q}=(q_1,\cdots,q_n)$为傅里叶空间的位置向量。应用傅里叶变换的导数性质，由 n 维向量表示的信号 $\boldsymbol{S}_n(I)$的频谱可表示为

$$\mathcal{F}[\boldsymbol{S}_n(I)]=\frac{\mathrm{i}\boldsymbol{q}}{|\boldsymbol{q}|}\mathcal{F}[I]=\frac{1}{|\boldsymbol{q}|}\mathcal{F}[\nabla I] \tag{5.93}$$

如果干涉图在局部上是单调的，应用线性滤波器可近似为

$$T(\boldsymbol{q})\,\mathcal{F}[I(\boldsymbol{r})]\approx\mathcal{F}\{T[\nabla\varphi(\boldsymbol{r})]\},I(\boldsymbol{r}) \tag{5.94}$$

式中：$\nabla\varphi(\boldsymbol{r})=(\varphi_1,\cdots,\varphi_n)$，为 $\boldsymbol{r}$ 处的局部空间频率向量。如果相位满足局部单调条件（即在局部上可近似为平面），此时，可将频域空间上的坐标视为空间频率，并近似地取 $T(\boldsymbol{q})\approx T[\nabla\varphi(\boldsymbol{r})]$。因此，有

$$T(\boldsymbol{q})=\frac{1}{q}\approx\frac{1}{|\nabla\varphi|} \tag{5.95}$$

进而应用螺旋变换可得 237

$$\mathcal{F}[\boldsymbol{S}_n(I_b)]=\frac{1}{|q|}\mathcal{F}[\nabla I]\approx\mathcal{F}\left[\frac{\nabla I}{|\nabla\varphi|}\right] \tag{5.96}$$

据此可得

$$\boldsymbol{S}_n(I_b)\approx\frac{\nabla I}{|\nabla\varphi|}\equiv H_n(I_b) \tag{5.97}$$

也就是说，如果假定条纹图在局部上是空间单调的，上式表明，Hilbert 变换 H_n 可近似为螺旋变换。而对于理想的单调相位（直条纹），上面二者之间的近似关系可转化为相等关系。采用 GQT 方法可直接地将 Vortex 变换推广至 n 维场合。该推广对于空时域干涉图处理是非常有意义的，因为此时 $\boldsymbol{r}=(x,y,t)$其表示了三维信号。与首先在每一空间平面上处理，然后再处理时域变化的方法不同，此时可将信号作为一个整体进行处理。

对于含有线性载波的开型条纹图，其方向向量和方位向量是相同的：$\boldsymbol{n}_I\equiv\boldsymbol{n}_\varphi$，且满足局部空间单调的假定：$H_n(I_b)=S_n(I_b)$，因而 GQT（一般正交变换）是线性算子，可表示为

$$Q_n\{I\}=n_I\cdot S_n\{I\} \tag{5.98}$$

由方程(5.88)和方程(5.92)可得一个重要的推论：将一般 Hilbert 算子近似为螺旋变换 $H_n(I_b)\approx S_n(I_b)$，只是多种近似方式的一种。利用一维空域解调方法处理二维干涉图是该方法最典型的应用实例[154]。在空域上所有的一维相移算法具有实部和虚部，其中实部可作为高通滤波器用于去除直流项，而其虚部则作为 Hilbert 滤波器，可在一定的空间频率范围内，得到相应的正交信号。下面将一维正交滤波器在 x 向和 y 向的脉冲响应表示为

$$\begin{aligned}\mathrm{h}_x&=\mathrm{h}_{rx}+\mathrm{i}\,\mathrm{h}_{ix}\\ \mathrm{h}_y&=\mathrm{h}_{ry}+\mathrm{i}\,\mathrm{h}_{iy}\end{aligned} \tag{5.99}$$

例如，五步 Hariharan 方法在 x 向和 y 向上，用脉冲响应可表示为

$$\begin{aligned}\mathrm{h}_x(\boldsymbol{r})&=[2\delta(x,y)-\delta(x-1,y)-\delta(x+1,y)]+2\mathrm{i}[\delta(x-1,y)-\delta(x+1,y)]\\ \mathrm{h}_y(\boldsymbol{r})&=[2\delta(x,y)-\delta(x,y-1)-\delta(x,y+1)]+2\mathrm{i}[\delta(x,y-1)-\delta(x,y+1)]\end{aligned} \tag{5.100}$$

如果 $I=a+b\cos\varphi$ 表示一般的干涉图，则直接应用上面两个一维脉冲响应，可得一复信号，其与一维 Hilbert 变换同样存在着符号的问题[154]：

$$\begin{aligned}\bar{I}_{\varphi x}&=|H(\varphi_x)|[b\cos\varphi+\mathrm{sgn}(\varphi_x)\sin\varphi]\\ \bar{I}_{\varphi y}&=|H(\varphi_y)|[b\cos\varphi+\mathrm{sgn}(\varphi_y)\sin\varphi]\end{aligned} \tag{5.101}$$

238 然而，对于闭型条纹图，这些滤波器是失效的，其得到的相位在 x 向或 y 向上是单调的。因此，产生了一个问题，即如何将一维相移算法拓展至二维场合（或更一般地拓展至 n 维）。对此，GQT 方法提供了一种途径。首先，将向量脉冲响应分解为

$$\mathrm{h}_2 = (\mathrm{h}_{ix}, \mathrm{h}_{iy}) \tag{5.102}$$

使用方程(5.92)，正交脉冲响应可表示为

$$\mathrm{h}_\mathrm{Q} = n_\varphi \cdot \mathrm{h}_2 \tag{5.103}$$

对于高通 DC 滤波器，可将相移算法脉冲响应的两个实部组合为

$$\mathrm{h}_\mathrm{DC} = \frac{1}{2}(\mathrm{h}_{rx}, \mathrm{h}_{ry}) \tag{5.104}$$

利用上面两个脉冲响应，可计算解析信号为

$$I_\varphi = (\mathrm{h}_\mathrm{DC} - \mathrm{i}\,\mathrm{h}_\mathrm{Q}) * I = A_0 \exp[\mathrm{i}\varphi] \tag{5.105}$$

进而得包裹相位为：$\varphi = \arg(I_\varphi)$。有必要指出，在一维使用条纹方向的处理方法，也可应用于非线性空间的相移算法中，如 Carré 算法[154]，其一般形式见方程(5.99)。但此时其相对方程(4.67)在虚部上增加了一个非线性算子。设有一开型条纹图，其方向向量与方位向量是相同的，因此可用 n_I 代替方程(5.103)中的 n_φ。图 5.19 给出了由干涉图 5.16 得到的包裹相位，其解调时使用了 GQT 的方法对文献[88]中的五步异步空域相移算法技术进行了引导。

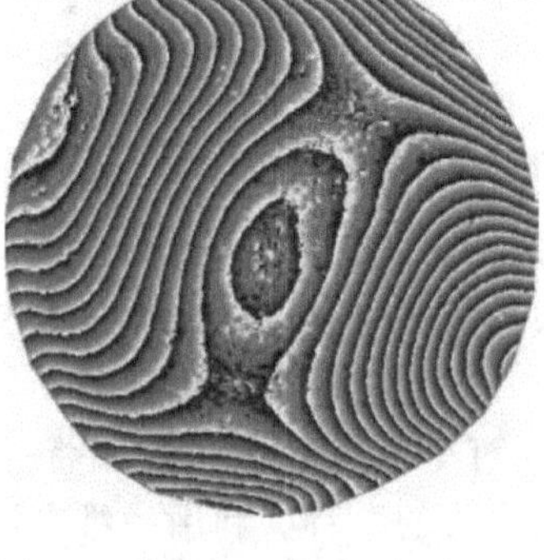

图 5.19　由图 5.17 的解调的相位，它采用了引导的空域一维相移算法

239 5.8　总结

本章讨论了载波方法不能应用于解调闭型条纹图的原因。其主要限制为：设一般的闭型干涉条纹图为

$$I(\boldsymbol{r}) = a + b\cos\varphi(\boldsymbol{r}) \tag{5.106}$$

为了得到相位 φ，需得到其正交信号：

$$I_c(\boldsymbol{r}) = \sin\varphi(\boldsymbol{r}) \tag{5.107}$$

即从单帧闭型条纹图中解调展开相位，必须事先了解相位的有关信息。由已有的文献可知，通过增加与相位有关的先验信息的方法首次成功地解决了该问题。例如，在 RPT 和 LRQF 技术中，使用了相位是光滑的这一假定。本章的内容表明在解调过程中通过跟踪条纹可以

改善正则化技术的性能，并根据该方法发展了另一种解调闭型条纹图的途径：使用条纹方向信息的方法。

确定条纹方向是闭型条纹解调的核心问题：

$$\boldsymbol{Q}_n\{I(\boldsymbol{r})\} = \boldsymbol{n}_{\varphi} \cdot \boldsymbol{H}_n\{I\} \tag{5.108}$$

GQT 方法清楚地表明，一般条纹图的解调过程可分解成两个非线性的步骤，其中 Hilbert算子表示为

$$H_n\{I(\boldsymbol{r})\} = \frac{\nabla I}{|\nabla \varphi|} \tag{5.109}$$

而条纹方向表示为

$$\boldsymbol{n}_{\varphi}(\boldsymbol{r}) = \frac{\nabla \varphi}{|\nabla \varphi|} \tag{5.110}$$

本章阐明了由螺旋变换或任意空域相移算法近似的 Hilbert 算子过程的机理。而且也证明了可在局部采用线性近似并结合条纹跟踪传递结果的方法计算条纹方向。

本章指出，由于条纹解调过程的非线性本质，因此，没有一种普适的方法对所有可能的情况进行处理。然而，使用条纹方向并结合螺旋相位变化的方法进行了首次尝试。如果关心边界，可使用引导的线性相移算法替代 Vortex 滤波器。该方法是一种准线性技术，速度快且可靠，之后，通常需要对准线性解进行细化。对此问题，可使用 RQF 和 LRQF 的方法，其为大多数该一般问题提供一种非常合适的途径。

241 # 第 6 章　相位去包裹

6.1　引言

最后一章介绍相位去包裹技术。其可视为 Ghiglia 和 Pritt[198]、Malacara 等[50]以及 Malacara[51]所做工作的进一步补充。

相位去包裹一般是大多数条纹图分析过程中的最后一步。通常，相位解调方法得到的仅是解析信号 $A_0\exp[\mathrm{i}\varphi(x,y)]$，显然，为了得到搜索相位 $\varphi(x,y)$，还须进一步计算该解析信号的辐角。由于计算辐角往往采用反正切函数，从而致使求解的搜索相位位于$(-\pi,\pi)$ rad 范围内。然而，实际中测量的调制相位是连续的，且含有宽度为多个波长的动态范围，因此必须经去包裹的过程，将以 2π 为模的搜索相位 $\varphi(x,y)$转换为没有 2π 跳变的连续信号。

本书首先介绍最基本的去包裹技术，即基于包裹相位梯度积分的技术。其后，介绍一维动态相位展开系统，该方法根据已展开相位进行线性预测，实现相位展开。其方法可借助线性预测算子的优良特性，获得良好的抗噪性能。再者也可将这种一维线性预测的非线性动态系统推广至二维相图展开场合。接着，分析基于相位跟踪法的、具有相位噪声可靠性的二维相位展开算子。最后，介绍最小二乘(least-squares, LS)相位展开算子的原理，进而结合探测相位的不一致性，建立一种噪声可靠的 LS 相位展开算子。

6.1.1　去包裹的问题

干涉术中大多数解调技术得到的估计相位常常是包裹的：$\varphi_W(x,y)=\varphi(x,y) \bmod 2\pi$，即得到的相位不是连续的，而是以 2π 为模的。这种产生不连续相位的原因是，在相位解调过程中的最后一步使用了反正切函数。例如，考虑下面一般的载波干涉图信号

242
$$I(x,y,t)=a(x,y)+b(x,y)\cos[\varphi(x,y)+c(x,y,t)] \tag{6.1}$$

式中：$a(x,y)$、$b(x,y)$分别为背景和局部对比度函数，$\varphi(x,y)$为搜索的相位函数，而 $c(x,y,t)$为一般的载波信号，其可为时域的，也可为空域的信号[77]。一般为了应用同步解调方法，常用的载波信号要求在空时域的变化必须大于调制相位的变化，即

$$\left|\frac{\partial c}{\partial \xi_i}\right|>\left|\frac{\partial \varphi}{\partial \xi_i}\right|_{\max} \quad \xi_i=(x,y,t) \tag{6.2}$$

若至少满足上面一个条件，则用正交线性滤波器可分离出下面解析信号：

$$I(x,y,t)*\mathrm{h}(x,y,t)=\frac{1}{2}b(x,y)H_0\exp[\mathrm{i}\hat{\varphi}(x,y)]=A_0(x,y)\exp[\mathrm{i}\hat{\varphi}(x,y)] \tag{6.3}$$

式中：$\mathrm{h}(x,y,t)$为正交线性滤波器，可与给定的载波 $c(x,y,t)$产生共谐，$H_0\in\mathbb{C}$ 为 $\mathcal{F}\{\mathrm{h}(x,y,t;u_0,v_0,\omega_0)\}$的简写(具体可参见第 2 章、第 4 章)。搜索相位上方的符号“ˆ”表明由上式估计的相位值与其实际值存在着偏差，特别是在出现高斯噪声时，该问题非常明显。若$A_0(x,y)\neq 0$，调制相位由方程(6.3)的右式直接获得

$$\varphi_{\mathrm{W}}(x,y)=\arctan\left(\frac{\operatorname{Im}\{A_0(x,y)\exp[\mathrm{i}\hat{\varphi}(x,y)]\}}{\operatorname{Re}\{A_0(x,y)\exp[\mathrm{i}\hat{\varphi}(x,y)]\}}\right),\varphi_{\mathrm{W}}(x,y)\in(-\pi,\pi) \tag{6.4}$$

注意到反正切函数的非线性，因此得到的是包裹的不连续相位 $\varphi_{\mathrm{W}}(x,y)$，其被束缚在区间 $\varphi_{\mathrm{W}}(x,y)\in(-\pi,\pi)$ 内，而不是实际的定义在实数域的连续相位：$\hat{\varphi}(x,y)\in\mathbb{R}$。为了便于描述，图 6.1 给出了仿真结果，其中 $\hat{\varphi}(x,y)$ 定义为 MATLAB 里常用的 peaks 函数。

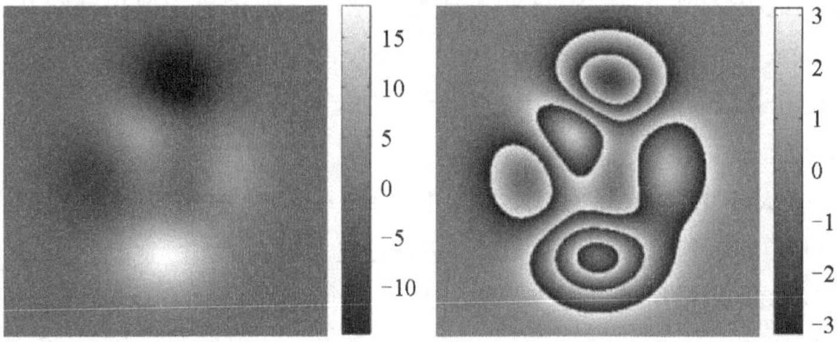

(a) $\hat{\varphi}(x,\ y)$　　(b) $\hat{\varphi}_{\mathrm{W}}(x,\ y)$

图 6.1　(a)原始的 peaks 函数 $\hat{\varphi}(x,y)$ 与对应的包裹相位 $\varphi_{\mathrm{W}}(x,y)$ 之间的量化比较(通过计算解析信号 $A_0(x,y)\exp[\mathrm{i}\hat{\varphi}(x,y)]$ 的辐角得到)。由于应用了反正切函数，由(b)可以观察到振幅含有 2π 的跳变

应当指出，在 $\varphi_{\mathrm{W}}(x,y)$ 中观察到的 2π 不连续部分不属于实际测量相位 $\hat{\varphi}(x,y)$，而是反正切函数产生的伪信号。因而，必须使用去包裹技术去除 $\varphi_{\mathrm{W}}(x,y)$ 中的不连续性，以得到连续相位。

在继续进一步讨论之前，首先引入一系列的定义和约定，建立清楚的符号表示方法。通常，包裹算子可采用下面的方式进行定义：

$$W[x]=\arctan\left\{\frac{\sin x}{\cos x}\right\} \tag{6.5}$$

由上面的运算关系清楚可知：$W:\mathbb{R}^1\to(-\pi,\pi)$。建议读者有必要熟记该公式，因为其在本章大量地出现。另外，必须指出，数字摄像机得到的大多数干涉图采用矩形窗，亦即具有 243
$L\times L$ 个像素。在该区域内，包裹相位可表述为

$$\varphi_{\mathrm{W}}(x,y)=W[\hat{\varphi}(x,y)],\ \forall(x,y)\in[0,1,\cdots,L-1]\times[0,1,\cdots,L-1] \tag{6.6}$$

然而，该定义域常常在实践中被忽略。此外，对采集图像的空域限制还来自于测量装置的光瞳或者被测物体。本章使用约束光瞳作为指示函数 $P(x,y)$，其仅在包裹数据处于干涉仪光瞳内时为 1：

$$P(x,y)=\begin{cases}1 & \text{对于任意有效干涉数据}\\ 0 & \text{其他}\end{cases} \tag{6.7}$$

然而，除非特别指出，本书均假定 $P(x,y)=1$。按照上面的定义和约定，相位去包裹问题可正式地表述为：根据给定的不连续的相位 $\varphi_{\mathrm{W}}(x,y)\in(-\pi,\pi)$，获得连续相位 $\hat{\varphi}(x,y)\in\mathbb{R}$ 的过程，数学上表述为

$$W[\hat{\varphi}(x,y)]=\varphi_{\mathrm{W}}(x,y) \tag{6.8}$$

无噪声时，相位去包裹仅是一种简单但繁琐的过程。其只需为包裹相图加上或减去 2π 的整数倍以恢复相位的连续性[50,198]。然而，在实际中，包裹相图总存在着一定数量的噪声，从而蒙蔽了 2π 跳变点，因此必须建立可靠地识别跳变点方法。一般地，大多数去包裹的方

法可分类如下：

- 路径依赖型的算法：这些方法估计连续相位 $\hat{\varphi}(r)$时基于下式：

$$\nabla\hat{\varphi}(r) = W[\nabla\varphi_w(r)] \tag{6.9}$$

244 其典型的例子包括 Itoh[210]提出的线性积分的方法，Estrada 等[211]和 Navarro 等[212]提出的线性递归滤波的方法，以及线性预测的算法。

- 路径无关(最小化)型的算法：这些方法通常采用正则化技术获得连续相位 $\hat{\varphi}(r)$，即满足

$$\{W[\hat{\varphi}(r)] - \varphi_W(r)\}^2 \to 0 \tag{6.10}$$

其例子包括 Ghiglia 和 Romero[213]提出的 LS 方法，以及 Servin 等[214-215]提出的正则化相位跟踪的方法(RPT)。

至今已发展了大量的去包裹方法，因此不能一一尽述，本章仅对上面列举的五种方法进行分析。这些方法工作可靠、代表性强，且易于实现。

由下面章节可知，几乎所有的去包裹方法都对小数量的噪声具有可容性，自然各个算法也不可避免地存在着一定的限制。再者，目前还没有一种去包裹算法可免除噪声的影响。从相位展开的经验上看，包裹相位受噪声污染愈严重，则去包裹过程愈复杂。

6.2 一维线性积分去包裹算法

最基本的相位去包裹方法是由 Itoh[210]首次提出的包裹相位差分线性积分法。由于该方法在相位去包裹技术发展历程中的作用，为了便于描述，本节首先推导线性积分去包裹公式，继而对其噪声容许能力进行评价。

6.2.1 线性积分去包裹公式

首先说明，本节的分析只考虑一维相位，且采用离散运算(如用离散差分代替微分)，这是因为去包裹运算需要在计算机中实现。设不连续的包裹相位为 $\varphi_W(x)\in(-\pi,\pi)$，其对应了搜索的连续相位 $\hat{\varphi}(r)\in\mathbb{R}$。由方程(6.8)可知，上面两个相位的关系也可表示为

$$\hat{\varphi}(x) = \varphi_W(x) \pm 2\pi k(x),k(x) \in \mathbb{Z} \tag{6.11}$$

按照 Itoh 的方法[210]，对上面方程两边分别取离散差分 $D[\cdot]$，有

$$\begin{aligned} D[\hat{\varphi}(x)] &= D[\varphi_W(x)] \pm 2\pi D[k(x)] \\ \hat{\varphi}(x) - \hat{\varphi}(x-1) &= \varphi_W(x) - \varphi_W(x-1) \pm 2\pi[k(x) - k(x-1)] \end{aligned} \tag{6.12}$$

由于 $k(x)\in\mathbb{Z}$，而 $\mathbb{Z}$ 对加法运算是封闭的，因此$[k(x)-k(x-1)]\in\mathbb{Z}$，亦
245 即 $2\pi D[k(x)]$同为 2π 的整数倍。因此，对方程(6.12)应用 $W[\cdot]$算子有

$$W\{D[\hat{\varphi}(x)]\} = W\{D[\varphi_W(x)] \pm 2\pi D[k(x)]\} = W\{D[\varphi_W(x)]\} \tag{6.13}$$

下面的讨论，假定采样过程满足N-S采样定理，已知 $D[\hat{\varphi}(x)]\in(-\pi,\pi)$，则有 $W\{D[\hat{\varphi}(x)]\}=D[\hat{\varphi}(x)]$。将其代入上面方程，若$|D[\hat{\varphi}(x)]|<\pi$，则有

$$\begin{aligned} D[\hat{\varphi}(x)] &= W\{D[\varphi_w(x)]\} \\ \hat{\varphi}(x) - \hat{\varphi}(x-1) &= W[\varphi_W(x) - \varphi_W(x-1)] \end{aligned} \tag{6.14}$$

上式是非常重要的，几乎在所有的相位去包裹算法中均有应用，其为估计搜索相位的一阶导数提供了一种解析的方法。最后，重写方程(6.14)，有

$$\hat{\varphi}(x) = \hat{\varphi}(x-1) + W[\varphi_W(x) - \varphi_W(x-1)] \tag{6.15}$$

其又可使用包裹相位表述为

$$\hat{\varphi}(x)=\varphi_{\mathrm{W}}(0)+\sum_{n=0}^{x-1}W\left\{D[\varphi_{\mathrm{W}}(n)]\right\} \tag{6.16}$$

方程(6.15)和方程(6.16)即为 Itoh[210] 提出的采用包裹相位差分的线性积分估计展开相位的方法,其过程见图 6.2。

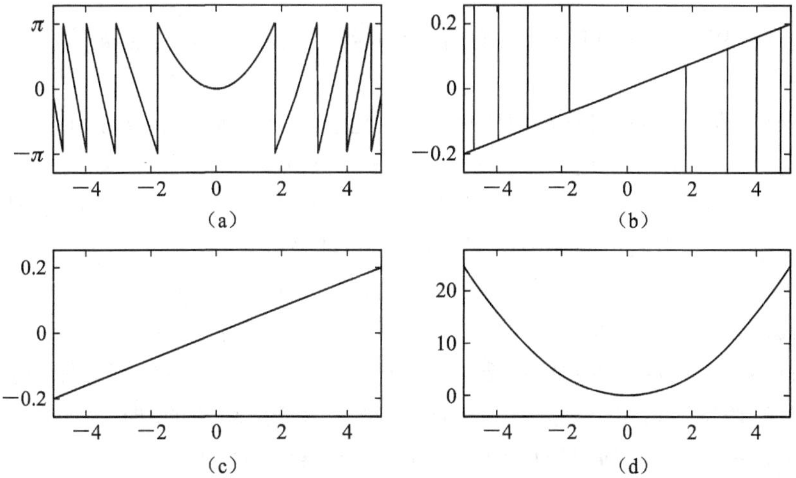

图 6.2　Itoh[210] 的线性积分去包裹方法的数值模拟。(a)由包裹正交函数得到的不连续相位 $\varphi_{\mathrm{W}}(x)$;(b)不连续包裹相位的线性差分 $D[\varphi_{\mathrm{W}}(x)]$;(c)包裹相位的差分,在理论上,其等于搜索的连续相位的差分 $W\{D[\varphi_{\mathrm{W}}(x)]\}=D[\hat{\varphi}(x)]$;(d)对图(c)采用线积分方法估计的相位 $\hat{\varphi}(x)$

将 Itoh[210] 的方法拓展至更高的维度,此时通过对包裹相位 $\varphi_{\mathrm{W}}(\boldsymbol{r})$ 的包裹梯度进行积 246
分,则估计连续相位 $\hat{\varphi}(\boldsymbol{r})$ 为

$$\hat{\varphi}(\boldsymbol{r})=\varphi_{\mathrm{W}}(\boldsymbol{r}_0)+\int_C W[\nabla\varphi_{\mathrm{W}}(\boldsymbol{r})]\cdot \mathrm{d}\boldsymbol{r} \tag{6.17}$$

式中:$\varphi_{\mathrm{W}}(\boldsymbol{r}_0)$为初始值,$C$ 为连接从点 $\boldsymbol{r}$ 到 $\boldsymbol{r}_0$ 的任一路径。同前,该公式假定采样过程满足奈氏条件:$\|\nabla\hat{\varphi}(\boldsymbol{r})\|<\pi$。若不满足该条件,例如,由于噪声数据的影响,包裹相位中将含有不一致性,此时需要采用更可靠的相位展开方法。

6.2.2　线性积分去包裹方法的容噪性能

前已证明,线性积分去包裹公式的离散形式表示为

$$\hat{\varphi}(x)=\hat{\varphi}(x-1)+W[\varphi_{\mathrm{W}}(x)-\varphi_{\mathrm{W}}(x-1)] \tag{6.18}$$

上面方程中,$\hat{\varphi}(x)$为当前待展开的相位,$\hat{\varphi}(x-1)$为前面已展开的相位,而 $W[\varphi_{\mathrm{W}}(x)-\varphi_{\mathrm{W}}(x-1)]$为两个连续包裹相位值差分的包裹。上面方法为最简单的去包裹算子,在正确采样及低噪声下非常有效。一维线积分去包裹算子可采用二维"之"字形线积分路径完成离散二维包裹场的相位展开(见图 6.3)。

本章后面部分假定相位含有噪声$[\varphi(x)+n(x)]$,且 $n(x)$ 在通常意义下是静态的,其概率密度函数(probability density function, PDF)为 $f(n)$。同时假定噪声具有白色频谱,其功率谱密度为

$$S_n(\omega)=\mathcal{F}\{R_n(\tau)\}=\frac{\eta}{2}WHz^{-1} \tag{6.19}$$

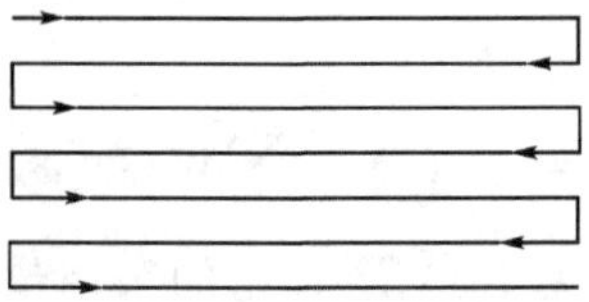

图 6.3　二维相位场一维“之”形去包裹扫描路径

式中，$\mathcal{F}\{R_n(\tau)\}$为噪声 $n(x)$自相关函数的傅里叶变换，最后还假定噪声 $n(x)$与测量相位 $\varphi(x)$不相关。

247 继续分析方程(6.18)，根据离散线性(一阶)差分的频率传递函数可知

$$D[\varphi(x)] = \varphi(x) - \varphi(x-1) + n(x) - n(x-1) \tag{6.20}$$

将噪声差分 $n_{\mathrm{D}}(x) = n(x) - n(x-1)$的 PDF 标记为 $f_{\mathrm{D}}(n)$，根据随机过程理论(1.9 节已简要地讨论过)，其由噪声的概率密度函数 $f(n)$可表示为

$$f_{\mathrm{D}}(n) = f(n) * f(n) \tag{6.21}$$

换句话讲，输出噪声差分的概率密度函数 $f_{\mathrm{D}}(n)$为其与自身的卷积。因此，两个连续的含有噪声的包裹相位数据取差分后，使得输出噪声的功率增大，该作用对任一去包裹算子是不利的。例如，假定包裹相位噪声 $n(x)$的概率密度函数是均匀的，即在[−0.5,0.5] rad 之间，那么 $f_{\mathrm{D}}(n) = f(n) * f(n)$具有三角形的概率密度函数，见图 6.4。

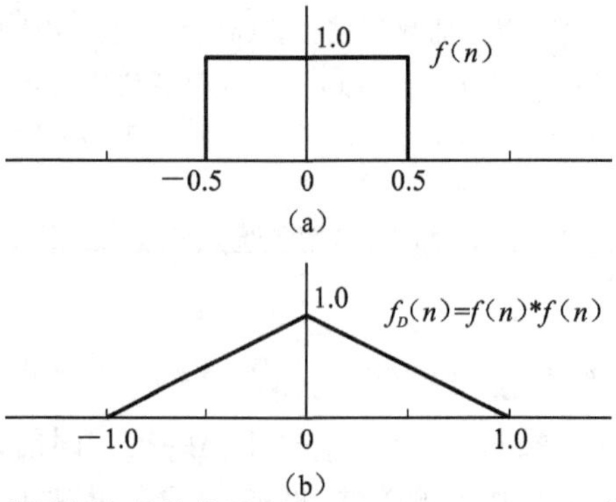

图 6.4　两个含有噪声的随机变量差分后 $n_{\mathrm{D}}(x) = n(x) - n(x-1)$的卷积。$n(x)$的概率密度函数为 $f(n)$，其属于[−0.5,0.5]。另外，$n_{\mathrm{D}}(x)$的 $f_{\mathrm{D}}(n)$具有三角形的概率密度函数。注意：与 $f(n)$相比，$f_{\mathrm{D}}(n)$是双支撑的，其偏移量属于区间[−1,1]

相位差分算子的频率传递函数为

$$H_{\mathrm{D}}(\omega) = \mathcal{F}[\varphi(x) - \varphi(x)] / \mathcal{F}[\varphi(x)] = 1 - \mathrm{e}^{\mathrm{i}\omega} \tag{6.22}$$

假定噪声 $n(x)$是白色的，谱功率密度为$\frac{\eta}{2}WHz^{-1}$，则总输出功率 P_n 为

$$P_n = \frac{\eta}{2}\left[\frac{1}{2\pi}\int_{-\pi}^{\pi}(1)\,\mathrm{d}\omega\right] = \frac{\eta}{2}W \tag{6.23}$$

同时，相位差输出噪声的功率 $P_{n_{\mathrm{D}}}$ 为

$$P_{n_{\mathrm{D}}} = \frac{\eta}{2}\left[\frac{1}{2\pi}\int_{-\pi}^{\pi}|H_{\mathrm{D}}(\omega)|^2\,\mathrm{d}\omega\right] = \frac{\eta}{4\pi}\left[\int_{-\pi}^{\pi}|1 - \mathrm{e}^{\mathrm{i}\omega}|^2\,\mathrm{d}\omega\right] = \frac{\eta}{4\pi}(4\pi) = \eta W \tag{6.24}$$

248 上式表明，线性相位差分信号 $D[\varphi(x)] = \varphi(x) - \varphi(x-1) + n(x) - n(x-1)$的总噪声功率为 $P_{n_{\mathrm{D}}}$，是测量相位 $\varphi(x)$输入噪声功率 P_n 的 2 倍。因而，在积分前，输入数据的质量由于差分

运算而降低了，但后面的积分运算又对这种退化作用进行了一定的补偿。上面在去包裹过程中对信号退化在一定程度上的补偿作用，可以认为是本质上具有复杂非线性的包裹算子 $W[\cdot]$作用的结果。因此。结合线性差分运算及后续的线性积分运算，信号最终没有发生退化作用。然而，在非线性算子 $W[\cdot]$对线性和（相位＋噪声）的包裹操作过程中，输入数据的质量却发生了急剧退化：

$$D\varphi_{\mathrm{W}}(x) = W\{D[\varphi(x)] + n_{\mathrm{D}}(x)\} \tag{6.25}$$

结果，大振幅噪声 $n_{\mathrm{D}}(x)$使得和信号$\{D[\varphi(x)]+n_{\mathrm{D}}(x)\}$超过了 $W[\cdot]$的包裹极限$(-\pi,\pi)$，且达到了输入信号$\{\varphi(x)+n(x)\}$的 2 倍。这种振幅超过包裹区间$(-\pi,\pi)$的结果致使展开相位 $\hat{\varphi}(x)$产生了虚假（或伪）的相位跳变。此即为在整个非线性去包裹过程中，当包裹后的相位差分加噪声 $W\{D[\varphi(x)]+n_{\mathrm{D}}(x)\}$超过极限时，信号急剧降质的原因，图 6.5～图 6.7 给出了该过程的数值模拟。

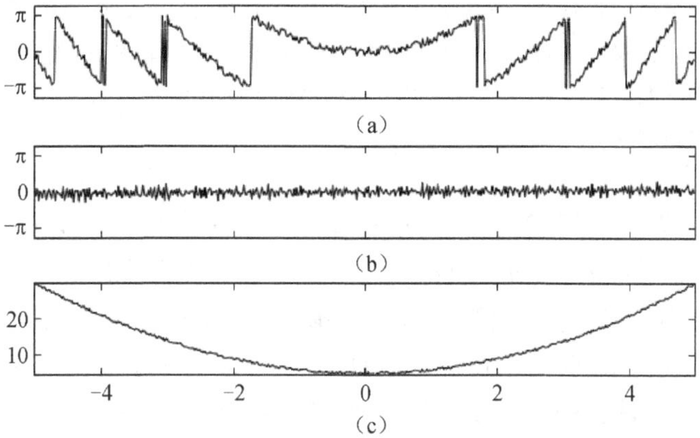

图 6.5　(a)解调的包裹相位 $\varphi_{\mathrm{W}}(x)$。此时噪声较小，且均匀地分布在 0 到 0.2π 上($n(x)\in[0,0.2\pi]$)；(b)包裹相位差分后进行包裹运算的结果，可见包裹的差分 $W\{D[\varphi(x)]+n_{\mathrm{D}}(x)\}$没有超出包裹区间$(-\pi,\pi)$，图中展开相位 $\hat{\varphi}(x)$上没有虚假的相位跳变；(c)采用线性积分后得到的展开相位，可见由于噪声振幅小的特点实际上保证了相位展开过程具有线性的行为

(249)

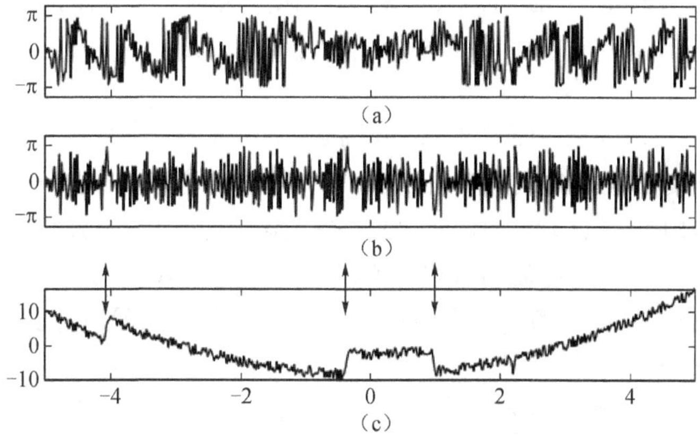

图 6.6　(a)解调的包裹相位 $\varphi_{\mathrm{W}}(x)$，噪声均匀分布在 0 到 1.1π 上($n(x)\in[0,1.1\pi]$)；(b) 包裹相位差分后进行包裹运算的结果；(c) 采用线性积分后得到的展开相位，该过程为噪声量临界时的情况：此时，积分法在标记处产生了错误的结果，此处噪声的振幅超出了包裹区间$(-\pi,\pi)$，因而出现了虚假的相位跳变

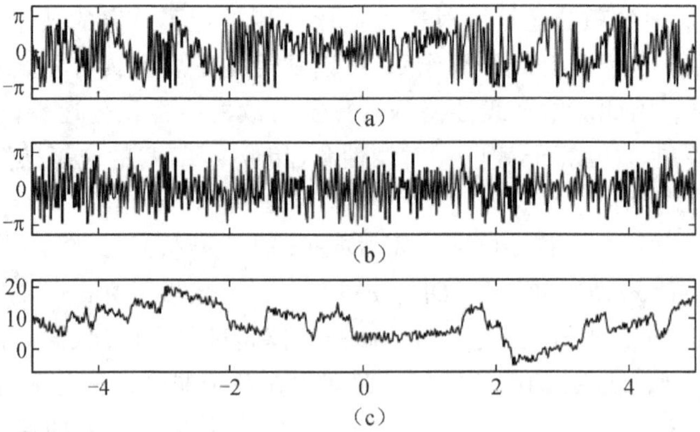

图 6.7 (a)解调的包裹相位 $\varphi_W(x)$，此时噪声均匀地分布在 0 到 1.2π 上($n(x)\in[0,1.2\pi]$)；(b) 包裹相位差分后进行包裹运算的结果；(c) 采用线性积分后得到的展开相位，从中可见尽管噪声量相对图 6.6 增加的较小，但积分法明显失效，含噪的包裹差分频繁地超过了包裹区间($-\pi,\pi$)，因而不断地出现了虚假的相位跳变，此时已不能恢复实际的连续测量相位

从上面数值模拟的结果可知，信号 $D[\varphi_W(x)]=W\{D[\varphi(x)]+n_D(x)\}$ 在其超过包裹区间($-\pi,\pi$)时，相比 $\{D[\varphi(x)]+n_D(x)\}$ 而言，其对信号的降质作用更明显，此时线积分的方法已不再可靠。从图 6.7 可知，当随机噪声足够大时，线积分法已经无法从 $D[\varphi_W(x)]=$
250 $W\{D[\varphi(x)]+n_D(x)\}$ 中提取淹没在噪声中的信号 $W[n_D(x)]$。总之，线积分法易于在计算机中实现，但遗憾的是其在处理受较大噪声污染的包裹相图时效果较差，即线积分法对噪声非常敏感。

6.3 一维递归动态系统去包裹方法

本节分析 Estrada 等[211]提出的去包裹方法，该方法对上面介绍的基本线积分法进行了一系列小的但非常有用的改进。从而发展了一种递归低通滤波(去包裹)系统，其一维形式表示为

$$\hat{\varphi}(x)=\hat{\varphi}(x-1)+\tau W[\varphi_W(x)-\hat{\varphi}(x-1)],\ \tau>0 \tag{6.26}$$

式中，相对于线积分去包裹公式有两处改进：第一处改进为在包裹差分运算中用 $\varphi_W(x-1)$ 替换了 $\hat{\varphi}(x-1)$，即 $W[\varphi_W(x)-\varphi_W(x-1)]\to W[\varphi_W(x)-\hat{\varphi}(x-1)]$。第二处改进在于增加了乘法因子 $\tau>0$，其与低通滤波的带宽有关(下一节将进一步说明)。

为了建立该递归系统的频率传递函数，必须注意到相图无噪时，受包裹的相位差分与展开的线性相位差分是相等的，即

$$W[\varphi_W(x)-\hat{\varphi}(x-1)]=\varphi_W(x)-\hat{\varphi}(x-1) \tag{6.27}$$

换句话讲，为了对该一维非线性相位去包裹系统进行谱分析，可以将非线性算子 $W[\varphi_W(x)-\hat{\varphi}(x-1)]$ 替换为线性差分 $\varphi_W(x)-\hat{\varphi}(x-1)$，但应注意，该替换操作仅适用于包裹相位噪声较小时。对此，可得

$$\hat{\varphi}(x)=\hat{\varphi}(x-1)+\tau[\varphi_W(x)-\hat{\varphi}(x-1)] \tag{6.28}$$

当然，上面的线性近似关系只能得到低噪声时的谱响应，而且分析的去包裹系统必须为方程(6.26)表示的系统。此时，两边取 Z 变换，并求解传递函数为

$$H(z) = \frac{\hat{\Phi}(z)}{\Phi_W(z)} = \frac{\tau}{1+(\tau-1)z^{-1}} = \frac{\tau z}{z-(1-\tau)} \tag{6.29}$$

第 1 章已证明，当且仅当单位圆 $U(z)=\{z:|z|=1\}$ 在其收敛域内时，一维无限脉冲响应滤波器满足有界输入有界输出(BIBO)系统判据，该条件等同于其传递函数上所有极点位于单位圆 $\overline{U}(z)=\{z:|z|<1\}$ 内。对于方程(6.29)，唯一的极点位于 $z=1-\tau$ 处，且 $\tau>0$。因此，参数 τ 必须受限于：$0<\tau<1$，以满足 BIBO 稳定，其过程见图 6.8。

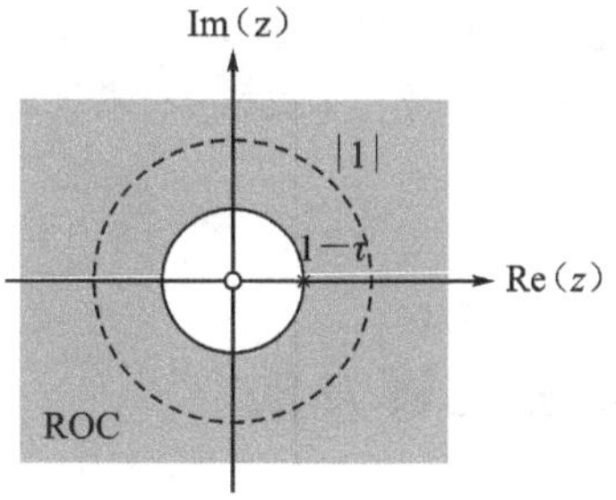

图 6.8　一维递归相位去包裹算法的极点图[方程(6.26)～方程(6.29)]。当 $0<\tau<1$ 时，该系统为 BIBO 稳定

由于 Z 变换与离散时间傅里叶变换(DTFT)间的本质关系，为了分析一维 IIR 滤波器的
谱行为，只需要简单地在单位圆内求解 $H(z)$ 即可。亦即在方程(6.29)中进行 $z\rightarrow e^{i\omega}$ 的替 251
换，可得

$$H(\omega) = \frac{\hat{\Phi}(\omega)}{\Phi_W(\omega)} = \frac{\tau}{1+(\tau-1)e^{-i\omega}} \tag{6.30}$$

图 6.9 给出了 $\tau=\{0.1,0.4,0.7\}$ 时，该频率传递函数的连续曲线。显然，当 $0<\tau<1$ 时，上述去包裹算法为低通滤波器。

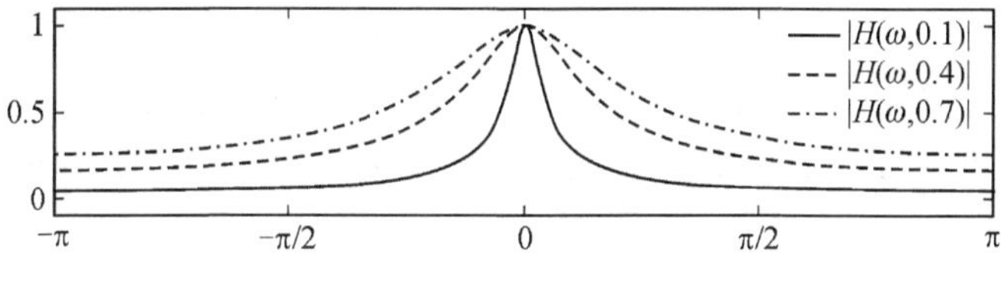

图 6.9　方程(6.30)表示的频率传递函数 $|H(\omega)|-\omega$ 的连续曲线。注意：随着 τ 愈趋于 0，该低通滤波器的谱线在谱原点处变得愈尖锐

上述滤波系统的低通特性决定了该算法在展开相位的同时，还可以滤除一些相位噪声。图 6.10 通过比较由一维线积分法与一维递归滤波器分别得到的展开相位 $\hat{\varphi}(x)$，描述了这种低通降噪特性。

图 6.10 表明采用一维递归滤波器估计展开相位时包含了低通滤波的过程，其展开的相位 $\hat{\varphi}(x)$ 相比于相应的包裹相位 $\varphi_W(x)$ 含有的噪声较少。这是因为递归低通滤波器对展开相位具有低通滤波的作用，再者，也与其概率密度函数的持续时间较短有关。

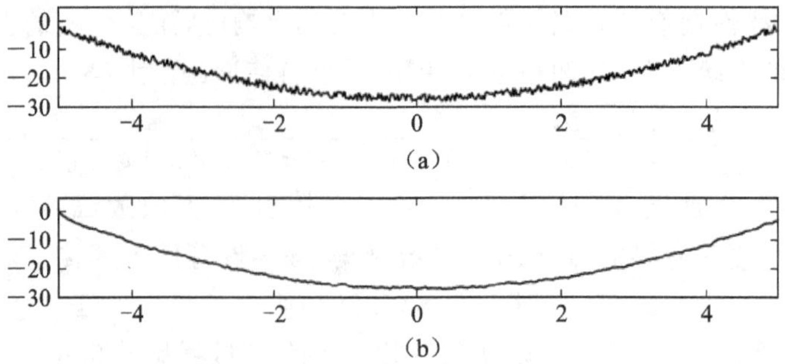

图 6.10 线积分技术与递归低通滤波器去包裹算子性能的量化比较。其中，噪声均匀分布在 $n(x)=[0, 0.9\pi]$。(a)线积分技术展开的相位；(b)递归低通滤波算子展开的相位

6.4 一维线性预测相位去包裹方法

本节采用线性预测的方法[212]，将一维递归去包裹系统推广至更一般的预测-校正系统
252 的范式下。首先将去包裹算法重新定义为

$$\hat{\varphi}(x) = \varphi_{\mathrm{P}}(x) + \tau W[\varphi_{\mathrm{W}}(x) - \varphi_{\mathrm{P}}(x-1)], \tau < 1 \tag{6.31}$$

此时，估计的去包裹相位仍为 $\hat{\varphi}(x)$，包裹数据为 $\varphi_{\mathrm{W}}(x)$。但是，计算差分时使用了线性预测算子 $\varphi_{\mathrm{P}}(x)$。应注意，此时下标 P 表示预测算子，而不是约束光瞳 $P(x, y)$。通常，预测算子可表示为已展开相位间的线性组合：

$$\varphi_{\mathrm{P}}(x) = a_1\hat{\varphi}(x-1) + a_2\hat{\varphi}(x-2) + \cdots + a_N\hat{\varphi}(x-N) \tag{6.32}$$

式中，系数向量$(a_1, a_2, \cdots, a_N)$中含有 N 个值，这些值需要在使用去包裹系统前加以指定。对于该递归滤波系统最简单的预测算子可考虑使用已展开的相位，即 $\varphi_{\mathrm{P}}(x)=\hat{\varphi}(x-1)$。然而，在预测上一值，而不是当前值时，该线性预测算子是有偏的，且其对噪声敏感。方程(6.31)可解释为

$$\text{当前估计值} = \text{已预测值} + \tau[\text{包裹后的预测误差}] \tag{6.33}$$

由图 6.11 可知，包裹后的预测误差对当前估计值起校正作用。换句话讲，估计值由预测值加上校正项组成。

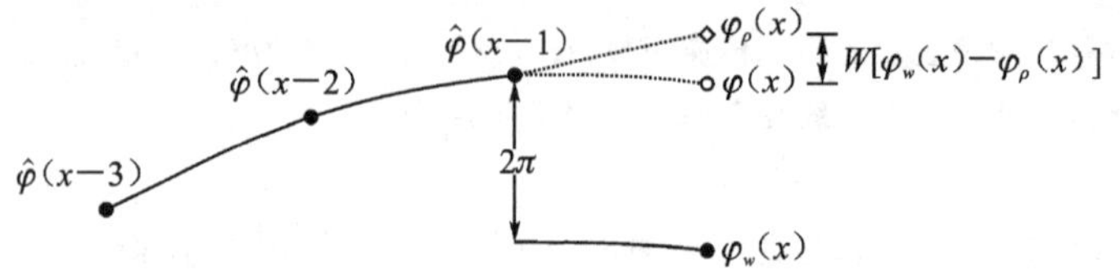

图 6.11 预测＋校正范式的相位去包裹方法的图形表示。黑点(•)代表了已估计值或已知点，白色标记代表了当前预测点(◇)或待估计值(○)

线性预测算子 $\varphi_{\mathrm{P}}(x)$的优点在于：充分利用了足够多的$(N\gg1)$已展开的相位值，可以实现低噪声地预测调制相位。亦即，预测算子是理想测量相位与预测的误差(或预测的噪声)之和，$\varphi_{\mathrm{P}}(x)=\varphi(x)+n_{\mathrm{P}}(x)$。从上面推导看，预测算子是已展开相位值$\{\hat{\varphi}(x-1), \hat{\varphi}(x-2), \cdots, \hat{\varphi}(x-N)\}$

间的线性组合，此即为通常情况下预测算子噪声标准差很低的原因。从前已知，当信号与噪
声的和很大并超过了包裹极限$(-\pi,\pi)$时，线性积分去包裹方法效果很差（产生了虚假的相 253
位跳变）。然而，当线性预测算子在低噪声时，其是无偏的[37]，而且预测的误差相比线性积分算子的噪声更低，其过程见图 6.12 所示。

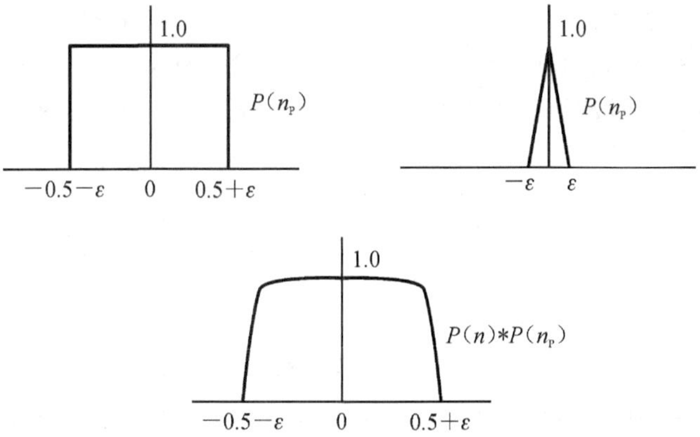

图 6.12　两个随机过程（本例中为噪声）之和的图形表示，其中一个具有均匀概率密度函数，范围为$[-0.5,0.5]$，另一个范围很小，为$[-\varepsilon,\varepsilon]$，二者之和（其各自概率密度函数的卷积）的范围为$[-0.5-\varepsilon,0.5+\varepsilon]$

例如，假定线性预测算子 $\varphi_P(x)$仅由三个前面已展开的相位表示为

$$\varphi_P(x)=a_1\hat{\varphi}(x-1)+a_2\hat{\varphi}(x-2)+a_3\hat{\varphi}(x-3) \tag{6.34}$$

此时 $\varphi_P(x)$可使用下面公式：

$$\varphi_P(x)=\begin{cases}\hat{\varphi}(x-1)\\ \dfrac{1}{3}[\hat{\varphi}(x-1)+\hat{\varphi}(x-2)+\hat{\varphi}(x-3)]\\ \dfrac{1}{3}[4\hat{\varphi}(x-1)+\hat{\varphi}(x-2)-2\hat{\varphi}(x-3)]\end{cases} \tag{6.35}$$

第一个预测算子简单地对应着已展开的相位：$(a_1,a_2,a_3)=(1,0,0)$。显然，其为递归
低通滤波的去包裹方案。第二个预测算子对应着三个已展开相位的平均：$(a_1,a_2,a_3)=$ 254
$(1/3,1/3,1/3)$。平均运算是最可靠的噪声预测算子，但此时该预测算子是有偏的，因为其预测的值（通常）在 $\varphi(x-2)$附近。最后一种情况采用了 $\varphi_P(x)=mx+b$ 形式的线性预测算子，系数为$(a_1,a_2,a_3)=(4/3,1/3,-2/3)$。该线性预测算子相比上面的滑动平均算子具有对噪声敏感的缺点，但其为无偏的，一般地，其预测的结果是期望值 $\varphi(x)$。斜率参数 m 和截距参数 b 在最小二乘意义上确定为

$$U_x(m,b)=\sum_{n=1}^{N-1}[m(x-n)+b-\hat{\varphi}(x-n)]^2 \tag{6.36}$$

相对 m 和 b，对该函数取导数可得

$$\frac{\partial U_x(m,b)}{\partial m}=0,\frac{\partial U_x(m,b)}{\partial b}=0 \tag{6.37}$$

例如，当三个前面已展开的相位值为$\{\hat{\varphi}(x-1),\hat{\varphi}(x-2),\hat{\varphi}(x-3)\}$时，可得

$$\begin{aligned}-6m+3b&=\hat{\varphi}(x-1)+\hat{\varphi}(x-2)+\hat{\varphi}(x-3)\\ 146m-6b&=-\hat{\varphi}(x-1)-2\hat{\varphi}(x-2)-3\hat{\varphi}(x-3)\end{aligned} \tag{6.38}$$

已知参数 m 和 b 的解，则上面线性预测算子表示为 $\varphi_p(x)=(1/3)[4\hat{\varphi}(x-1)+\hat{\varphi}(x-2)-2\hat{\varphi}(x-3)]$。

仅使用已展开相位 $\varphi_P(x)=\hat{\varphi}(x-1)$，得到的当前点的预测算子是很粗糙的。然而，从上一节可知，其相对简单线积分算子具有较好的性能。第二个预测算子如果其取前面三个已展开相位值进行预测时：$\varphi_P(x)=(1/3)[\hat{\varphi}(x-1)+\hat{\varphi}(x-2)+\hat{\varphi}(x-3)]$，效果较好。该预测算子在一维时是有偏的，但在二维时（具体见下一节）这种取均值的方法是无偏的。最后，唯一在一维是无偏线性预测算子的形式为 $\varphi_P(x)=mx+b$，其过程如图 6.13 所示。

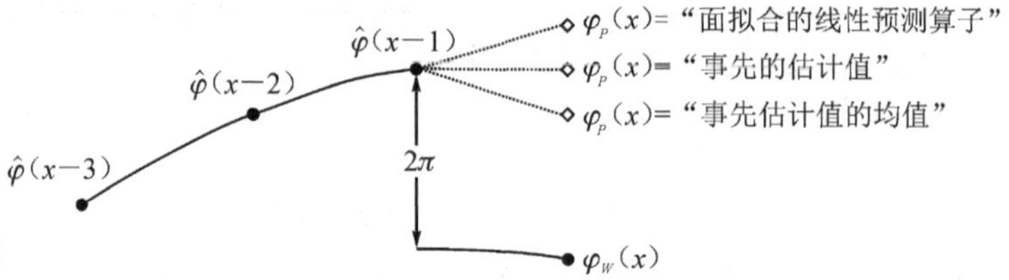

图 6.13　三种线性预测方式。黑点(·)代表了前面已得到的估计值，白色标记(◇)代表了当前的预测值

使用噪声可靠的预测算子 $\varphi_P(x)$时，如均值或线性预测算子，产生的预测误差（或校正值）$|\varphi_W(x)-\varphi_P(x)|$比使用线积分中的$|\varphi_W(x)-\varphi_W(x-1)|$噪声小。随着预测误差中噪
255 声的减小，允许相应去包裹算法中的 τ 值亦可减小：

$$\hat{\varphi}(x)=\varphi_p(x)+\tau W[\varphi_W(x)-\varphi_p(x)],\tau<1 \tag{6.39}$$

因而，预测算子 $\varphi_P(x)$的相对重要性应参考校正值 $\tau W[\varphi_W(x)-\varphi_p(x)]$的作用而增加，进而形成更可靠的相位去包裹系统。

分析一维滤波器的主要目的是为相位去包裹和预测-校正方案提供直观的启示。下面章节将该方案推广至二维相位去包裹场合，将更有意义和价值。

6.5　二维线性预测相位去包裹方法

本节将上面章节的预测-校正方案推广至二维空间，此时，线性预测算子与已展开的二维相位采样值有关，即

$$\hat{\varphi}(x,y)=\varphi_P(x,y)+\tau W[\varphi_W(x,y)-\varphi_P(x,y)],0<\tau<1 \tag{6.40}$$

同前，式中估计的展开相位为 $\hat{\varphi}(x,y)$，包裹的数据为 $\varphi_W(x,y)$，但此时根据线性预测算子 $\varphi_P(x,y)$计算差分。这里的线性预测算子为已展开相位之间的线性组合：

$$\varphi_P(x)=\sum_{n=-N/2}^{N/2}\sum_{m=-N/2}^{N/2}a_{n,m}\hat{\varphi}(x,y)M(n,m) \tag{6.41}$$

式中，前面已展开的相位值被表示为由已展开相位组成的权重矩阵 $a_{n,m}\hat{\varphi}(x,y)$，而该已展开相位的中心为当前展开像素$(x,y)$。如果在邻域$(n,m)$内，且在$(x,y)$处的像素已展开，则指示函数 $M(n,m)=1$，否则 $M(n,m)=0$。此时，上述的去包裹系统的方程进而可以表示为

$$\hat{\varphi}(x,y)=\text{预测值}+\tau W[\text{实际相位}-\text{预测值}]=\text{预测值}+\text{校正值} \tag{6.42}$$

与前面的一维扫描的方法相比，二维时在扫描方式上变化较大。例如，可以采用逐行扫

描法、洪水填充扫描法、梯度下降条纹质量扫描法或剪枝扫描法，从而避免包裹像素的不一致性[198]。本章仅采用逐行扫描方式，当然，也可在预测-校正的去包裹范式中应用其他二维扫描策略。除了选择二维扫描方式以外，本章总是选择当前点(x,y)作为展开的中心点，即标记为$M(n,m)=1$的已展开相位$\varphi(x-n,y-m)$围绕该中心点分布，而标记为$M(n,m)=0$的包裹相位$\varphi_w(x,y)$位于大小为$(N+1)\times(N+1)$的局部领域(n,m)内。最后该方法属于路径依赖型的方法，其效果的好坏与去包裹的路径及包裹相位的噪声类型有关。 256

本节主要讨论两种线性预测算子：滑动平均的方法和基于最小二乘法拟合平面的方法。从数学上讲，滑动平均预测算子为

$$\varphi_P(x)=\frac{1}{(\# M)}\sum_{n=-N/2}^{N/2}\sum_{m=-N/2}^{N/2}a_{n,m}\hat{\varphi}(x-n,y-m)M(n,m) \tag{6.43}$$

式中$\# M$表示了矩形邻域(n,m)内像素的数目，此时指示函数$M(n,m)=1$。须指出，尽管平均预测算子在一维时是有偏的，但在二维时为无偏估计。这是因为其使用了当前被预测相位点周围所有可用的已展开数据。采用该方式，偏差由于平均作用而消失了，且具有更好的噪声可靠性，其即为高维时平均预测算子性能好于一维时的原因。对于使用最小二乘平面拟合预测算子，有

$$\varphi_P(x,y)=m_x x+m_y y+b \tag{6.44}$$

同前，平面参数(m_x,m_y,b)可在最小二乘意义下，通过最小化下面函数得到：

$$\begin{aligned}U_{x,y}(m_x,m_y,b)=&\sum_{n=-N/2}^{N/2}\sum_{m=-N/2}^{N/2}[m_x(x-n)+m_y(y-m)+b\\&-\hat{\varphi}(x-n,y-m)M(n,m)]^2\end{aligned} \tag{6.45}$$

为了最小化$U_{x,y}(m_x,m_y,b)$，此时需求解下面三个线性方程组成的方程组：

$$\frac{\partial U_{x,y}(m_x,m_y,b)}{\partial m_x}=0,\frac{\partial U_{x,y}(m_x,m_y,b)}{\partial m_y}=0,\frac{\partial U_{x,y}(m_x,m_y,b)}{\partial b}=0 \tag{6.46}$$

虽然最小二乘拟合面的结果总是无偏的，但其相比平均预测算子，噪声可靠性较差。

图 6.1 给出了上面两个预测-校正范式去包裹法的数值模拟示例。本例中，计算机模拟的相位添加了均匀分布的随机噪声：$n(x,y)\in[-0.6\pi,0.6\pi]$，然后，分别使用了已展开数据作为预测值和二维平均预测算子，对图中的不连续相位进行了展开。本例采用逐行的二维扫描策略，相位展开动态系统的τ设置为 0.5。

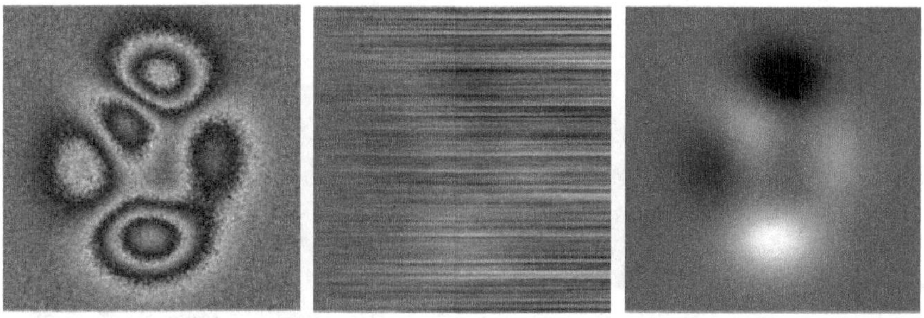

(a)　(b)　(c)

图 6.14　(a)计算机模拟的含噪的包裹相图，其使用了预测算子，并采用预测-校正范式进行展开；(b)仅使用了前面已展开数据的结果；(c)在 3×3 邻域上使用二维平均算子的结果

从图 6.14(a)可见，由于均匀分布噪声 $n(x,y)\in[-0.6\pi,0.6\pi]$的作用，图中 2π 相位跳变变得模糊了，其对线性预测算子有效工作时容许的噪声水平至关重要。在图 6.16(b)中，使用的预测值为前面已展开的数据。由其结果可见，由于该方法对噪声敏感，展开的相位明显畸变。最后，图 6.14(c)使用了 3×3 平均预测算子，由于平均预测算子在二维时的无偏
257 性，其正确地展开了相位。上面两个例子，在 Intel i7 核处理器上计算时间约为 0.1 s。

6.6 最小二乘相位去包裹方法

下面讨论 Ghiglia 和 Romero[213] 提出的最小二乘去包裹方法。首先须提及，与前面已讨论的其他方法不同，其为全局的方法。该方法的特点在于：首先得到包裹相位差分的梯度向量场，然后采用最小二乘法进行梯度积分。解调相位的梯度可表示为

$$\begin{aligned}\partial_x\varphi(x,y) &= W[\varphi_W(x,y)-\varphi_W(x-1,y)]\\ \partial_y\varphi(x,y) &= W[\varphi_W(x,y)-\varphi_W(x,y-1)],\ \forall(x,y)\in P(x,y)\end{aligned}\tag{6.47}$$

上面采用一阶包裹差分对连续梯度进行近似，接着通过最小化下面函数实现相位梯度的积分：

$$\begin{aligned}U[\hat\varphi(x,y)]=\sum_{(x,y)\in P}\{&[\hat\varphi(x,y)-\hat\varphi(x-1,y)-\partial_x\varphi(x,y)]^2\\ &+[\hat\varphi(x,y)-\hat\varphi(x,y-1)-\partial_y\varphi(x,y)]^2\}\end{aligned}\tag{6.48}$$

对 $U[\hat\varphi(x,y)]$取 $\hat\varphi(x,y)$的导数，并令其等于零，可得

$$\frac{\partial U[\hat\varphi(x,y)]}{\partial\hat\varphi(x,y)}=\boldsymbol{A}\hat{\boldsymbol{\Phi}}-\boldsymbol{b}=0\tag{6.49}$$

式中：$\boldsymbol{b}$ 为梯度数据的列向量；立方矩阵 $\boldsymbol{A}$ 是稀疏的、带限的，其带宽为 3。由于稀疏性及小带宽的特点，可容易地求解 $\boldsymbol{A}$ 的逆阵，例如使用梯度下降法，或者使用效率高的高斯-赛德尔
258 方法、共轭梯度法。采用梯度下降法时，其公式可简单地表示为

$$\hat\varphi^{k+1}(x,y)=\hat\varphi^{k}(x,y)-\tau\frac{\partial U[\hat\varphi(x,y)]}{\partial\hat\varphi(x,y)}\tag{6.50}$$

τ 的取值应小，从而保证该动态系统是稳定的，通常 $\tau<1$ 即可。图 6.15～图 6.17 给出了最小二乘法的数值模拟。模拟时，首先建立好连续表面 $\hat\varphi(x,y)$，然后将其进行包裹，以便采用原始数据 $W[\hat\varphi(x,y)]$作为参考。

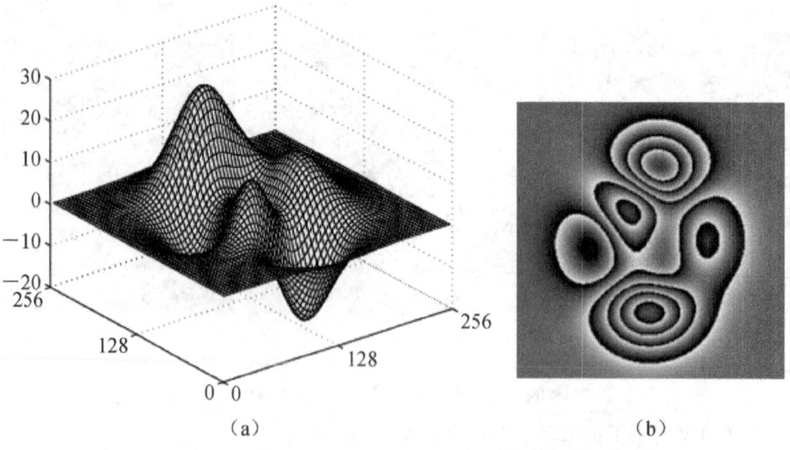

(a) (b)

图 6.15 (a)计算机产生的连续表面；(b)包裹相图，其为无噪声的理想情况[即 $n(x,y)=0$]

(259)

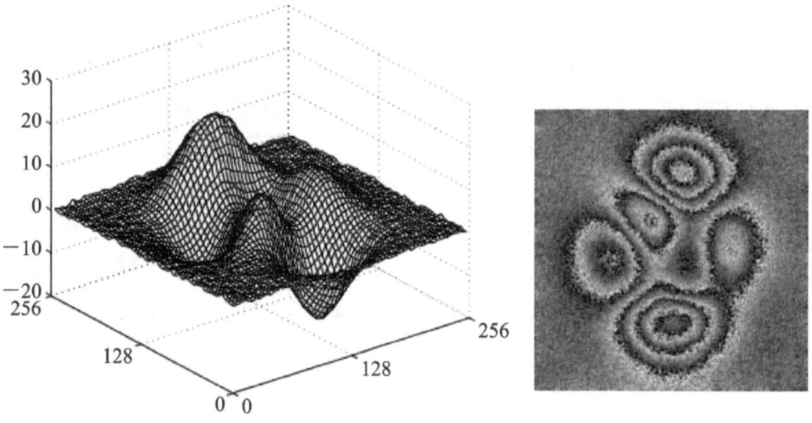

(a)　　　　(b)

图 6.16　(a)噪声 $n(x,y)\in[-0.5\pi,0.5\pi]$时，由最小二乘法估计的连续相位；(b)重新包裹的相位，以方便与原始数据比较。应注意，其动态范围减小

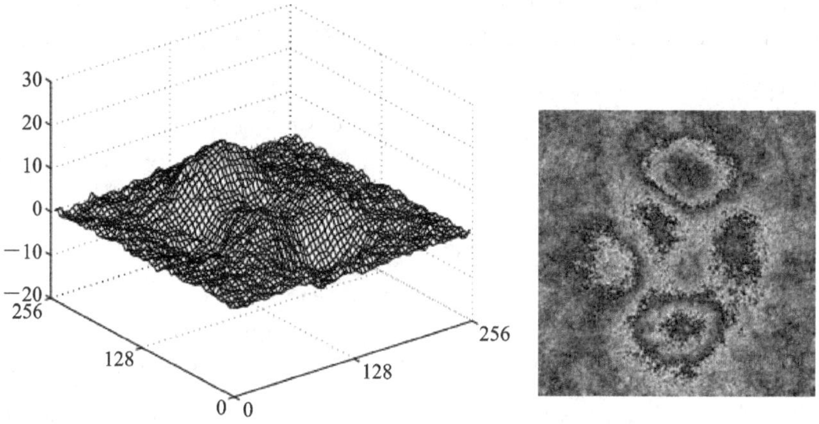

(a)　　　　(b)

图 6.17　(a)噪声 $n(x,y)\in[-0.6\pi,0.6\pi]$时，由最小二乘法估计的连续相位；(b)重新包裹的相位，以方便与原始数据比较，可见其动态范围明显减小

当包裹相位噪声较大时，由于非线性包裹算子 $W[\cdot]$的作用，可见离散差分 $W[\varphi_W(x,y)-\hat{\varphi}(x-1,y)]$和 $W[\varphi_W(x,y)-\hat{\varphi}(x,y-1)]$与真实包裹相位的 x 向和 y 向差分误差较大。因此，最小二乘去包裹方法的有效性与噪声变化密切相关。与之相比，下节讨论的相位跟踪法则为噪声水平很大的场合提供了一种途径。

6.7　相位跟踪去包裹方法

本节介绍基于 RPT 算法(前已述及)的相位去包裹技术，其可应用于噪声水平较高的场合[214-215]，且具有简单、明了的特点。同前，假定含噪的解调相位为 $\varphi_W(x,y)$，则计算其正弦和余弦值为 260

$$S(x,y)=\sin[\varphi_W(x,y)],C(x,y)=\cos[\varphi_W(x,y)] \tag{6.51}$$

接着，将上面两个信号代入下面的能量函数中：

$$U(x,y)=\sum_{(\xi,\eta)\in N}(\{S(\xi,\eta)-\sin[p(x,y,\xi,\eta)]\}^2$$
$$+\{C(\xi,\eta)-\cos[p(x,y,\xi,\eta)]\}^2)$$
$$p(x,y,\xi,\eta)=\hat{\varphi}(x,y)+\varphi_x(x,y)(x-\xi)+\varphi_y(x,y)(y-\eta) \tag{6.52}$$

上式假定估计的去包裹相位 $\hat{\varphi}(x,y)$ 在空间上连续且光滑。函数 $p(x,y,\xi,\eta)$ 表示了位于以 (x,y) 为中心的方形邻域 $N(\xi,\eta)$ 内，采用局部平面近似的包裹相位。该邻域像素个数一般在 5×5 到 11×11 之间，且其内的局部相位满足平面近似条件。设估计的局部展开相位和局部空间频率分别为 $[\hat{\varphi}(x,y),\varphi_x(x,y),\varphi_y(x,y)]$，则采用梯度下降法得其估计值为

$$\hat{\varphi}^{k+1}(x,y)=\hat{\varphi}^k(x,y)-\tau\frac{\partial U(x,y)}{\partial\hat{\varphi}(x,y)}$$
$$\varphi_x^{k+1}(x,y)=\varphi_x^k(x,y)-\tau\frac{\partial U(x,y)}{\partial\varphi_x(x,y)} \tag{6.53}$$
$$\varphi_y^{k+1}(x,y)=\varphi_y^k(x,y)-\tau\frac{\partial U(x,y)}{\partial\varphi_y(x,y)}$$

收敛率参数 τ 一般应设置小于 1 以保证求解的稳定性。例如，对噪声污染严重的包裹相位，通常设置其远小于 1(例如，$\tau=0.05$)，可取得好的效果。当从给定的初始位置 (x_0,y_0) 开始时，将初始值取零，即

$$\hat{\varphi}(x_0,y_0)=\varphi_x(x_0,y_0)=\varphi_y(x_0,y_0)=0 \tag{6.54}$$

当完成 (x_0,y_0) 点的计算后，转向下一像素，并采用上一位置的结果作为初始值继续下面的处理，即

$$\hat{\varphi}^0(x_0+1,y_0)=\hat{\varphi}^\infty(x_0,y_0)$$
$$\varphi_x^0(x_0+1,y_0)=\varphi_x^\infty(x_0,y_0) \tag{6.55}$$
$$\varphi_y^0(x_0+1,y_0)=\varphi_y^\infty(x_0,y_0)$$

式中：∞表示由前一像素得到的稳定估计值，进而可在工作光瞳内按照设定的路径继续处理下一像素。因为当前向量 $[\hat{\varphi}(x,y),\varphi_x(x,y),\varphi_y(x,y)]$ 位于平面 $p(x,y,\xi,\eta)$ 的中心(见图 6.18)，所以用于估计该向量的平面 $p(x,y,\xi,\eta)$ 必须由插值产生。因而，去包裹时使用相位跟踪法比前面讲到的预测-校正的范式更可靠。在此意义下，这种跟踪相位和频率的方法可称为插值-校正的范式。

261

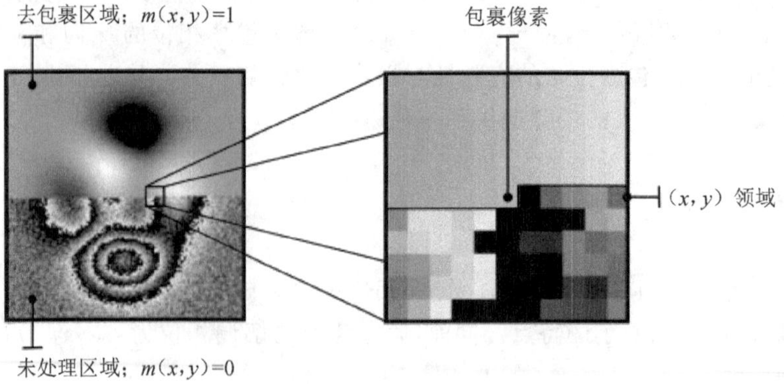

图 6.18　正则化相位跟踪法去包裹过程的部分结果。在本仿真例子中，平面 $p(x,y,\xi,\eta)$ 采用 11×11 的邻域近似产生，扫描路径按行进行。须注意近似平面时同时采用了已展开的像素及包裹数据

图 6.18～图 6.20 给出了 RPT 去包裹方法在噪声 $n(x,y)\in[-0.6\pi,0.6\pi]$时的数字仿真处理结果。有必要指出，线积分法此时已失效了，然而，尽管在出现动态范围已明显减少的情况下，最小二乘法仍是有效的。

为了便于比较，图 6.19 给出了噪声相位数据 $\varphi_W(x)$的水平截面，以及相应的重新包裹后的估计相位 $W[\hat{\varphi}(x)]$。

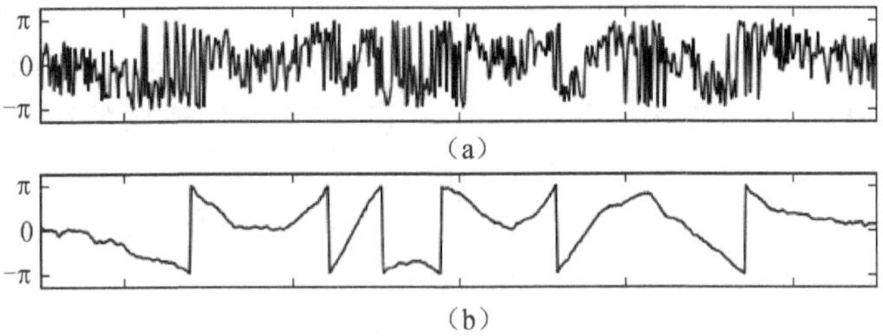

图 6.19　(a)输入的包裹相位 $\varphi_W(x)+n(x)(n(x)\in[-0.6\pi,0.6\pi])$；(b)采用 RPT 得到的估计相位 $\hat{\varphi}(x)$，并重新包裹以方便与输入数据进行比较

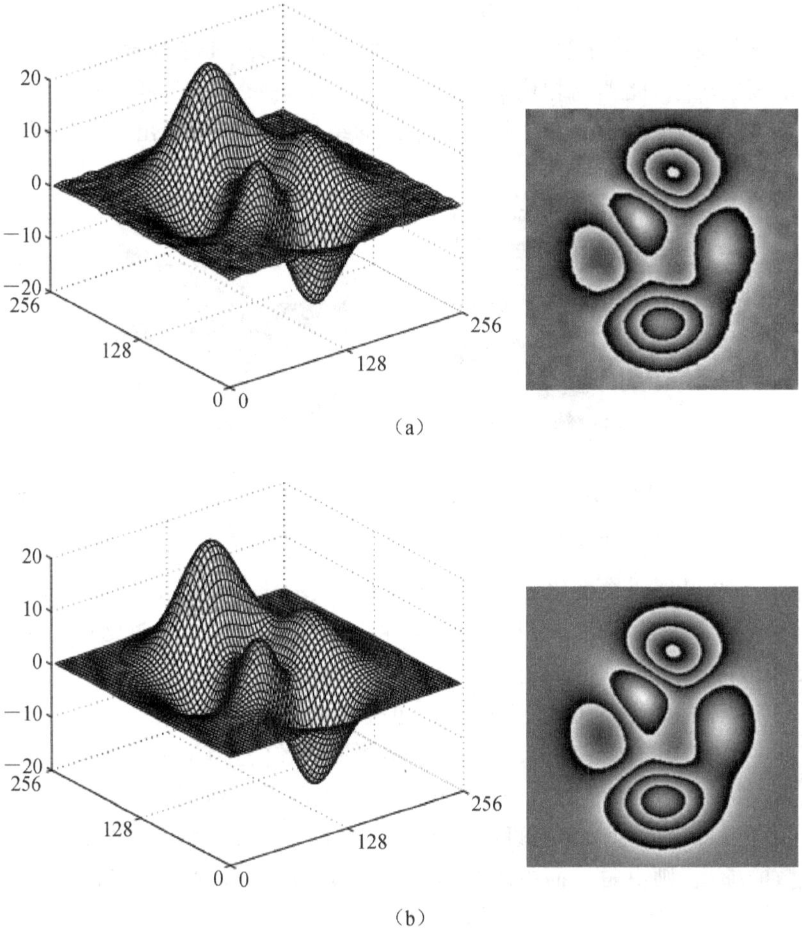

图 6.20　结果的量化比较：(a)采用 RPT 估计的相位；(b)理想的结果

图 6.18～图 6.20 表明 RPT 方法滤除了大部分的噪声，同时还保留了原始数据的动态范围。对比前面已讨论的最小二乘法（图 6.17，相同条件下）去包裹方法可知，其为 RPT 方法的优势特点。

262 6.8 剔除二维相位不一致的平稳去包裹方法

前面讨论了相位不一致（或留数）的概念，其一般是由于去包裹相图的低信噪比（signal-to-noise ratio, SNR）与包裹相图相邻像素之间差异过大共同作用的结果[198]，也介绍了一种处理包裹相位含有较多相位不一致问题的简单方法。

本章开始指出线性积分法及其演化的算法均假定包裹相位差分后的包裹等于已展开相
263 位的差分：

$$\nabla\hat{\varphi}(x,y) = W[\nabla\varphi_W(x,y)] \tag{6.56}$$

无噪声时，若满足 $\|\nabla\hat{\varphi}(x,y)\| < \pi$，可以证明上面方程是正确的。但是若出现了噪声时，在一些区域，相邻像素间的变化可能也会大于 π rad，但这些像素却不是期望的 2π 跳变点。换句话讲，即便 $\|\nabla\hat{\varphi}(x,y)\| < \pi$ 时，也可能导致

$$\|\nabla\varphi(x,y) + n(x,y)\| \geqslant \pi \tag{6.57}$$

上面大于 π 的变化导致在包裹相位中观测到了伪现象，其在视觉上表现为相邻分支在分界处出现了断裂现象，此即为相位不一致的概念。该现象不利于相位的正确展开，即按照不同的去包裹方向，路径依赖型算法得到了不同的结果，图 6.21 给出了该情况的例子。

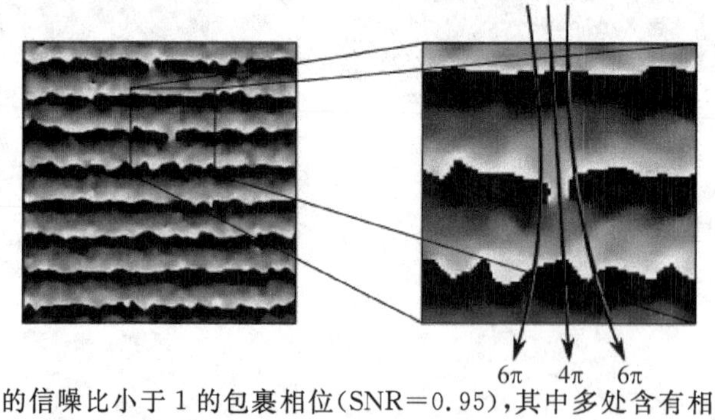

图 6.21 模拟的信噪比小于 1 的包裹相位（SNR＝0.95），其中多处含有相位不一致。由右图可见，采用线积分法按照稍微不同的路径得到了不同的 2π 跳变

6.6 节和 6.7 节已证明最小化型去包裹算法在低信噪比条件下，相比路径依赖型算法具有更高的可靠性，因此其方法可在一定程度上对相位不一致进行补偿。该结论可实际验证，但在图 6.17 中已指出，包裹相图中若含有相位不一致过多时，会致使估计相位的动态范围减少。

由前面已知，若无相位不一致时，相位去包裹过程是比较简单的。对此，本书提出下面的方法处理不一致较多的包裹相位。首先，寻找并剔除包裹相位不一致的点；然后，仅对有效数据去包裹；最后，采用插值的方法估计展开相位上的丢失数据。

264 运用留数定理可容易地确定包裹相位不一致点的位置：由微积分可知，如果被积函数为单值标量函数的梯度，则沿每一简单闭合路径的积分为零。针对上述问题时，有

$$\text{Residues}(x,y) = \oint W[\nabla\varphi_W(x,y)] \cdot \mathrm{d}\boldsymbol{r} \tag{6.58}$$

当所有点 (x,y) 满足 $W[\nabla\varphi_W(x,y)] = \nabla\hat{\varphi}(x,y)$，上式为零。采用最短的逆时针闭合路

径，上式的离散实现形式为

$$\begin{aligned}\text{Residues}(x,y)=&W[\varphi_{\mathrm{W}}(x,y)-\varphi_{\mathrm{W}}(x-1,y)]+W[\varphi_{\mathrm{W}}(x,y-1)-\varphi_{\mathrm{W}}(x,y)]\\&+W[\varphi_{\mathrm{W}}(x-1,y-1)-\varphi_{\mathrm{W}}(x,y-1)]\\&+W[\varphi_{\mathrm{W}}(x-1,y)-\varphi_{\mathrm{W}}(x-1,y-1)]\end{aligned}\tag{6.59}$$

由于近似误差，方程(6.59)存在着 $\text{Residues}(x,y)\neq 0$ 的情况，但通常当其大于阈值 $\varepsilon\ll 1$时，即表明被积函数至少存在一个像素，致使 $W[\nabla\varphi_{\mathrm{W}}(x,y)]\neq\nabla\hat{\varphi}(x,y)$。一般，由于不知道是哪一像素引起了相位不一致或留数，因此须将四个像素全标记为无效像素。因而，有必要建立如下的二值指示函数 $m(x,y)$：

$$m(x,y)\begin{cases}1 & \text{如果}\ |\text{Residues}(x-\xi,y-\eta)|<\varepsilon\\0 & \text{其他}\end{cases}\tag{6.60}$$

式中，$\xi=\{0,1\}$，$\eta=\{0,1\}$，且 $\varepsilon\ll 1$。显然，去包裹算法仅适用于 $m(x,y)=1$ 的情况。

在对这种剔除无效数据方法举例前，还需要指出一些实际中要考虑的要素。首先，假定用于计算包裹相位 $\varphi_{\mathrm{W}}(x,y)$的复信号 $A_0\exp[\mathrm{i}\hat{\varphi}(x,y)]$是已知的，此时可通过空间平均低通滤波的方法对低信噪比的情况进行补偿。但该方法不能用在斜率变化大的区域，此时，相位数据的梯度加上噪声已接近了奈氏极限。图 6.22 给出了由三步最小二乘相移算法得到的包裹相位，其噪声较大。然后，对该结果进行了不同程度的低通滤波。在仿真中，噪声均匀地分布在整个像平面上，$n(x,y)\in[-0.5\pi,0.5\pi]$，而研究的相位最大斜率出现在中心区域。基于此点，必须强调对包裹相位低通滤波是不利的，因为相位不是信号，而是信号的特性[198]。在任何情况下，事先对复值解析信号 $A_0\exp[\mathrm{i}\varphi(x,y)]$进行低通滤波，可以提高 SNR。

265

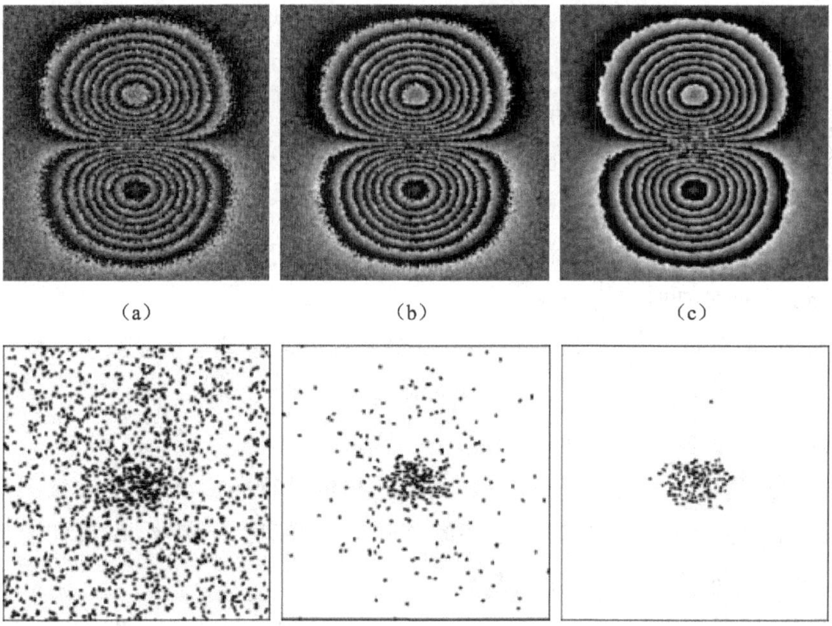

图 6.22　三步最小二乘相移算法获得的包裹相位比较。(a)未滤波的原图；(b)、(c)采用 3×3 高斯低通滤波器分别卷积 1 次和 5 次后，得到的相移干涉图；(d)～(f)给出了相应的指示模板，其将每一相位不一致像素点表示为该点周围 2×2 的黑色像素。须指出，中心区域的不一致不能采用低通滤波补偿

图 6.23 给出了采用剔除方法对计算机模拟的图 6.22 进行相位展开的结果。图中含有均匀分布在像平面上的随机噪声：$n(x,y)\in[-0.5\pi,0.5\pi]$。原相图的峰-峰值动态范围为 50 rad，因此可参考该参数评价估计的相位结果。须指出，为了清楚地说明两种方法的不同，没有进行空间滤波。显然，在实际中不能这样操作，除非应用中，仅已知包裹相位 $\varphi_W(x,y)$，而不知解析信号 $A_0\exp[\mathrm{i}\hat{\varphi}(x,y)]$的情况下。

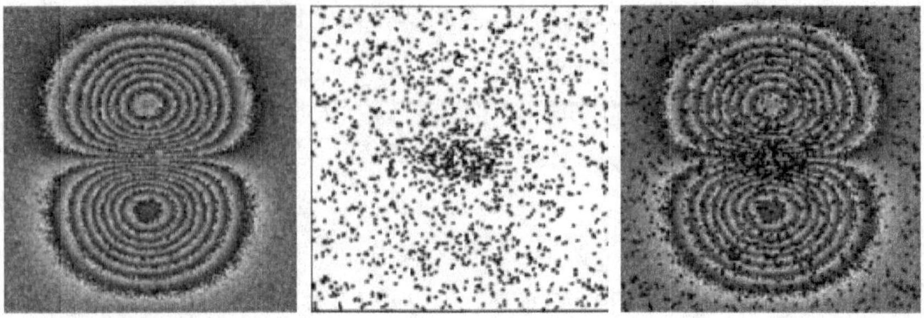

(a)　　(b)　　(c)

图 6.23　(a)由解析信号 $A_0\exp[\mathrm{i}\varphi(x,y)]$得到的包裹相位；(b)指示函数 $m(x,y)$反映的相位不一致点，其表现为该点周围的 2×2 黑色像素；(c)没有相位不一致点的包裹相位，即(b)图中 $m(x,y)=1$ 的区域

图 6.23 清楚地表示了该包裹相图含有很多的相位不一致点，特别是在斜率大的中心区域。然而，如果剔除掉这些相位不一致点，使用任何一种去包裹算法均可对正确数据区域进行处理，并得到唯一的相位 $\hat{\varphi}(x,y)\in\mathbb{R}$。

图 6.23 的相位展开过程选用了在 6.6 节分析过的最小二乘去包裹算法。处理中，两种方法均采用同样的参数。尽管提出的方法相比路径依赖型算法(其特别适用于有效数据的处理)慢了许多，但该对比还是有意义的，其方法保证了在含有相位不一致点时，即使去包裹最难的情况下也能正确估计连续相位。图 6.24 给出了两种方法的结果，在 Intel i7 处理器处理下两种方法的处理时间为 10 s。

由图 6.24(a)可见，当考虑所有数据时，展开相位的动态范围明显减少。重复该实验 10
266 次以统计异常点，结果发现峰-峰值动态范围平均减少了 17.3%。相比图 6.24(b)可见，仅考虑有效数据时，峰-峰值动态范围没有发生明显变化。

剔除方法的最后一步须对图 6.24(b)的展开相位进行插值，以得到在整个像平面上连续的相位，对此可采用第 1 章讨论过的一阶正则化滤波器。一般来说，该插值过程平均需 3 s(Intel i7处理器处理)，最终结果见图 6.25。

从图可见，探测相位不一致点并插值的方法获得的相位与理想结果很接近，且与使用最小二乘去包裹算法对整个数据处理得到的结果相比(包括相位不一致点)，该方法保留了原有的动态范围。

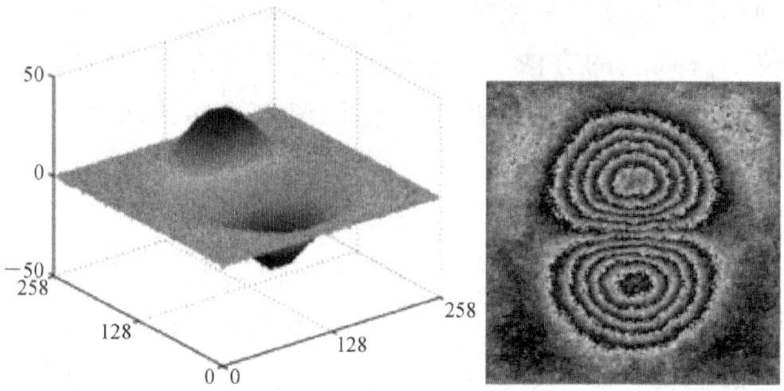

(a)

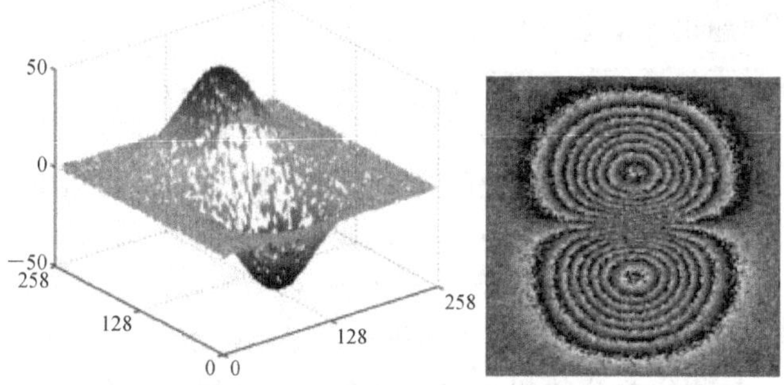

(b)

图 6.24　使用最小二乘法展开的相位：(a)处理整个数据的结果；(b)不含相位不一致点数据的结果。两种情况的结果 $\hat{\varphi}(x,y)$ 均进行了重包裹以便于与 $\varphi_W(x,y)$ 比较

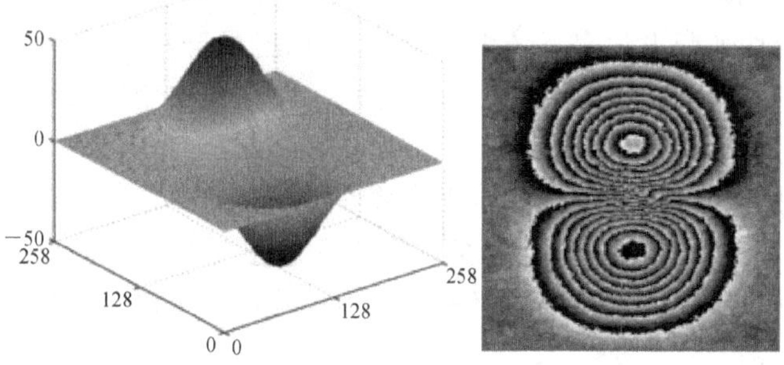

(a)

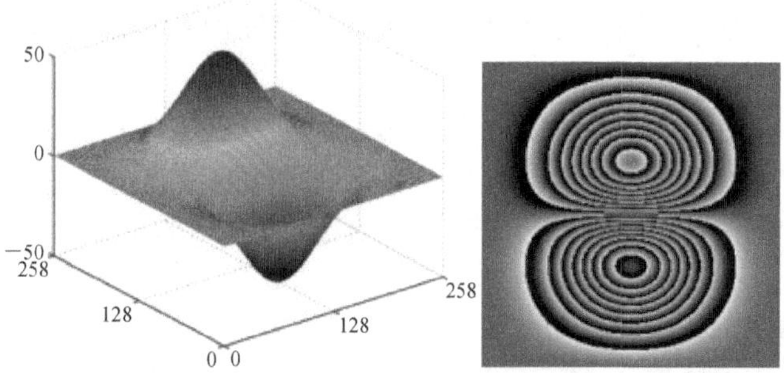

(b)

图 6.25　(a)结合剔除无效数据，最小二乘展开及正则化插值的方法得到的连续相位；(b)仿真的理想结果

综上所述，本节研究了相位不一致的概念及其对相位展开过程的负面影响，以及如何采用留数定理识别相位不一致点的方法。本节也提出了可靠的去包裹方法，其过程包括：无效数据的识别与剔除，最小二乘去包裹以及正则化插值。这些内容即为本书对相位去包裹方法的简要回顾与总结。

6.9 总结

本章分析了一些去包裹算法，其均假定包裹相位是连续的、光滑的(除去相位解调时可能产生的一些加性噪声点)，具体包括以下内容：

- 相位去包裹问题出现在条纹分析中的原因(图 6.1)。

267 • 无噪声和低噪声包裹信号一维线积分法的展开策略。

- 采用图 6.2 可视化的方式，给出了展开一维包裹相位的基本步骤。对低噪声相位，可认为包裹后的相位差分等于包裹相位的线性差分。然而，当包裹相位噪声较大时，局部线性相位差分与非线性包裹后的差分之间存在明显差异，进而，致使无噪时假定的相等关系失效。此即所有的去包裹算法，不管是采用了何种策略，当噪声增加时迅速失效的原因。

- 讨论了使用线性差分算子时，增加随机噪声对相位展开过程的影响。同时又提及了
268 线性及非线性包裹后的相位差分的相等关系仅在低噪声相位场合满足。当声音较大时，该相等关系不再满足，从而致使相位展开问题变得非常困难甚至不可解决。

- 利用线性相位差分与包裹后的差分之间的相等关系，建立了一维非线性相位去包裹动态系统。对于低噪声情况，该动态非线性系统的行为非常接近线性 IIR 滤波器，因此其频谱可利用该特性进行预测。

- 在序列非线性递归去包裹系统中，介绍了使用已展开相位的预测算子提高噪声鲁棒性的方法。当然，对于高噪声场合，包裹算子的非线性特性作用明显，此时已建立的动态系
269 统不再表现为线性 IIR 滤波器。

- 引入了一种非常有用的相位去包裹范式，也就是最小二乘相位去包裹方法。该范式同样利用了低噪声时连续线性差分与包裹后的相位差分之间的相等关系。但从图 6.15～图 6.17 可知，当包裹相位噪声增加时，上面提到的相等关系不再满足，从而使展开相位的动态范围减小。

- 通过识别并剔除二维相位不一致点的方法，提高了最小二乘去包裹方法的噪声鲁棒性和展开相位的动态范围。该方法可实现较大噪声相图的相位展开，同时保留了测量相位的动态范围。

- 最后，提出了采用二维正则化技术(见第 1 章)对剔除的相位不一致点进行插值，从而恢复最小二乘积分过程中忽略的像素值。该正则化滤波过程也可滤除了一些污染估计相位的高斯加性噪声。

附录　线性相移算法示例

A.1　相移算法理论的简要回顾

附录列举了 40 个常用的线性相移算法，为了方便读者，同时也总结了这些线性相移算法表示的方程的特点。对于其具体的讨论可参见第 2 章。

理想时域相移干涉图的数学模型可表示为

$$I(x,y,t)=a(x,y)+b(x,y)\cos[\varphi(x,y)-\omega_0 t] \tag{A.1}$$

式中，$a(x,y)$和 $b(x,y)$分别为背景和局部对比度函数，$\varphi(x,y)$为相位函数，$\omega_0 t$ 表示了时域调制载波。通常，相移算法可表述为正交线性滤波器，即等同地用其脉冲响应函数 $\mathrm{h}(t)$，或者使用频率传递函数(FTF)在频域表述为

$$\mathrm{h}(t)=\sum_{n=0}^{N-1}c_n\delta(t-n) \tag{A.2}$$

$$H(\omega)=\sum_{n=0}^{N-1}c_n\exp(-\mathrm{i}\omega n) \tag{A.3}$$

式中，$\{c_n\}\in\mathbb{C}$。为了设计有效的相移算法，上述频率传递函数必须满足下面所谓的正交条件：

$$H(0)=H(-\omega_0)=0,H(\omega_0)\neq 0 \tag{A.4}$$

进而，应用上面正交滤波器，在 $t=N-1$ 时，可产生下面的解析信号(此时使用了所有可用的数据)：

$$A_0(x,y)\exp[\mathrm{i}\hat{\varphi}(x,y)]=\sum_{n=0}^{N-1}c_nI(x,y,n) \tag{A.5}$$

根据上面解析信号，可通过计算辐角的方法获取以 2π 为模的测量相位 $\hat{\varphi}(x,y)$，其振幅 $A_0(x,y)\in\mathbb{C}$，含有与局部对比度函数和正交滤波器的频率传递函数有关的信息为

$$A_0(x,y)=(1/2)b(x,y)\left|H(\omega_0)\right|\mathrm{e}^{\mathrm{i}\arg[H(\omega_0)]} \tag{A.6}$$

该振幅对质量引导的相位去包裹方法、递归滤波器设计以及多个不同的相移算法的综合等方面非常重要。为了完整性，由上式求解 $\hat{\varphi}(x,y)$，可得反正切形式相移算法的一般形式为

$$\hat{\varphi}(x,y)\bmod 2\pi=\arctan\frac{\mathrm{Im}\{c_0I_0+c_1I_1+\cdots+c_{N-1}I_{N-1}\}}{\mathrm{Re}\{c_0I_0+c_1I_1+\cdots+c_{N-1}I_{N-1}\}} \tag{A.7}$$

上面的结果假定正交滤波器及时域采样的干涉图均可理想地在相同的频率 ω_0 处发生共谐。当实际的采样频率为 $\omega_0+\Delta$ 时，则产生失调误差，此时得到的估计相位为

$$\hat{\varphi}(x,y)=\varphi(x,y)-D(\Delta)\sin[2\varphi(x,y)] \tag{A.8}$$

上式失调误差的振幅在$|\Delta/\omega_0|\ll 1$时可表述为下面的比率关系式：

$$D(\Delta)=\frac{|H(-\omega_0-\Delta)|}{|H(\omega_0+\Delta)|} \tag{A.9}$$

该方程表明由于失调误差，附加了一个频率为原条纹频率两倍的量，从而，致使估计相位发生了畸变。此外，再考虑到实际的信号常常还要遭受一定量噪声的歪曲作用，因而，在相位解调过程中，关心加性白色噪声(其所有频率上含有随机分量)对条纹图的歪曲作用就尤为重要。在相同的假定条件下，当使用正交线性滤波器滤波时，相移算法的信噪功率比增益为

$$G_{S/N}(\omega_0)=\frac{|H(\omega_0)|^2}{\frac{1}{2\pi}\int_{-\pi}^{\pi}|H(\omega)^2\mathrm{d}\omega} \tag{A.10}$$

最后，当考虑采集的时域相移干涉图具有非正弦光强分布时，进一步光强方程可建模为

$$I(x,y,t)=\sum_{n=0}^{\infty}b_n(x,y)\cos\{n[\varphi(x,y)+\omega_0 t]\} \tag{A.11}$$

在频域应用正交线性滤波器$h(t)$可得

$$\mathcal{F}\{I(t)*\mathrm{h}(t)\}=\sum_{n=-\infty}^{\infty}(b_n/2)\exp(\mathrm{i}n\varphi)H(n\omega_0)\delta(\omega-n\omega_0) \tag{A.12}$$

可见，为了高质量地估计调制相位，除了需要有效地分离出解析信号$(b_1/2)H(\omega_0)\exp(\mathrm{i}\varphi)$，显然此时，还需要考虑正交线性滤波器的谐波抑制能力。由此，可得一般正交滤波器的设计要求为

$$\begin{gathered}H(\omega_0)\neq 0,\\ H(-\omega_0)=0,H(0)=0,\\ H(-n\omega_0)=0,H(n\omega_0)=0\end{gathered} \tag{A.13}$$

假定第k次谐波的能量不可忽略，则上式要求所有的$n\leqslant k$。由于频率传递函数以2π为周期的特点及其可能的混叠作用，上述特征采用严格的公式分析较繁琐，但采用数值的方法分析频率传递函数的特性则非常简单。此时，仅需绘制$|H(\omega)|$-(ω/ω_0)的演化曲线，便可可视地观测频率传递函数在归一化频率$(\omega/\omega_0)=\{\pm2,\pm3,\pm4,\cdots\}$处的零频率响应情况。

A.2 两步线性相移算法

A.2.1 在$-\omega_0$处具有一阶谱零点的两步线性相移算法($\omega_0=\pi/2$)

该相移算法在Estrada等[38]、Servin等[30]、Gonzalez等[53,73]以及Vargas等[216]发表的文献中有不同的表达式。其频率传递函数和相移算法(解析形式)在$\omega_0=\pi/2$时可分别表示为

$$H(\omega)=1-\exp\mathrm{i}(\omega+\omega_0) \tag{A.14}$$

$$A_0(x,y)\exp[\mathrm{i}\hat{\varphi}(x,y)]=I_0-\mathrm{i}I_1 \tag{A.15}$$

评析：该滤波器为设计高阶相移算法基块的特殊情况，其频谱仅在$\omega=-\omega_0$处有一个谱零点，因而不满足正交条件$H(0)=0$。显然用于两步相移算法时，需要预先对干涉图进行高

通滤波处理，以去除低频背景信号[161]。再者，由于仅有的谱零点是一阶的，所以其对失调误差敏感。相比，图中消隐线表示的常见的 Schwider-Hariharan 五步相移算法，可见，该相移算法明显地表现出了失调可靠性的特点(见 5.2 节)。由图中表示的频率范围内可见，该相移算法无法抑制{−10，−8，−7，−6，−4，−3，−2,2,4,5,6,8,9,10}处大部分的歪曲谐波(见图 A.1)。

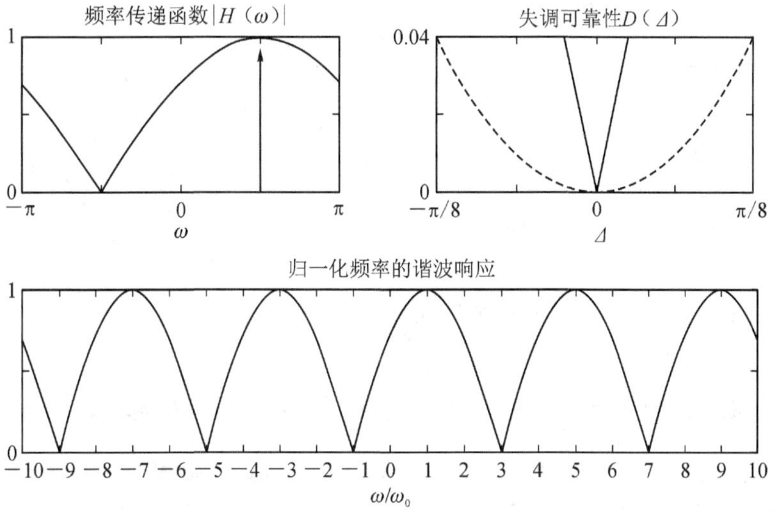

图 A.1 $\omega_0 = \pi/2$ 时，两步相移算法[30,38,53,73,216]的基块，此时，其信噪功率比增益达到最大值 $G_{S/N}(\omega_0) = 2$

A.3 三步线性相移算法

A.3.1 三步最小二乘相移算法($\omega_0 = 2\pi/3$)

该相移算法对应于 Bruning 等[6]提出的最小二乘一般相移算法公式在 $N=3$ 时的情况。其频率传递函数和解析公式分别为($\omega_0 = 2\pi/3$)

$$H(\omega) = [1 - \exp(i\omega)][1 - \exp i(\omega + \omega_0)] \tag{A.16}$$

$$A_0(x, y)\exp[i\hat{\varphi}(x, y)] = 2I_0 - (1 + i\sqrt{3})I_1 - (1 - i\sqrt{3})I_2 \tag{A.17}$$

评析：三个相移增量是满足正交滤波器谱特点的最小必要条件：$H(-\omega_0) = H(0) = 0$，且 $H(\omega_0) \neq 0$。该最小二乘相移算法在 $\omega = \{0, -\omega_0\}$ 处具有两个一阶谱零点，因此，其对失调误差没有任何可靠性。须提及，与所有最小二乘相移算法一样，在三步相移算法中该算法具有最大的信噪功率比增益，且其在三步算法中具有最好的谐波抑制能力。由图中给出的频率范围内可见，该相移算法不能抑制{−8，−5，−2,4,7,10}处的歪曲谐波(见图 A.2)。

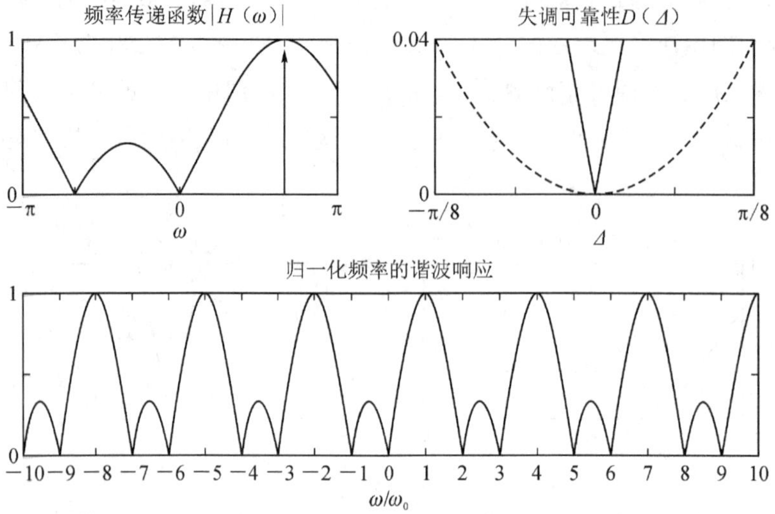

图 A.2　三步最小二乘相移算法，此时 $\omega_0=2\pi/3$，信噪功率比增益 $G_{S/N}(\omega_0)=3$

A.3.2　在 $\omega=\{0,-\omega_0\}$ 处具有一阶谱零点的三步相移算法($\omega_0=\pi/2$)

该相移算法的另一种公式形式见 Wyant 等[63]、Angel 和 Wizinowich[217] 及 Schmit 和 Creath[47] 发表的文献。其频率传递函数及解析公式($\omega_0=\pi/2$ 处)分别为

$$H(\omega)=[1-\exp(\mathrm{i}\omega)][1-\exp\mathrm{i}(\omega+\omega_0)] \tag{A.18}$$

$$A_0(x,y)\exp[\mathrm{i}\hat{\varphi}(x,y)]=I_0-(1+\mathrm{i})I_1+\mathrm{i}I_2 \tag{A.19}$$

评析：三个相移增量是满足正交滤波器谱特点的最小必要条件：$H(-\omega_0)=H(0)=0$，且 $H(\omega_0)\neq0$。该相移算法在 $\omega=\{0,-\omega_0\}$ 处具有两个一阶谱零点，因此，其没有失调误差可靠性。与三步最小二乘相移算法相比，该算法的信噪功率比增益较低，且其对非线性歪曲敏感。由给出的频率范围内可见，该相移算法不能抑制$\{-10,-7,-6,-3,-2,2,5,6,9,10\}$处的歪曲谐波(见图 A.3)。

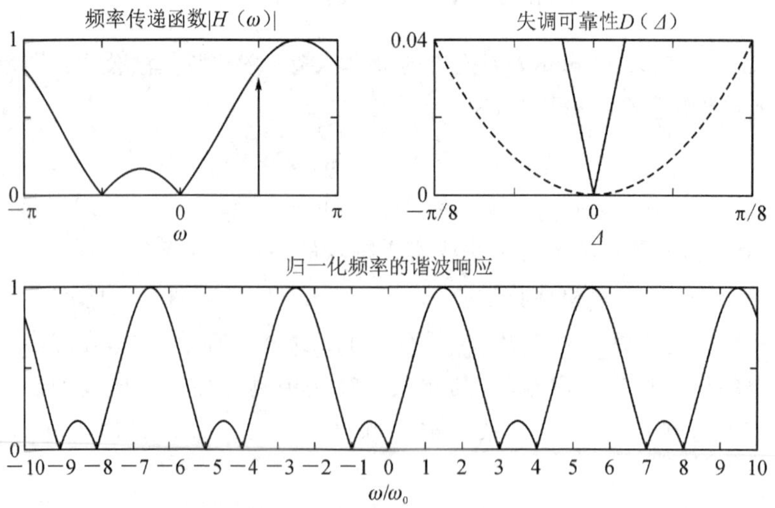

图 A.3　三步相移算法，此时 $\omega_0=\pi/2$，信噪功率比增益 $G_{S/N}(\omega_0)=2$

A.4　四步线性相移算法

A.4.1　四步最小二乘相移算法($\omega_0=2\pi/4$)

该相移算法的另一种公式形式见 Btuning 等[6]、Wyant 等[42]、Schmit 和 Creath[47]发表的文献。其频率传递函数及解析公式($\omega_0=2\pi/4$ 处)分别为

$$H(\omega)=[1-\exp(\mathrm{i}\omega)][1-\exp\mathrm{i}(\omega+\omega_0)][1-\exp\mathrm{i}(\omega+2\omega_0)] \tag{A.20}$$

$$A_0(x,y)\exp[\mathrm{i}\hat{\varphi}(x,y)]=I_0-\mathrm{i}I_1-I_2+\mathrm{i}I_3 \tag{A.21}$$

评析：该最小二乘相移算法在 $\omega=\{0,-\omega_0,\pm2\omega_0\}$ 处具有一阶谱零点。因此，该算法没有失调误差可靠性的能力。须提及，与所有最小二乘相移算法一样，其在四步相移算法中信噪功率比增益最大，且在四步相移算法中具有最好的谐波抑制能力。由图中给出的频率范围内可见，其不能抑制$\{-7,-3,5,9\}$处的歪曲谐波(见图 A.4)。

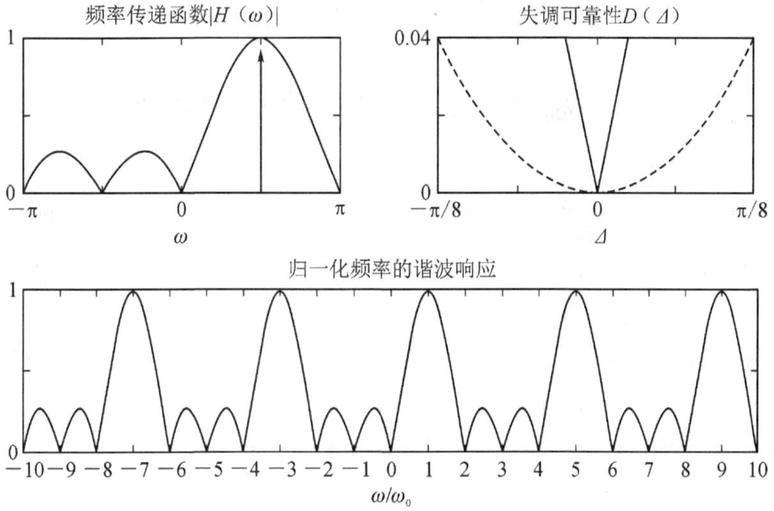

图 A.4　四步最小二乘相移算法，此时 $\omega_0=2\pi/4$，信噪功率比增益 $G_{S/N}(\omega_0)=4$

A.4.2　在 $\omega=0$ 处具有一阶谱零点，$\omega=-\omega_0$ 处具有二阶谱零点的四步相移算法($\omega_0=2\pi/3$)

该相移算法的另一种公式形式见 Schwider 等[2]、Schmit 和 Creath[47]及 Bi 等[69]发表的文献。其频率传递函数及解析公式($\omega_0=\pi/2$ 处)分别为

$$H(\omega)=[1-\exp(\mathrm{i}\omega)][1-\exp\mathrm{i}(\omega+\omega_0)]^2 \tag{A.22}$$

$$A_0(x,y)\exp[\mathrm{i}\hat{\varphi}(x,y)]=I_0-(1+\mathrm{i}2)I_1-(1-\mathrm{i}2)I_2+I_3 \tag{A.23}$$

评析：该相移算法在 $\omega=-\omega_0$ 处具有二阶谱零点，因此其具有失调误差可靠性。与其他四步最小二乘相移算法相比，该算法的信噪功率比增益较低(2.67)，且对非线性歪曲敏感。由图中给出的频率范围内可见，该相移算法不能抑制$\{-10,-7,-6,-3,-2,2,5,6,9,10\}$处的歪曲谐波(其与 Wyant 等[63]三步最小二乘相移算法的特点相同)(见图 A.5)。

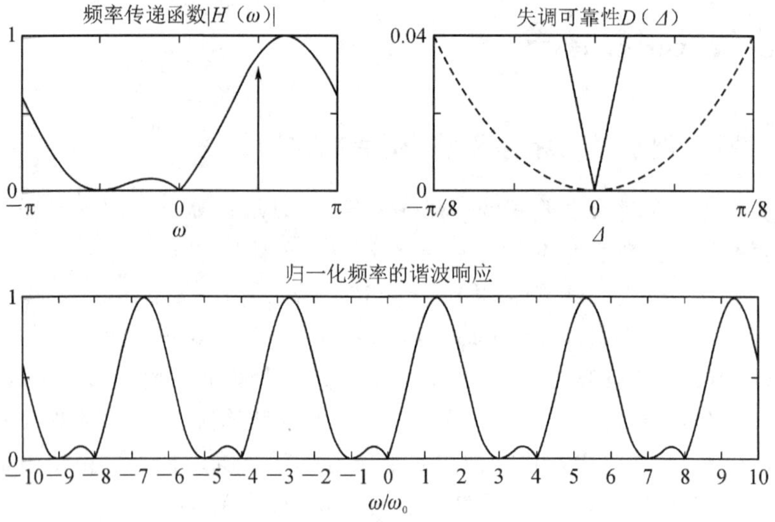

图 A.5　四步容差相移算法，此时 $\omega_0=\pi/2$，信噪功率比增益 $G_{S/N}(\omega_0)=2.67$

A.4.3　在 $\omega=\{0,-\omega_0/2,-\omega_0\}$ 处具有一阶谱零点的四步相移算法 ($\omega_0=2\pi/3$)

该相移算法由 Larkin 和 Oreb[46] 提出，其频率传递函数及解析公式分别为($\omega_0=2\pi/3$)

$$H(\omega)=[1-\exp(\mathrm{i}\omega)][1-\exp\mathrm{i}(\omega+\omega_0/2)][1-\exp\mathrm{i}(\omega+\omega_0)] \tag{A.24}$$

$$A_0(x,y)\exp[\mathrm{i}\hat{\varphi}(x,y)]=I_0-(1+\mathrm{i}\sqrt{3})I_1-(1-\mathrm{i}\sqrt{3})I_2+I_3 \tag{A.25}$$

评析：该相移算法在 $\omega=\{0,-\omega_0/2,-\omega_0\}$ 处具有一阶谱零点，因此其没有失调误差可靠性。与其他四步最小二乘相移算法相比，该算法的信噪功率比增益较低(3.60)，且对非线性歪曲敏感。由图中给出的频率范围内可见，该相移算法不能抑制{−8，−5，−2，4，7，10}处的歪曲谐波(其与三步最小二乘相移算法的特点相同[63])(见图 A.6)。

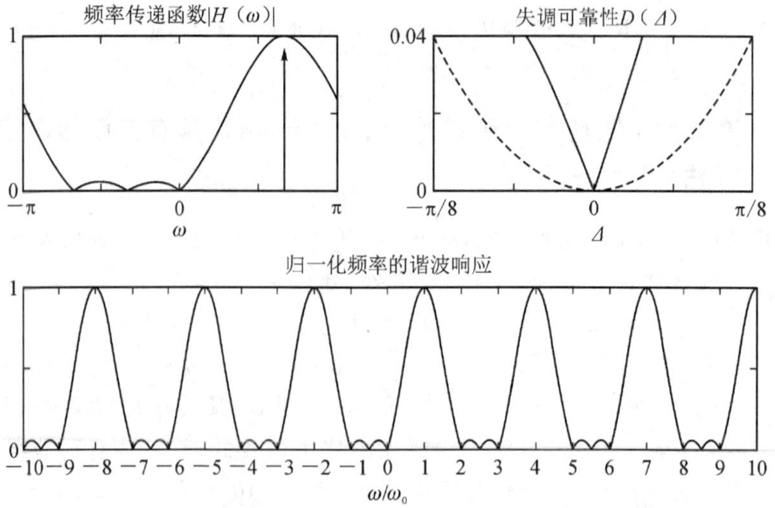

图 A.6　在{0，$-\pi/3$，$-\omega_0$}处具有一阶谱零点的四步相移算法，此时 $\omega_0=2\pi/3$，信噪功率比增益 $G_{S/N}(\omega_0)=3.60$

A.4.4　在 $\omega=-\omega_0$ 处具有一阶谱零点，在 $\omega=0$ 处具有二阶谱零点的四步相移算法（$\omega_0=\pi/2$）

该相移算法的另一种公式形式见 Larkin 和 Oreb[46] 以及 Surrel[25] 发表的文献。其频率传递函数及解析公式分别为（$\omega_0=2\pi/3$）：

$$H(\omega)=[1-\exp(\mathrm{i}\omega)]^2[1-\exp\mathrm{i}(\omega+\omega_0)] \tag{A.26}$$

$$A_0(x,y)\exp[\mathrm{i}\hat{\varphi}(x,y)]=\sqrt{3}(I_0-I_1-I_2+I_3)+\mathrm{i}(I_0-3I_1+3I_2-I_3) \tag{A.27}$$

评析：该相移算法在 $\omega=-\omega_0$ 处具有一阶谱零点，因此对失调误差无鲁棒性，但其由于在 $\omega=0$ 处具有二阶谱零点，所以对低频背景变化具有可靠性。与其他四步相移算法相比，该算法的信噪功率比增益较低（3.38），且对非线性歪曲敏感。由图中给出的频率范围内可见，该相移算法不能抑制{−8，−5，−2，4，7，10}处的歪曲谐波（其与三步最小二乘相移算法的特点相同[63]）（见图 A.7）。

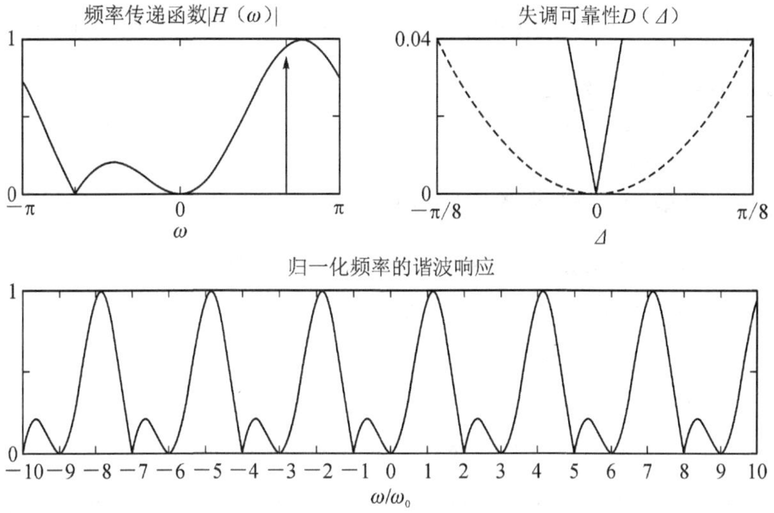

图 A.7　对背景变化可靠的四步相移算法，此时 $\omega_0=2\pi/3$，信噪功率比增益 $G_{S/N}(\omega_0)=3.38$

A.4.5　在 $\omega=0$ 处具有一阶谱零点，在 $\omega=-\omega_0$ 处具有二阶谱零点的四步相移算法（$\omega_0=2\pi/3$）

由已有的文献可知，该相移算法为本书的创新贡献。其频率传递函数及解析公式分别为（$\omega_0=2\pi/3$）

$$H(\omega)=[1-\exp(\mathrm{i}\omega)][1-\exp\mathrm{i}(\omega+\omega_0)]^2 \tag{A.28}$$

$$A_0(x,y)\exp[\mathrm{i}\hat{\varphi}(x,y)]=2I_0-\mathrm{i}2\sqrt{3}I_1-(3-\mathrm{i}\sqrt{3})I_2+(1+\mathrm{i}\sqrt{3})I_3 \tag{A.29}$$

评析：该相移算法在 $\omega=-\omega_0$ 处具有二阶谱零点，因此对失调误差可靠，与其他四步相移算法相比，该算法的信噪功率比增益较低（3.38），且对非线性歪曲敏感。由图中给出的频率范围内可见，该相移算法不能抑制{−8，−5，−2，4，7，10}处的歪曲谐波（其与三步最小二乘相移算法的特点相同[63]）（见图 A.8）。

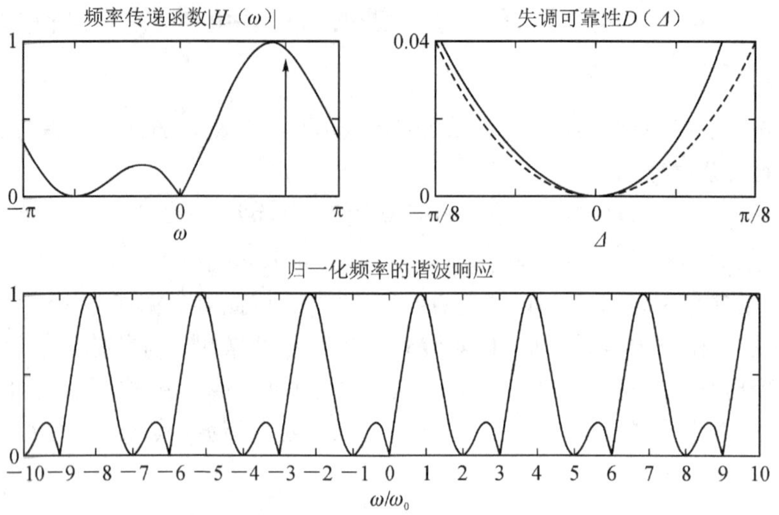

图 A.8 四步(3LS+1)相移算法，此时 $\omega_0=2\pi/3$，信噪功率比增益 $G_{S/N}(\omega_0)=3.37$

A.5 五步线性相移算法

A.5.1 五步最小二乘相移算法($\omega_0=2\pi/5$)

该相移算法对应于 Bruning 等[6]提出的最小二乘一般相移算法公式在 $N=5$ 的情况。其频率传递函数及解析公式分别为($\omega_0=2\pi/5$)

$$H(\omega)=\prod_{n=0}^{3}[1-\exp\mathrm{i}(\omega+\omega_0 n)] \tag{A.30}$$

$$A_0(x,y)\exp[\mathrm{i}\hat{\varphi}(x,y)]=\sum_{n=0}^{4}\exp(\mathrm{i}\omega_0 n)I_n \tag{A.31}$$

评析：该最小二乘相移算法在 $\omega=\{0,-\omega_0,\pm 2\omega_0\}$ 处具有一阶谱零点，因此其没有失调误差鲁棒性。须提及，与所有的最小二乘相移算法一样，在五步相移算法中该算法的信噪功率比增益最大，而且在所有的五步相移算法中，其谐波抑制能力最强。由图中给出的频率范围内可见，该相移算法不能抑制{−9，−4，6}处的歪曲谐波(见图 A.9)。

A.5.2 五步相移算法：在 $\omega=\{0,\pm 2\omega_0\}$ 处具有一阶谱零点，在 $\omega=-\omega_0$ 处具有二阶谱零点($\omega_0=\pi/2$)

该相移算法的另一种公式形式见 Schwider 等[2]、Hariharan 等[44]、Schmit 和 Creath[47]以及 Groot[68]发表的文献。其频率传递函数及解析公式分别为($\omega_0=\pi/2$)

$$H(\omega)=[1-\exp(\mathrm{i}\omega)][1-\exp\mathrm{i}(\omega+\omega_0)]^2[1-\exp\mathrm{i}(\omega+2\omega_0)] \tag{A.32}$$

$$A_0(x,y)\exp[\mathrm{i}\hat{\varphi}(x,y)]=I_0-\mathrm{i}2I_1-2I_2+\mathrm{i}2I_3+I_4 \tag{A.33}$$

评析：该相移算法由于在 $\omega=-\omega_0$ 处具有二阶谱零点，因此对失调误差具有鲁棒性。与五步最小二乘相移算法相比，其信噪功率比增益较低(4.57)，且对非线性畸变敏感。由图中给出的频率范围内可见，该相移算法不能抑制{−7，−3，5，9}处的歪曲谐波(其与四步最小二乘相移算法的特点相同)(见图 A.10)。

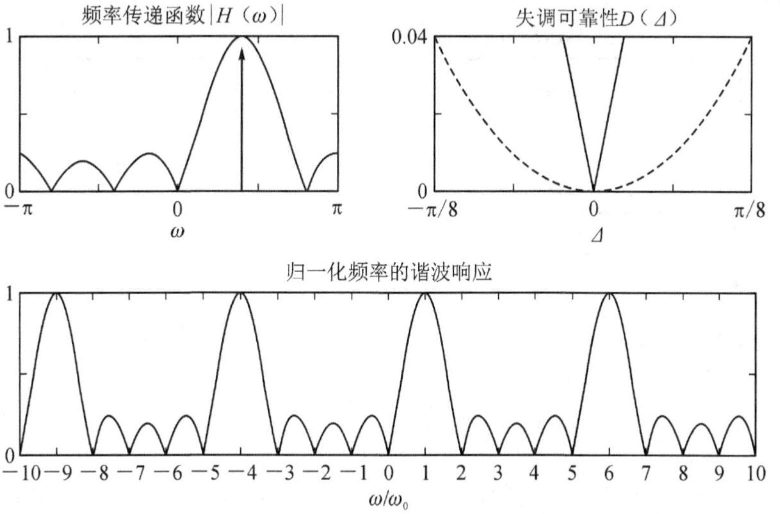

图 A.9　五步最小二乘相移算法，此时 $\omega_0=2\pi/5$，信噪功率比增益 $G_{S/N}(\omega_0)=5$

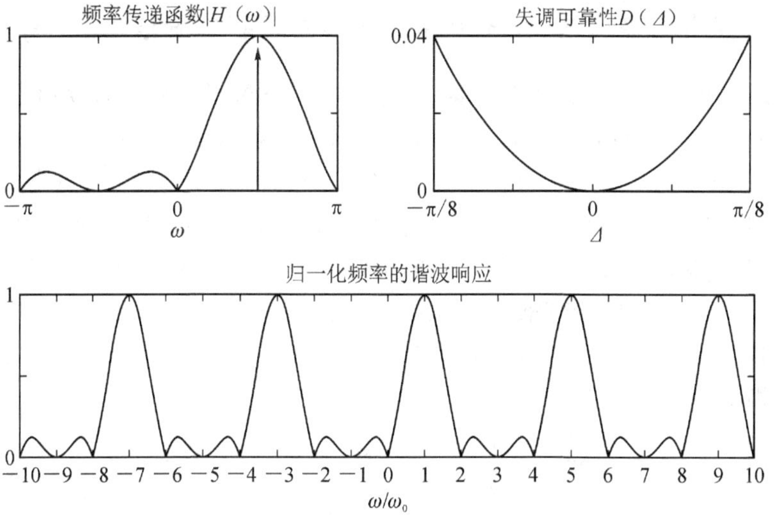

图 A.10　五步(4+1)相移算法，此时 $\omega_0=\pi/2$，信噪功率比增益 $G_{S/N}(\omega_0)=4.57$

A.5.3　五步相移算法：在 $\omega=\{0,-\omega_0\}$ 处具有二阶谱零点($\omega_0=2\pi/3$)

该相移算法见 Surrel[25-26] 发表的文献。其频率传递函数及解析公式分别为($\omega_0=2\pi/3$)

$$H(\omega)=[1-\exp(\mathrm{i}\omega)]^2\,[1-\exp\mathrm{i}(\omega+\omega_0)]^2 \tag{A.34}$$

$$A_0(x,y)\exp[\mathrm{i}\hat{\varphi}(x,y)]=I_0+I_1-6I_2+2I_3+I_4+\mathrm{i}\sqrt{3}(I_0-2I_1+I_3-I_4) \tag{A.35}$$

评析：该相移算法对低频背景变化具有容差能力，且由于在 $\omega=\{0,-\omega_0\}$ 处具有二阶谱零点，因此，其同时对失调误差和低频背景变化具有鲁棒性。与五步最小二乘相移算法相比，该算法信噪功率比增益较低(4.26)，且对非线性畸变很敏感。由图中给出的频率范围内可见，该相移算法不能抑制$\{-8,-5,-2,4,7,10\}$处的歪曲谐波(其与三步最小二乘相移算法的特点相同)(见图 A.11)。

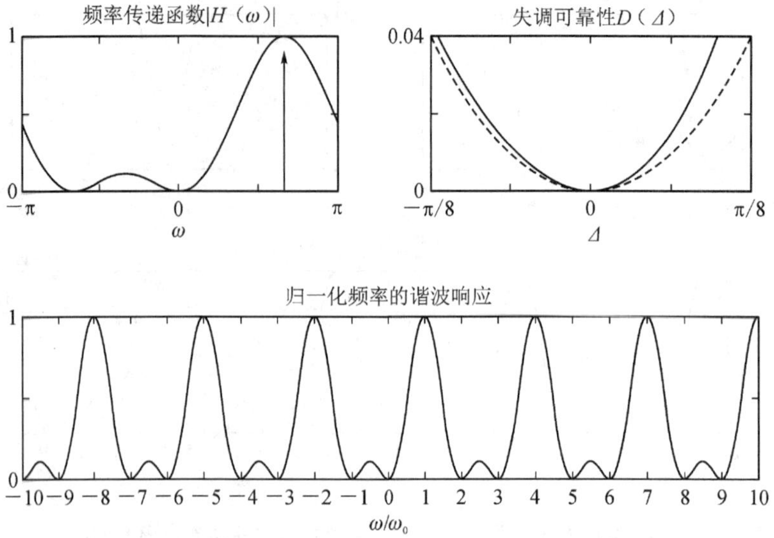

图 A.11　五步相移算法，此时 $\omega_0=2\pi/3$，信噪功率比增益 $G_{S/N}(\omega_0)=4.26$

A.5.4　五步相移算法：在 $\omega=\{0,-\omega_0\}$ 处具有二阶谱零点($\omega_0=\pi/2$)

该相移算法见 Surrel[27] 发表的文献。其频率传递函数及解析公式分别为($\omega_0=2\pi/3$)

$$H(\omega)=[1-\exp(\mathrm{i}\omega)]^2\,[1-\exp\mathrm{i}(\omega+\omega_0)]^2 \tag{A.36}$$

$$A_0(x,y)\exp[\mathrm{i}\hat{\varphi}(x,y)]=\mathrm{i}I_0+2(1-\mathrm{i})I_1-4I_2+2(1+\mathrm{i})I_3-\mathrm{i}I_4 \tag{A.37}$$

评析：该相移算法在 $\omega=\{0,-\omega_0\}$ 处分别具有二阶谱零点，因此对失调误差具有鲁棒性，且对低频背景变化具有容差能力。与五步最小二乘相移算法相比，该算法信噪功率比增益较低(1.88)，对非线性畸变较敏感。由图中给出的频率范围内可见，该相移算法不能抑制{10，−7，−6，−3，−2，2，5，6，9，10}处的歪曲谐波(其与 Wyant 等[63] 的三步最小二乘相移算法的特点相同)(见图 A.12)。

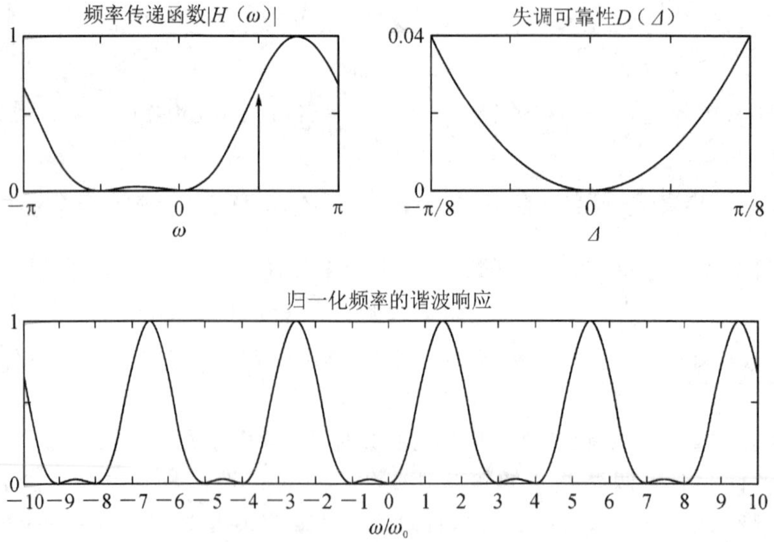

图 A.12　五步相移算法，此时 $\omega_0=\pi/2$，信噪功率比增益 $G_{S/N}(\omega_0)=1.88$

A.5.5 五步相移算法：在 $\omega=0$ 处具有一阶谱零点，在 $\omega=-\omega_0$ 处具有三阶谱零点（$\omega_0=\pi/2$）

该相移算法见 Schmit 和 Creath[48] 发表的文献。其频率传递函数及解析公式分别为（$\omega_0=\pi/2$）

$$H(\omega)=[1-\exp(\mathrm{i}\omega)][1-\exp\mathrm{i}(\omega+\omega_0)]^3 \tag{A.38}$$

$$A_0(x,y)\exp[\mathrm{i}\hat{\varphi}(x,y)]=I_0-(1+\mathrm{i}3)I_1-(3-\mathrm{i}3)I_2+(3+\mathrm{i})I_3-\mathrm{i}I_4 \tag{A.39}$$

评析： 在五步相移算法中，该算法由于在 $\omega=-\omega_0$ 处具有三阶谱零点，因此具有最强的失调误差可靠性。且与五步最小二乘相移算法相比，该算法信噪功率比增益较低(3.20)，且对非线性畸变非常敏感。由图中给出的频率范围内可见，该相移算法不能抑制{10，−7，−6，−3，−2，2，5，6，9，10}处的歪曲谐波（其与 Wyant 等[63] 的三步最小二乘相移算法的特点相同）（见图 A.13）。

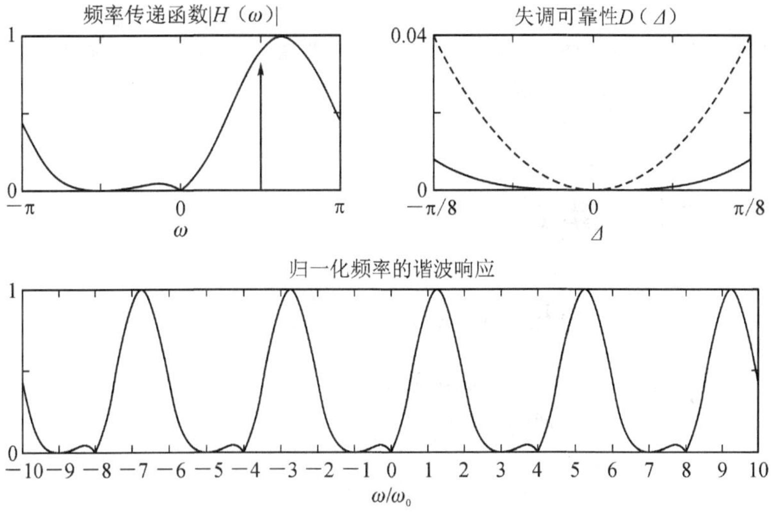

图 A.13 五步(3+2)相移算法，此时 $\omega_0=\pi/2$，信噪功率比增益 $G_{S/N}(\omega_0)=3.20$

A.5.6 五步相移算法：在 $\omega=0$ 处具有一阶谱零点，在 $\omega=-\omega_0$ 处具有三阶谱零点（$\omega_0=2\pi/3$）

该相移算法的另一种公式形式见 Hibino 等[218] 和 Surrel[27] 发表的文献。其频率传递函数及解析公式分别为（$\omega_0=2\pi/3$）

$$H(\omega)=[1-\exp(\mathrm{i}\omega)][1-\exp\mathrm{i}(\omega+\omega_0)]^3 \tag{A.40}$$

$$A_0(x,y)\exp[\mathrm{i}\hat{\varphi}(x,y)]=2I_0+(1-\mathrm{i}3\sqrt{3})I_1-6I_2+(1+\mathrm{i}3\sqrt{3})I_3+2I_4 \tag{A.41}$$

评析： 该算法由于在 $\omega=-\omega_0$ 处具有三阶谱零点，因此具有对失调误差最强的鲁棒性（对五步相移算法而言）。与五步最小二乘相移算法相比，该算法信噪功率比增益较低(3.24)。与 A.5.5 中相似的五步相移算法相比，其对非线性畸变敏感性较低。由图中给出的频率范围内可见，该相移算法不能抑制{−8，−5，−2，4，7，10}处的歪曲谐波（其与三步最小二乘相移算法的特点相同）（见图 A.14）。

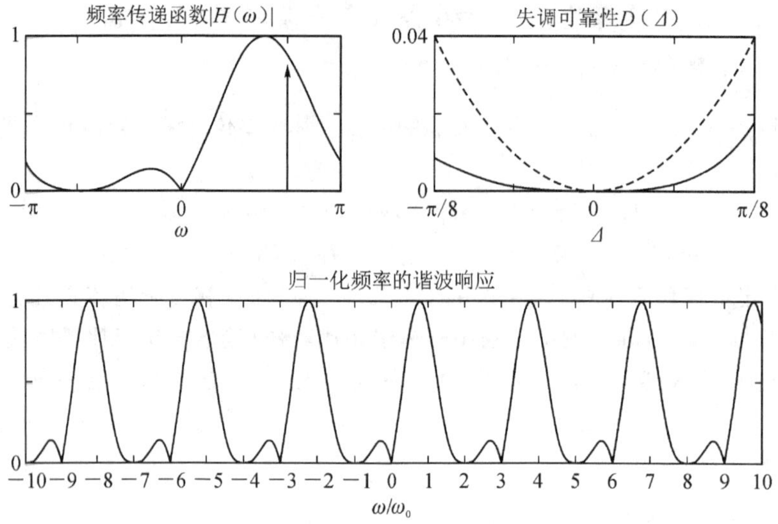

图 A.14 具有最强失调误差鲁棒性的五步相移算法，此时 $\omega_0=2\pi/3$，信噪功率比增益 $G_{S/N}(\omega_0)=3.24$

A.6 六步线性相移算法

A.6.1 六步最小二乘相移算法($\omega_0=2\pi/6$)

该相移算法对应于 Bruning 等[6]提出的最小二乘一般相移算法公式在 $N=6$ 时的情况。其频率传递函数及解析公式分别为($\omega_0=2\pi/6$)

$$H(\omega)=\prod_{n=0}^{4}[1-\exp \mathrm{i}(\omega+\omega_0 n)] \tag{A.42}$$

$$A_0(x,y)\exp[\mathrm{i}\hat{\varphi}(x,y)]=\sum_{n=0}^{5}\exp(\mathrm{i}\omega_0 n)I_n \tag{A.43}$$

评析：该最小二乘相移算法在 $\omega=\{0,-\omega_0,\pm 2\omega_0,\pm 3\omega_0\}$ 处具有一阶谱零点，因此，没有失调误差鲁棒性的能力。需提及，与所有的最小二乘相移算法一样，该算法在六步相移算法中信噪功率比增益是最大的，且在所有六步相移算法中具有最优的谐波抑制能力。由图中给出的频率范围内可见，该相移算法不能抑制{−5,7}处的歪曲谐波(见图 A.15)。

A.6.2 六步相移算法：在 $\omega=\{0,\pm 2\omega_0\}$ 处具有一阶谱零点，在 $\omega=-\omega_0$ 处具有三阶谱零点($\omega_0=\pi/2$)

该相移算法的另一种公式形式见 Schmit 和 Creath[48] 以及 Hibino 等[218] 发表的文献。其频率传递函数及解析公式分别为($\omega_0=\pi/2$)

$$H(\omega)=[1-\exp(\mathrm{i}\omega)][1-\exp \mathrm{i}(\omega+\omega_0)]^3[1-\exp \mathrm{i}(\omega+2\omega_0)] \tag{A.44}$$

$$A_0(x,y)\exp[\mathrm{i}\hat{\varphi}(x,y)]=I_0-\mathrm{i}3I_1-4I_2+\mathrm{i}4I_3+3I_4-\mathrm{i}I_5 \tag{A.45}$$

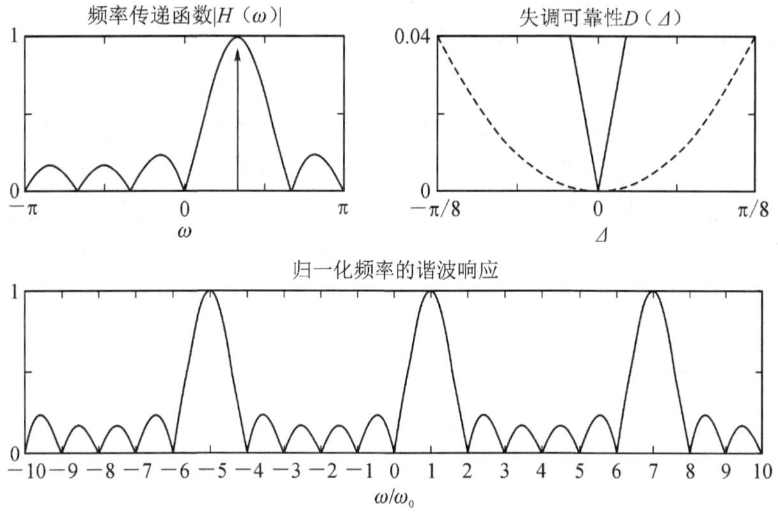

图 A.15　六步相移算法，此时 $\omega_0=2\pi/6$，信噪功率比增益 $G_{S/N}(\omega_0)=6$

评析：该算法在 $\omega=-\omega_0$ 处具有三阶谱零点，因此具有很好的失调误差鲁棒性。与六步最小二乘相移算法相比，该算法信噪功率比增益较低(4.92)，且对非线性畸变非常敏感。由图中给出的频率范围内可见，该相移算法不能抑制{−7，−3，5，9}处的歪曲谐波(其与四步最小二乘相移算法的特点相同)(见图 A.16)。

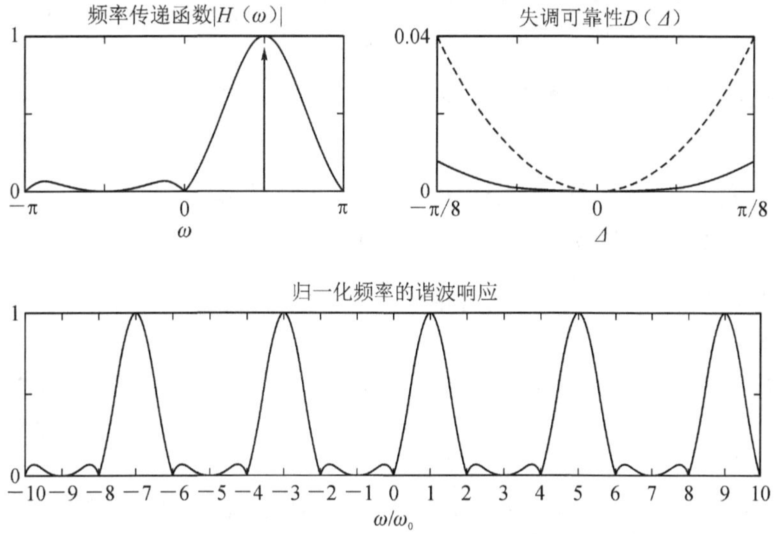

图 A.16　六步(4+2)相移算法，此时 $\omega_0=\pi/2$，信噪功率比增益 $G_{S/N}(\omega_0)=4.92$

A.6.3　六步相移算法：在 $\omega=0$ 处具有一阶谱零点，在 $\omega=-\omega_0$ 处具有四阶谱零点($\omega_0=\pi/2$)

该相移算法的提出见 Schmit 和 Creath[48] 发表的文献。其频率传递函数及解析公式分别为($\omega_0=\pi/2$)

$$H(\omega)=[1-\exp(\mathrm{i}\omega)][1-\exp\mathrm{i}(\omega+\omega_0)]^4 \tag{A.46}$$

$$A_0(x,y)\exp[\mathrm{i}\hat{\varphi}(x,y)]=I_0-(1+\mathrm{i}4)I_1-(6-\mathrm{i}4)I_2+(6+\mathrm{i}4)I_3+(1-\mathrm{i}4)I_4-I_5 \tag{A.47}$$

评析：该算法在 $\omega=-\omega_0$ 处具有四阶谱零点，因此失调误差鲁棒性能力最强（对六步相移算法而言）。与六步最小二乘相移算法相比，该算法信噪功率比增益较低（3.66），且对非线性畸变非常敏感。由图中给出的频率范围内可见，该相移算法不能抑制{10，−7，−6，−3，−2，2，5，6，9，10}处的歪曲谐波（其与 Wyant 等[63]的三步最小二乘相移算法的特点相同）（见图 A.17）。

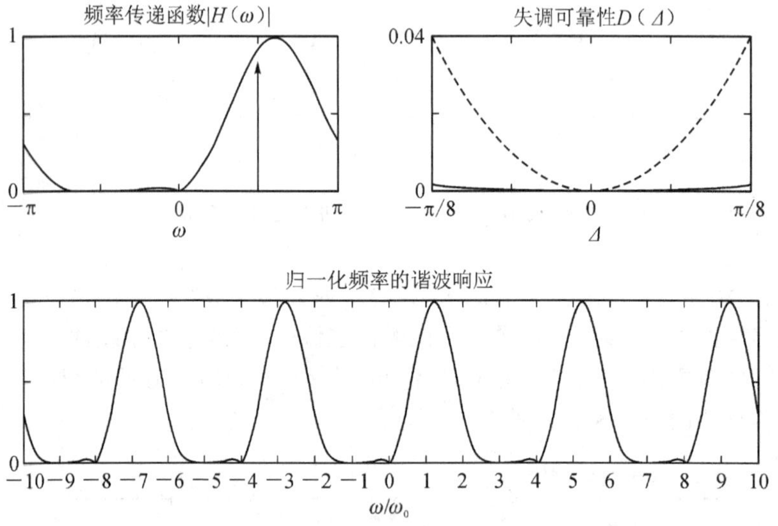

图 A.17 六步(3+3)相移算法，此时 $\omega_0=\pi/2$，信噪功率比增益 $G_{S/N}(\omega_0)=3.66$

A.6.4 六步相移算法：在 $\omega=0$ 处具有一阶谱零点，在 $\omega=\{-\omega_0,\pm2\omega_0\}$ 处具有二阶谱零点（$\omega_0=\pi/2$）

该相移算法的另一种公式形式见 Zhao 和 Surrel[26,76]发表的文献。其频率传递函数及解析公式分别为（$\omega_0=\pi/2$）

$$H(\omega)=[1-\exp(\mathrm{i}\omega)][1-\exp\mathrm{i}(\omega+\omega_0)]^2[1-\exp\mathrm{i}(\omega+2\omega_0)]^2 \tag{A.48}$$

$$A_0(x,y)\exp[\mathrm{i}\hat{\varphi}(x,y)]=I_0+(1-\mathrm{i}2)I_1-(2+\mathrm{i}2)I_2-(2-\mathrm{i}2)I_3+(1+\mathrm{i}3)I_4+I_5 \tag{A.49}$$

评析：该算法在 $\omega=\{-\omega_0,\pm2\omega_0\}$ 处具有二阶谱零点，因此对基波信号的误差失调及其二阶谐波歪曲具有鲁棒性。与六步最小二乘相移算法相比，该算法信噪功率比增益较低（4.57），且对非线性畸变非常敏感。由图中给出的频率范围内可见，该相移算法不能抑制{−7，−3，5，9}处的歪曲谐波（其与四步最小二乘相移算法的特点相同）（见图 A.18）。

A.6.5 六步(5LS+1)相移算法：在 $\omega=-\omega_0$ 处具有二阶谱零点（$\omega_0=2\pi/5$）

从已有的文献看，该相移算法为本书的创新贡献。其频率传递函数及解析公式分别为（$\omega_0=2\pi/5$）

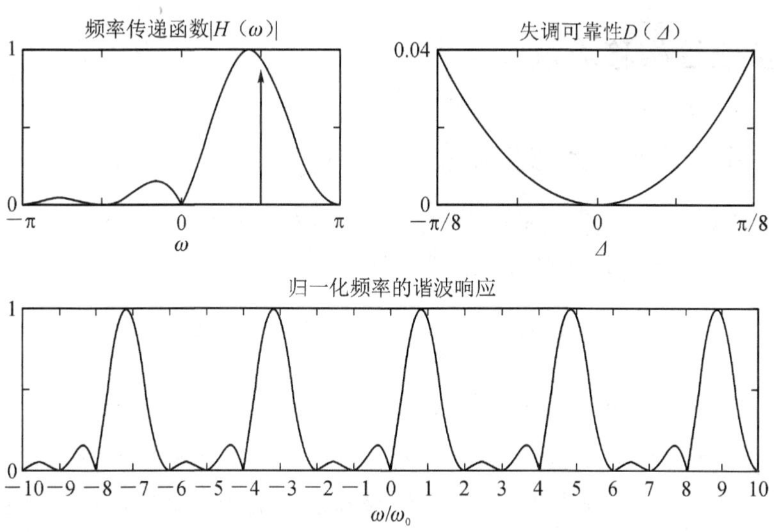

图 A.18　六步相移算法，此时 $\omega_0=\pi/2$，信噪功率比增益 $G_{S/N}(\omega_0)=4.57$

$$H(\omega)=[1-\exp\mathrm{i}(\omega+\omega_0)]\times\prod_{n=0}^{3}[1-\exp\mathrm{i}(\omega+\omega_0 n)] \tag{A.50}$$

$$A_0\mathrm{e}^{\mathrm{i}\hat{\varphi}(x,y)}=I_0-\mathrm{i}2\sin(\omega_0)I_1+(\mathrm{e}^{-2\mathrm{i}\omega_0}-1)I_2+(\mathrm{e}^{-3\mathrm{i}\omega_0}-\mathrm{e}^{-\mathrm{i}\omega_0})I_3$$
$$+(\mathrm{e}^{-4\mathrm{i}\omega_0}-\mathrm{e}^{-2\mathrm{i}\omega_0})I_4-\mathrm{e}^{-3\mathrm{i}\omega_0}I_5 \tag{A.51}$$

评析：该算法由于在 $\omega=-\omega_0$ 处具有二阶谱零点，因此对失调误差具有鲁棒性。与六步最小二乘相移算法相比，该算法信噪功率比增益略低(5.49)，且对非线性畸变非常敏感。由图中给出的频率范围内可见，该相移算法不能抑制{−9，−4，6}处的歪曲谐波(其与四步最小二乘相移算法的特点相同)(见图 A.19)。

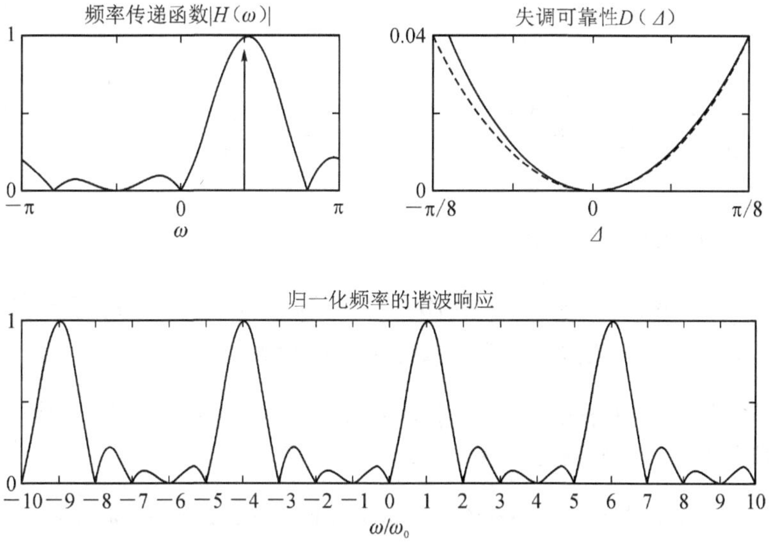

图 A.19　六步(5LS+1)相移算法，此时 $\omega_0=\pi/2$，信噪功率比增益 $G_{S/N}(\omega_0)=5.49$

A.7 七步线性相移算法

A.7.1 七步最小二乘相移算法($\omega_0=2\pi/7$)

该相移算法对应于 Bruning 等[6]提出的最小二乘一般相移算法公式在 $N=7$ 时的情况。其频率传递函数及解析公式分别为($\omega_0=2\pi/7$)

$$H(\omega)=\prod_{n=0}^{5}[1-\exp \mathrm{i}(\omega+\omega_0 n)] \tag{A.52}$$

$$A_0(x,y)\exp[\mathrm{i}\hat{\varphi}(x,y)]=\sum_{n=0}^{6}\exp(\mathrm{i}\omega_0 n)I_n \tag{A.53}$$

评析:该算法在 $\omega=\{0,-\omega_0,\pm2\omega_0,\pm3\omega_0\}$ 处具有一阶谱零点,因此没有失调误差鲁棒性。须提及,与所有最小二乘相移算法一样,该算法在七步相移算法中信噪功率比增益最大,且在所有的七步相移算法中具有最优的谐波抑制能力。由图中给出的频率范围内可见,该相移算法不能抑制$\{-6,8\}$处的歪曲谐波(见图 A.20)。

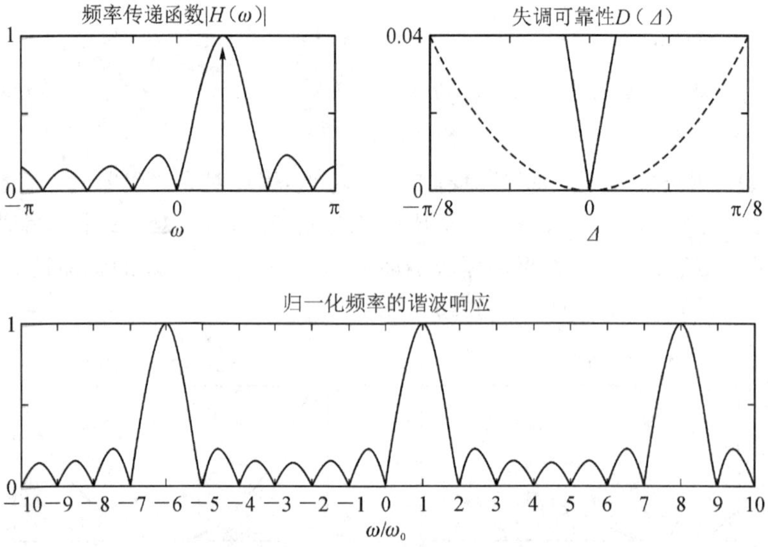

图 A.20 七步最小二乘相移算法,此时 $\omega_0=2\pi/7$,信噪功率比增益 $G_{S/N}(\omega_0)=7$

A.7.2 七步相移算法:在 $\omega=\{0,-\omega_0,2\omega_0,\pm3\omega_0\}$ 处具有一阶谱零点,在 $\omega=-2\omega_0$ 处具有二阶谱零点($\omega_0=2\pi/6$)

该相移算法的另一种公式形式见 Schwider 等[2]以及 Larkin 和 Oreb[46]发表的文献。其频率传递函数及解析公式分别为($\omega_0=2\pi/6$)

$$H(\omega)=[1-\exp \mathrm{i}(\omega+2\omega_0)]\prod_{n=0}^{4}[1-\exp \mathrm{i}(\omega+\omega_0 n)] \tag{A.54}$$

$$\begin{aligned}A_0(x,y)\exp[\mathrm{i}\hat{\varphi}(x,y)]=&\ I_0+(1-\mathrm{i}\sqrt{3})I_1-(1+\mathrm{i}\sqrt{3})I_2-2I_3\\&-(1-\mathrm{i}\sqrt{3})I_4+(1+\mathrm{i}\sqrt{3})I_5+I_6\end{aligned} \tag{A.55}$$

评析：该算法因为在 $\omega=-\omega_0$ 处具有一阶谱零点，因而没有失调误差鲁棒性。另外，由于在 $2\omega_0$ 处的谱零点是一阶的，所以，也没有二阶谐波畸变可靠性。与其他七步相移算法相比，该算法信噪功率比增益较低(6.55)，且对非线性畸变非常敏感。由图中给出的频率范围内可见，该相移算法不能抑制{−5,7}处的歪曲谐波(其与六步最小二乘相移算法的特点相同)(见图 A.21)。

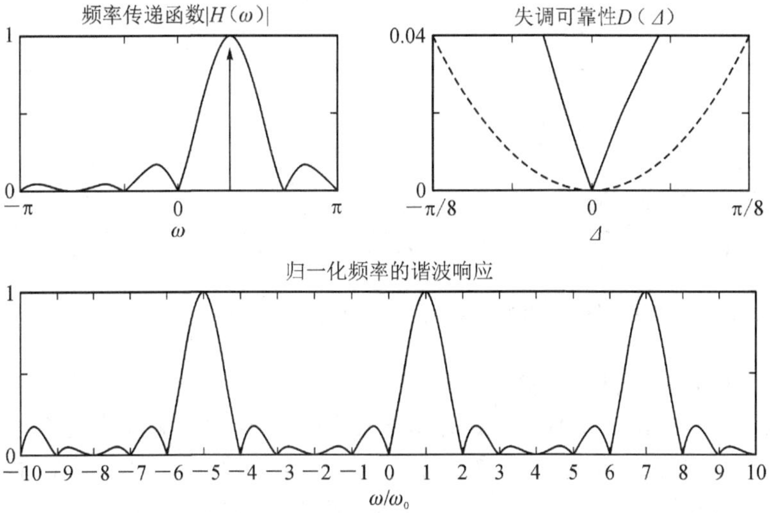

图 A.21　七步平均相移算法，此时 $\omega_0=2\pi/6$，信噪功率比增益 $G_{S/N}(\omega_0)=6.55$

A.7.3　七步相移算法：在 $\omega=\{0,-\omega_0,2\omega_0\}$ 处具有一阶谱零点，在 $\omega=\pm3\omega_0$ 处具有二阶谱零点($\omega_0=2\pi/6$)

该相移算法的另一种公式形式见 Schwider 等[2]、Larkin 和 Oreb[46]，以及Surrel[25]发表的文献。其频率传递函数及解析公式分别为($\omega_0=2\pi/6$)

$$H(\omega)=[1-\exp\mathrm{i}(\omega+3\omega_0)]\prod_{n=0}^{4}[1-\exp\mathrm{i}(\omega+\omega_0 n)] \tag{A.56}$$

$$\begin{aligned}A_0(x,y)\exp[\mathrm{i}\hat{\varphi}(x,y)]=&\sqrt{3}(I_0+I_1-I_2-2I_3-I_4+I_5+I_6)\\&+\mathrm{i}(-I_0-3I_1-3I_2+3I_4+3I_5+I_6)\end{aligned} \tag{A.57}$$

评析：该相移算法对三次谐波具有可靠的抑制能力，但没有基波信号和二阶谐波信号的抑制能力。与其他七步相移算法相比，该算法信噪功率比增益较低(6.35)，且对非线性畸变非常敏感。由图中给出的频率范围内可见，该相移算法不能抑制{−5,7}处的歪曲谐波(其与六步最小二乘相移算法的特点相同)(见图 A.22)。

A.7.4　七步相移算法：在 $\omega=\{0,\pm2\omega_0\}$ 处具有一阶谱零点，在 $\omega=-\omega_0$ 处具有四阶谱零点($\omega_0=\pi/2$)

该相移算法的另一种公式形式见 de Groot[68]、Hibino 等[75]以及 Schimit 和Creath[48]发表的文献。其频率传递函数及解析公式分别为($\omega_0=\pi/2$)

$$H(\omega)=[1-\exp(\mathrm{i}\omega)][1-\exp\mathrm{i}(\omega+\omega_0)]^4[1-\exp\mathrm{i}(\omega+2\omega_0)] \tag{A.58}$$

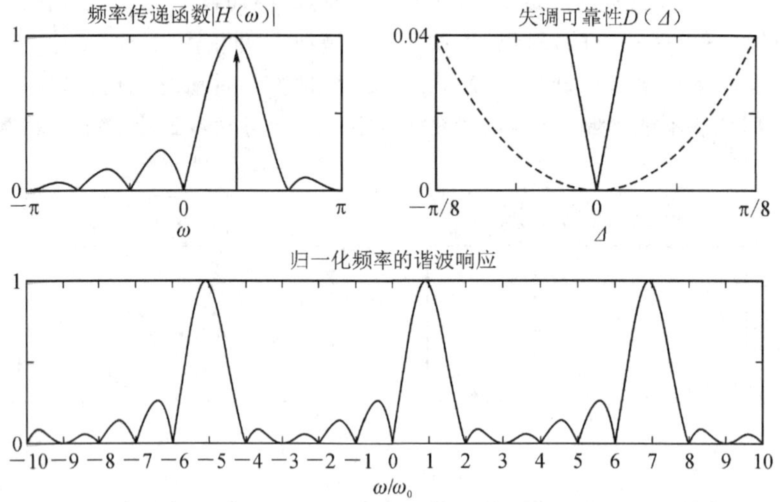

图 A.22 七步相移算法，此时 $\omega_0=2\pi/6$，信噪功率比增益 $G_{S/N}(\omega_0)=6.35$

$$A_0(x,y)\exp[i\hat{\varphi}(x,y)] = I_0 - i4I_1 - 7I_2 + i8I_3 + 7I_4 - i4I_5 - iI_6 \qquad (A.59)$$

评析：该相移算法由于在 $\omega=-\omega_0$ 处具有四阶谱零点，因此对失调误差具有非常强的鲁棒性。与其他七步相移算法相比，该算法信噪功率比增益较低(5.22)，且对非线性畸变非常敏感。由图中给出的频率范围内可见，该相移算法不能抑制{−7，−3，5，9}处的歪曲谐波(其与四步最小二乘相移算法的特点相同)(见图 A.23)。

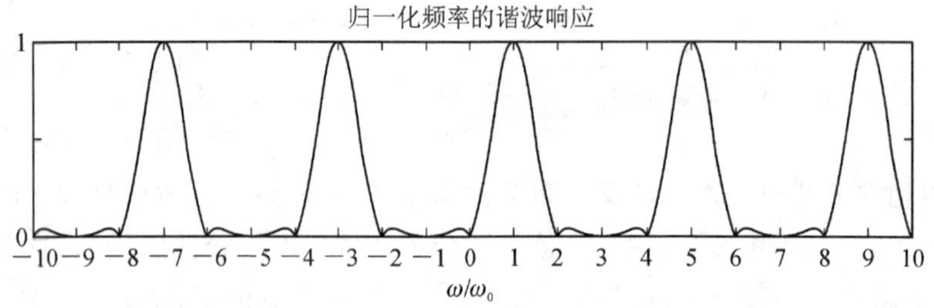

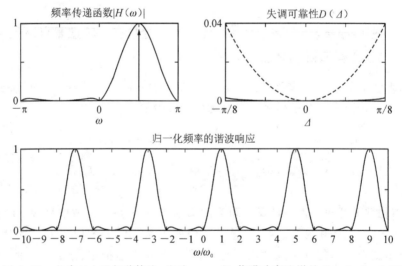

图 A.23 七步(4+3)相移算法，此时 $\omega_0=\pi/2$，信噪功率比增益 $G_{S/N}(\omega_0)=5.22$

A.7.5 七步相移算法：在 $\omega=\{0,-\omega_0,\pm 2\omega_0\}$ 处具有二阶谱零点($\omega_0=\pi/2$)

该相移算法的另一种公式形式见 Hibino 等[75]和 Surrel[27]发表的文献。其频率传递函数及解析公式分别为($\omega_0=\pi/2$)

$$H(\omega) = [1-\exp(i\omega)]^2\,[1-\exp i(\omega+\omega_0)]^2\,[1-\exp i(\omega+2\omega_0)]^2 \qquad (A.60)$$

$$A_0(x,y)\exp[\mathrm{i}\hat{\varphi}(x,y)] = I_0 - \mathrm{i}2I_1 - 3I_2 + \mathrm{i}4I_3 + 3I_4 - \mathrm{i}2I_5 - I_6 \qquad (A.61)$$

评析：该相移算法由于在 $\omega=\{0,-\omega_0,\pm 2\omega_0\}$ 处具有二阶谱零点，因此对低频背景变化具有容差能力，且对基波信号失调误差具有鲁棒性。其与七步最小二乘相移算法相比，该算法信噪功率比增益较低(5.82)，且对非线性畸变非常敏感。由图中给出的频率范围内可见，该相移算法不能抑制{−7，−3，5，9}处的歪曲谐波(其与四步最小二乘相移算法的特点相同)(见图 A.24)。

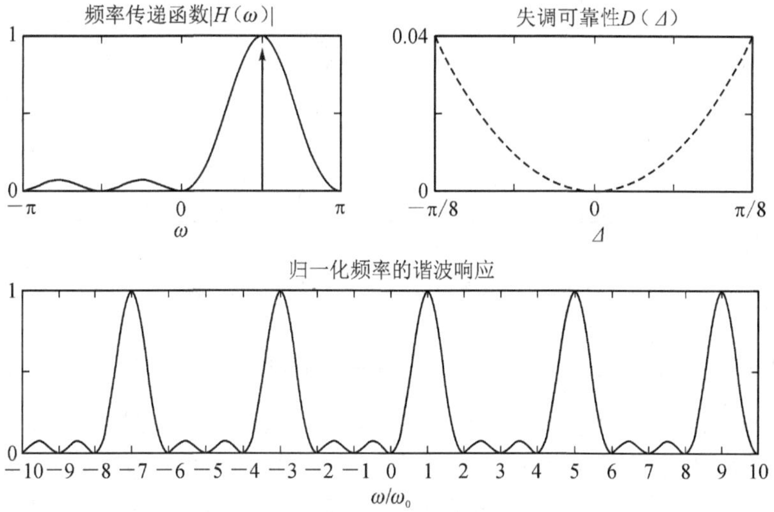

图 A.24　七步相移算法仅有二阶谱零点，此时 $\omega_0=\pi/2$，信噪功率比增益 $G_{S/N}(\omega_0)=5.82$

A.7.6　七步相移算法：在 $\omega=0$ 处具有一阶谱零点，在 $\omega=-\omega_0$ 处具有五阶谱零点($\omega_0=\pi/2$)

该相移算法的另一种公式形式见 Schmit 和 Creath[48] 发表的文献。其频率传递函数及解析公式分别为($\omega_0=\pi/2$)

$$H(\omega) = [1-\exp(\mathrm{i}\omega)][1-\exp \mathrm{i}(\omega+\omega_0)]^5 \qquad (A.62)$$

$$A_0(x,y)\exp[\mathrm{i}\hat{\varphi}(x,y)] = I_0 - (1+\mathrm{i}5)I_1 - (10-\mathrm{i}5)I_2 + 10(1+\mathrm{i})I_3 + (5-\mathrm{i}10)I_4 - (5+\mathrm{i})I_5 - \mathrm{i}I_6 \qquad (A.63)$$

评析：该相移算法由于在 $\omega=-\omega_0$ 处具有五阶谱零点，因而对失调误差具有最优的鲁棒性(对七步相移算法而言)。与七步最小二乘相移算法相比，该算法信噪功率比增益非常低(4.06)，且对非线性畸变非常敏感。由图中给出的频率范围内可见，该相移算法不能抑制{−10，−7，−6，−3，−2，2，5，6，9，10}处的歪曲谐波(其与 Wyant 等[63] 的三步相移算法的特点相同)(见图 A.25)。

A.7.7　七步(6LS+1)相移算法：在 $\omega=-\omega_0$ 处具有二阶谱零点($\omega_0=2\pi/6$)

从已有的文献可知，该相移算法为本书的创新贡献。其频率传递函数及解析公式分别为($\omega_0=2\pi/6$)

$$H(\omega) = [1-\exp \mathrm{i}(\omega+\omega_0)]\times\prod_{n=0}^{4}[1-\exp \mathrm{i}(\omega+\omega_0 n)] \qquad (A.64)$$

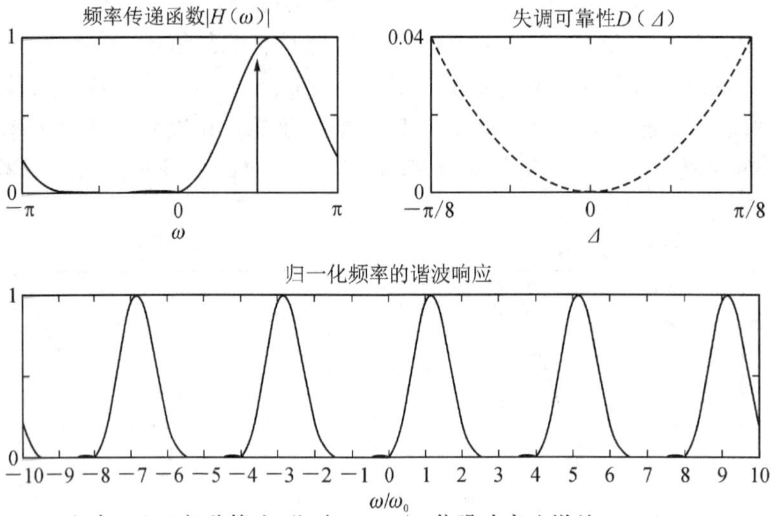

图 A.25　七步(3+4)相移算法，此时 $\omega_0=\pi/2$，信噪功率比增益 $G_{S/N}(\omega_0)=4.06$

$$A_0(x,y)\exp[\mathrm{i}\hat{\varphi}(x,y)]=\sum_{n=0}^{5}\{\exp(-\mathrm{i}n\omega_0)I_n-\exp[\mathrm{i}(1-n)\omega_0]I_{n+1}\}\qquad(A.65)$$

评析：该算法由于在 $\omega=-\omega_0$ 处具有二阶谱零点，因此具有失调误差鲁棒性。与其他七步相移算法相比，该算法信噪功率比增益较低(6.35)，且对非线性畸变有点敏感。由图中给出的频率范围内可见，该相移算法不能抑制{−5,7}处的歪曲谐波(其与六步最小二乘相移算法的特点相同)(见图 A.26)。

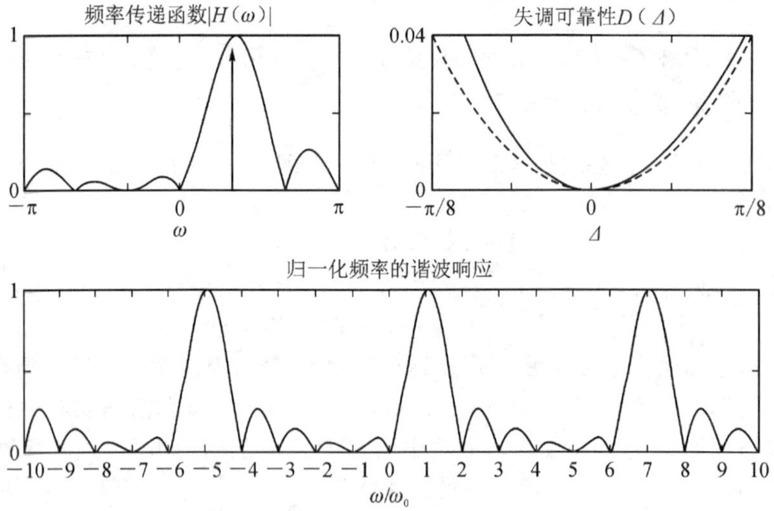

图 A.26　七步(6+1)相移算法，此时 $\omega_0=2\pi/6$，信噪功率比增益 $G_{S/N}(\omega_0)=6.35$

A.8　八步线性相移算法

A.8.1　八步最小二乘相移算法($\omega_0=2\pi/8$)

该相移算法对应于 Bruning 等[6]提出的最小二乘一般相移算法公式在 $N=8$ 时的情况，

其频率传递函数及解析公式分别为($\omega_0=2\pi/8$)

$$H(\omega)=\prod_{n=0}^{6}[1-\exp i(\omega+\omega_0 n)] \tag{A.66}$$

$$A_0(x,y)\exp[i\hat{\varphi}(x,y)]=\sum_{n=0}^{7}\exp(i\omega_0 n)I_n \tag{A.67}$$

评析:该算法在 $\omega=\{0,-\omega_0,\pm2\omega_0,\pm3\omega_0,\pm4\omega_0\}$ 处具有一阶谱零点,因此其没有失调误差鲁棒能力。需提及,与其他最小二乘相移算法一样,该算法在八步相移算法中信噪功率比增益最大,且在八步相移算法中具有最优的谐波抑制能力。由图中给出的频率范围内可见,该相移算法不能抑制{-7,9}处的歪曲谐波(见图 A.27)。

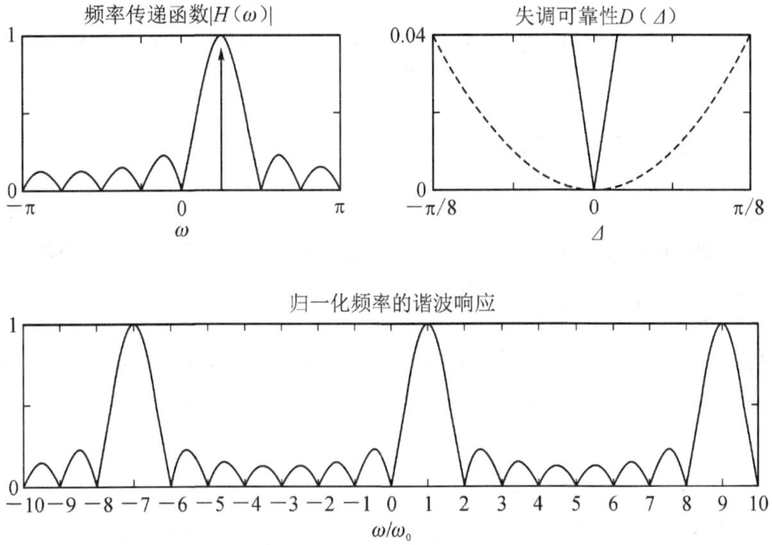

图 A.27　八步最小二乘相移算法,此时 $\omega_0=2\pi/8$,信噪功率比增益 $G_{S/N}(\omega_0)=8$

A.8.2　八步频移最小二乘相移算法($\omega_0=2\times2\pi/8$)

该相移算法见 Schmit 和 Creath[48] 发表的文献。其频率传递函数及解析公式分别为($\omega_0=\pi/2$)

$$H(\omega)=\prod_{n=-1}^{5}[1-\exp i(\omega+n\omega_0/2)] \tag{A.68}$$

$$\begin{aligned}A_0\exp[i\hat{\varphi}(x,y)]=&(1+i)I_0+(1-i)I_1-(1+i)I_2-(1-i)I_3\\&+(1+i)I_4+(1-i)I_5-(1+i)I_6-(1-i)I_7\end{aligned} \tag{A.69}$$

评析:该相移算法在文献[48]中被称为 8 - Rect,对应于八步频移最小二乘相移算法,没有失调误差鲁棒性。其信噪功率比增益恰为相移步数值,但谐波抑制能力等同于四步最小二乘相移算法。由图中给出的频率范围内可见,该相移算法不能抑制{-7,-3,5,9}处的歪曲谐波(见图 A.28)。

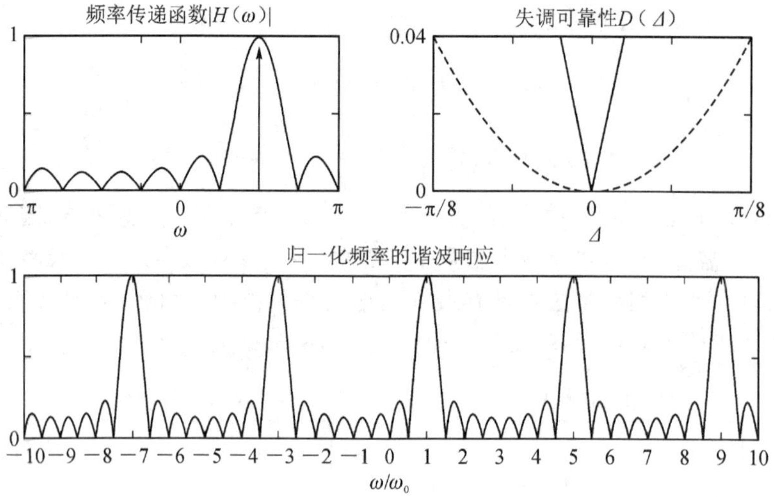

图 A.28　八步频移最小二乘相移算法，此时 $\omega_0=2\times2\pi/8$，信噪功率比增益 $G_{S/N}(\omega_0)=8$

A.8.3　八步相移算法：在 $\omega=\{0,-\omega_0,\pm2\omega_0,\pi/10,-3\pi/10,-7\pi/10,9\pi/10\}$ 处具有一阶谱零点

该相移算法见 Schmit 和 Creath[48] 发表的文献。其频率传递函数及解析公式分别为($\omega_0=\pi/2$)

$$H(\omega)=[1-e^{i\omega}][1-e^{i(\omega+\omega_0)}][1-e^{i(\omega+2\omega_0)}][1-e^{i(\omega+\pi/10)}]\times[1-e^{i(\omega+3\pi/10)}][1-e^{i(\omega+7\pi/10)}][1-e^{i(\omega-9\pi/10)}] \tag{A.70}$$

$$A_0(x,y)\exp[i\hat{\varphi}(x,y)]=I_0-i2I_1-3I_2+i4I_3+4I_4-i3I_5-2I_6+iI_7 \tag{A.71}$$

评析：该相移算法在文献[48]中被称为 8 - Tri4，仅包含一阶谱零点，但由于其谱零点位于 $\omega=-\omega_0$ 附近，因此具有失调误差可靠性。与八步最小二乘相移算法相比，该算法信噪功率比增益较低(6.67)，且对非线性畸变非常敏感。由图中给出的频率范围内可见，该相移算法不能抑制{−7，−3，5，9}处的歪曲谐波(其与四步最小二乘相移算法的特点相同)(见图 A.29)。

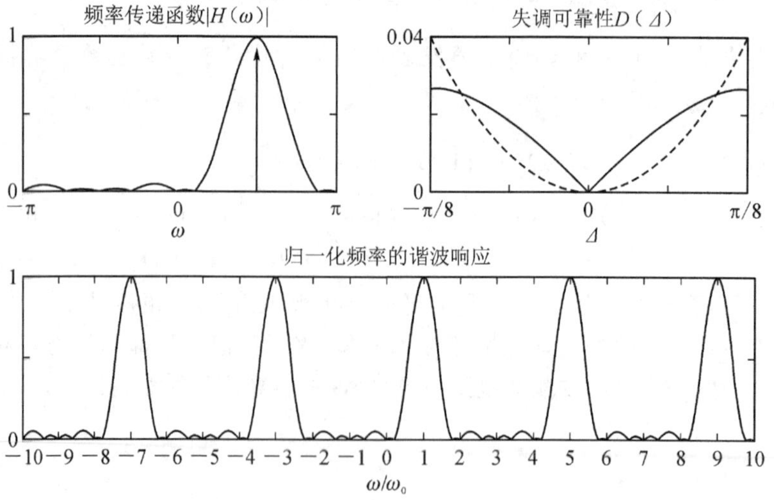

图 A.29　八步(Tri4)相移算法，此时 $\omega_0=\pi/2$，信噪功率比增益 $G_{S/N}(\omega_0)=6.67$

A.8.4 八步相移算法：在 $\omega=\{0,\pm 2\omega_0\}$ 处具有二阶谱零点，在 $\omega=-\omega_0$ 处具有三阶谱零点($\omega_0=\pi/2$)

该相移算法见 Schmit 和 Creath[48] 发表的文献。其频率传递函数及解析公式分别为($\omega_0=\pi/2$)

$$H(\omega)=[1-\exp(\mathrm{i}\omega)]^2[1-\exp\mathrm{i}(\omega+\omega_0)]^3[1-\exp\mathrm{i}(\omega+2\omega_0)]^2 \tag{A.72}$$

$$\begin{aligned}A_0\exp[\mathrm{i}\hat{\varphi}(x,y)]=&(1+\mathrm{i})I_0+(3-\mathrm{i}3)I_1-(5+\mathrm{i}5)I_2-(7-\mathrm{i}7)I_3\\&+(7+\mathrm{i}7)I_4+(5-\mathrm{i}5)I_5-(3+\mathrm{i}3)I_6-(1-\mathrm{i})I_7\end{aligned} \tag{A.73}$$

评析：该相移算法在文献[48]中被称为 8 - Tri5，由于在 $\omega=-\omega_0$ 处具有三阶谱零点，在 $\omega=\{0,\pm 2\omega_0\}$ 处具有二阶谱零点，因此其失调误差能力非常强。与八步最小二乘相移算法相比，该算法信噪功率比增益较低(6.10)，且对非线性畸变非常敏感。由图中给出的频率范围内可见，该相移算法不能抑制{−7，−3，5，9}处的歪曲谐波(其与四步最小二乘相移算法的特点相同)。注：相移算法的缩写形式，即文献[48]中所谓的 8 - Tri5 是不恰当的，也不满足正交条件 $H(0)=0$，应避免使用这种缩写形式(见图 A.30)。

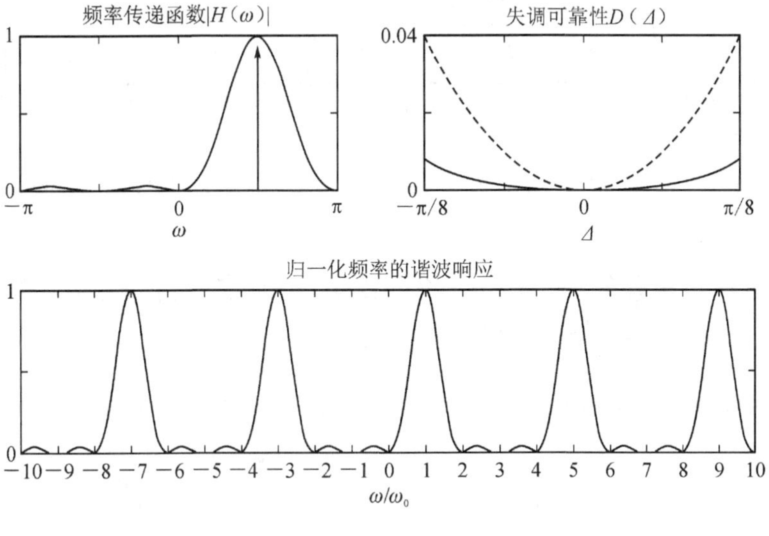

图 A.30 八步(Tri5)相移算法，此时 $\omega_0=\pi/2$，信噪功率比增益 $G_{S/N}(\omega_0)=6.10$

A.8.5 八步相移算法：在 $\omega=\{0,-\pi/6,-5\pi/6,\pm 2\omega_0\}$ 处具有一阶谱零点，在 $\omega=-\omega_0$ 处具有二阶谱零点($\omega_0=\pi/2$)

该相移算法见 Schmit 和 Creath[48] 发表的文献。其频率传递函数及解析公式分别为($\omega_0=\pi/2$)

$$\begin{aligned}H(\omega)=&[1-\exp(\mathrm{i}\omega)][1-\exp\mathrm{i}(\omega+\omega_0)]^3[1-\exp\mathrm{i}(\omega+2\omega_0)]\\&\times[1-\exp\mathrm{i}(\omega+\pi/6)][1-\exp\mathrm{i}(\omega+5\pi/6)]\end{aligned} \tag{A.74}$$

$$A_0\exp[\mathrm{i}\hat{\varphi}(x,y)] = (1+\mathrm{i})I_0 + (4-\mathrm{i}4)I_1 - (8+\mathrm{i}8)I_2 - (11-\mathrm{i}11)I_3 + (11+\mathrm{i}11)I_4 + (8-\mathrm{i}8)I_5 - (4-\mathrm{i}4)I_6 - (1-\mathrm{i})I_7 \quad (A.75)$$

评析:该相移算法在文献[48]中被称为 8 - Bell6,对失调误差具有很好的鲁棒性,是一种宽带宽的相移算法。与八步最小二乘相移算法相比,该算法信噪功率比增益非常低(5.70),且对非线性畸变非常敏感。由图中给出的频率范围内可见,该相移算法不能抑制{−7,−3,5,9}处的歪曲谐波(其与四步最小二乘相移算法的特点相同)(见图 A.31)。

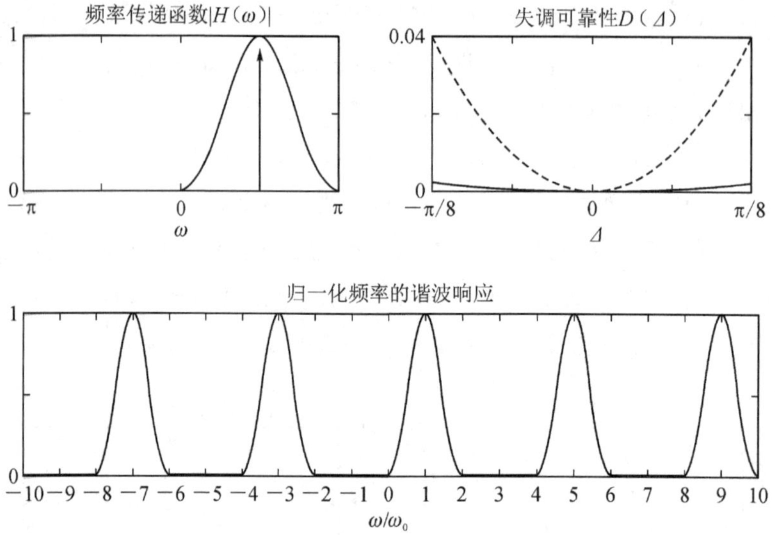

图 A.31 八步宽带相移算法,此时 $\omega_0=\pi/2$(最优值),信噪功率比增益 $G_{S/N}(\omega_0)=5.70$

A.8.6 八步相移算法:在 $\omega=\{0,\pm 2\omega_0\}$ 处具有一阶谱零点,在 $\omega=-\omega_0$ 处具有五阶谱零点($\omega_0=\pi/2$)

该相移算法见 Schmit 和 Creath[48] 发表的文献。其频率传递函数及解析公式分别为($\omega_0=\pi/2$)

$$H(\omega) = [1-\exp(\mathrm{i}\omega)][1-\exp\mathrm{i}(\omega+\omega_0)]^5[1-\exp\mathrm{i}(\omega+2\omega_0)] \quad (A.76)$$

$$A_0 e^{\mathrm{i}\hat{\varphi}(x,y)} = (1+\mathrm{i})I_0 + (5-\mathrm{i}5)I_1 - (11+\mathrm{i}11)I_2 - (15-\mathrm{i}15)I_3 + (15+\mathrm{i}15)I_4 + (11-\mathrm{i}11)I_5 - (5+\mathrm{i}5)I_6 - (1-\mathrm{i})I_7 \quad (A.77)$$

评析:该相移算法在文献[48]中被称为 8 - Bell7,由于在 $\omega=-\omega_0$ 处具有五阶谱零点,因此失调误差鲁棒性非常好,可视为宽带宽的相移算法。与八步最小二乘相移算法相比,该算法信噪功率比增益较低(5.51),且对非线性畸变非常敏感。由图中给出的频率范围内可见,该相移算法不能抑制{−7,−3,5,9}处的歪曲谐波(其与四步最小二乘相移算法的特点相同)(见图 A.32)。

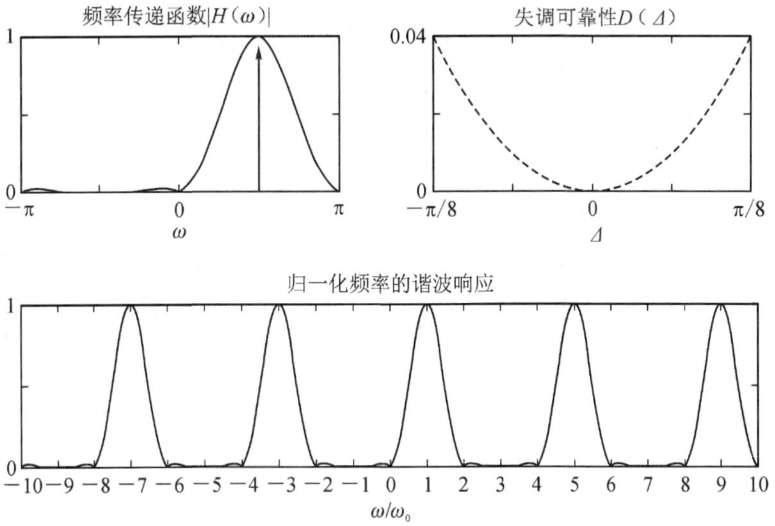

图 A.32 八步(4+4)相移算法，此时 $\omega_0=\pi/2$，信噪功率比增益 $G_{S/N}(\omega_0)=5.51$

A.9 九步线性相移算法

A.9.1 九步最小二乘相移算法($\omega_0=2\pi/9$)

该相移算法对应于 Bruning 等[6]提出的最小二乘一般相移算法公式在 $N=9$ 时的情况，其频率传递函数及解析公式分别为($\omega_0=2\pi/9$)

$$H(\omega)=\prod_{n=0}^{7}[1-\exp i(\omega+\omega_0 n)] \tag{A.78}$$

$$A_0(x,y)\exp[i\hat{\varphi}(x,y)]=\sum_{n=0}^{8}\exp(i\omega_0 n)I_n \tag{A.79}$$

评析：该算法在 $\omega=\{0,-\omega_0,\pm2\omega_0,\pm3\omega_0,\pm4\omega_0\}$ 处具有一阶谱零点，因此没有失调误差鲁棒性。与其他最小二乘相移算法一样，该算法信噪功率比增益最大，且在九步相移算法中具有最优的谐波抑制能力。由图中给出的频率范围内可见，该相移算法不能抑制{−8，10}处的歪曲谐波(见图 A.33)。

A.9.2 九步相移算法：在 $\omega=\{0,\pm2\omega_0\}$ 处具有一阶谱零点，在 $\omega=\{-\omega_0,-\pi/4,-3\pi/4\}$ 处具有二阶谱零点($\omega_0=\pi/2$)

该相移算法发见 Estrada 等[38]发表的文献。其正交滤波脉冲响应的频率传递函数及解析公式分别为($\omega_0=\pi/2$)

$$\begin{aligned}H(\omega)=&[1-\exp(i\omega)][1-\exp i(\omega+\omega_0)]^2[1-\exp i(\omega+2\omega_0)]\\&\times[1-\exp i(\omega+\pi/4)]^2[1-\exp i(\omega+3\pi/4)]^2\end{aligned} \tag{A.80}$$

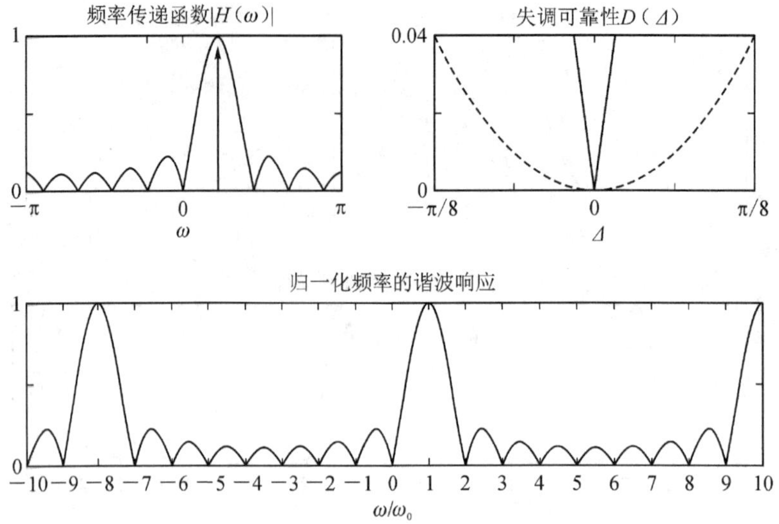

图 A.33 九步最小二乘相移算法，此时 $\omega_0=2\pi/9$，信噪功率比增益 $G_{S/N}(\omega_0)=9$

$$A_0 e^{i\hat{\varphi}(x,y)}=\frac{1}{2}iI_0+(\sqrt{2}+1)I_1-i(2\sqrt{2}+3)I_2-(3\sqrt{2}+5)I_3+i(4\sqrt{2}+5)I_4$$
$$+(3\sqrt{2}+5)I_5-i(2\sqrt{2}+3)I_6-(\sqrt{2}+1)I_7+\frac{1}{2}iI_8 \tag{A.81}$$

评析：该相移算法由于在 $\omega=\{-\omega_0/2,-\omega_0,-3\omega_0/2\}$ 处具有二阶谱零点，因此失调误差鲁棒性非常好，可视为宽带宽的相移算法。与八步最小二乘相移算法相比，该算法信噪功率比增益较低(5.96)，且对非线性畸变非常敏感。由图中给出的频率范围内可见，该相移算法不能抑制 $\{-7,-3,5,9\}$ 处的歪曲谐波(其与四步最小二乘相移算法的特点相同)(见图 A.34)。

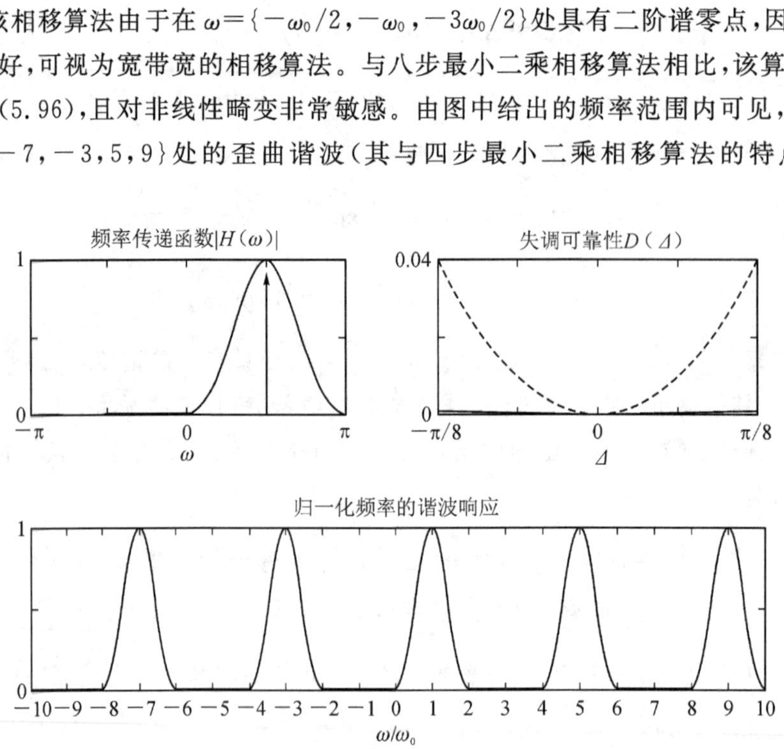

图 A.34 九步宽带相移算法，此时 $\omega_0=\pi/2$(理想值)，信噪功率比增益 $G_{S/N}(\omega_0)=5.96$

A.9.3　九步(8LS+1)相移算法($\omega_0=2\pi/8$)

从已有文献可知,该相移算法为本书的创新贡献。其频率传递函数及解析公式分别为($\omega_0=2\pi/8$)

$$H(\omega)=[1-\exp i(\omega+\omega_0)]\times\prod_{n=0}^{6}[1-\exp i(\omega+\omega_0 n)] \tag{A.82}$$

$$A_0\exp[i\hat{\varphi}(x,y)]=I_0-i\sqrt{2}I_1-(1+i)I_2-\sqrt{2}I_3-(1-i)I_4+i\sqrt{2}I_5+(1+i)I_6+\sqrt{2}I_7-iI_8 \tag{A.83}$$

评析:该相移算法由于在 $\omega=-\omega_0$ 处具有二阶谱零点,因此对失调误差具有鲁棒性。与其他九步相移算法相比,该算法信噪功率比增益较低(8.00),且对非线性畸变较敏感。由图中给出的频率范围内可见,该相移算法不能抑制{−7,9}处的歪曲谐波(其与四步最小二乘相移算法的特点相同)(见图 A.35)。

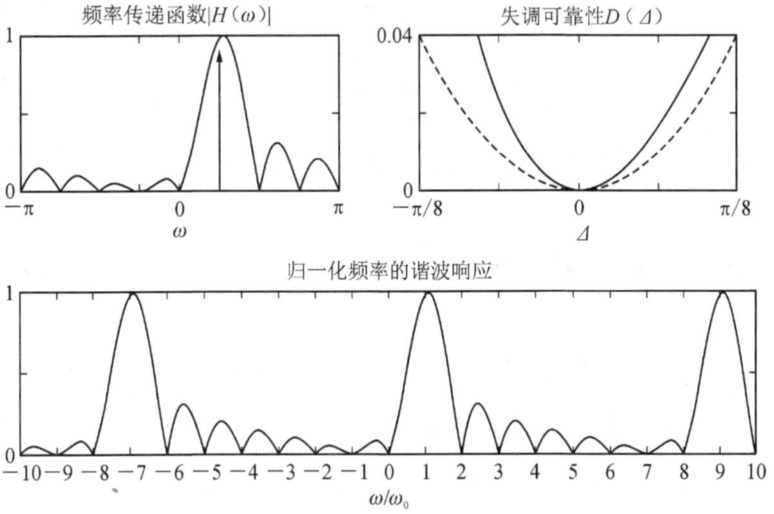

图 A.35　九步(8+1)相移算法,此时 $\omega_0=2\pi/8$,信噪功率比增益 $G_{S/N}(\omega_0)=8.00$

A.10　十步线性相移算法

A.10.1　十步最小二乘相移算法($\omega_0=2\pi/10$)

该相移算法对应于 Bruning 等[6]提出的最小二乘一般相移算法公式在 $N=10$ 时的情况。其频率传递函数及解析公式分别为($\omega_0=2\pi/10$)

$$H(\omega)=\prod_{n=0}^{8}[1-\exp i(\omega+\omega_0 n)] \tag{A.84}$$

$$A_0(x,y)\exp[\mathrm{i}\hat{\varphi}(x,y)]=\sum_{n=0}^{9}\exp(\mathrm{i}\omega_0 n)I_n \tag{A.85}$$

评析：该算法在 $\omega=\{0,-\omega_0,\pm 2\omega_0,\pm 3\omega_0,\pm 4\omega_0,\pm 5\omega_0\}$ 处具有一阶谱零点，因而没有失调误差鲁棒性。与所有最小二乘相移算法一样，该算法在十步相移算法中信噪功率比增益最大，且具有最优的谐波抑制能力。由图中给出的频率范围内可见，该相移算法不能抑制九次的歪曲谐波(见图 A.36)。

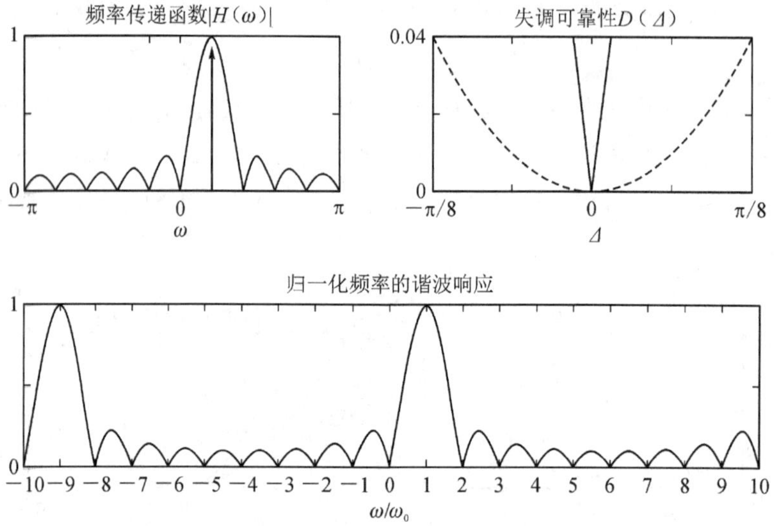

图 A.36　十步最小二乘相移算法，此时 $\omega_0=2\pi/10$，信噪功率比增益 $G_{S/N}(\omega_0)=10$

A.10.2　十步相移算法：在 $\omega=0$ 处具有一阶谱零点，在 $\omega=\{-\omega_0,\pm 2\omega_0,\pm 3\omega_0\}$ 处具有二阶谱零点($\omega_0=\pi/3$)

该相移算法见 Hibino 等[75]发表的文献。其频率传递函数及解析公式分别为($\omega_0=\pi/3$)

$$\begin{aligned}H(\omega)=&[1-\exp(\mathrm{i}\omega)][1-\exp\mathrm{i}(\omega+\omega_0)]^2[1-\exp\mathrm{i}(\omega+2\omega_0)]^2\\&\times[1-\exp\mathrm{i}(\omega+3\omega_0)]^2[1-\exp\mathrm{i}(\omega-2\omega_0)]^2\end{aligned} \tag{A.86}$$

$$\begin{aligned}A_0\mathrm{e}^{\mathrm{i}\hat{\varphi}(x,y)}=&(1+\mathrm{i})I_0+5(1-\mathrm{i})I_1-11(1+\mathrm{i})I_2-15(1-\mathrm{i})I_3\\&+15(1+\mathrm{i})I_4+11(1-\mathrm{i})I_5-5(1+\mathrm{i})I_6-(1-\mathrm{i})I_7\end{aligned} \tag{A.87}$$

评析：该相移算法由于在 $\omega=\{-\omega_0,\pm 2\omega_0,\pm 3\omega_0\}$ 处具有二阶谱零点，因而对于基波信号的失调误差及二阶、三阶、四阶谐波的歪曲作用具有鲁棒性。与十步最小二乘相移算法相比，该算法信噪功率比增益更低(6.89)，且对非线性畸变非常敏感。由图中给出的频率范围内可见，该相移算法不能抑制{−5,7}处的歪曲谐波(其与六步最小二乘相移算法的特点相同)(见图 A.37)。

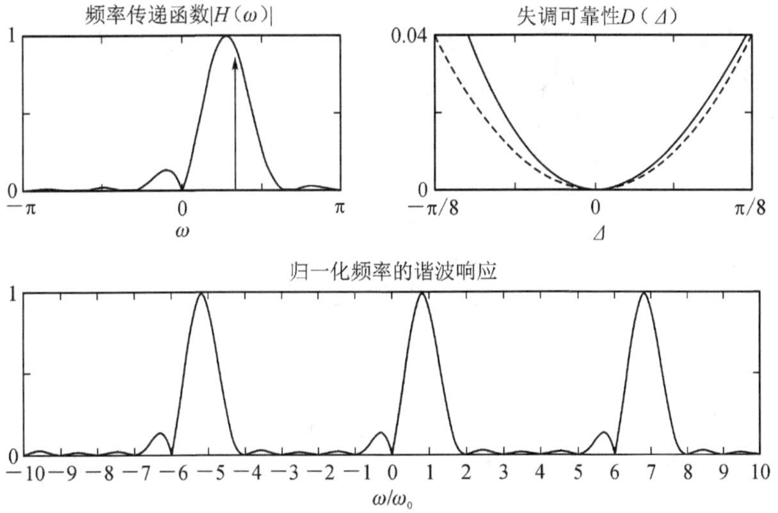

图 A.37　具有多个二阶谱零点的十步相移算法，此时 $\omega_0=\pi/3$，信噪功率比增益 $G_{S/N}(\omega_0)=6.89$

A.11　十一步线性相移算法

A.11.1　十一步最小二乘相移算法($\omega_0=2\pi/11$)

该相移算法对应于 Bruning 等[6]提出的最小二乘一般相移算法公式在 $N=11$ 时的情况。其频率传递函数及解析公式分别为($\omega_0=2\pi/11$)

$$H(\omega)=\prod_{n=0}^{9}[1-\exp \mathrm{i}(\omega+\omega_0 n)] \tag{A.88}$$

$$A_0(x,y)\exp[\mathrm{i}\hat{\varphi}(x,y)]=\sum_{n=0}^{10}\exp(\mathrm{i}\omega_0 n)I_n \tag{A.89}$$

评析：该算法在 $\omega=\{0,-\omega_0,\pm 2\omega_0,\pm 3\omega_0,\pm 4\omega_0,\pm 5\omega_0\}$ 处具有一阶谱零点，因而没有失调误差鲁棒性。须提及，与所有其他最小二乘相移算法一样，该算法信噪功率比增益最大，且在十一步相移算法中具有最优的谐波抑制能力。由图中给出的频率范围内可见，该相移算法不能抑制十阶的歪曲谐波(见图 A.38)。

A.11.2　十一步相移算法：在 $\omega=0$ 处具有一阶谱零点，在 $\omega=\{0,-\omega_0,\pm 2\omega_0,\pm 3\omega_0\}$ 处具有二阶谱零点($\omega_0=\pi/3$)

该相移算法见 Surrel 等[27]发表的文献。其频率传递函数及解析公式分别为($\omega_0=\pi/3$)

$$\begin{aligned}H(\omega)=&[1-\exp(\mathrm{i}\omega)]^2[1-\exp \mathrm{i}(\omega+\omega_0)]^2[1-\exp \mathrm{i}(\omega+2\omega_0)]^2\\&\times[1-\exp \mathrm{i}(\omega+3\omega_0)]^2[1-\exp \mathrm{i}(\omega-2\omega_0)]^2\end{aligned} \tag{A.90}$$

$$\begin{aligned}A_0(x,y)\exp[\mathrm{i}\hat{\varphi}(x,y)]=&\sqrt{3}(I_0+2I_1-4I_3-5I_4+5I_6+4I_7-2I_9-I_{10})\\&+\mathrm{i}(I_0-2I_1-6I_2+5I_4+12I_5+5I_6-4I_7-6I_8-2I_9+I_{10})\end{aligned} \tag{A.91}$$

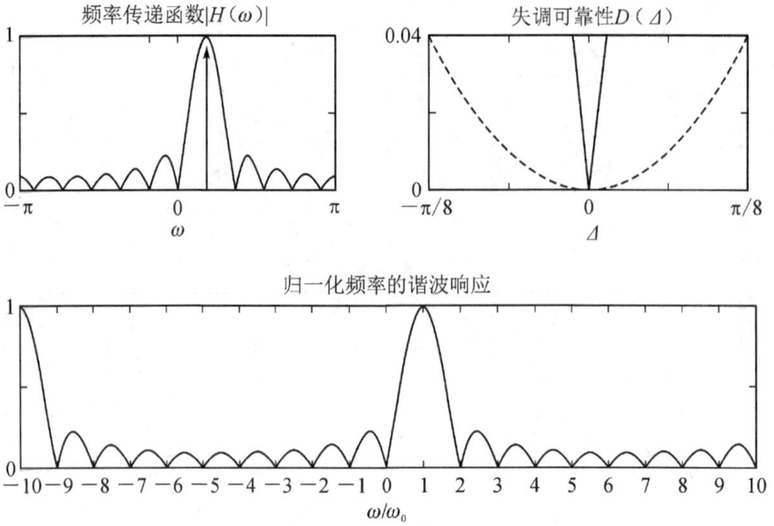

图 A.38 十一步最小二乘相移算法，此时 $\omega_0=2\pi/11$，信噪功率比增益 $G_{S/N}(\omega_0)=11$

评析：由于该算法在 $\omega=\{0,-\omega_0,\pm 2\omega_0,\pm 3\omega_0\}$ 处具有二阶谱零点，因而对失调误差具有鲁棒性，可抑制四阶以下歪曲谐波的非线性畸变。与十一步最小二乘相移算法相比，该算法信噪功率比增益较低(8.88)，且对非线性畸变非常敏感。由图中给出的频率范围内可见，该相移算法不能抑制{−5,7}处的歪曲谐波(其与六步最小二乘相移算法的特点相同)(见图 A.39)。

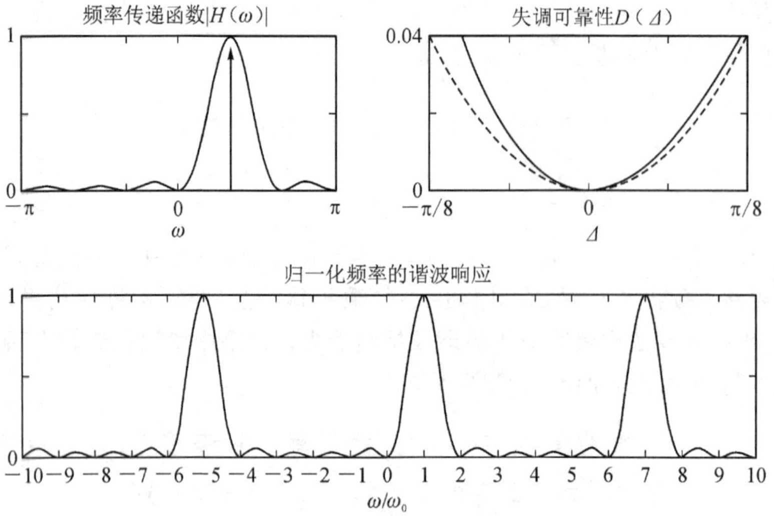

图 A.39 只有一个二阶谱零点的十一步相移算法，此时 $\omega_0=\pi/3$，信噪功率比增益 $G_{S/N}(\omega_0)=8.88$

A.11.3 十一步频移最小二乘相移算法($\omega_0=3\times 2\pi/11$)

从已有的文献可知，该相移算法为本书的创新贡献。其频率传递函数及解析公式分别为($\omega_0=3\times 2\pi/11$)

$$H(\omega) = \prod_{n=0}^{9} [1 - \exp i(\omega + \omega_0 n)] \tag{A.92}$$

$$A_0(x,y)\exp[i\hat{\varphi}(x,y)] = \sum_{n=0}^{10} \exp(i\omega_0 n) I_n \tag{A.93}$$

评析：该相移算法在 $\omega=\{0,-\omega_0,\pm2\omega_0,\pm3\omega_0,\pm4\omega_0,\pm5\omega_0\}$处有一阶谱零点，因而，与其他最小二乘相移算法一样，没有失调误差的鲁棒性。然而，由于该算法的三倍频移作用，该最小二乘相移算法可以避免低频背景与搜索的解析信号所有的谱交叠。须提及，该算法保留了最小二乘相移算法的信噪功率比增益和最优的谐波抑制能力（不同于 A.8.2 节中介绍的八步频移最小二乘相移算法）。由图中给出的频率范围内可见，该相移算法不能抑制 10 次的歪曲谐波（见图 A.40）。

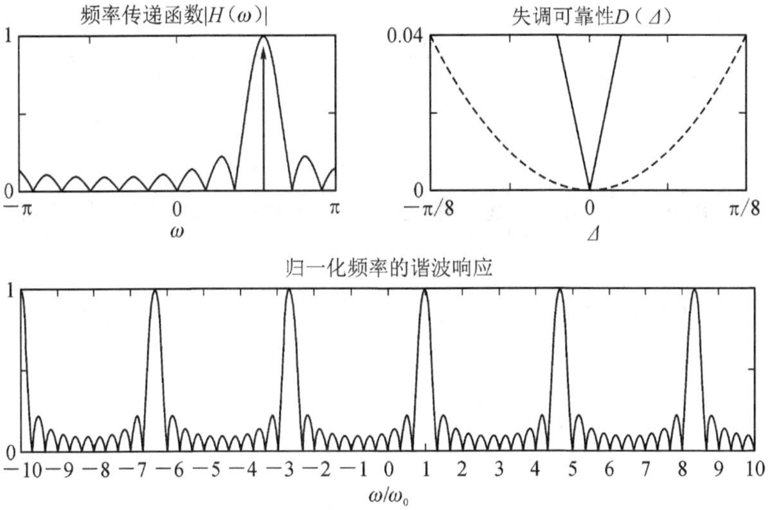

图 A.40 十一步频移最小二乘相移算法，此时 $\omega_0=3\times2\pi/11$，信噪功率比增益 $G_{S/N}(\omega_0)=11$

A.12 十二步线性相移算法

A.12.1 十二步频移最小二乘相移算法($\omega_0=5\times2\pi/12$)

从已有的文献可知，该相移算法为本书的创新贡献。其频率传递函数及解析公式分别为($\omega_0=5\times2\pi/12$)

$$H(\omega) = \prod_{n=0}^{10} [1 - \exp i(\omega + \omega_0 n)] \tag{A.94}$$

$$A_0(x,y)\exp[i\hat{\varphi}(x,y)] = \sum_{n=0}^{11} \exp(i\omega_0 n) I_n \tag{A.95}$$

评析：该相移算法在 $\omega=\{0,-\omega_0,\pm2\omega_0,\pm3\omega_0,\pm4\omega_0,\pm5\omega_0,\pm6\omega_0\}$处具有一阶谱零点，因而与其他最小二乘相移算法一样，没有失调误差鲁棒性。然而，由于 $5\times2\pi/12$ 频移的

作用，该相移算法避免了低频背景与搜索的解析信号间的所有谱交叠。须提及，带通波峰出现在 ω/ω_0 的非整倍数处，此处没有歪曲的谐波。因此，该相移算法抑制了图示频率范围内的所有歪曲谐波(见图 A.41)。另外，还要注意到，载频避免取 $\omega_0=M\times 2\pi/12, M=\{2,3,4\}$，因为使用这些相位增量值时，无法实现频移的正交条件 $H(M\times 2\pi/12)\neq 0$。

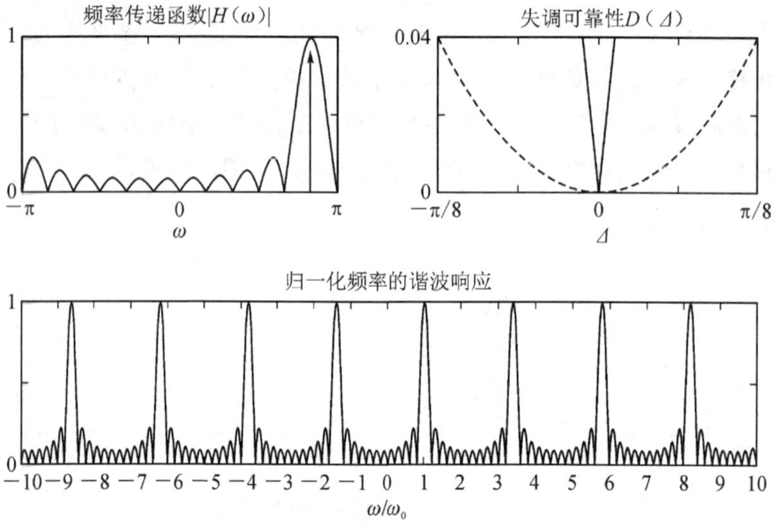

图 A.41　十二步频移最小二乘相移算法，此时 $\omega_0=5\times 2\pi/12$，信噪功率比增益 $G_{S/N}(\omega_0)=12$

参考文献

[1] Tikhonov, A. N. and Arsenin, V. Y. (1977) Solutions of Ill-Posed Problems, Winston.

[2] Schwider, J., Burow, R., Elssner, K. E., Grzanna, J., Spolaczyk, R., and Merkel, K. (1983) Digital wave-front measuring interferometry: some systematic error sources. Appl. Opt., 22 (21), 3421.

[3] Creath, K. (1991) Phase measuring interferometry: beware of these errors. Proc. SPIE, 1559, 213 - 220.

[4] Kujawinska, M. (2006) New challenges for optical metrology: Evolution or revolution, in Fringe 2005 (ed. W. Osten), Springer Berlin Heidelberg, pp. 14 - 29.

[5] Carre, P. (1966) Installation et utilisation du comparateur photoelectrique et interferentiel du Bureau International des Poids et Mesures. Metrologia, 2, 13 - 23.

[6] Bruning, J. H., Herriott, D. R., Gallagher, J. E., Rosenfeld, D. P., White, A. D., and Brangaccio, D. J. (1974) Digital wave front measuring interferometer for testing optical surfaces and lenses. Appl. Opt., 13 (11), 2693 - 2703.

[7] Ichioka, Y. and Inuiya, M. (1972) Direct phase detecting system. Appl. Opt., 11, 1507 - 1514.

[8] Takeda, M., Ina, H., and Kobayashi, S. (1982) Fourier-transform method of fringe-pattern analysis for computer-based topography and interferometry. J. Opt. Soc. Am., 72 (1), 156 - 160.

[9] Servin, M. (2012) Synchronous phase-demodulation of concentric-rings placido mires in corneal topography and wavefront aberrometry (theoretical considerations), ArXiv e-prints.

[10] Millerd, J. E (2004) Pixelated phase-mask dynamic interferometer. Proc. SPIE, 304 - 314.

[11] Kimbrough, B. and Millerd, J. (2010) The spatial frequency response and resolution limitations of pixelated mask spatial carrier based phase shift-ing interferometry. Proc. SPIE, 7790, 77900K - 77900K-12.

[12] Servin, M. and Estrada, J. C. (2010) Error-free demodulation of pixelated carrier frequency interferograms. Opt. Express, 18 (17), 18492 - 18497.

[13] Padilla, J. M., Servin, M., and Estrada, J. C. (2012) Synchronous phase-demodulation and harmonic rejection of 9-step pixelated dynamic interfero-grams. Opt. Express, 20, 11734 - 11739.

[14] Tripoli, N. K., Horner, D., Schroeder Swartz, T., Mattioli, R., and Wang, M. (2011) History, Corneal Topography: A Guide for Clinical Appli-cation in the Wavefront Era, 2nd edn, SLACK Inc.

[15] Mejía-Barbosa, Y. and Malacara-Hernández, D. (2001) A review of methods for measuring corneal topography. Optom. Vis. Sci., 78,240 - 253.

[16] Huntley, J.M. (1989) Noise-immune phase unwrapping algorithm. Appl. Opt., 28 (16), 3268 - 3270.

[17] Takeda, M. and Abe, T. (1996) Phase unwrapping by a maximum cross-amplitude spanning tree algorithm: a comparative study. Opt. Eng., 35 (8),2345 - 2351.

[18] Towers, D.P., Judge, T.R., and Bryanston-Cross, P.J. (1991) Auto-matic interferogram analysis techniques applied to quasi-heterodyne holog-raphy and espi. Opt. Lasers Eng., 14,239 - 282.

[19] Servin, M. and Cuevas, F.J. (1993) A new kind of neural network based on radial basis functions. Rev. Mex. Fis., 39 (2), 235 - 249.

[20] Huntley, J.M., Goldrein, H.T., and Benckert, L.R. (1993) Parallel pro-cessing system for rapid analysis of speckle-photography and particle-image-velocimetry data. Appl. Opt., 32 (17),3152 - 3155.

[21] Osten, W., Nadeborn, W., and Andrae,P. (1996) General hierarchical approach in absolute phase measurement. SPIE's 1996 International Symposium on Optical Science, Engineering, and Instrumenta-tion, International Society for Optics and Photonics, pp. 2 - 13.

[22] Servin, M., Marroquin, J.L., and Cuevas, F.J. (1997) Demodulation of a single interferogram by use of a two-dimensional regularized phase-tracking technique. Appl. Opt., 36 (19),4540 - 4548.

[23] Artés-Rodríguez, A., Pírez-González, F., Cid-Sueiro, J., López-Valcarce, R., Mosquera-Nartallo, C., and Pírez-Cruz,F. (2007) ComunicacionesDigitales,Pearson.

[24] Proakis, J.G. and Manolakis, D.G. (2007) Digital Signal Processing: Principles, Algorithms, and Applications, 4th edn, Pearson Education India.

[25] Surrel, Y. (1993) Phase stepping: a new self-calibrating algorithm. Appl. Opt., 32 (19), 3598 - 600.

[26] Surrel, Y. (1996) Design of algorithms for phase measurements by the use of phase stepping. Appl. Opt., 35 (1),51 - 60.

[27] Surrel, Y. (1997) Additive noise effect in digital phase detection. Appl. Opt., 36 (1), 271 - 276.

[28] Oppenheim, A.V. and Willsky, A.S. (1997) Signals and Systems, Prentice-Hall, Upper Saddle River, NJ.

[29] Bracewell, R. (1999) The Fourier Transform and Its Applications, 3rd edn, McGraw-Hill Sci-ence/Engineering/Math.

[30] Servin, M., Estrada, J.C., and Quiroga,J.A. (2009) The general theory of phase shifting algorithms. Opt. Express, 17 (24), 21867 - 21881

[31] Lu, W.-S. and Antoniou, A. (1992) Two-Dimensional Digital Filters, Marcel Dekker Inc.

[32] Marroquin, J. L. , Figueroa, J. E. , and Servin, M. (1997) Robust quadrature filters. J. Opt. Soc. Am. A, 14 (4), 779.

[33] Marroquin, J. L. , Servin, M. , and Rodriguez-Vera, R. (1997) Adaptive quadrature filters and the recovery of phase from fringe pattern images. J. Opt. Soc. Am. A, 14 (8), 1742 - 1753.

[34] Marroquin, J. L. , Rivera, M. , Botello, S. , Rodriguez-Vera, R. , and Servin, M. (1998) Regularization methods for processing fringe pattern images. Laser Interferometry Ix: Techniques and Analysis, Vol. 3478, 26 - 36.

[35] Servin, M. , Marroquin, J. L. , and Malacara, D. (1996) Some applica-tions of quadratic cost functionals in fringe analysis. Laser Interferometry Viii: Techniques and Analysis, 2860: Society Photo-Optical Instrumentat Engineers; Society Experimental Mechanical.

[36] Lathi, B. P. (1998) Modern Digital and Analog Communication Systems, 3rdedn, Oxford University.

[37] Papoulis, A. and Unnikrishna Pillai, S. (2002) Probability, Random Variables and Stochastic Processes, 4th edn, McGraw-Hill, ISBN: 13: 978-0071199810.

[38] Estrada, J. C. , Servin, M. , and Quiroga, J. A. (2009) Easy and straightforward construction of wideband phase-shifting algorithms for interferometry. Opt. Lett. ,34 (4), 413 - 415.

[39] Servin, M. , Quiroga, J. A. , and Estrada, J. C. (2011) Phase-shifting interferome-try corrupted by white and non-white additive noise. Opt. Express, 19 (10), 9529 - 9534.

[40] Freischlad, K. and Koliopoulos, C. L. (1990) Fourier description of digital phase-measuring interferometry. J. Opt. Soc. Am. A, 7 (4), 542.

[41] Crane, R. (1969) Interference phase measurement. Appl. Opt. , 8, 538 - 542.

[42] Wyant, J. C. (1975) Use of an ac hetero-dyne lateral shear interferometer with real-time wavefront correction systems. Appl. Opt. , 14 (11), 2622 - 2628.

[43] Greivenkamp, J. E. (1984) Generalized data reduccion for heterodyne interfer-ometry. Opt. Eng. , 23 (4), 350 - 352.

[44] Hariharan, P. , Oreb, B. F. , and Eiju, T. (1987) Digital phase-shifting interfer-ometry: a simple error-compensating phase calculation algorithm. Appl. Opt. ,26 (13), 2504 - 2506.

[45] Hays, P. B. and Roble, R. G. (1971) A technique for recovering doppler line profiles from fabry-perot interferometer fringes of very low intensity. Appl. Opt. ,10, 193 - 200.

[46] Larkin, K. G. and Oreb, B. F. (1992) Design and assessment of symmetrical phase-shifting algorithms. J. Opt. Soc. Am. A, 9 (10), 1740 - 1748.

[47] Schmit, J. and Creath, K. (1995) Extended averaging technique for derivation of error-compensating algo-rithms in phase-shifting interferometry. Appl. Opt. , 34 (19),

3610 - 3619.

[48] Schmit, J. and Creath, K. (1996) Win-dow function influence on phase error in phase-shifting algorithms. Appl. Opt. ,35 (28), 5642 - 5649.

[49] Schwider, J. , Falkenstoerfer, O. , Schreiber, H. , Zoeller, A. , and Streibl, N. (1993) New compensating four-phase algorithm for phase-shift interferometry. Opt. Eng. , 32 (8), 1883 - 1885.

[50] Malacara, D. , Servin, M. , and Malacara,Z. (2005) Interferogram Analysis for Optical Testing, 2nd edn, CRC.

[51] Malacara, D. (2007) Optical Shop Testing, John Wiley & Sons, Inc.

[52] Hibino, K. , Oreb, B. F. , Farrant, D. I. ,and Larkin, K. G. (1997) Phase-shifting algorithms for nonlinear and spatially nonuniform phase shifts. J. Opt. Soc. Am. A, 14 (4), 918 - 930.

[53] Gonzalez, A. , Servin, M. , Estrada, J. C. ,and Quiroga, J. A. (2011) Design of phase-shifting algorithms by fine-tuning spectral shaping. Opt. Express, 19 (11), 10692 - 10697.

[54] Servin, M. , Garnica, G. , Estrada, J. C. ,and Quiroga, A. (2013) Coherent digital demodulation of single-camera n-projections for 3d-object shape measurement: Co-phased profilometry. Opt. Express, 21 (21), 24873 - 24878.

[55] Gasvik, K. J. (2002) Optical Metrology,John wiley & Sons, Ltd.

[56] Gorthi, S. S. and Rastogi, P. (2010) Fringe projection techniques: whither we are?. Opt. Lasers Eng. , 48 (2),133 - 140.

[57] Wang, Z. Y. , Nguyen, D. A. , and Barnes,J. C. (2010) Some practical considerations in fringe projection profilometry rid b-2968-2008. Opt. Lasers Eng. , 48 (2), 218 - 225.

[58] Su, W. H. and Kuo, C. Y. (2007) 3d shape reconstruction using multiple projections: a method to eliminate shadowing for projected fringe profilometry art. no. 669811. Photonic Fiber and Crystal Devices: Advances In Materials and Innovations In Device Applications,Vol. 6698, pp. 69811 - 69811.

[59] Liu, X. , Peng, X. , Chen, H. , He, D. ,and Gao, B. Z. (2012) Strategy for automatic and complete three-dimensional optical digitization. Opt. Lett. , 37 (15),3126 - 3128.

[60] Lee, S. and Bui, L. Q. (2011) Accurate estimation of the boundaries of a structured light pattern. J. Opt. Soc. Am. A,28 (6), 954 - 961.

[61] Creath, K. (1988) Phase-measurement interferometry techniques. Prog. Opt. , 26 (26), 349 - 393.

[62] Servin, M. and Kujawinska, M. (2001) Modern Fringe Pattern Analysis in Interferometry, Chapter 12, Marcel Dekker,Inc. , pp. 373 - 426.

[63] Wyant, J. C. , Koliopoulos, C. L. ,Bhushan, B. , and George, O. E. (1984) An opticalprofilometer for surface characterization of magnetic media. ASLE Trans. , 27

(2), 101 - 113.

[64] Morgan, C. J. (1982) Least-squares estimation in phase-measurement interferometry. Opt. Lett., 7 (8), 368 - 370.

[65] Servin, M., Cywiak, M., Malacara-Hernandez, D., Estrada, J. C., and Quiroga, J. A. (2008) Spatial carrier interferometry from M temporal phase shifted interferograms: squeezing Interferometry. Opt. Express, 16 (13), 9276 - 9283.

[66] Li, B., Chen, L., Tuya, W., Ma, S., and Zhu, R. (2011) Carrier squeezing interferometry: suppressing phase errors from the inaccurate phase shift. Opt. Lett., 36 (6), 996 - 998.

[67] Mosino, J. F., Servin, M., Estrada, J. C., and Quiroga, J. A. (2009) Phasorial analysis of detuning error in temporal phase shifting algorithms. Opt. Express, 17 (7), 5618 - 5623.

[68] de Groot, P. (1995) Derivation of algorithms for phase-shifting interferometry using the concept of a data-sampling window. Appl. Opt., 34 (22), 4723 - 4730.

[69] Bi, H., Zhang, Y., Ling, K. V., and Wen, C. (2004) Class of 4+1-phase algorithms with error compensation. Appl. Opt., 43 (21), 4199 - 4207.

[70] Brophy, C. P. (1990) Effect of intensity error correlation on the computed phase of phase-shifting interferometry. J. Opt. Soc. Am. A, 7 (4), 537 - 541.

[71] Rathjen, C. (1995) Statistical properties of phase-shift algorithms. J. Opt. Soc. Am. A, 12 (9), 1997 - 2008.

[72] Servin, M., Estrada, J. C., Quiroga, J. A., Mosino, J. F., and Cywiak, M. (2009) Noise in phase shifting interferometry. Opt. Express, 17 (11), 8789 - 8794.

[73] Gonzalez, A., Servin, M., Estrada, J. C., and Rosu, H. C. (2011) N-step linear phase-shifting algorithms with optimum signal to noise phase demodulation. J. Mod. Opt., 58 (14), 1278 - 1284.

[74] Cheng, Y.-Y. and Wyant, J. C. (1985) Phase shifter calibration in phase-shifting interferometry. Appl. Opt., 24 (18), 3049 - 3052.

[75] Hibino, K., Oreb, B. F., Farrant, D. I., and Larkin, K. G. (1995) Phase-shifting for non-sinusoidal waveforms with phase-shift errors. J. Opt. Soc. Am. A, 12 (4), 761 - 768.

[76] Zhao, B. and Surrel, Y. (1995) Phase shifting: a six-step self-calibrating algorithminsensitive to the second harmonic in the fringe signal. Opt. Eng., 34 (9), 2821 - 2822.

[77] Padilla, J. M., Servin, M., and Estrada, J. C. (2011) Harmonics rejection in pixelated interferograms using spatio-temporal demodulation. Opt. Express, 19 (20), 19508 - 19513.

[78] Li, B., Chen, L., Xu, C., and Li, J. (2013) The simultaneous suppression of phase shift error and harmonics in the phase shifting interferometry using carrier squeezing interferometry. Opt. Commun., 296 (0), 17 - 24.

[79] Hariharan, P. (1987) Digital phase-stepping interferometry: effects of multiply reflected beams. Appl. Opt., 26 (13), 2506 - 2507.

[80] Servin, M. and Cuevas, F. J. (1995) A Novel Technique for Spatial Phase-shifting Interferometry. Journal of Modern Optics, 42 (9), 1853 - 1862; doi: 10.1080/09500349514551621.

[81] Carré, P. (1966) Installation et utilisation du comparateur photoelectrique es interferetiel du bureau international des poids et measures. Bur. Int. Poids Measures, 2, 13 - 23.

[82] Stoilov, G. and Dragostinov, T. (1997) Phase-stepping interferometry: five-frame algorithm with an arbitrary step. Opt. Lasers Eng., 28 (1), 61 - 69.

[83] Schreiber, H. and Bruning, J. H. (2007) Phase Shifting Interferometry, in Optical Shop Testing, Chapter 14, 3rd edn, John Wiley & Sons, Inc., Hoboken, NJ, pp. 547 - 666.

[84] Creath, K. (1985) Phase-shifting speckle interferometry. Appl. Opt., 24 (18), 3053 - 3058.

[85] van Wingerden, J., Frankena, H. J., and Smorenburg, C. (1991) Linear approximation for measurement errors in phase shifting interferometry. Appl. Opt., 30 (19), 2718 - 2729.

[86] Kemao, Q., Fangjun, S., and Xiaoping, W. (2000) Determination of the best phase step of the carré algorithm in phase shifting interferometry. Meas. Sci. Technol., 11, 1220 - 1223.

[87] Novak, J. (2003) Five-step phase-shifting algorithms with unknown values of phase shift. Optik, 2, 63 - 68.

[88] Gomez-Pedrero, J. A., Quiroga, J. A., and Servin, M. (2004) Temporal evaluation of fringe patterns with spatial carrier with an improved asynchronous phase demodulationalgorithm. J. Mod. Opt., 51 (1), 97 - 109.

[89] Estrada, J. C., Servin, M., and Quiroga, J. A. (2010) A self-tuning phase-shifting algorithm for interferometry. Opt. Express, 18 (3), 2632 - 2638.

[90] Takeda, M. and Yamamoto, H. (1994) Fourier-transform speckle profilometry - 3-dimensional shape measurements of diffuse objects with large height steps and/or spatially isolated surfaces. Appl. Opt., 33 (34), 7829 - 7837.

[91] Haible, P., Kothiyal, M. P., and Tiziani, H. J. (2000) Heterodyne temporal speckle-pattern interferometry. Appl. Opt., 39 (1), 114 - 117.

[92] Wang, Z. and Han, B. (2004) Advanced iterative algorithm for phase extraction of randomly phase-shifted interferograms. Opt. Lett., 29 (14), 1671 - 1673.

[93] Vargas, J., Quiroga, J. A., and Belenguer, T. (2011) Phase-shifting interferometry based on principal component analysis. Opt. Lett., 36 (8), 1326 - 1328.

[94] Vargas, J., Quiroga, J., 'Alvarez Herrero, A., and Belenguer, T. (2011) Phase-shifting interferometry based on induced vibrations. Opt. Express, 19 (2), 584 -

596.

[95] Li, Y. , Xie, H. , Tang, M. , Zhu, J. , Luo,Q. , and Gu, C. (2012) The study on microscopic mechanical property of polycrystalline with sem moire method. Opt. Lasers Eng. , 50 (12), 1757 - 1764.

[96] Okada, K. , Sato, A. , and Tsujiuchi, J. (1991) Simultaneous calculation of phase distribution and scanning phase shift in phase shifting interferometry. Opt. Commun. , 84 (34), 118 - 124.

[97] Han, G.-S. and Kim, S.-W. (1994) Numerical correction of reference phases in phase-shifting interferometry by iterative least-squares fitting. Appl. Opt. , 33 (31), 7321 - 7325.

[98] Kong, I.-B. and Kim, S.-W. (1995) General algorithm of phase-shifting interferometry by iterative least-squares fitting. Opt. Eng. , 34 (1), 183 - 188.

[99] Larkin, K. (2001) A self-calibrating phase-shifting algorithm based on the natural demodulation of two-dimensional fringe patterns. Opt. express, 9 (5), 236 - 253.

[100] Wang, Z. and Han, B. (2007) Advanced iterative algorithm for randomly phase-shifted interferograms with intra-and inter-frame intensity variations. Opt. Lasers Eng. , 45 (2), 274 - 280.

[101] Chen, Y.-C. , Lin, P.-C. , Lee, C.-M. , and Liang, C.-W. (2013) Iterative phase-shifting algorithm immune to random phase shifts and tilts. Appl. Opt. , 52 (14), 3381 - 3386.

[102] Du, H. , Zhao, H. , Li, B. , Zhao, J. ,and Cao, S. (2011) Phase-shifting shadow moire based on iterative self-tuning algorithm. Appl. Opt. , 50 (36),6708 - 6712.

[103] Xu, J. , Xu, Q. , and Chai, L. (2008) Iterative algorithm for phase extraction from interferograms with random and spatially nonuniform phase shifts. Appl. Opt. , 47 (3), 480 - 485.

[104] Vargas, J. , Antonio Quiroga, J. , and Belenguer, T. (2011) Analysis of the principal component algorithm in phase-shifting interferometry. Opt. Lett. ,36 (12), 2215 - 2217.

[105] Gonzalez, R. C. and Woods, R. E. (2006) Digital Image Processing, 3rd edn,Prentice-Hall, Inc. , Upper Saddle River,NJ.

[106] Guo, H. , Yu, Y. , and Chen, M. (2007) Blind phase shift estimation in phase-shifting interferometry. J. Opt. Soc. Am. A, 24 (1), 25 - 33.

[107] Guo, H. (2011) Blind self-calibrating algorithm for phase-shifting interferometry by use of cross-bispectrum. Opt. Express, 19 (8), 7807 - 7815.

[108] Guo, H. and Zhang, Z. (2013) Phase shift estimation from variances of fringe pattern differences. Appl. Opt. , 52 (26), 6572 - 6578.

[109] Deng, J. , Wang, H. , Zhang, D. , Zhong,L. , Fan, J. , and Lu, X. (2013) Phase shift extraction algorithm based on euclidean matrix norm. Opt. Lett. , 38 (9), 1506 - 1508.

[110] Xu, J., Sun, L., Li, Y., and Li, Y. (2011) Principal component analysis of multiple-beam fizeau interferograms with random phase shifts. Opt. Express, 19 (15), 14464 - 14472.

[111] Idesawa, M., Yatagai, T., and Soma, T. (1977) Scanning moirí method and automatic measurement of 3-d shapes. Appl. Opt., 16 (8), 2152 - 2162.

[112] Morimoto, Y., Yang, I.-H., and Gu, C.-G. (1996) Scanning moire method for obtaining smooth fringe patterns. Opt. Lasers Eng., 24 (1), 3 - 17.

[113] Padilla, J. M., Servin, M., Estrada, J. C., and Gonzalez, C. A. (2012) Towards a general theory for MxN pixelated carrier interferometry. Proceedings SPIE 8493, Interferometry XVI: Techniques and Analysis, pp. 849315 - 849315-9.

[114] Du, Y., Feng, G., Li, H., Vargas, J., and Zhou, S. (2012) Spatial carrier phase-shifting algorithm based on principal component analysis method. Opt. Express, 20 (15), 16471 - 16479.

[115] Xu, J., Jin, W., Chai, L., and Xu, Q. (2011) Phase extraction from randomly phase-shifted interferograms by combining principal component analysis and least squares method. Opt. Express, 19 (21), 20483 - 20492.

[116] Vargas, J. and Sorzano, C. O. S. (2013) Quadrature component analysis for interferometry. Opt. Lasers Eng., 51 (5), 637 - 641.

[117] Vargas, J., Sorzano, C. O. S., Estrada, J. C., and Carazo, J. M. (2013) Generalization of the principal component analysis algorithm for interferometry. Opt. Commun., 286(1), 130 - 134.

[118] Vargas, J., Quiroga, J. A., Sorzano, C. O. S., Estrada, J. C., and Carazo, J. M. (2012) Two-step demodulation based on the gram-schmidt orthonormalization method. Opt. Lett., 37 (3), 443 - 445.

[119] Goodwin, E. P. and Wyant, J. C. (2006) Field Guide to Interferometric Optical Testing, Spie Field Guides, SPIE Press.

[120] Takeda, M. and Mutoh, K. (1983) Fourier-transform profilometry for the automatic-measurement of 3-d object shapes. Appl. Opt., 22 (24), 3977 - 3982.

[121] Quan, C., Bryanston-Cross, T. R., and Jugdge, P. J. (1993) Photoelasticity stress-analysis using carrier fringe and fft techniques. Opt. Lasers Eng., 18 (2), 79 - 108.

[122] Takeda, M. (2010) Measurements of extreme physical phenomena by fourier fringe analysis. International Conference On Advanced Phase Measurement Methods in Optics An Imaging, 1236: Swiss Natl Sci Fdn, Centro Stefano Franscini.

[123] Womack, K. H. (1984) Interferometric phase measurement using spatial synchronous detection. Opt. Eng., 23, 391 - 395.

[124] Wikipedia (2013) Analytic signal.

[125] Sciammarella, C. A. and Kim, T. (2003) Determination of strains from fringe patterns using space-frequency representations. Opt. Eng., 42 (11), 3182 - 3193.

[126] Asundi, A. and Wang, J. (2002) Strain contouring using gabor filters: principle and algorithm. Opt. Eng., 41 (6), 1400 - 1405.

[127] Servin, M. and Gonzalez, A. (2012) Linear analysis of the 4-step Carre phase shifting algorithm: spectrum, signal-to-noise ratio, and harmonics response. ArXiv eprints.

[128] Magalhaes, P. A. A. Jr., Neto, P. S., Magalhes, C. A., and de Barcellos, C. S. (2009) New equations for phase evaluation in measurements with an arbitrary but constant phase shift between captured intensity signs. Opt. Eng., 48 (11), 113602 - 113602-19.

[129] Vargas, J., Quiroga, J. A., and Belenguer, T. (2011) Local fringe density determination by adaptive filtering. Opt. Lett., 36 (1), 70 - 72.

[130] Watkins, L. R. (2012) Review of fringe pattern phase recovery using the 1-d and 2-d continuous wavelet transforms. Opt. Lasers Eng., 50 (8), 1015 - 1022.

[131] Kemao, Q. and Soon, S. H. (2007) Sequential demodulation of a single fringe pattern guided by local frequencies. Opt. Lett., 32 (2), 127 - 129.

[132] Gomez-Pedrero, J. A., Quiroga, J. A., and Servin, M. (2008) Adaptive asynchronous algorithm for fringe pattern demodulation. Appl. Opt., 47 (21), 3954 - 3961.

[133] Macy, W. W. (1983) Two-dimensional fringe-pattern analysis. Appl. Opt., 22 (23), 3898 - 3901.

[134] Bone, D. J., Bachor, H. A., and Sandeman, R. J. (1986) Spectral-line interferometry with temporal and spatial-resolution. Opt. Commun., 57 (1), 39 - 44.

[135] Chen, W., Hu, Y., Su, X., and Tan, S. (1999) Error caused by sampling in fourier transform profilometry. Opt. Eng., 38, 1029 - 1034.

[136] Quiroga, J. A., Estrada, J. C., Servin, M., and Vargas, J. (2011) Regularized least squares phase sampling interferometry rid f-1755-2011. Opt. Express, 19 (6), 5002 - 5013.

[137] Roddier, C. and Roddier, F. (1987) Interferogram analysis using fourier transform techniques. Appl. Opt., 26 (9), 1668 - 1673.

[138] Yanez-Mendiola, J., Servin, M., and Malacara-Hernandez, D. (2001) Reduction of the edge effects induced by the boundary of a linear-carrier interferogram. J. Mod. Opt., 48 (4), 685 - 693.

[139] Rivera, M. (2005) Robust phase demodulation of interferograms with open or closed fringes. J. Opt. Soc. Am. A Opt. Image Sci. Vis., 22 (6), 1170 - 1175.

[140] Quiroga, J. A., Crespo, D., and Bernabeu, E. (1999) Fourier transform method for automatic processing of moire deflectograms. Opt. Eng., 38 (6), 974 - 982.

[141] Kemao, Q. (2004) Windowed Fourier transform for fringe pattern analysis. Appl. Opt., 43 (13), 2695 - 2702.

[142] Gdeisat, M. A., Abid, A., Burton, D. R., Lalor, M. J., Lilley, F., Moore, C.,

and Qudeisat, M. (2009) Spatial and temporal carrier fringe pattern demodulation using the one-dimensional continuous wavelet transform: recent progress, challenges, and suggested developments. Opt. Lasers Eng., 47 (12), 1348 - 1361. Wavelets in Optical Processing. 4.2.6

[143] Kemao, Q. (2007) Two-dimensional windowed Fourier transform for fringe pattern analysis: principles, applications and implementations. Opt. Lasers Eng., 45 (2), 304 - 317.

[144] Garcia-Marquez, J., Malacara-Hernandez, D., and Servin, M. (1998) Analysis of interferograms with a spatial radial carrier or closed fringes and its holographic analogy. Appl. Opt., 37 (34), 7977 - 7982.

[145] Servin, M. (2012) Digital interferometric demodulation of Placido mires applied to corneal topography. ArXiv e-prints.

[146] Massig, J. H., Lingelbach, E., and Lingelbach, B. (2005) Videokeratoscope for accurate and detailed measurement of the cornea surface. Appl. Opt., 44 (12), 2281 - 2287.

[147] Novak, M., Millerd, J., Brock, N., North-Morris, M., Hayes, J., and Wyant, J. (2005) Analysis of a micropolarizer array-based simultaneous phase-shifting interferometer. Appl. Opt., 44 (32), 6861 - 6868.

[148] Baker, K. L. and Stappaerts, E. A. (2006) A single-shot pixellated phase-shifting interferometer utilizing a liquid-crystal spatial light modulator. Opt. Lett., 31 (6), 733 - 735.

[149] Servin, M., Estrada, J. C., and Medina, O. (2010) Fourier transform demodulation of pixelated phase-masked interferograms. Opt. Express, 18 (15), 16090 - 16095.

[150] Ri, S., Fujigaki, M., and Morimoto, Y. (2010) Sampling moire method for accurate small deformation distribution measurement. Exp. Mech., 50 (4), 501 - 508.

[151] Kimbrough, B. T. (2006) Pixelated mask spatial carrier phase shifting interferometry algorithms and associated errors. Appl. Opt., 45 (19), 4554 - 4562.

[152] Quiroga, J. A., Servin, M., Estrada, J. C., Vargas, J., and Torre-Belizon, F. J. (2011) Role of the filter phase in phase sampling interferometry. Opt. Express, 19 (21), 19987 - 19992.

[153] Marroquin, J. L., Servin, M., and Vera, R. R. (1998) Adaptive quadrature filters for multiple phase-stepping images. Opt. Lett., 23 (4), 238 - 240.

[154] Quiroga, J. A., Servin, M., Estrada, J. C., and Gomez-Pedrero, J. A. (2009) Steerable spatial phase shifting applied to single-image closed-fringe interferograms. Appl. Opt., 48 (12), 2401 - 2409.

[155] Hansen, P. C., Nagy, J. G., and O'Leary, D. P. (2006) Deblurring Images: Matrices, Spectra, and Filtering, 1st edn, SIAM.

[156] Estrada, J. C., Servin, M., and Marroquin, J. L. (2007) Local adaptable quadra-

ture filters to demodulate single fringe patterns with closed fringes. Opt. Express, 15 (5), 2288 - 2298.

[157] Galvan, C. and Rivera, M. (2006) Second-order robust regularization cost function for detecting and reconstructing phase discontinuities. Appl. Opt., 45 (2), 353 - 359.

[158] Marroquin, J. L., Rivera, M., Botello, S., Rodriguez-Vera, R., and Servin, M. (1999) Regularization methods for processing fringe-pattern images. Appl. Opt., 38 (5), 788 - 794.

[159] Servin, M., Quiroga, J. A., and Cuevas, F. J. (2001) Demodulation of carrier fringe patterns by the use of non-recursive digital phase locked loop. Opt. Commun., 200 (1-6), 87 - 97.

[160] Servin, M., Cywiak, M., Malacara-Hernandez, D., Estrada, J. C., and Quiroga, J. A. (2008) Spatial carrier interferometry from M temporal phase shifted interferograms: squeezing interferometry. Opt. Express, 16 (13), 9276 - 9283.

[161] Quiroga, J. A. and Servin, M. (2003) Isotropic n-dimensional fringe pattern normalization. Opt. Commun., 224 (4-6), 221 - 227.

[162] Robinson, D. W. and Reid, G. T. (1993) Interferogram analysis: digital fringe pattern measurement techniques, Institute of Physics.

[163] Kreis, T. (1986) Digital holographic interference-phase measurement using the Fourier-transform method. J. Opt. Soc. Am. A, 3 (6), 847.

[164] Kreis, T. M. and Jueptner, W. P. O. (1992) Fourier transform evaluation of interference patterns: demodulation and sign ambiguity. Proceedings of the SPIE 1553, Laser Interferometry IV: Computer-Aided Interferometry, Vol. 263, pp. 263 - 273.

[165] Marroquin, J. L., Rodriguez-Vera, R., and Servin, M. (1998) Local phase from local orientation by solution of a sequence of linear systems. J. Opt. Soc. Am. A, 15 (6), 1536 - 1544.

[166] Servin, M., Marroquin, J. L., and Cuevas, F. J. (2001) Fringe-follower regularized phase tracker for demodulation of closed-fringe interferograms. J. Opt. Soc. Am. A, 18 (3), 689.

[167] Larkin, K. G., Bone, D. J., and Oldfield, Ma. (2001) Natural demodulation of two-dimensional fringe patterns. I. General background of the spiral phase quadrature transform. J. Opt. Soc. Am. A Opt. Image Sci. Vis., 18 (8), 1862 - 1870.

[168] Larkin, K. G. (2001) Natural demodulation of two-dimensional fringe patterns. ii. stationary phase analysis of the spiral phase quadrature transform. J. Opt. Soc. Am. A Opt. Image Sci. Vis., 18 (8), 1871 - 1881.

[169] Servin, M., Quiroga, J. A., and Marroquin, J. L. (2003) General n-dimensional quadrature transform and its application to interferogram demod-ulation. J. Opt. Soc. Am. A Opt. Image Sci. Vis., 20 (5), 925 - 934.

[170] Guerrero, J. A., Marroquin, J. L., Rivera, M., and Quiroga, J. A. (2005) Adaptive monogenic filtering and normalization of espi fringe patterns. Opt. Lett., 30 (22), 3018 - 3020.

[171] Quiroga, J. A., Crespo, D., Vargas, J., and Gomez-Pedrero, J. A. (2006) Adaptivespatiotemporal structured light method for fast three-dimensional measurement. Opt. Eng., 45 (10), 107203.

[172] Rivera, M., RodriguezVera, R., and Marroquin, J. L. (1997) Robust procedure for fringe analysis. Appl. Opt., 36 (32), 8391 - 8396.

[173] Quiroga, J. A. and Bernabcu, E. (1994) Phase-unwrapping algorithm for noisy phase-map processing. Appl. Opt., 33 (29), 6725 - 6731.

[174] Asundi, A. and Wensen, Z. (1998) Fast phase-unwrapping algorithm based on a gray-scale mask and flood fill. Appl. Opt., 37 (23), 5416 - 5420.

[175] Vrooman, H. A. and Maas, Ad. A. M. (1991) Image processing algorithms for the analysis of phase-shifted speckle interference patterns. Appl. Opt., 30 (13), 1636 - 1641.

[176] Jun, W. and Asundi, A. (2002) Strain contouring with gabor filters: Filter bank design. Appl. Opt., 41 (34), 7229 - 7236.

[177] Kai, L. and Kemao, Q. (2010) Fast frequency-guided sequential demodulation of a single fringe pattern. Opt. Lett., 35 (22), 3718 - 3720.

[178] Servin, M. and Quiroga, J. A. (2001) Isochromatics demodulation from a single image using the regularized phase tracking technique. J. Mod. Opt., 48 (3), 521 - 531.

[179] Servin, M., Marroquin, J. L., and Quiroga, J. A. (2004) Regularized quadrature and phase tracking from a single closed-fringe interferogram. J. Opt. Soc. Am. A Opt. Image Sci. Vis., 21 (3), 411 - 419.

[180] Legarda-Saenz, R., Osten, W., and Juptner, W. (2002) Improvement of the regularized phase tracking technique for the processing of nonnormalized fringe patterns. Appl. Opt., 41 (26), 5519 - 5526.

[181] Tian, C., Yang, Y. Y., Liu, D., Luo, Y. J., and Zhuo, Y. M. (2010) Demodulation of a single complex fringe interferogram with a path-independent regularized phase-tracking technique. Appl. Opt., 49 (2), 170 - 179.

[182] Kai, L. and Kemao, Q. (2012) A generalized regularized phase tracker for demodulation of a single fringe pattern. Opt. Express, 20 (11), 12579 - 12592.

[183] Tian, C. O., Yang, Y. Y., Zhang, S. N., Liu, D., Luo, Y. J., and Zhuo, Y. M. (2010) Regularized frequency-stabilizing method for single closed-fringe interferogramdemodulation. Opt. Lett., 35 (11), 1837 - 1839.

[184] Legarda-Saenz, R. and Rivera, M. (2006) Fast half-quadratic regularized phase tracking for nonnormalized fringe patterns. J. Opt. Soc. Am. A Opt. Image Sci. Vis., 23 (11), 2724 - 2731.

[185] Dalmau-Cedeno, O. S. , Rivera, M. , and Legarda-Saenz, R. (2008) Fast phase recovery from a single closed-fringe pattern. J. Opt. Soc. Am. A Opt. Image Sci. Vis. , 25 (6), 1361 - 1370.

[186] Estrada, J. C. and Servin, M. (2007) Single fringe pattern demodulation using local adaptable quadrature filters-art. no. 66170R, in Proc of the SPIE Modeling Aspects in Optical Metrology, vol. 6617 (eds H. Bosse, B. Bodermann, and R. M. Silver).

[187] Harris, C. and Stephens, M. (1988) A combined corner and edge detector. Proceedings of 4th Alvey Vision Conference, pp. 147 - 151.

[188] Freeman, W. T. and Adelson, E. H. (1991) The design and use of steerable filters. IEEE Trans. Pattern Anal. Mach. Intell. , 13, 891 - 906.

[189] Granlund, G. H. and Knutsson, H. (2010) Signal Processing for Computer Vision, Springer.

[190] Yu, Q. , Sun, X. , Liu, X. , and Qiu, Z. (2002) Spin filtering with curve windows for interferometric fringe patterns. Appl. Opt. , 41 (14), 2650 - 2654.

[191] Yu, Q. , Yang, X. , Fu, S. , and Sun, X. (2005) Two improved algorithms with which to obtain contoured windows for fringe patterns generated by electronic speckle-pattern interferometry. Appl. Opt. , 44 (33), 7050 - 7054.

[192] Zhang, F. , Liu, W. , Wang, J. , Zhu, Y. ,and Xia, L. (2009) Anisotropic partial differential equation noise-reduction algorithm based on fringe feature for ESPI. Opt. Commun. , 282 (12),2318 - 2326.

[193] Tang, C. , Han, L. , Ren, H. , Gao, T. ,Wang, Z. F. , and Tang, K. (2009) The oriented-couple partial differential equations for filtering in wrapped phase patterns. Opt. Express, 17 (7),5606 - 5617.

[194] Wang, H. , Kemao, Q. , Gao, W. , Lin, F. ,and Seah, H. S. (2009) Fringe pattern denoising using coherence-enhancing diffusion. Opt. Lett. , 34 (8), 1141 - 1143.

[195] Villa, J. , Quiroga, J. A. , and de la Rosa,I. (2009) Directional filters for fringe pattern denoising. Proceedings of the SPIE-The International Society for Optical Engineering, vol. 7499, 74990B (9pp.)- 74990B.

[196] Zhou, X. , Baird, J. P. , and Arnold, J. F. (1999) Fringe-orientation estimation by use of a Gaussian gradient filter and neighboring-direction averaging. Appl. Opt. , 38 (5), 795 - 804.

[197] Hunt, B. R. (1979) Matrix formulation of the reconstruction of phase values from phase differences. J. Opt. Soc. Am. , 69 (3), 393.

[198] Ghiglia, D. C. and Pritt, M. D. (1998) Two-Dimensional Phase Unwrapping;Theory, Algoritms, and Software, Wiley-Interscience.

[199] Yang, X. , Yu, Q. , and Fu, S. (2007) A combined method for obtaining fringe orientations of espi. Opt. Commun. , 273 (1), 60 - 66.

[200] Aebischer, H. A. and Waldner, S. (1999) A simple and effective method for filtering speckle-interferometric phase fringe patterns. Opt. Commun. , 162, 205 - 210.

[201] Fu, S. H., Lin, H., Chen, J. S., and Yu, Q. F. (2007) Influence of window size on the fringe orientation estimation. Opt. Commun., 272 (1), 73 - 80.

[202] Yang, X., Yu, Q., and Fu, S. (2007) An algorithm for estimating both fringe orientation and fringe density. Opt. Commun., 274 (2), 286 - 292.

[203] Quiroga, J. A., Servin, M., and Cuevas, F. (2002) Modulo 2 pi fringe orientation angle estimation by phase unwrapping with a regularized phase tracking algorithm. J. Opt. Soc. Am. A Opt. Image Sci. Vis., 19 (8), 1524 - 1531.

[204] Villa, J., De la Rosa, I., and Miramontes, G. (2005) Phase recovery from a single fringe pattern using an orientational vector-field-regularized estimator. J. Opt. Soc. Am. A Opt. Image Sci. Vis., 22 (12), 2766 - 2773.

[205] Strobel, B. (1996) Processing of interferometric phase maps as complex-valued phasor images. Appl. Opt., 35 (13), 2192 - 2198.

[206] Villa, J., Quiroga, J. A., Servin, M., Estrada, J. C., and de La Rosa, I. (2010) N-dimensional regularized fringe direction-estimator. Opt. Express, 18 (16), 16567 - 16572.

[207] Yu, Q., Andresen, K., Osten, W., and Jueptner, W. (1996) Noise-free normalized fringe patterns and local pixel transforms for strain extraction. Appl. Opt., 35 (20), 3783 - 3790.

[208] De Nicola, S., Ferraro, P., Gurov, I., Koviazin, R., and Volkov, M. (2000) Fringe analysis for moire interferometry by modification of the local intensity histogram and use of a two-dimensional fourier transform method. Meas. Sci. Technol., 11 (9), 1328 - 1334.

[209] Larkin, K. G. (2005) Uniform estimation of orientation using local and nonlocal 2-d energy operators. Opt. Express, 13 (20), 8097 - 8121.

[210] Itoh, K. (1982) Analysis of the phase unwrapping algorithm. Appl. Opt., 21 (14), 2470.

[211] Estrada, J. C., Servin, M., and Quiroga, J. A. (2011) Noise robust linear dynamic system for phase unwrapping and smoothing. Opt. Express, 19 (6), 5126 - 5133.

[212] Navarro, M. A., Estrada, J. C., Servin, M., Quiroga, J. A., and Vargas, J. (2012) Fast two-dimensional simultaneous phase unwrapping and low-pass filtering. Opt. Express, 20 (3), 2556 - 2561.

[213] Ghiglia, D. C. and Romero, L. (1994) Robust two-dimensional weighted and unweighted phase unwrapping that uses fast transforms and iterative methods. J. Opt. Soc. Am. A, 11 (1), 107.

[214] Servin, M., Marroquin, J. L., Malacara, D., and Cuevas, F. J. (1998) Phase unwrapping with a regularized phase-tracking system. Appl. Opt., 37 (10), 1917 - 1923.

[215] Servin, M., Cuevas, F. J., Malacara, D., Marroquin, J. L., and Rodriguez-Vera, R. (1999) Phase unwrapping through demodulation by use of the regularized phase-

tracking technique. Appl. Opt. , 38 (10), 1934 - 1941.

[216] Vargas, J. , Quiroga, J. A. , Belenguer, T. , Servin, M. , and Estrada, J. C. (2011) Two-step self-tuning phase-shifting interferometry. Opt. Express, 19 (2), 638 - 648.

[217] Angel, P. and Wizinowich, J. R. P. (1988) A method for phase shifting interferometry in the presence of vibration. ESO Conference on Very Large Telescopes and their Instrumentation, vol. 1, pp. 561 - 567.

[218] Hibino, K. , Oreb, B. F. , Farrant, D. I. , and Larkin, K. G. (1997) Phase-shifting algorithms for nonlinear and spatially nonuniform phase shifts. J. Opt. Soc. Am. A, 12 (4), 918 - 930.

索引*

a

b

c

d

e

---

* 索引中页码为原著页码，可通过本书边码查阅。

f

g

h

i

l

m

n

o

p

q

r

s

t

u

v

w

z